Die
Untersuchung und Beurteilung des Wassers und des Abwassers.

Ein Leitfaden für die Praxis
und zum Gebrauch im Laboratorium.

Von

Dr. W. Ohlmüller und Professor **Dr. O. Spitta**

Verwaltungsdirekt. d. Virchow-Krankenhauses, Geheimer Regierungsrat und früherer Vorsteher des Hygienischen Laboratoriums im Kaiserlichen Gesundheitsamt.

Privatdozent der Hygiene an der Universität, Regierungsrat und Vorsteher des Hygienischen Laboratoriums im Kaiserlichen Gesundheitsamt.

Dritte, neu bearbeitete und veränderte Auflage.

Mit 77 Figuren und 7 z. T. mehrfarbigen Tafeln.

Springer-Verlag Berlin Heidelberg GmbH
1910.

ISBN 978-3-662-36012-5 ISBN 978-3-662-36842-8 (eBook)
DOI 10.1007/978-3-662-36842-8

Softcover reprint of the hardcover 3rd edition 1991
Additional material to this book can be downloaded from http://extras.springer.com.

Universitäts-Buchdruckerei von Gustav Schade (Otto Francke)
in Berlin und Fürstenwalde (Spree).

Vorwort zur dritten Auflage.

Seit dem Erscheinen der letzten Auflage des vorliegenden Leitfadens haben sich die Methoden für die Untersuchung und die Anschauungen hinsichtlich der Beurteilung des Wassers und Abwassers nicht unwesentlich verändert. Neben die *Wasseranalyse* ist in größerer Breite als früher die *Abwasseranalyse* getreten, und die Untersuchung der Verunreinigung und Selbstreinigung der Flüsse ist noch mehr als bisher eine Aufgabe von größter Wichtigkeit geworden. Wenn daher auch die altbewährten Standardmethoden der *chemischen* Wasseruntersuchung unverändert ihren Wert beibehalten haben, so mußten sie doch durch eine ganze Reihe von neuen Methoden ergänzt werden. Aber auch die *physikalische* Untersuchung des Wassers hat durch neue Untersuchungsverfahren (z. B. die Messung der elektrischen Leitfähigkeit des Wassers) wertvolle Bereicherungen erhalten. Bei der *bakteriologischen* Wasseruntersuchung geht das Streben zurzeit hauptsächlich dahin, die alte Methode der Keimzählung durch solche Methoden zu stützen, welche mit Hilfe des Nachweises spezifischer Bakterien einen besseren Einblick in die Infektionsgefährlichkeit eines Wassers zu liefern versprechen. Wenn auch gerade in diesem Punkte noch manches im Fluß ist, so war es doch unmöglich, an den zu diesem Zwecke empfohlenen Untersuchungsverfahren nur kurz vorüberzugehen. In den letzten zehn Jahren hat sich ferner die *biologische* Wasser- und Abwasseruntersuchung zu einer nicht vorhergesehenen Bedeutung entwickelt. Die Verunreinigung der öffentlichen Wasserläufe und die sich in demselben abspielenden Wiedergesundungsvorgänge ohne Benutzung biologischer Merkmale beurteilen zu wollen, würde heutzutage jedem Untersucher den Vorwurf der Einseitigkeit mit Recht zuziehen.

So war es denn ganz selbstverständlich, daß die vorliegende neue Auflage von „Ohlmüller, Die Untersuchung des Wassers" eine durchgreifende Umgestaltung und erhebliche Erweiterung erfahren mußte, um dem gegenwärtigen Stande der Dinge gerecht zu werden. Es wurde vor allem auch die Analyse des Abwassers in den Kreis der Betrachtung gezogen.

Eine nicht unerhebliche Vermehrung des Umfanges des Buches gegen früher (von 11 auf 26 Bogen) ließ sich daher nicht wohl vermeiden.

Dem Verfasser der beiden ersten Auflagen war es durch den Übergang in eine andere Berufsstellung, die damit verbundene gesteigerte Arbeitslast und das Fehlen der für die Neubearbeitung so wichtigen literarischen Hilfsmittel nicht möglich, diese dritte Auflage allein zu besorgen. Die Neubearbeitung wurde daher hauptsächlich in die Hand seines Amtsnachfolgers gelegt, so daß das Buch nunmehr die Namen zweier Verfasser trägt.

Die Verfasser hielten es für angebracht, bei dieser neuen Auflage, entgegen dem in den früheren Auflagen geübten Verfahren, die Literatur im einzelnen anzuführen. Die Literaturangaben machen zwar keinen Anspruch auf Vollständigkeit und sind namentlich bei den alten, eingebürgerten Methoden fast ganz fortgelassen worden; aber überall dort, wo es wichtig erschien, dem Leser die Möglichkeit zu geben, auf die Originale zurückzugreifen, oder wo Methoden, über deren Wert die Verfasser sich ein endgültiges Urteil noch nicht bilden konnten, nur erwähnt worden sind, ist die Literatur, und zwar mit dem ausführlichen Titel, angeführt worden, um den Praktiker in den Stand zu setzen, bequem sich auch diejenigen wichtiger erscheinenden methodischen Vorschriften zugängig zu machen, welche nicht ausführlich wiedergegeben worden sind. Daß dabei auch ausländische Literatur bis zu einem gewissen Grade berücksichtigt werden mußte, ist selbstverständlich.

Den Berechnungen bei der chemischen Analyse sind die internationalen Atomgewichte des Jahres 1909 zugrunde gelegt worden.

Zu lebhaftem Danke sind wir Herrn Professor Dr. Richard Kolkwitz verpflichtet, welcher in kollegialer Weise uns bei der Auswahl und Charakterisierung der angeführten Beispiele aus der für die biologische Beurteilung von Wässern und Abwässern wichtigen Tier- und Pflanzenwelt beraten hat und die von Herrn E. Nitardy von der Königl. Versuchs- und Prüfungsanstalt für Wasserversorgung und Abwässerbeseitigung größtenteils nach Originalen hergestellten Abbildungen freundlichst seiner fachmännischen Prüfung unterzog. —

Die Firma Paul Altmann, Berlin NW., welche sich speziell mit der Herstellung von Apparaten zur Entnahme und Untersuchung von Wasserproben beschäftigt, hatte die Gefälligkeit, uns einige Klischees zum Abdruck zur Verfügung zu stellen.

Aus Zweckmäßigkeitsgründen ist der Inhalt des Buches in einer gegen früher abweichenden Reihenfolge geordnet worden. Der Leitfaden ist in erster Linie für den Hygieniker und Medizinalbeamten bestimmt, wird aber, wie wir hoffen, auch dem Chemiker und Apotheker ein brauchbares Nachschlagebuch werden.

Berlin, im März 1910.

Die Verfasser.

Vorwort zur ersten Auflage.

Mit vollem Rechte wurde von jeher seitens der Hygiene die große Bedeutung eines einwandfreien Wassers für die Erhaltung der Gesundheit betont. Demgemäß sind auch im Laufe der Zeit brauchbare Methoden für die Untersuchung und Beurteilung desselben geschaffen worden, welche in vortrefflichen Werken zusammengefaßt und niedergelegt sind. Obwohl in dieser Richtung kein Mangel besteht, so machte sich doch das Bedürfnis nach einem Buche geltend, das in kompendiöser Form als Leitfaden für solche Arbeiten im Laboratorium dienen kann. Die gebräuchlichen physikalischen, chemischen und bakteriologischen Untersuchungsmethoden sind in solcher Weise dargelegt, daß deren Ausführung auch dem weniger Geübten ohne Zuziehung von Spezialwerken ermöglicht ist. Hieraus ergibt sich, daß der Inhalt des Buches nicht allein für Chemiker und Bakteriologen von Fach, sondern vornehmlich für Ärzte, Apotheker sowie auch für Studierende bestimmt ist. Zur Orientierung in der formenreichen Fauna und Flora des Wassers sind Anweisungen gegeben. Für die Deutung der Untersuchungsergebnisse sind Anhaltspunkte insoweit mitgeteilt, als es der gegenwärtige Stand der Frage erlaubt.

Berlin, im März 1894.

Der Verfasser.

Inhaltsverzeichnis.

Einleitung.

I. Die physikalische Prüfung des Wassers und Abwassers.

II. Die chemische Untersuchung des Wassers und Abwassers.

Seite

Einleitung.

Eine hervorragende Rolle ist im Haushalt der Natur dem Wasser zugeteilt. Wir staunen über die Summe von Arbeit, welche es in nie rastender Tätigkeit an der Erdrinde vollbringt, hier die Bestandteile des toten Steinreichs lösend und zerstörend, dort sie wieder ablagernd und zu anderen Formen aufbauend. Das Pflanzen-, das Tierreich können wir uns ohne seine Gegenwart nicht vorstellen. Die Tätigkeit der Zellen, aus welchen die Repräsentanten dieser beiden Reiche sich zusammensetzen, ist an das Vorhandensein des Wassers gebunden. Es bleibt daher das Wasser ein unbedingtes Erfordernis für die Erhaltung jeglicher Lebenstätigkeit; die Menge desselben, welche durch den Lebensprozeß ausgeschieden wird, muß wieder ersetzt werden. Betrachten wir den Wert des Wassers in unserem Körper, so finden wir, daß durch Hunger der gesamte Fettvorrat, ja ein beträchtlicher Teil des Eiweißes zu Verlust gehen kann ohne direkte Gefährdung des Lebens, daß dagegen viel geringere Verluste des ihn mitbildenden Wassers Störungen des Wohlbefindens und der Gesundheit hervorrufen, welche bei weiterer Steigerung die Existenz des Lebens bedrohen.

Es ist daher eine der wichtigsten Aufgaben unserer Ernährung, das Wasser stetig wieder durch Genuß zu ersetzen, welches durch Verdampfung von der Hautoberfläche, durch die Atmung, durch die Abscheidungen der Nieren und des Darmkanals verloren geht. Das Wasser ist somit für uns ein unentbehrlicher Nahrungsstoff. Wir nehmen dasselbe zum Teil als konstanten Bestandteil unserer Nahrungsmittel auf, jedoch ist diese Menge nicht immer ausreichend;

wir genießen es auch in der freien Form, in der es die Natur uns bietet. In dieser letzteren schätzen wir es auch als Genußmittel; es erfrischt uns als Getränk, indem es das Durstgefühl beseitigt, und es befördert die Verdauung durch verschiedene Eigenschaften. Weiterhin ist das Wasser ein wichtiges Gebrauchsmittel. Wir bedienen uns desselben zur Herstellung von Speisen; es trägt zur Beförderung unseres Wohlbefindens und der Gesundheit bei, indem wir es einerseits zur Pflege unserer Haut, zum Waschen und Baden benutzen, andrerseits unsere Kleidung und Wohnung sowie der letzteren Umgebung damit reinhalten und hierdurch Stoffe entfernen, deren Nähe uns unbequem oder nachteilig werden kann. — Nicht unerwähnt darf die Verwendung des Wassers zu verschiedenen gewerblichen Zwecken bleiben.

Das Wasser, welches uns die Natur bietet, stellt niemals den chemisch reinen Körper, bestehend aus Wasserstoff und Sauerstoff, dar, sondern es sind in demselben Bestandteile verschiedenster Art gelöst oder suspendiert, deren Menge einem stetigen Wechsel unterworfen ist. Die Veränderung des Wassers entsteht auf den Wegen, welche es in der Natur zurücklegt. So vielfach verschlungen auch diese sind, so kehren sie doch immer zum gleichen Anfangspunkte zurück, so daß man mit Recht von einem Kreislauf des Wassers spricht. Betrachten wir den Verlauf desselben und die hierdurch bedingten Veränderungen in der Zusammensetzung des Wassers etwas näher.

Von der Oberfläche des festen Landes und insbesondere von der des Wassers, von dem Meere und den Flüssen, Seen und dgl. verdampfen fortwährend beträchtliche Mengen von Wasser, welche in Dampfform in die Luft übergehen. Die Fähigkeit der Luft, das Wasser in dieser Gestalt zu erhalten, ist von der Temperatur derselben abhängig und vermindert sich mit der Abnahme der letzteren. Gelangt nun die warme, mit Wasserdampf gesättigte, aufsteigende Luft in höhere, kältere Regionen der Atmosphäre, so scheidet sich ein Teil des Wassers in Form von Nebel aus; es führt zunächst dieser Vorgang zur Wolkenbildung und bei einer weiteren Steigerung zur Entstehung von Niederschlägen, welche das ursprünglich verdampfte Wasser der Erdoberfläche in flüssiger oder fester Form (Regen bzw. Schnee oder Hagel) wieder zuführen. Schon während seiner Wanderung durch die Atmosphäre erleidet das Wasser Veränderungen; es werden von demselben Bestandteile der Luft, insbesondere Kohlensäure und Sauerstoff, mitunter auch zufällig vorhandene fremdartige Gase wie Schwefelwasserstoff, schweflige Säure, Ammoniak aufgenommen; der niederfallende Regen nimmt auch den in der Atmosphäre fliegenden Staub auf. Gelangt das Wasser auf die Bodenoberfläche so erfolgen noch weitergehende Veränderungen seiner Zusammensetzung, die man vielfach als Verunreinigung wird bezeichnen müssen: es nimmt anorganische und organische Substanzen in Lösung und unlösliche Teilchen mischen sich ihm bei, teils bestehend aus toter Materie, teils die niedersten Pflanzengebilde darstellend, welche sich allenhalben in den obersten Bodenschichten finden. Das Niederschlagwasser nimmt nun seinen Weg in dreifacher Richtung; zum Teil fließt es als Oberflächenwasser weiter, zum Teil kehrt es in Dampfform zur Atmosphäre zurück und ein dritter Teil sinkt, nach der zur Zeit noch immer am weitesten verbreiteten Ansicht, in den Boden ein. Das Schicksal des letzteren interessiert uns zunächst. Zufolge seiner Schwere sucht das bewegliche Wasser auf dem Wege der Poren des Bodens den tiefsten Punkt auf und gelangt schließlich auf eine undurchlässige Bodenschicht, deren Neigung entsprechend es sich als Grundwasser weiter bewegt, um schließlich unter geeigneten geologischen Verhältnissen als Quelle zutage zu treten und sich mit dem oberflächlich strömenden Wasser wieder zu vereinigen. Auf seinem Wege durch die Erde erfährt das Wasser gewissermaßen einen Läuterungsprozeß. Zunächst wirken die vielverzweigten feinen Poren des Bodens wie ein Filter und scheiden die ungelösten Bestandteile ab. Nebenher üben in den oberen Bodenschichten befindliche Bakterien ihre zersetzende Tätigkeit auf anorganische und namentlich organische Stoffe aus, weiterhin werden Oxydationsvorgänge von seiten des aus der Luft absorbierten Sauerstoffs eingeleitet. Eine Ausscheidung gewisser gelöster Stoffe findet ihre Erklärung in der physikalischen Eigenschaft des Bodens, bestimmte Körper aus Lösungen zurückzuhalten. Durch die Absorption von Kohlensäure, an welcher die Grundluft sehr reich ist, erreicht das Wasser eine höhere Lösungsfähigkeit, indem es einfachkohlensaure unlösliche Verbindungen (Kalk, Magnesia, Eisen) in lösliche Bikarbonate umzuwandeln vermag; hierdurch sind derartige Veränderungen seiner Zusammensetzung bedingt, welche sich vorzüglich an die Art der durchwanderten Bodenformation anlehnen.

Nach Vollendung seines unterirdischen Weges stellt das Wasser eine Lösung anorganischer Salze dar, die sehr arm an organischen Stoffen ist. Nicht lange behält es diese Eigenschaften eines guten und gesunden Quell- oder Grundwassers bei; als oberflächlich fließendes Wasser ist es mancherlei Art von Verunreinigungen ausgesetzt. Wie wir oben gesehen haben, fließt ein Teil des Niederschlagwassers ab, und dieses bringt mit sich schwimmende und gelöste, von der Erdrinde herstammende Stoffe, welche das Quellwasser verunreinigen. Wind und Wetter führen den zutage liegenden Gewässern fäulnisfähige Stoffe zu, die Strömung des kleinsten Rinnsals wie des größten Flusses, die Wellenbewegung des Teiches wie des Meeres nimmt stets Bestandteile vom Ufer und vom Grunde weg. Es kommt noch hinzu, daß das Wasser auf seinem Wege bis zum Meere durch die Zufuhr der Abwässer aus menschlichen Ansiedlungen oder aus gewerblichen Betrieben noch mancher Verunreinigung ausgesetzt ist. Zwar erfährt dasselbe auch auf seinem oberirdischen Laufe ebenso wie auf dem unterirdischen eine Reinigung (Selbstreinigung), jedoch ist diese nicht so vollständig. Hat das Wasser die Erdoberfläche wieder als Quelle erreicht, so geht neben den geschilderten Veränderungen seiner Zusammensetzung auch die Verdampfung wieder einher, und mit dieser Rückkehr des Wassers in die Atmosphäre beginnt der Kreislauf von neuem.

Dadurch, daß der Mensch das Wasser an einem bestimmten Punkt seines Kreislaufs einfängt und seinen Zwecken nutzbar macht, entsteht als Produkt der Abnutzung das sogen. „Abwasser“ im engeren Sinne. Das Wasser, welches wir zu Trinkzwecken aufnehmen, und welches unsern Körper, zusammen mit dem bei der Verbrennung der Nahrungsmittel entstehenden Wasser und sonstigen Schlackenstoffen, als Harn verläßt, ist ein Abwasser im natürlichsten und engsten Sinne. Dasselbe ist zwar meist ziemlich konzentriert (ca. 30 g Harnstoff pro Kopf und Tag), aber seiner Quantität nach gering, genau so wie ja auch von dem bei einer Wasserversorgung für den Kopf und Tag geforderten erheblichen Wassermenge (75—100 Liter) nur ein geringer Bruchteil wirklich Trinkzwecken und der Bereitung der Speisen dient. Dadurch aber, daß wir das Wasser auch als bequemstes und billigstes Transportmittel benutzen für alle diejenigen ungelösten und gelösten Stoffe, deren Anhäufung in der Nähe unserer Behausungen wir aus hygienischen und ästhetischen Gründen nicht dulden können, entsteht das eigentliche häusliche Abwasser mit den meist großen Mengen von suspendierenden Bestandteilen und seinem mehr oder minder offensiven Charakter. Dieses Abwasser spielt als hauptsächlicher Träger etwaiger Infektionserreger eine hygienisch besonders bedeutsame Rolle. Daneben liefern die verschiedensten Gewerbebetriebe unter Umständen ganz gewaltige Mengen von industriellen Abwässern, welche z. B. die durch eine städtische Schwemmkanalisation entfernten Schmutzstoffe nicht nur quantitativ, sondern bisweilen auch hinsichtlich ihrer zu Belästigungen Anlaß gebenden Qualität weit übertreffen.

Für einen großen Teil der Abwässer sind die von ihnen mitgeführten Schwebestoffe geradezu charakteristisch; doch gibt es auch Abwässer, bei welchen die gelösten Stoffe die Hauptrolle spielen, und zwar können diese sowohl organischer Natur (z. B. bei den Abwässern von Zellulosefabriken und Zuckerfabriken) oder anorganischer Natur (z. B. bei den Abwässern von Chlorkaliumfabriken) sein. So lästig die suspendierten und die gelösten organischen Stoffe auch sein können, so lassen sie sich doch aus den Abwässern auf natürlichem oder künstlichem, mechanischem oder biologischem Wege wieder beseitigen. Besonders durch die biologische Reinigung unterstützt uns hier die Natur in weitgehendster Weise. Schlimmer schon sieht es bisweilen mit den Abwässern aus, welche ungeheure Quantitäten gelöster anorganischer Stoffe mit sich führen. Hier ist an eine Reinigung in dem oben angedeuteten Sinne gewöhnlich nicht zu denken, und nur die Verdünnung durch harmlosere Wässer kann hier Abhilfe schaffen.

Nicht in jeder Form, in welcher uns das Wasser auf seinen Wegen begegnet, ist dasselbe zu Zwecken der Wasserversorgung und zu gewerblichen Zwecken geeignet, vielmehr müssen gewisse Eigenschaften bei solchem Wasser vorhanden sein. Nicht in jeder Form ferner, in welcher uns das Abwasser entgegentritt, ist dasselbe vom sanitären Standpunkte aus gleich zu bewerten und infolgedessen auch gleich zu behandeln. Je nach seiner Beschaffenheit können die zu lösenden Aufgaben hier ganz verschiedener Natur sein.

Die Eigenschaften und die Beschaffenheit von Wässern und Abwässern erfahren wir aus der physikalischen, chemischen, bakteriologischen und biologischen Untersuchung. Die hierbei anzuwendenden Methoden zu schildern, soll der Zweck der nachstehenden Kapitel sein.

Der Einfachheit halber wird in dem folgenden Texte der Ausdruck „Wasser“ häufig allgemein für Wasser und Abwasser im oben gekennzeichneten Sinne zusammen gebraucht werden. Die Grenze, wo ein Wasser anfängt, Abwasser zu werden, ist ja auch tatsächlich meistens nicht scharf zu ziehen.

I. Die physikalische Prüfung des Wassers und Abwassers.

Die Ermittelung der physikalischen Eigenschaften des Wassers und Abwassers ist für die Beurteilung von nicht zu unterschätzendem Wert. Der Nutzen der physikalischen Untersuchung wird häufig zu gering veranschlagt. Schon instinktmäßig weisen wir ein Wasser als Getränk zurück, das nicht kühl, klar, farblos und frei von auffallendem Geruch und Geschmack ist. Allerdings, wenn man ein Wasser lediglich mit den unbewaffneten Sinnen auf etwaige Gesundheitsschädlichkeit prüfen wollte, würde der Beobachter, namentlich der ungeübte, häufig zu falschen Schlüssen kommen; denn ein Wasser kann unansehnlich sein, ohne deshalb der Gesundheit zu schaden (z. B. Wasser mit erheblicherem Eisen- oder Mangangehalt). Vielfach kommt es aber darauf an, nicht nur die Abwesenheit oder Anwesenheit bestimmter physikalischer Eigenschaften (z. B. Trübung, Farbe) festzustellen, sondern den Grad, in welchem die betreffende physikalische Eigenschaft vorhanden ist. Mangels bequemer Maße sind wir häufig gezwungen, diesen Grad durch allgemeine Ausdrücke (z. B. leicht getrübt, bräunlich u. dgl.) zu bezeichnen. Wo möglich sollte aber immer versucht werden, einen zahlenmäßigen Ausdruck zu finden, da nur auf diesem Wege eine objektive Beurteilung und ein Vergleich verschiedener Wässer hinsichtlich ihrer äußeren Eigenschaften möglich ist.

Die physikalische Prüfung eines Wassers geht meist der chemischen vorauf. Sie macht vielfach auf bestimmte Stoffe besonders aufmerksam und weist so der chemischen Untersuchung die Stellen nach, an denen sie besonders eingehend einsetzen muß. Schon aus diesem Grunde sollte die Prüfung der physikalischen Eigenschaften eines Wassers nicht unterlassen werden.

1. Prüfung auf Durchsichtigkeit.

Ein Wasser kann, ganz allgemein gesprochen, trübe, klar oder blank sein. Klar und blank sind zwei Begriffe, welche sich nicht decken, die aber nicht leicht gegeneinander abzugrenzen sind. Klares und blankes Wasser unterscheiden sich voneinander etwa wie Glas und Kristall. Der Grad einer Trübung schwankt zwischen einer eben noch warnehmbaren Opaleszenz bei Betrachtung des Wassers gegen einem dunklen Hintergrund und völliger Undurchsichtigkeit schon in Schichten von wenigen Zentimetern Durchmesser (Abwasser). Die feinsten Trübungen erkennt man in einem Wasser bei Beleuchtung mit Sonnenlicht oder elektrischem Bogenlicht, welches mittels einer Sammellinse konzentriert worden ist, in einem sonst verdunkelten Raume. Es empfiehlt sich, die äußeren Eigenschaften eines Wassers unmittelbar nach der Entnahme oder doch wenigstens möglichst bald nach derselben festzustellen, da andernfalls wegen sekundärer Veränderungen derselben später leicht ein falsches Bild gewonnen wird (z. B. Trübung durch Eisen). Bei Untersuchung von Oberflächenwässern (Flüssen, Seen) ist es zweckmäßig, die Untersuchung tunlichst an Ort und Stelle in dem Wasser selbst zu machen, d. h. nicht an der geschöpften Probe.

Die Prüfung auf Durchsichtigkeit erfolgt in einfachster Form durch **Betrachtung der in einer farblosen Glasflasche** geschöpften Probe. Genaueren Aufschluß erhält man, wenn man die geschöpfte Wasserprobe in einen hohen **Zylinder** gießt, dessen Boden aus möglichst planem farblosen Glase besteht (sog. Neßlersche Zylinder, Schauröhren, Visierzylinder). Bei durchsichtigen Zylindern (Glas) ist seitliches Licht zweckmäßig durch ein übergeschobenes Rohr aus Pappe oder durch Schwärzung der senkrechten Wandungen des Zylinders abzuhalten. Man hält den Zylinder über eine gut beleuchtete weiße Fläche (weißes Papier, Porzellan, Milchglas) und schaut von oben durch die Wassersäule hindurch.

Bei vergleichenden Bestimmungen muß natürlich die Höhe der Wasserschicht in allen Versuchen die nämliche sein. Die Höhe und der Durchmesser der benutzten Visierzylinder ist beliebig. Aus praktischen Gründen benutzt man jedoch meistens Zylinder von ca. 30—40 cm Höhe und 2—3 cm Durchmesser.

Die einfachste Methode, um einen zahlenmäßigen Ausdruck für die Trübung eines Wassers zu erhalten*) ist die Bestimmung der Durchsichtigkeit mittels der **Leseprobe.** Das zu untersuchende Wasser wird in einen Zylinder (wie oben beschrieben) gefüllt. Der Zylinder muß indessen Teilung in cm besitzen und mit einem Abflußstutzen über dem Boden versehen sein (vgl. Fig. 2). Man kann zu diesem Zweck auch bequem die sog. „Hehnerschen Zylinder“ (S. 108) gebrauchen. Es sind dies graduierte Zylinder von 100 ccm Inhalt, welche unten mit einem Hahn versehen sind. Man hält den mit der Wasserprobe gefüllten Zylinder über die Snellensche Schriftprobe Nr. I (s. dieselbe) und läßt so lange Wasser abfließen, bis die Schrift eben deutlich lesbar wird. Die Probe ist nur bei erheblicheren Trübungen anwendbar. Schnelles Arbeiten ist notwendig, um ein Sedimentieren der Schwebestoffe während des Versuches möglichst zu vermeiden.

Der Jüngling, wenn Natur und Kunst ihn
anziehen, glaubt mit einem lebhaften Streben
bald in das innerste Heiligtum zu dringen.
5 4 1 7 8 3 0 9

Snellensche Schriftprobe Nr. I.

Eine Methode, welche eine Flüssigkeit von bestimmtem Trübungsgrad als **Vergleichsflüssigkeit** benutzt, ist von der geologischen Vermessungsbehörde der Vereinigten Staaten von Nordamerika uuter Mitwirkung von Hazen nud Whipple ausgearbeitet worden (1)**). Die Vergleichsflüssigkeit, d. h. die „Einheit der Trübung“, mit 100 bezeichnet, enthält 100 Teile Kieselsäure (SiO_2) auf eine Million Teile Wasser in feinster Verteilung. Die Lösnng wird wie folgt bereitet: Möglichst reine Diatomeenerde wird mit Wasser aufgeschlämmt, um die löslichen Salze zu entfernen, dann getrocknet und zur Entfernung der organischen Substanz geglüht, dann mit verdünnter Salzsäure erwärmt, mit destilliertem Wasser bis zur Säurefreiheit ausgewaschen uud gründlich getrocknet. Die Masse wird in einem Achatmörser zermahlen, durch ein 200-Maschen-Sieb***) gesiebt und im Exikkator getrocknet. Ein

*) Man kann den Trübungsgrad nach dem Gewicht der suspendierten Teile (s. später) nicht angeben; denn gleiche Gewichtsmengen verschieden schwerer suspendierter Stoffe ergeben unter Umständen ganz verschiedene Trübungsgrade.

**) Die eingeklammerten Zahlen im Text verweisen auf die Literatur.

***) Entsprechend etwa der Maschenweite eines feinen Planktonnetzes.

Gramm dieser präparierten Masse in 1 Liter destillierten Wassers ergibt eine Stammaufschwemmung mit einem Gehalt von 1000 Teilen Kieselsäure auf eine Million Teile Wasser. Von dieser wird 1 Teil mit 9 Teilen destillierten Wassers gemischt. Ist die Aufschwemmung richtig, so muß die Spitze eines blanken Platindrahts von 1 mm Durchmesser (zweckmäßig an einem Holzstabe befestigt, vgl. Fig. 3) eben noch sichtbar sein, wenn sie sich 100 mm unterhalb der Oberfläche der Vergleichsflüssigkeit, und das Auge des Beobachters sich 120 cm über dem Drahte befindet. Die Beobachtung ist im Freien, aber nicht im direkten Sonnenlicht um die Mitte des Tages vorzunehmen, und es soll das Gefäß, in welchem das fragliche Wasser sich befindet, eine solche Größe haben, daß dessen Wände das Eindringen des Lichtes nicht behindern. Wird der angegebene Wert für die Sichttiefe nicht beobachtet, so ist die Aufschwemmung durch Zugabe von Kieselsäure oder Wasser zu korrigieren. Um Bakterien- oder Algenwachstum in der Aufschwemmung zu verhindern, kann ein wenig Quecksilberchlorid zugegeben werden.

Man kann sich als Vergleichsflüssigkeiten Mischungen mit einem Gehalt von 5—100% der Standardflüssigkeit herstellen oder die Platindrahtmethode direkt benützen, indem man den Stab mit einer Einteilung von Trübungsgraden versieht, entsprechend den Zahlenangaben der nachstehenden Tabelle (vgl. Fig. 3 unten):

Trübungsgrad	Die Spitze verschwindet bei mm	Trübungsgrad	Die Spitze verschwindet bei mm	Trübungsgrad	Die Spitze verschwindet bei mm	Trübungsgrad	Die Spitze verschwindet bei mm
7	1095	19	446	60	158	140	76
8	971	20	426	65	147	150	72
9	873	22	391	70	138	160	68,7
10	794	24	361	75	130	180	62,4
11	729	26	336	80	122	200	57,4
12	674	28	314	85	116	300	43,2
13	627	30	296	90	110	400	35,4
14	587	35	257	95	105	500	30,9
15	551	40	228	100	100	600	27,7
16	520	45	205	110	93	800	23,4
17	493	50	187	120	86	1000	20,9
18	468	55	171	130	81	2000	14,8
						3000	12,1

Bei der Untersuchung von Flüssen, Seen u. dgl. leistet häufig die **Beobachtung der Sichttiefe mittels der Senkscheibe** ausreichende Dienste. Die Senkscheibe, auch Secchische Scheibe genannt (2), besteht ursprünglich aus einem kreisrunden mit weißem Emaillelack gestrichenen Bleche von verschiedenem Durchmesser (etwa 20—100 cm), welches an einer mit Längeneinteilung versehener Schnur oder Kette soweit in das zu untersuchende Wasser versenkt wird, bis ihre Konturen eben verschwinden bzw. eben noch sichtbar sind. Die Scheibengröße muß, um die Untersuchungen vergleichbar zu machen, konstant sein. Je größer die Scheibe, desto länger bleibt sie im allgemeinen beim Versenken sichtbar. Um die Reflexion von der Wasseroberfläche zu vermeiden, empfiehlt sich die Beobachtung durch ein eingetauchtes langes, geschwärztes Rohr („Wassergucker"). Bei Verwendung desselben findet man die Sichttiefe meist etwas größer als ohne dasselbe. Vielfach, vor allem bei bewegtem Wasser, ist es zweckmäßiger, die Scheibe oder eine rechteckige Platte (Fig. 1), welche auch z. B. mit einem großen Kreuz von schwarzem Lack versehen werden kann, an einem festen, mit Einteilung versehenen Stab (sog. Ausziehstock (3), vgl. S. 350) zu befestigen. Als geeignete Größe erscheint eine Scheibe von 20 cm Durchmesser oder eine rechteckige Platte von gleichem Flächeninhalt (ca. 314 qm).

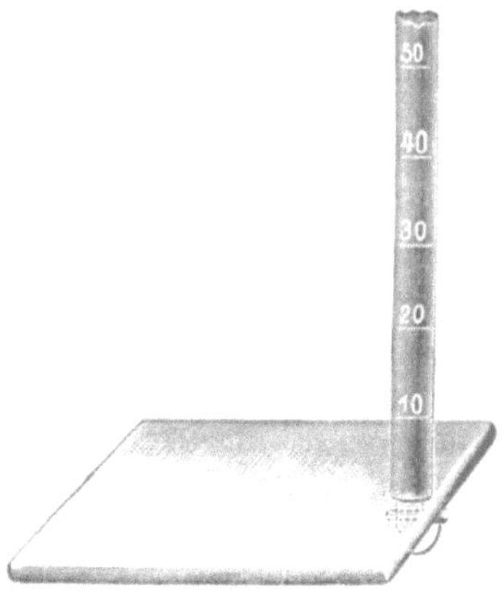

Fig. 1.

Auf ähnlichen Prinzipien wie die Senkscheibenmethode beruht die Anwendung des sogen. „Tholometers" (4), doch erscheint der Apparat zu kompliziert und verhältnismäßig kostspielig.

Ein Nachteil der genannten Methoden liegt darin, daß man mit Licht von unbestimmter und eventuell wechselnder Stärke arbeitet, die Ergebnisse zu verschiedenen Zeiten ausgeführter Untersuchungen also nicht gut miteinander vergleichbar sind. Dieser Übelstand ist zwar praktisch nicht so groß, wie es theoretisch erscheinen mag, aber immerhin für genauere Untersuchungen störend. Man hat deshalb versucht, konstante Lichtquellen einzuführen, die durchgelassene Lichtmenge zu bestimmen oder mit Vergleichsflüssigkeiten von bekannter Konzentration zu arbeiten, derart, daß man Lösungen von verschiedener Konzentration in solchen Schichtdicken betrachtet, daß die Helligkeiten des durchgelassenen Lichtes gleich werden. Letztere Methoden haben indessen mehr Verwendung bei der Bestimmung der Farbe eines Wassers gefunden und sollen daher dort beschrieben werden. Es gehört hierher besonders das **Diaphanometer von König** (5).

Jacksons Candle Turbidimeter besteht aus einem graduierten Glaszylinder mit planem Boden, in eine Metallhülse eingeschlossen. Unterhalb des Zylinders befindet sich eine Normalkerze, und zwar wird dieselbe dauernd so weit von dem Boden des Zylinders gehalten, daß die Randspitze der Flamme 7,6 cm vom Boden entfernt ist. In einem dunklen Raum, oder unter einem dunklen Tuch gießt man von dem zu untersuchenden Wasser so viel in den Zylinder, daß das Bild der Flamme beim Durchblicken von oben gerade verschwindet. Die Kalibrierung der Röhre erfolgt entsprechend den oben erwähnten Trübungsgraden. Folgende Einteilung ist annähernd richtig, muß aber von dem Experimentator nachgeprüft werden (s. Tab. S. 13):

Kißkalt (6) bringt das zu untersuchende Wasser in einem verdunkelten Zimmer in einen etwa 20 cm langen und 7 cm weiten Zylinder aus geschwärztem Blech, der oben offen, unten mit einer Glasplatte verschlossen ist, und läßt das Licht einer konstanten Lichtquelle (am besten elektrisches Glühlicht) von oben durch die Wassersäule auf ein weißes Papier fallen. Die Bestimmung der Lichtintensität auf dem unterliegenden Papier erfolgt mittels des Weberschen Photometers. Der Lichtverlust wird zweckmäßig in Prozenten angegeben. Derartige Untersuchungen sind natürlich ihrer Umständlichkeit wegen nur unter besonderen Verhältnissen ausführbar.

2. Prüfung auf Farbe.

Dieselbe erfolgt ähnlich wie die Prüfung auf Durchsichtigkeit in nicht zu kurzen (mindestens 40 cm langen) Glaszylindern mit planem Boden und eventuell geschwärzten Wandungen mit Ab-

Flüssigkeitshöhe in cm	Trübungsgrad	Flüssigkeitshöhe in cm	Trübungsgrad	Flüssigkeitshöhe in cm	Trübungsgrad
2,3	1000	6,4	340	11,4	190
2,6	900	6,6	330	12,0	180
2,9	800	6,8	320	12,7	170
3,2	700	7,0	310	13,5	160
3,5	650	7,3	300	14,4	150
3,8	600	7,5	290	15,4	140
4,1	550	7,8	280	16,6	130
4,5	500	8,1	270	18,0	120
4,9	450	8,4	260	19,6	110
5,5	400	8,7	250	21,5	100
5,6	390	9,1	240	[40,0	50
5,8	380	9,5	230	85,0	20
5,9	370	9,9	220	140,0	10
6,1	360	10,3	210	200,0	5
6,3	350	10,9	200	295,0	1]

Dem Apparat kann auch eine konstante elektrische Lichtquelle beigegeben werden. Verfertiger: Baker and Fox, 83 Schermerhorn St., Brooklyn, N. Y.

flußrohr. (Fig. 2.) Durch Schwebestoffe getrübte Flüssigkeiten müssen vor Anstellung der Probe filtriert werden, und zwar durch Papier- oder Berkefeldfilter. Pasteurfilter sollen unter Umständen eine entfärbende Wirkung ausüben. **Quantitative Bestimmungen der Farbe des Wassers** sind auf verschiedenem Wege möglich. Meistens bedarf man dazu einer **Vergleichslösung** und für genauere Untersuchungen auch besonderer optischer Apparate. Wenn nicht außergewöhnliche Umstände (Verunreinigung durch bestimmte Farbstoffe) vorliegen, so spielt die Färbung des Wassers meist in das Gelbliche bis Braungelbe und zeigt dann viel Ähnlichkeit mit verdünnten **Karamellösungen.** Man hat deshalb diesen Stoff zu annähernden Schätzungen der Färbung des Wassers benutzt (Kubel-Tiemann, King), indem man destilliertes Wasser so lange mit einer solchen Lösung von bestimmtem Gehalte versetzte, bis der Farbenton der gleiche war.

Die Karamellösung wird hergestellt, indem man 1 g reinen Rohrzuckers in 40—50 ccm destillierten Wassers löst, nach Hinzufügung von 1 ccm verdünnter Schwefelsäure (1 : 3) 10 Minuten lang aufkocht und dann nach Beigabe von 1 ccm Natronlauge (1 Teil Natriumhydrat und 2 Teile Wasser) abermals so lange in der Siedehitze erhält. Nach dem Erkalten füllt man die Flüssigkeit zu 1 Liter auf; 1 Kubikzentimeter entspricht 1 mg Karamel.

In Amerika ist als Vergleichsflüssigkeit eine **Platinkobaltlösung** gebräuchlich (7). Die Normallösung, welche den Färbungsgrad 500 besitzt (500 Teile Platin in einer Million Teile Flüssigkeit), wird wie folgt hergestellt.

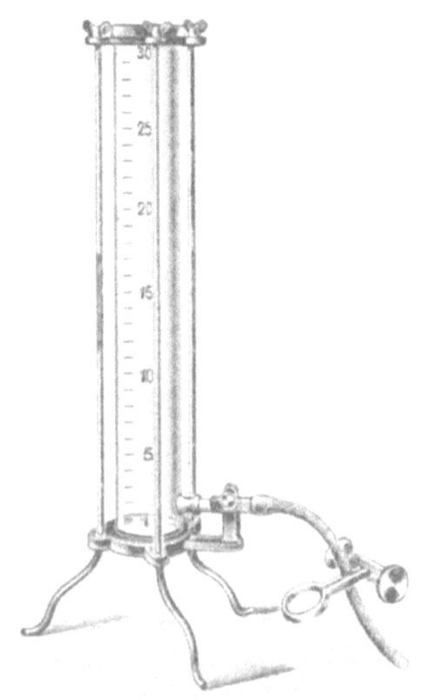

Fig. 2.

Es werden 1,246 g (gelbes) Kaliumplatinchlorid (K_2PtCl_6), 0,5 g Platin enthaltend, und 1,01 g kristallisiertes Kobaltchlorid ($CoCl_2 + 6H_2O$), 0,25 g Kobalt enthaltend, in Wasser unter Zugabe von 100 ccm konzentrierter Salzsäure gelöst und die Flüssigkeit mit destilliertem Wasser auf 1 Liter aufgefüllt. Aus dieser Stammlösung werden durch entsprechende Verdünnung mit destilliertem Wasser Lösungen mit dem Färbungsgrad 5, 10, 15, 20, 25, 30, 35, 40, 50, 60 und 70 hergestellt, in Visierzylinder von 100 ccm Inhalt und gleichem Durchmesser gefüllt und in diesen verschlossen aufbewahrt. Sie dienen als Vergleichsflüssigkeiten für das zu untersuchende Wasser. Hat letzteres eine dunklere Färbung als 70, so muß es entsprechend mit destilliertem Wasser verdünnt werden.

Da das Arbeiten mit den Vergleichsflüssigkeiten bei Untersuchungen an Ort und Stelle unbequem ist, hat die U. S. Geological Survey (8) einen Apparat (Fig. 3 oben) eingeführt, in welchem die Vergleichsflüssigkeiten durch nach dieser abgestimmte gefärbte Gläser in Aluminiumfassung ersetzt sind*). Die auf den Gläsern angegebenen Zahlen (unter 100) geben den entsprechenden Färbungsgrad der Platin-Kobaltvergleichslösungen an. Man kann auch

*) Angefertigt von Builders Iron Foundry, Providence, R. J.

mehrere Gläser übereinandergelegt anwenden. Die auf ihnen angegebenen Zahlen sind dann zu addieren. Der Apparat besteht aus einer mit destilliertem Wasser zu beschickenden Vergleichsröhre von 20 cm Länge (die Füllung mit Wasser kann eventuell auch unterbleiben), an deren einem Ende die Farbgläser vorgeschaltet werden können, und den Röhren, in welche das zu untersuchende Wasser eingefüllt wird. Die aus Aluminium gefertigten Röhren sind an ihren Enden mit Glasplatten verschlossen. Von den Röhren für das zu untersuchende Wasser ist eine 20 cm, eine 10 cm und eine 5 cm lang. Die letzteren beiden werden angewandt bei sehr stark gefärbten Wassern, und ist das erhaltene Resultat in diesem Falle mit 2 bzw. 4 zu multiplizieren. Beim Vergleich sieht man durch beide Röhren tunlichst gleichzeitig auf einen vom Tageslicht gut beleuchteten weißen Hintergrund. Bei künstlichem Licht sind die erhaltenen Resultate leicht fehlerhaft.

Zu genauen Farbmessungen dienen die **Kolorimeter** (9).

Die Konzentration einer gefärbten Lösung kann durch Vergleichung mit einer Lösung des gleichen Körpers von bekanntem Gehalt oder von einer bestimmten Färbung gleicher Art dadurch bestimmt werden, daß man die Färbung der beiden Lösungen bei durchfallendem Licht durch Veränderung der Schichtdicke (Flüssigkeitssäule) gleich zu machen sucht. Die Konzentration der beiden Lösungen ist dann umgekehrt proportional der Höhe der beiden Flüssigkeitssäulen. Am einfachsten läßt sich eine solche „kolorimetrische“ Bestimmung ausführen bei **Benutzung zweier Hehnerscher Zylinder,** durch deren Inhalt man von oben gegen eine beleuchtete Fläche sieht. Man läßt von dem dunkler gefärbten Zylinderinhalt durch den am Fuße des Zylinders angebrachten Hahn so viel abfließen, daß Farbengleichheit erzielt wird, und berechnet mit Hilfe der Flüssigkeit von bekanntem Farbgehalt den Färbungsgrad des zu prüfenden Wassers (vgl. später unter Eisenbestimmung). Zum bequemen Vergleich der Farben sind verschiedene besondere optische Apparate („Kolorimeter“) konstruiert worden. Dieselben ermöglichen, beide Lösungen gleichzeitig und unmittelbar nebeneinander zu beobachten, indem durch geeignete optische Vorrichtungen die Strahlen, welche durch die zwei miteinander zu vergleichenden Lösungen gegangen sind, unmittelbar nebeneinander gelagert werden.

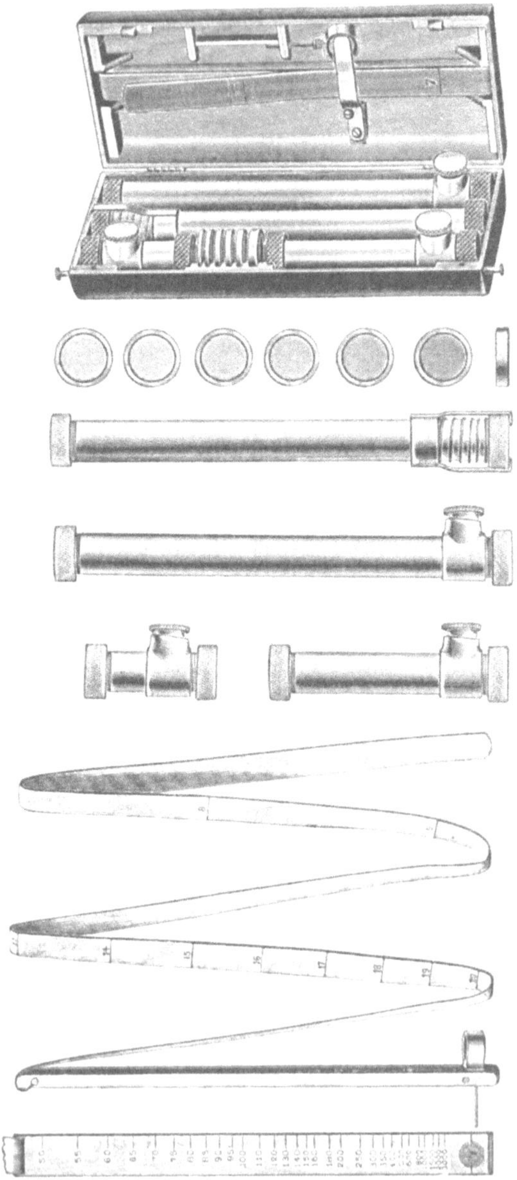

Fig. 3.

Hierzu gehören hauptsächlich die **Kolorimeter von Duboscq** und **C. H. Wolff** sowie auch das **Farbenmaß von Stammer** (10). Das Kolorimeter von Duboscq wird wie folgt beschrieben:

„Ein Spiegel, welcher von dem Fuße des Instrumentes getragen wird. und welchen man nach Belieben neigen kann, erlaubt, die zwei Flüssigkeitssäulen, welche verglichen werden sollen, gleichmäßig zu beleuchten. Die beiden Lösungen sind enthalten in zwei senkrechten Glasröhren, welche unten durch zwei planparallele Glasscheiben geschlossen sind. Um die Höhe der Flüssigkeitsschicht, welche das Licht durchstrahlen soll, beliebig verändern zu können, sind in diesen Röhren zwei zylindrische Tauchröhren angebracht, welche oben offen, unten ebenfalls durch planparallele Glasplatten verschlossen sind. Diese beiden Tauchröhren können mit ihrer unteren Fläche in Berührung mit dem Boden der Flüssigkeitsbehälter gebracht und davon mehr oder weniger entfernt werden, indem man die horizontalen Träger der Tauchröhren in zwei senkrechten Schlitzen des Statives verschiebt. Eine an diesen Schlitzen angebrachte Einteilung erlaubt, mit Genauigkeit die Höhe der Flüssigkeitssäule zu messen, welche sich zwischen den Tauchröhren und dem Boden der Flüssigkeitsbehälter befindet, welche also auf das hindurchgesandte Licht absorbierend wirkt. Unter die Zylinder können gefärbte Gläser gebracht werden, um nach Bedarf die Färbung der Lichtstrahlen zu verändern.

Senkrecht über den beiden Tauchröhren befinden sich zwei Glasprismen. Dieselben führen die beiden aus den Tauchröhren kommenden Strahlenbündel durch zweimalige Reflexion zur unmittelbaren Berührung. Diese Strahlenbündel werden dann mit Hilfe eines kleinen Fernrohres beobachtet, und man erhält im Gesichtsfelde einen Kreis, dessen eine Hälfte das Licht durch den einen Flüssigkeitszylinder, dessen andere solches durch den anderen Zylinder vom Spiegel zugesandt erhält.

Um nun eine kolorimetrische Beobachtung zu machen, stellt man zuerst den Spiegel, indem man durch das Fernrohr schaut, so ein, daß die beiden Hälften des kreisförmigen Gesichtsfeldes in gleicher Helligkeit erscheinen. Es ist hervorzuheben, daß für diese Beobachtung die Röhren leer und gut gereinigt sein müssen. Sodann gießt man die Lösungen in die beiden Glasröhren, und zwar in eine derselben die Normallösung mit bekanntem Gehalt, in die andere die Lösung, deren Gehalt bestimmt werden soll. Die Tauchröhre, welche sich in der Normallösung befindet, wird in eine bestimmte Höhe eingestellt und sodann die zweite Tauchröhre in solche Höhe gebracht, daß die beiden Hälften des Gesichtsfeldes wieder dieselbe Helligkeit zeigen. Man liest dann an den beiden Einteilungen die Höhen der Flüssigkeiten ab; das umgekehrte Verhältnis dieser Höhen, welche gleiche Absorption ausüben, ergibt das Verhältnis der in beiden Flüssigkeiten enthaltenen Mengen an färbender Substanz, woraus sich der Farbstoffgehalt der untersuchten Lösung sehr einfach berechnet. Ist nach Einstellung auf gleiche Helligkeit h die Höhe der einen Flüssigkeit, h' diejenige der anderen, p das Absorptionsvermögen der einen, p' der zweiten Flüssigkeit, so ist

$$p : p' = h' : h,$$

d. h. das Licht-Absorptionsvermögen einer gefärbten Flüssigkeitsschicht ist umgekehrt proportional ihrer Schichentdicke."

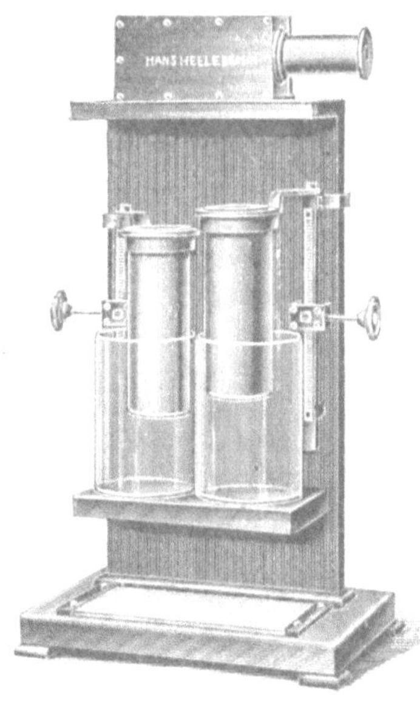

Fig. 4.

Ähnlich, aber einfacher konstruiert ist das **Kolorimeter von Wolff,** bei welchem die Höhe der gefärbten Flüssigkeitssäule durch Ablaufenlassen der Flüssigkeit geändert wird. Krüß (11) hat später dann das Photometerprinzip von Lummer und Brodhun (12) in die kolorimetrische Methodik eingeführt. Die verschieden hellen Gesichtsfelder liegen hier konzentrisch zueinander, und es wird dadurch eine größere Genauigkeit in der Ablesung erzielt. Die Abbildung Fig. 4 zeigt das von Laurent abgeänderte Duboscqsche Kolorimeter, das mit optischem Würfel nach Lummer-Brodhun versehen ist.

Dem Duboscqschen Kolorimeter mit Lummer-Brodhunschem Prismenpaar ist nachgebildet das **Diaphanometer von J. König** (5) (s. o.). Mit diesem Instrument kann gleichzeitig Farbentiefe und Trübungsgrad von Flüssigkeiten ermittelt und auf ein einheitliches Maß, d. h. auf das der Lichtdurchlässigkeit für weißes Licht zurückgeführt werden. Durch Einschaltung farbiger Gläser wird die Lichtdurchlässigkeit in Rot und Grün ähnlich wie beim Weberschen Photometer bestimmt und der Quotient $\frac{\text{Grün}}{\text{rot}}$ ermittelt. Als Maß für die Lichtdurchlässigkeit werden verschiedene Rauchgläser benutzt, deren Lichtdurchlässigkeit genau bekannt ist. (Näheres s. in der Originalarbeit.) Das Diaphanometer kann auch zu gewöhnlichen kolorimetrischen Bestimmungen benutzt werden.

Krüß hat ferner die Methode der Kolorimetrie durch Polarisation eingeführt. Zur Einstellung auf gleiche Helligkeit wird hier nicht die Schichthöhe der Lösungen meßbar veränderlich gemacht, sondern es wird eine **Polarisationsvorrichtung** angebracht. Bei ungleicher Helligkeit bilden sich Farbenunterschiede in den 4 Gesichtsfeldern des Instrumentes (je zwei über Kreuz liegende haben gleiche Farbe und Helligkeit) aus, gegen welche das Auge empfindlicher ist als gegen Helligkeitsunterschiede. (Näheres s. unter (10).)

Der allgemeineren Anwendung der Kolorimeter stellt sich hauptsächlich ihr ziemlich hoher Preis hindernd in den Weg *).

3. Prüfung auf Geruch.

Um die riechbaren Stoffe gut erkennbar zu machen, erwärmt man 100—200 ccm Wasser auf 40—60° in einer weithalsigen Flasche. Nicht unzweckmäßig ist es dabei, die Öffnung der Flasche mittels eines mäßig fest aufgesetzten neuen Korkens zu verschließen, welchen man erst unmittelbar vor der Geruchsprüfung entfernt. Die durch das Erwärmen frei gewordenen Riechstoffe können dann nicht vor der Untersuchung entweichen. Zur Unterscheidung, ob das Auftreten eines etwaigen fauligen Geruches durch Schwefelwasserstoff bedingt ist, fügt man eine Lösung von Kupfervitriol (Kupfersulfat) hinzu; hierdurch wird der Schwefelwasserstoff an Kupfer gebunden, da

$$H_2S + CuSO_4 = CuS + H_2SO_4 .$$

Die Verwendung von Bleiacetat zu gleichem Zwecke ist nicht ratsam, da bei der Reaktion leicht etwas freie Essigsäure auftritt, deren Geruch stört.

Die Geruchsprüfung läßt oft flüchtige Stoffe sicherer erkennen, als es der chemische Nachweis vermag.

4. Prüfung auf Geschmack.

Diese Prüfung wird in allen den Fällen besser unterbleiben, wo es sich um ein von vornherein infektionsverdächtiges Wasser handelt.

*) Lieferanten für Kolorimeter sind u. a. Hans Heele, Berlin O., und Schmidt & Haensch, Berlin S.

Niedrige Temperaturen führen bei Geschmackprüfungen des Wassers zu Täuschungen. Es ist deshalb angezeigt, kleine Proben auf 15—20° zu erwärmen, bevor man die Kostprobe macht. Im allgemeinen ist von dieser Probe wenig Auskunft zu erwarten, insofern es sich nicht um ein brackiges, soleartiges, stark eisenhaltiges oder durch fremdartige Gase verunreinigtes Wasser handelt. Der Mangel an Kohlensäure macht sich in der Regel durch einen faden Geschmack geltend.

Die Empfindlichkeit der Geschmacksprüfungen ist gewöhnlich je nach dem Untersucher verschieden (13).

5. Prüfung auf Temperatur.

Die Prüfung der Temperatur des Wassers hat meistens nur dann Wert, wenn gleichzeitig die zur Zeit der Probeentnahme herrschende Lufttemperatur gemessen wird. In Fällen, wo man aus der Temperatur lediglich auf Mischungsverhältnisse verschiedener Wässer schließen will (z. B. bei Mischung von Abwässern mit Flußwasser, bei Mischung verschiedener Flußwässer) kann die Lufttemperatur unberücksichtigt bleiben. Alle zu Temperaturmessungen benutzten Instrumente sollten vor ihrem Gebrauch — zumal bei vergleichenden und systematischen Untersuchungen — auf ihre Genauigkeit geprüft werden, am einfachsten durch Vergleich mit einem Normalthermometer. Auch die Einstellungsgeschwindigkeit muß bekannt sein. Für genauere Untersuchungen empfehlen sich Thermometer, welche in $^1/_5$ Grade geteilt sind. Die Messung kann bei Thermometern, welche sich schnell einstellen, in der geschöpften Wasserprobe außerhalb der Wasseransammlung (Brunnen, Quelle, Reservoir, Fluß, Teich) vorgenommen werden, doch muß die geschöpfte Wasserprobe eine größere Menge, etwa $1—1^1/_2$ Liter, enthalten und das die Probe enthaltende Gefäß während der Messung vor Erwärmung (Handflächen, Sonnenstrahlen) geschützt werden. Es versteht sich von selbst, daß auch in den Fällen, wo die Temperatur an der geschöpften Probe festgestellt wird, diese Feststellung *unmittelbar nach der Probenahme* erfolgen muß. Will man die Temperatur in dem zu untersuchenden Wasser selbst bestimmen, so wird man sich meistens der **Schöpfthermometer** (Fig. 5) bedienen müssen. Bei solchen Thermometern ist die Quecksilberkugel von einem oben offenen

Gefäß umschlossen, welches sich beim Einsenken des Instruments mit Wasser füllt. Durch mehrmals ausgeführtes ruckweises Anziehen des Thermometers in der gewünschten Wassertiefe sorgt man dafür, daß wirklich Wasser von der betreffenden Stelle eintritt. Zieht man nach Abwarten der Einstellungszeit das Thermometer schnell in die Höhe, so hält sich die Temperatur meist so lange auf der ursprünglichen Höhe, daß die Ablesung keine größeren Fehler ergibt*). Zur exakten Feststellung der Temperatur in größeren Wassertiefen braucht man indessen kompliziertere Instrumente. Am gebräuchlichsten ist das Tiefseethermometer bzw. **Kippthermometer von Negretti und Zamba** (14).

Dieses Thermometer befindet sich in einer Metallfassung, mit welcher es an einer Kette oder dgl. in die gewünschte Wassertiefe eingesenkt wird. Ist diese Tiefe erreicht, so wird durch ein Fallgewicht eine Feder ausgelöst, so daß das Thermometer eine Umdrehung von 180^0 macht. Der Quecksilberfaden reißt ab. Für diese Stellung ist das Thermometer geeicht. Beim Heraufziehen bleibt der Quecksilberstand fixiert, und ein Einfluß seitens anders temperierter Wasserschichten oder der Luft ist ausgeschlossen.

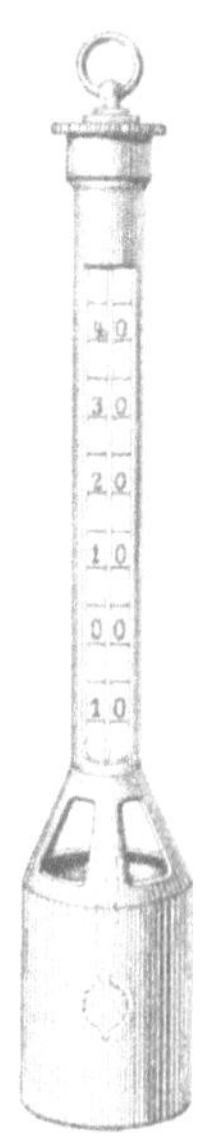

Fig. 5.

Auch die mit der Temperatur wechselnde Leitfähigkeit von Metallen für den elektrischen Strom hat man benutzt, um Temperaturen in großen Tiefen zu messen. Ein auf diesem Prinzip gegründetes Instrument ist das **Thermophone von Warren und Whipple** (15). Den Verfassern fehlen indessen mit diesem Instrumente eigene Erfahrungen.

6. Bestimmung des spezifischen Gewichts.

Von verhältnismäßig untergeordneter Bedeutung für die Beurteilung des Wassers ist gewöhnlich die Bestimmung des spezifischen Gewichtes. Bei natürlichen, selbst verunreinigten Gewässern bewegen sich die Unterschiede zumeist innerhalb Grenzen von Dezimal-

*) Die Trägheit der Instrumente kann auch durch Einschließen des Schöpfgefäßes in einen schlechten Wärmeleiter (z. B Hartgummi) erhöht werden.

stellen, welche für die Beurteilung wenig brauchbar sind. Die gelösten Bestandteile in Abwässern kommen in anderer Weise durch die chemische Untersuchung besser zur Geltung. Nur bei gewissen Abwässern mit starkem Salzgehalt (z. B. Abwässern von Chorkalifabriken) ist die Messung des spez. Gewichtes üblich und für die Beurteilung und Kontrolle wertvoll.

In Fällen, wo die Anwendung dieses Verfahrens erwünscht sein mag, wird man sich eines Pyknometers oder eines fein eingeteilten Aräometers bedienen.

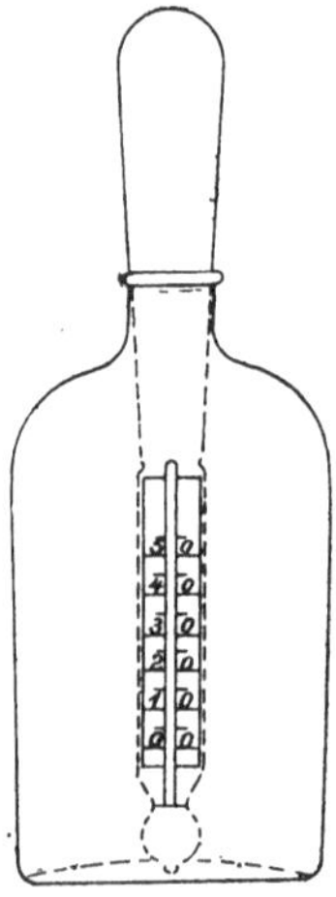

Die Benutzung des **Pyknometers** (Fig. 6) setzt die Einhaltung gleicher Temperaturen bei dem zu prüfenden und dem zum Vergleich dienenden destillierten Wasser voraus. Man füllt zunächst das Instrument mit destilliertem Wasser und bestimmt das Gewicht des Inhaltes, nachdem das an den Glasstopfen angefügte Thermometer keine Veränderungen mehr zeigt. Das Ergebnis zeigt das Gewicht eines bestimmten Volumens (v) an. Hierauf wird das Pyknometer mehrmals mit dem zu prüfenden Wasser ausgespült, hiernach vollständig gefüllt, das Thermometer lose bis zum Eintritt der gleichen Temperatur eingehängt. Sobald dies der Fall ist, wird das Instrument durch Einschieben des Stopfens geschlossen, von anhaftendem Wasser sorgfältig befreit und rasch gewogen und hierdurch das absolute Gewicht des Wassers (p) bestimmt. Der Quotient aus $\frac{p}{v}$ ergibt das spezifische Gewicht des in Untersuchung gezogenen Wassers.

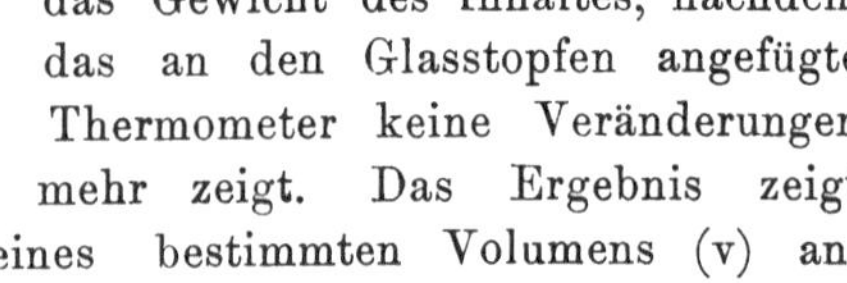

Fig. 6.

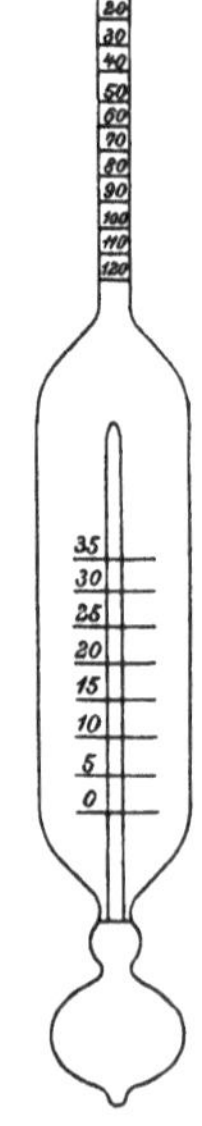

Fig. 7.

Fig. 8.

Bei Wässern, welche reich an flüchtigen Gasen (freier Kohlensäure) sind, verwendet man ein **Pyknometerfläschchen,** welches am Halse eine Ein-

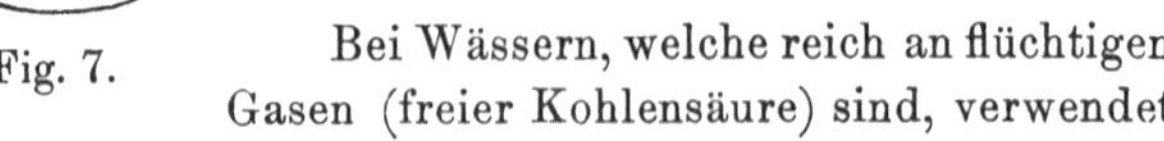

teilung trägt und in einiger Entfernung über derselben durch einen vollkommen dichten Stopfen geschlossen werden kann (Fig. 7). Die Einstellung der beiden Flüssigkeiten auf die gleiche Temperatur bewerkstelligt man vor der jeweiligen Füllung des Instrumentes und verfährt im übrigen wie vorher.

Man kann auch das spezifische Gewicht des Wassers, jedoch weniger genau, mittels eines **Aräometers** (Fig. 8) bestimmen; jedenfalls ist zu fordern, daß die Ablesung der vierten Dezimale ermöglicht ist.

Zur Handhabung desselben füllt man das Wasser in einen Zylinder, dessen Weite eine völlig freie Bewegung des eingesenkten Instrumentes zuläßt. Als Normaltemperatur für die Messung gilt die Temperatur von 15 ° C.

7. Bestimmung des Gasgehaltes.

Wasser enthält fast immer Gase in wechselnden Mengen gelöst. Die hygienisch und technisch bedeutsamsten von ihnen sind: der Sauerstoff, die Kohlensäure und der Schwefelwasserstoff. Der Nachweis und die quantitative Bestimmung dieser Gase wird in dem Kapitel „Chemische Untersuchung des Wassers" abgehandelt werden. Handelt es sich um die Analyse von Gasen, z. B. solchen aus Flußschlamm, Klärschlamm usw. entwickelten, so ist nach den Methoden der Gasanalyse zu verfahren (16).

8. Bestimmung des elektrischen Leitvermögens bzw. Messung des elektrischen Widerstandes (17) (18).

Die Methoden der elektrischen Widerstandsmessung beruhen auf dem Ohmschen Gesetz $J = \frac{E}{W}$, d. h. die Stromstärke ist proportional der elektromotorischen Kraft und umgekehrt proportional dem Leitungswiderstand. Der letztere wird sowohl bei festen Leitern wie bei Lösungen durch die **Brückenmethode von Wheatstone** gemessen (vgl. die Lehrbücher der Physik). Ist der „spezifische Widerstand", d. h. der Widerstand, den ein Würfel von 1 qcm Seitenflächen dem Elektrizitätsdurchgang entgegensetzt = w, so ist der reziproke Wert, nämlich, $\frac{1}{w}$ die „spezifische Leitfähigkeit“ eines Materials. Letztere wird gewöhnlich mit $\varkappa$ bezeichnet. Der Widerstand wird ausgedrückt in Ohm. Als Normaltemperatur für Widerstandsmessungen ist 18° C angenommen worden. $\varkappa_{18}$ bedeutet also die spezifische Leitfähigkeit bei 18° C. Die Leitfähigkeit nimmt bei festen Leitern (Metallen) mit steigender Temperatur zu, bei fast allen Lösungen dagegen ab. Feste Leiter werden im allgemeinen durch den elektrischen Strom nicht verändert, die meisten flüssigen Leiter (Elektrolyte) dagegen elektrolysiert, gespalten, d. h. die von Haus aus elektrisch geladenen Ionen der Elektrolyte wandern zu den entgegengesetzt geladenen Polen der Batterie.

Wasser gibt mit den meisten Salzen, Säuren und Gasen gut leitende Lösungen. Im allgemeinen haben die Lösungen anorganischer Stoffe ein besseres Leitvermögen als die Lösungen organischer Stoffe. Mit steigendem Gehalt an Elektrolyten (steigender Zahl der Ionen) nimmt die Leitfähigkeit einer Lösung zu.

Die Messung der Leitfähigkeit einer Lösung mittels Gleichstroms und Galvanometers ist gewöhnlich nicht angängig, weil die dabei auftretende Polarisation der Elektroden das Ergebnis der Messung fehlerhaft machen würde (der Widerstand würde zu hoch gefunden werden). Man benutzt daher für Einzelbestimmungen den durch eine Induktionsspule mit Neefschem Hammer erzeugten Wechselstrom und zur Kontrolle der Stärke bzw. des Verschwindens des Wechselstroms das Bellsche Telephon (Kohlrausch). Nach Einschaltung eines geeigneten Vergleichswiderstandes (Stöpselrheostaten) verschiebt man den Schleifkontakt auf dem Meßdraht (Brückendraht) (bequemer noch sind die sogenannten Walzenbrücken) so lange, bis das Geräusch im Telephon auf ein Minimum reduziert ist, und liest die Stellung des Schleifkontaktes ab*). Das zu untersuchende Wasser wird entweder in Widerstandsgefäße (es gibt solche von verschiedener Konstruktion (17)) gefüllt, oder man benutzt eine Tauchelektrode (18). Letztere ist

*) Apparate für Widerstandsmessungen liefern u. a. Hartmann und Braun, A.-G., Frankfurt a. M., und Bleckmann und Burger, Berlin N. 24; einen leicht transportablen Apparat für ambulante Messungen fertigt Bosse und Co., Berlin SO.

besonders für ambulante Messungen (S. 347) geeignet. Die Elektroden werden zweckmäßig mit einem Überzug von Platinmohr versehen. Die Anordnung der Apparatur ergibt sich aus Fig. 9. Um die Leitfähigkeit einer Flüssigkeit, z. B. des Wassers, bestimmen zu können, muß die Widerstandskapazität des Meßgefäßes bekannt sein. Dieselbe läßt sich unter Umständen unmittelbar berechnen. Meist wird sie jedoch mittels einer Flüssigkeit von bekanntem Leitvermögen festgestellt (z. B. mit Fünfzigstel-Normal-Chlor-

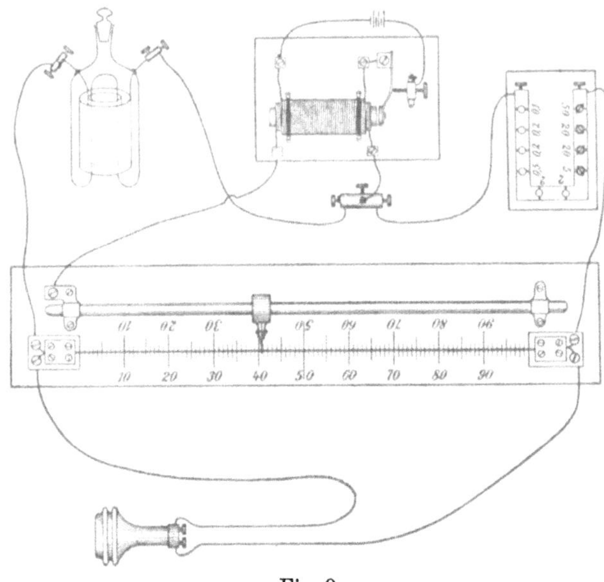

Fig. 9.

kaliumlösung: $\varkappa_{18} = 0{,}002\,399$). Die Kapazität C ist $= \varkappa \,.\, \mathrm{w}$ wobei $\varkappa$ das bekannte Leitvermögen und w der gefundene Widerstand in Ohm ist. Hat man auf diese Weise die Kapazität C für ein bestimmtes Widerstandsgefäß bestimmt, so berechnet sich die Leitfähigkeit einer zu prüfenden Flüssigkeit $\varkappa_1$ (oder x) aus dem Quotienten der bekannten Kapazität und dem gefundenen Widerstand w_1 also $\varkappa_1 = \frac{\mathrm{C}}{\mathrm{w}_1}$. Bei sehr verdünnten Lösungen, wie es die meisten für die Untersuchung in Frage kommenden Wässer sind, ist das spezifische Leitvermögen dem Gehalt an gelöstem Salz nahezu proportional.

Zu beachten ist, daß sowohl die Temperatur der Lösung als auch ihr Gasgehalt (Kohlensäure) einen Einfluß auf das Ergebnis der Messung ausüben. 0,1° Temperaturunterschied verursacht 0,2% Fehler. Zur Berechnung auf die Normaltemperatur sind Korrektionstabellen verwendbar. (Vgl. Pleißner (18).)

Beispiel:

1. Bestimmung der Kapazität des Widerstandsgefäßes. Eine Tauchelektrode (z. B. nach Pleißner) ist in $^1/_{50}$ Normal-Chlorkaliumlösung eingetaucht. Die Temperatur der Lösung beträgt 18,7° C. Als Vergleichswiderstand im Stöpselrheostaten sind 30 Ohm gewählt. Die Länge des ganzen Meßdrahts beträgt 100,0 cm. Das Minimum des Telephongeräusches ist erreicht, wenn der Zeiger des Schleifkontaktes auf der Zahl 40,0 der Meßdrahtteilung steht. Gesucht wird der unbekannte Widerstand, den die in der Tauchelektrode enthaltene $^1/_{50}$ Normal-Chlorkaliumlösung dem Durchgang des elektrischen Stromes bietet Nach dem Prinzip der Wheatstoneschen Brücke ist

$$x : 40,0 = 30 : (100,0 - 40,0)$$

also

$$x = \frac{40,0 \cdot 30}{60,0} = 20 \text{ Ohm}.$$

Daraus würde sich die Kapazität berechnen als $C = 20 \cdot 0,002399$. Die Temperatur der $^1/_{50}$ Normal-Chlorkaliumlösung betrug aber nicht 18,0°, sondern 18,7°. Da für $^1/_{50}$ Normal-Chlorkaliumlösung nach den Angaben von Kohlrausch und Holborn

$$\varkappa_{25} = 0,002768$$

und

$$\varkappa_{18} = 0,002399$$

ist, so beträgt die Korrektur für 0,7° 0,000037; also ist

$$C = 20 \cdot 0,002436 = 0,04872.$$

Da ferner zur Herstellung der $^1/_{50}$ Normal-Chlorkaliumlösung nicht absolut „reines" Wasser genommen wurde, sondern nur das reine destillierte Wasser des Laboratoriums, welches an und für sich schon eine wenn auch geringe Leitfähigkeit besitzt, so muß auch diese — wenigstens für genaue Kapazitätsbestimmungen — in Rechnung gezogen werden.

Bei einer Temperatur von 18,0° und einem Vergleichswiderstand von 1000 Ohm wurde für das benutzte destillierte Wasser das Minimum bei der Stellung 95,1 gefunden, woraus sich ein Widerstand von 19408 Ohm und ein Leitvermögen von 0,00000251 berechnet. Demnach ist die Kapazität des Apparates tatsächlich C = 20 . 0,002439 = 0,04878.

2. Bestimmung der Leitfähigkeit eines Flußwassers. Bei einem Vergleichswidersand von 50 Ohm und einer Temperatur von 18,3⁰ wurde das Minimum bei 49,5 gefunden; demnach berechnet sich

$$w = \frac{49{,}5 \,.\, 50}{50{,}5} = 49{,}0 \text{ Ohm.}$$

Daraus berechnet sich mit Hilfe der bekannten Kapazität des Widerstandsgefäßes (Tauchelektrode)

$$\varkappa = \frac{0{,}04878}{49{,}0} = 0{,}000955$$

oder $9{,}55 \,.\, 10^{-4}$. Eine geringe Abweichung von der Normaltemperatur wie im vorliegenden Beispiel (0,3⁰) kann praktisch gewöhnlich vernachlässigt werden, sonst muß man, wie oben unter I gezeigt, eine Korrektur anbringen. Die Korrektur kann bequemer mit Hilfe besonderer Tabellen berechnet werden (vgl. Pleißner).

9. Bestimmung der Radioaktivität.

Eine Reihe von Wässern, im besonderen natürliche Mineralwässer, enthalten radioaktives Gas, dessen Identität mit der Radiumemanation in vielen Fällen nachgewiesen werden konnte. Durch Schütteln des Wassers wird die Emanation — ähnlich wie die gelöste Kohlensäure — ausgetrieben und die elektrische Leitfähigkeit der mit dem Wasser in Berührung befindlichen Luft erhöht. Zur Zeit ist das bequemste Instrument zur Bestimmung der Radioaktivität eines Wassers das **Fontaktoskop** von **C. Engler und H. Sieveking** (hergestellt von der Firma Günther und Tegetmeyer in Braunschweig*).

Das Fontaktoskop besteht, wie Fig. 10 zeigt, aus einem Elektroskop Exnerscher Konstruktion mit Aluminiumblättchen (bb), welche mit ihren oberen Enden an einem vertikalen Metallstiel T

*) Das Fontaktoskop (in der Modifikation nach Kohlrausch und Loewenthal) kostet als Reiseapparat ausgestattet etwa 100 M.

befestigt sind. Dieser Metallstiel selbst hängt oben in einem isolierenden Bernsteinstopfen und verlängert sich nach unten in den Leitungsdraht, mit dem man bei O den Zerstreuungszylinder Z (oder statt dessen einen Zerstreuungsstab) verbinden kann. Die Blechkanne faßt 10 (oder 2) Liter.

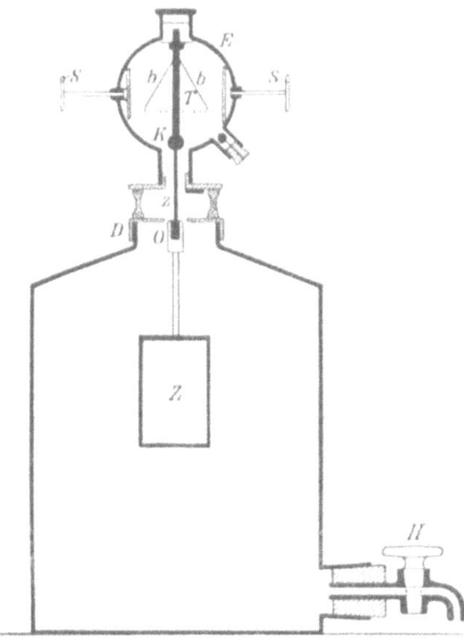

Fig. 10.

Die Vorschrift für die Benutzung des Instruments lautet folgendermaßen:

Das Elektroskop ist mit großer Vorsicht zu behandeln, da die dünnen Blättchen sehr leicht beschädigt werden können. Dem Instrument ist eine Eichtabelle beigegeben, auf Grund welcher sich aus dem Ausschlag der Blättchen die Spannung entnehmen läßt.

Vor Beginn eines Versuches überzeuge man sich davon, daß keinerlei Isolationsmängel vorhanden sind, daß der Bernstein im Elektroskop trocken ist (in sehr seltenen Fällen vorsichtig trocknen mit Hilfe des Natriums in der seitlichen Röhre), daß die Kanne nicht von früheren Messungen her radioaktiv ist; alles dies konstatiert man durch Messung des sogenannten „Normalverlustes“; man erhält denselben in der Weise, daß man das Elektroskop mit angehängtem Zerstreuungszylinder auf die leere Kanne setzt, lädt und den Abfall der Spannung in einer halben Stunde mißt. Zum Anhängen des Zylinders dient der kleine Stift, der in den Mittelbalken des Elektroskopes eingeschraubt werden kann und der den Zylinder mittels Bajonettverschlusses trägt. Das Laden erfolgt nach vorsichtigem Entfernen der Schutzbalken (ss) mit einem kleinen Stäbchen aus Hartgummi oder mit einer Zambonisäule, welch ersteres leicht am Ärmel oder am Haar gerieben wird. Bei feuchtem Wetter oder beim Arbeiten in großer Nähe der Quelle (Badehaus) ziehe man das Hartgummistäbchen jedesmal vor dem Reiben rasch durch die Flamme eines Zündhölzchens, da es sonst nicht genügend isoliert. Das Laden erfolgt nach Aufsetzen des Elektroskopes mit daran hängendem Zylinder auf die Kanne. Unter normalen Verhältnissen soll der Verlust in einer halben Stunde etwa 10 bis 15 Volt betrageu, also auf eine Stunde umgerechnet 20 bis 30 Volt. Während der Bestimmung des Normalverlustes kann gleichzeitig die Entnahme des zu prüfenden Wassers erfolgen; letzere hat mit großer Vorsicht vor sich zu gehen; es ist speziell darauf zu achten, daß nicht Luft durch das Wasser quirlt; dasselbe soll langsam in das Schöpfgefäß einfließen, das Gefäß vorher mit dem Quellwasser gespült werden. Heiße Quellen werden im Wasserbade auf etwa 30 Grad abgekühlt; die Menge des zur Verwendung kommenden Wassers ist abhängig von der Stärke der Quelle; bei starken Quellen genügt $^1/_4$ Liter, bei schwächeren $^1/_2$ bis 1 Liter; darüber entscheidet ein orientierender Vorversuch.

Ist das Wasser hinreichend abgekühlt und die Bestimmung des Normalverlustes beendet, so lasse man das Quellwasser vorsichtig in die Kanne fließen und achte wieder darauf, überflüssiges Luftdurchperlen zu vermeiden; darauf schließe man die Kanne mit dem Gummistopfen sehr exakt und schüttele kräftig eine halbe Minute lang; dann lasse man, falls ein starker Überdruck in der Kanne herrscht, wie dies bei reichem Kohlensäuregehalt der Fall ist, ein entsprechendes Quantum Wasser aus dem unteren Hahn H vorsichtig ab, wobei man die Kanne leicht neigt, damit keine Luft entweichen kann. Nun lüfte man den oberen Stopfen D, befestige den Zerstreuungszylinder Z am Elektroskop E, setze letzteres rasch auf die Kanne, lade bis auf 30 Teilstriche etwa uud beobachte den Abfall der Spannung. Die Beobachtungsdauer ist natürlich abhängig von der Stärke des Quellwassers; man wähle die Versuchsdauer so, daß die Blättchen um etwa 10 ganze Skalenteile zusammengehen. Man wiederhole die Messung rasch ein zweites Mal. Der beobachtete Spannungsabfall wird umgerechnet auf eine Stunde und 1 Liter; dauerte der Versuch 5 Minuten bei $^1/_4$ Liter, so wäre der beobachtete Wert mit $12 \times 4 = 48$ zu multiplizieren.

Das so erhaltene Resultat bedarf, wenn es auf sehr genaue Messungen ankommt, gewisser Korrekturen.

Häufig wird die Aktivität einer Quelle in absoluten elektrischen Einheiten angegeben außer der Angabe des Voltabfalls pro Stunde.

Zur Berechnung genügt die Kenntnis der Kapazität des Apparates, deren Bestimmung zur Eichung des Instrumentes gehört. Zur Umrechnung beachte man, daß 300 Volt gleich einer absoluten elektrostatischen Einheit sind und eine Stunde gleich 3600 Sekunden ist.

Hat man z. B. pro Liter und Stunde einen Abfall von 8400 Volt gefunden, und ist die Kapazität = 13,5 cm, so ist die abfließende Elektrizitätsmenge pro Sekunde (Stromstärke)

$$\frac{8400}{300} \cdot \frac{13,5}{3600} \text{ Einheiten.}$$

Da dieser Wert unbequem klein wird, selbst für eine starke Quelle, bei der 8400 Volt gefunden wurden, so multipliziert man ihn noch mit 1000. Die so erhaltenen Zahlen bilden das von Mache vorgeschlagene Maß der Radioaktivität von Quellen.

Wegen weiterer Einzelheiten der Untersuchung vgl. die angezogene Literatur.

II. Die chemische Untersuchung des Wassers und Abwassers.

Es kann nicht die Aufgabe dieses Leitfadens sein, die zum chemischen Arbeiten notwendigen Handgriffe und Grundmethoden zu schildern. Diese müssen als bekannt vorausgesetzt werden und sind auch streng genommen nur praktisch zu erlernen. Wer sich über diese Dinge theoretisch näher unterrichten will, muß größere Werke (20) zur Hand nehmen. Die für die gewöhnliche chemische Wasseruntersuchung notwendige Laboratoriumseinrichtung ist verhältnismäßig einfach. In Fig. 11 sind die für die Wasseranalyse am häufigsten gebrauchten Gerätschaften abgebildet. Daß daneben noch die in jedem chemischen Laboratorium vorhandenen größeren Apparate (analytische Wage, Trockenschrank, Wasserbäder usw.) benötigt werden, ist selbstverständlich.

1. Bestimmung der Reaktion.

Folgende **Indikatoren** sind in der Wasseranalyse zur Prüfung der Reaktion gebräuchlich:

Lackmus bzw. der färbende Bestandteil des Lakmus, Azolithmin,
Phenolphthalein,
Rosolsäure,
Methylorange („Lunges Indikator"),
Alizarin,
Jodeosin, auch Erythrosin genannt.

Je nach der vorhandenen Reaktion zeigen die Lösungen dieser Stoffe folgende Farbe:

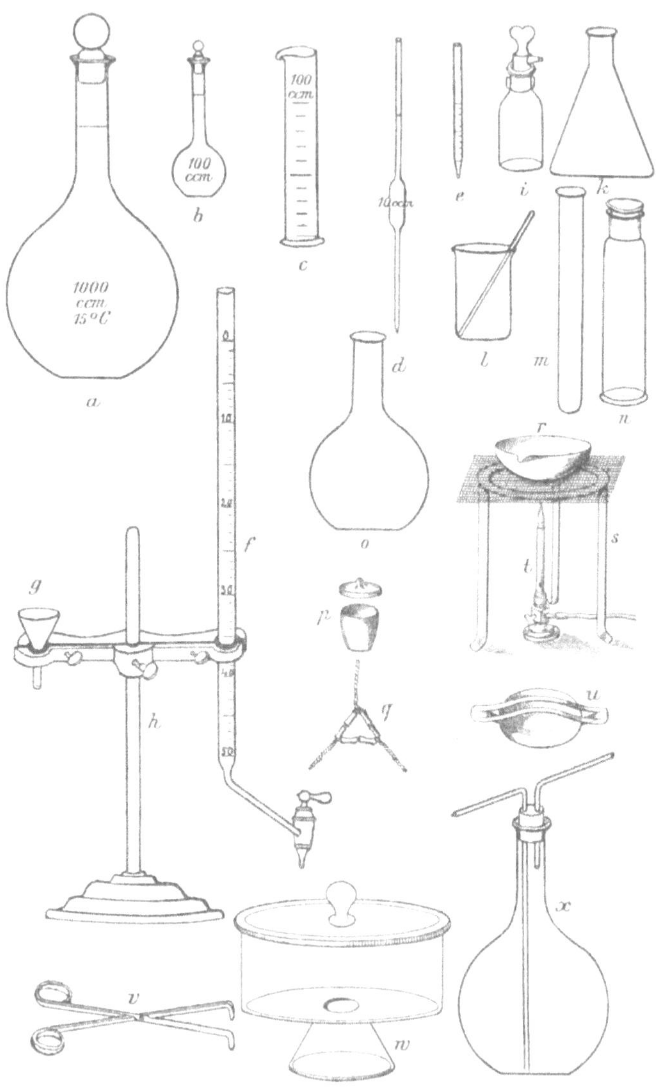

Fig. 11.

a Meßkolben zu 1 Liter. b Meßkölbchen zu 100 ccm. c Meßzylinder zu 100 ccm. d Vollpipette zu 1 ccm. e Kleine Meßpipette zu 1 ccm. f Glashahn-Bürette, 50 ccm Inhalt. g Trichter. h Stativ. i Tropffläschchen (für Indikatoren). k Erlenmeyerkolben. l Becherglas mit Glasstab. m Reagenzglas. n Standgefäß zum Absitzenlassen von Niederschlägen. o Rundkolben. p Porzellantiegel. q Tondreieck. r Porzellanschale. s Dreifuß mit Drahtnetz. t Bunsenbrenner mit Sparflamme. u Uhrschälchenapparat. v Tiegelzange. w Exsikkator. x Spritzflasche.

Indikator	Bei neutraler Reaktion	Bei alkalischer Reaktion	Bei saurer Reaktion
Lackmus	violett	blau	rot
Phenolphthalein	farblos	intensiv rot	farblos
Rosolsäure	schwach gelb	rosarot	gelb
Methylorange	orangerot	gelb	rot (Mineralsäure)
Alizarin	rotbraun	rot	gelb
Jodeosin	rosa	kirschrot	orangefarben

Man wendet die genannten Indikatoren in folgenden Lösungen an:

Lackmus.

Als Lackmustinktur, für deren Herstellung aus dem Lackmusfarbstoff verschiedene Vorschriften bestehen. Es empfiehlt sich, die Lackmustinktur fertig zu beziehen. Lackmustinktur nach Kubel und Tiemann liefert u. a. C. A. F. Kahlbaum, Chemische Fabrik, Berlin SO. in anerkannt guter Qualität. Die Vorschrift von Kubel-Tiemann lautet:

1. Der gepulverte, käufliche Lackmusfarbstoff wird wiederholt mit heißem destillierten Wasser behandelt. Die wäßrigen Auszüge werden behufs Zersetzung der darin vorhandenen Karbonate (Kaliumkarbonat) mit Essigsäure gelinde übersättigt und auf dem Wasserbade bis zur Konsistenz eines dicken Extraktes, keineswegs aber bis zur Trockenheit eingedampft. Den schwer flüssigen Rückstand verdünnt man allmählich mit 90proz. Alkohol, bringt das Gemisch in einen Kolben und fügt eine reichliche Menge 90proz. Alkohols hinzu. Es wird dadurch der gegen Säuren und Basen äußerst empfindliche Farbstoff gefällt, während ein weniger empfindlicher roter Farbstoff und Kaliumazetat in Lösung gehen. Man filtriert und wäscht mit Weingeist aus. Der zurückbleibende Farbstoff wird in destilliertem Wasser unter Erwärmen gelöst und die Lösung filtriert.

2. Die Bereitung der obigen Tinktur nimmt einige Zeit in Anspruch. Etwas rascher kommt man zum Ziele, erhält aber auch eine etwas weniger empfindliche und haltbare Lackmustinktur, wenn man aus den zerkleinerten Lackmusstücken zunächst den weniger empfindlichen Farbstoff mit Alkohol von 85 Volumprozenten entfernt und, sobald die alkoholischen Auszüge nur noch schwach violett gefärbt erscheinen, den Rückstand mit destilliertem Wasser behandelt, wobei der in Weingeist unlösliche, empfindliche Farbstoff in Lösung geht, gleichzeitig aber auch etwas kohlensaures Kalium gelöst wird. Die abfiltrierte Flüssigkeit erscheint bei dem Verdünnen mit wenig Wasser violett und wird durch stärkeres Verdünnen rein blau.

Ein Teil der konzentrierten Auflösung des blauen Pigments wird mit destilliertem Wasser verdünnt und so lange tropfenweise mit sehr verdünnter Säure (1 bis 2 Tropfen verdünnte Schwefelsäure auf 200 ccm Wasser) versetzt, bis die blaue Färbung der Lösung in eine weinrote übergegangen ist. Darauf stellt man mit Hilfe der konzentrierten Auflösung die blaue Färbung der Flüssigkeit wieder her und bewahrt die letztere bei Luftzutritt in einer mit einem Baumwollstopfen verschlossenen Flasche auf, weil die Lösung sonst durch Reduktion mißfarbig wird.

In ausgedehntem Maße wird Lackmus in Form des Lackmuspapiers verwendet, gewöhnlich in Form des blauen oder des roten, oder auch zusammen als sog. „Duplitestpapier“ (Helfenberg). Es ist in gut verschlossenen Behältern aufzubewahren.

Azolithmin.

Man löst 1 g Azolithmin in 100 ccm schwach alkalischen Wassers und bringt die blaue Lösung mit Oxalsäure vorsichtig auf den richtigen Farbenton. Die Lösung ist nicht empfindlicher, aber haltbarer als Lackmustinktur.

Phenolphtalein.

Man löst 1 g reines Phenolphtalein in 100 ccm 96 proz. Alkohols.

Rosolsäure.

Man löst 0,5 g Rosolsäure in 50 ccm Alkohol und fügt 50 ccm destilliertes Wasser hinzu. Als Reagens auf freie Kohlensäure (s. S. 42) ist der Indikator in anderer Weise herzustellen.

Methylorange.

Man löst 0,1 oder 0,05 g Methylorange in 100 ccm destillierten Wassers.

Alizarin.

Man löst 0,25 oder 0,5 g Alizarin in 100 ccm Alkohol.

Jodeosin.

1 g gereinigtes Jodeosin wird in 500 ccm 96 proz. Alkohols gelöst. Die Anwendung des Farbstoffs als Indikator wird erst möglich beim Schütteln mit Äther. Man kann daher auch den Indikator unmittelbar in säurefreiem wasserhaltigen Äther lösen und größere Mengen (10—20 ccm) dieser Lösung als Indikator verwenden.

Phenolphtalein, Lackmus und Rosolsäure sind nicht anwendbar zur Titrierung ammoniakalischer Flüssigkeiten, Methylorange ist nicht brauchbar bei Anwesenheit organischer Säuren und schwefligsaurer Salze. In heißen Lösungen leidet die Empfindlichkeit des Methylorange. Man tut deshalb gut, diesen Indikator nur in der Kälte anzuwenden.

Rosolsäure empfiehlt sich zur Titrierung schwächerer, speziell organischer Säuren, desgl. Phenolphtalein.

Verhalten der genannten Indikatoren zu freier Kohlensäure und zu Bikarbonaten.

Im allgemeinen reagiert die freie Kohlensäure auf die üblichen Indikatoren schwach sauer, die doppeltkohlensauren Salze neutral und die Monokarbonate (neutralen Karbonate) alkalisch.

So färbt freie Kohlensäure blaues Lackmuspapier weinrot, entfärbt schwach rot gefärbtes Phenolphtalein und färbt rote Rosolsäurelösung gelb. Methylorange wird dagegen von freier Kohlensäure fast gar nicht beeinflußt. Man benutzt es daher bei der Bestimmung des Alkalinität der Wässer und zur Ermittelung des Gehaltes des Wassers an Bikarbonaten („Temporäre Härte").

Bikarbonate reagieren — z. T. wohl infolge einer Dissoziation in Monokarbonate und Kohlensäure — auf Lackmus, Rosolsäure und Alizarin alkalisch.

Die Indikatoren sind selbst entweder schwach sauer oder schwach alkalisch. Bei der Neutralisation entstehen die entsprechenden Farbenänderungen. Die Wirkung der Indikatoren wird bekanntlich mit Hilfe der Dissoziationstheorie erklärt. Näheres über Indikatoren s. bei Glaser (21).

Ausführung der Prüfung der Reaktion.

Man bestimmt die Reaktion eines Wassers gewöhnlich dadurch, daß man je einen roten und einen blauen Streifen von Lackmuspapier 5—10 Minuten zur Hälfte in ein mit dem zu untersuchenden Wasser gefülltes Schälchen eintauchen läßt und erst dann die eingetretene Verfärbung feststellt.

2. Bestimmung des Säuregrades.

(Abgesehen von Kohlensäure bzw. flüchtigen Säuren.)

Im Trinkwasser kommen außer der Kohlensäure andere freie Säuren nicht oft vor.

Ausführung der Bestimmung.

100—200 ccm Wasser werden zum Sieden erhitzt und unter Benutzung von Lackmustinktur, Azolithminlösung oder Phenolphtalein als Indikator mit $^1/_{10}$ Normallauge bis zum Farbenumschlag titriert. Verwendet man Methylorange als Indikator, so wird die Kohlensäure ausgeschaltet, und die Titration kann in der Kälte erfolgen. Doch läßt sich der Säuregrad bei Anwendung von Methylorange scharf nur hinsichtlich der Mineralsäuren bestimmen. Etwaige flüchtige Säuren müssen zuerst durch Destillation, eventuell mittels Wasserdampfes entfernt und im Destillat bestimmt werden.

3. Bestimmung der Alkalinität.

Unter **Alkalinität** eines Wassers begreift man die Summe der an Kohlensäure gebundenen Alkalien, des Kalkes und der Magnesia sowie etwaiger freier Alkalien im Wasser oder Abwasser.

Ausführung der Bestimmung.

100 oder 200 ccm des zu untersuchenden Wassers werden zur Abscheidung etwa unlöslich gewordener Erdalkalien filtriert, mit einigen Tropfen Methylorange versetzt und mit $^1/_{10}$ Normal-Salzsäure bis zum Farbenumschlag in der Kälte titriert. Oder man versetzt die Wassermenge mit einem Überschuß von $^1/_{10}$ Normal-Schwefelsäure, erhitzt bis zum Sieden und titriert unter Benutzung von Lackmus oder Azolithmin als Indikator mit $^1/_{10}$ Normallauge. Nach dem Vorschlage von Winkler sollte man bei natürlichen Wässern statt „Alkalinität" „Temporäre Härte" sagen und die Alkalinität daher in Härtegraden ausdrücken. Die Alkalinität ist ferner identisch mit dem **„Säurebindungsvermögen"** (Weigelt) natürlicher Oberflächenwasser.

Berechnung (für 2 und 3).

Der Säuregrad (Azidität) bzw. die Alkalinität wird ausgedrückt in der Anzahl von Kubikzentimenter Normallauge bzw. Normalsäure, welche für den Liter Wasser verbraucht worden sind.

Beispiel: 200 ccm Wasser wurden mit 10 ccm $^1/_{10}$ Normal-Schwefelsäure versetzt, erhitzt und unter Zusatz von Azolithmin als Indikator mit $^1/_{10}$ Normal-Natronlauge zurücktitriert. Die beiden Normallösungen (s. u.) waren vollständig aufeinander eingestellt. Es wurden verbraucht: 6,3 ccm Normalnatronlauge.

Demnach hatten 200 ccm Wasser 3,7 ccm $^1/_{10}$ Normalsäure benötigt, d. s. für einen Liter 18,5 ccm. Die Alkalinität betrug daher 1,9 ccm Normalsäure.*)

Anhang: Normallösungen.

Bei der Maßanalyse benutzt man neben empirischen Maßflüssigkeiten (vgl. z. B. die maßanalytische Chlorbestimmung) mit Vorliebe sogenannte „Normallösungen". Normallösungen sind Lösungen, welche die einem Atom Wasserstoff äquivalente Menge der betreffenden Substanz in Gramm (Äquivalentgewicht) in einem Liter enthalten. Enthalten sie z. B. nur $^1/_{10}$ oder $^1/_{100}$ der äquivalenten Menge, so heißen die Lösungen $^1/_{10}$ oder $^1/_{100}$ Normallösungen, enthalten sie z. B. die doppelte äquivalente Menge, so heißen sie Doppelnormallösungen u. s. f.

Die äquivalente Menge einer chemischen Substanz bzw. ihr Äquivalentgewicht ist gleich dem Molekulargewicht, dividiert durch die (auf Wasserstoff als Einheit bezogene) Wertigkeit. Beispiele s. in Tabelle S. 38.

Ein Liter Normalsäure wird durch einen Liter Normallauge gerade neutralisiert, ein Liter Normaloxalsäure durch einen Liter Normalkaliumpermanganat (in saurer Lösung) in Kohlensäure und Wasser zerlegt, das Silber eines Liters Normalsilbernitratlösung durch einen Liter Normalkochsalzlösung genau als Chlorsilber ausgefällt usw.

Die Normallösungen können bisweilen so hergestellt werden, daß man die erforderliche Menge der betreffenden chemischen Substanz genauestens abwiegt und zu einem Liter in destilliertem Wasser von 15° C löst (Silbernitrat, Kochsalz, Oxalsäure). Vielfach muß man aber zunächst eine größere Menge als notwendig ungefähr abwiegen oder abmessen, lösen bzw. ver-

*) Diese 1,9 ccm Normalsäure würden 76 mg SO_3 (Schwefelsäureanhydrid) entsprechen. Nach der von Weigelt eingeführten Art der Bezeichnung hätte also das Wasser das „Säurebindungsvermögen" 76.

Name der Verbindung	Formel	Molekular-gewicht	Wertig-keit	Äquivalent-gewicht
Kochsalz	NaCl	58,46	1	58,46
Silbernitrat	$AgNO_3$	169,89	1	169,89
Salzsäure	HCl	36,47	1	36,47
Soda (Natrium-karbonat)	Na_2CO_3	106,00	2	53,0
Natriumhydrat	Na(OH)	40,01	1	40,01
Schwefelsäure	H_2SO_4	98,09	2	49,05
Oxalsäure	$C_2H_2O_4 + 2(H_2O)$	126,048	2	63,024
Kaliumpermanganat	$KMnO_4$	158,03	5	31,61
Calciumoxyd	CaO	56,09	2	28,05

dünnen und den Gehalt der Lösung maßanalytisch feststellen (Bestimmung des „Titers“ der Lösung). Sodann berechnet man, wie viel destilliertes Wasser noch zugegeben werden muß, damit eine Normallösung entsteht.

Beispiel: Es bestehe die Aufgabe, eine Normalschwefelsäure herzustellen, d. h. eine Lösung, welche 49,05 g wasserfreie Schwefelsäure im Liter enthält.

Es werden ungefähr 60 g reinster konzentrierter Schwefelsäure in einem Kölbchen oder Becherglas abgewogen und unter Kühlung in destilliertes Wasser vorsichtig eingegossen und gemischt. Nachdem die Temperatur der Mischung sich anf etwa 15° C eingestellt hat, wird die Lösung zu etwas mehr als einem Liter aufgefüllt (z. B. zu etwa 1100 ccm) und gründlich durchgemischt. Von der Mischung titriert man 25 ccm mit Normalnatronlauge. Angenommen, es würden zur Neutralisation dieser 25 ccm 28,8 ccm Natronlauge gebraucht, so enthielte die Lösung nicht 49,05 g Schwefelsäure im Liter sondern, $0{,}04905 \times 28{,}8 \times 40 = 56{,}5$ g. Es sind dann nach dem Ansatz $1000 : 49{,}05 = x : 56{,}5$ 1000 ccm der Lösung auf 1152 ccm aufzufüllen, um eine Normalschwefelsäure zu erhalten. Man mißt also von der noch mehr als 1 Liter betragenden Lösung genau einen Liter ab, setzt demselben 152 ccm destilliertes Wasser zu und mischt gründlich durch.

Vereinfachen kann man sich unter Umständen die Darstellung von Normallösungen etwas, wenn man sich bestimmter Hilfstabellen*) bedient. Man bestimmt dann von einer konzentrierteren Lösung, welche durch Verdünnen auf eine Normallösung gebracht werden soll, unter Innehaltung

*) Vgl. Küster, Logarithmische Rechentafeln für Chemiker, Pharmazeuten, Mediziner und Physiker. 9. Aufl. 1909 (Leipzig, Veit u. Co.), S. 47.

der Temperatur von 15° das Volumgewicht mit einer Genauigkeit von etwa einer Einheit der 4. Dezimale. Die Tabellen geben dann an, auf wie viel Volum ein Volum der untersuchten Lösung zu verdünnen ist, bzw. wie viel ccm auf 1 Liter aufzufüllen sind, um eine Normallösung zu erhalten. Das Verfahren gibt Lösungen, die auf Zehntelprozente richtig sind. Bei den azidimetrischen und alkalimetrischen Methoden geht man nicht von einer Normalnatronlauge als Urmeßflüssigkeit aus, sondern von einer Normalsodalösung, weil diese genauer herzustellen ist. Von der Reinheit des verwendeten Natriumkarbonats muß man sich durch qualitative Reaktionen (Prüfung auf Chor- und Schwefelsäuregehalt) überzeugen, oder man wählt als Ausgangspunkt das im Handel in sehr reinem Zustande vorhandene Natriumbikarbonat ($NaHCO_3$), welches man durch Erhitzen in einer Platinschale bis zur kaum sichtbaren Rotglut in Natriumkarbonat überführt. Man kann zu Titrationszwecken ebensogut Kalilauge wie Natronlauge nehmen. Im allgemeinen wird aber angenommen, daß die Kalilauge beim Aufbewahren das Glas der Flaschen weniger angreift. Karbonathaltig sind meist beide Produkte, ein Punkt, auf welchen man unter Umständen wegen der Empfindlichkeit einzelner Indikatoren gegen Kohlensäure (s. o.) wird Rücksicht zu nehmen haben. Normallösungen sollten tunlichst immer mit Hilfe desjenigen Indikators eingestellt werden, mit welchem zusammen sie in der Praxis angewandt zu werden pflegen, da mit verschiedenen Indikatoren geprüft, der Neutralpunkt einer Lösung nicht immer der gleiche ist.

4. Bestimmung der Kohlensäure.

A. Allgemeine Bemerkungen.

Die bisher üblichen Vorstellungen über die verschiedenen Zustände, in welchen sich die Kohlensäure im Wasser findet, bedürfen nach den neueren Anschauungen über die Natur wäßriger Lösungen einer gewissen Modifikation (22). Die auch zurzeit aus praktischen Gründen noch vielfach geübte Einteilung ist die in „ganz gebundene Kohlensäure“, d. h. einfachkohlensaure Salze (Monokarbonate), z. B. $CaCO_3$, „halb gebundene Kohlensäure“, d. h. solche, welche sich locker den einfachkohlensauren Salzen addiert, z. B.

$$CaCO_3 + H_2CO_3 = Ca(HCO_3)_2$$

zu doppeltkohlensauren Salzen (Bikarbonaten, Hydrokarbonaten), und „freie Kohlensäure“, d. h. der Rest der Kohlensäure, welcher nicht an Basen gebunden ist.

Die Kohlensäure kommt im natürlichen Wasser, hauptsächlich an Kalk und Magnesia gebunden, gewöhnlich als Hydrokarbonat vor, da die einfachkohlensauren Erdalkalien wenig löslich sind; daneben als freie Kohlensäure.

Nach physikalisch-chemischen Anschauungen sind die Salze, Säuren und Basen in verdünnten wäßrigen Lösungen mehr oder weniger elektrolytisch gespalten, dissoziiert.

Praktisch können die Hydrokarbonate als völlig dissoziiert, die freie Kohlensäure dagegen (als schwache Säure) als undissoziiert angesehen werden, d. h. es ist z. B. gespalten der kohlensaure Kalk in Ca¨-Ion und HCO_3'-Ion. Der Begriff der „gebundenen + halbgebundenen" Kohlensäure deckt sich also praktisch mit dem Begriff der „Hydrokarbonat-Ionen". Neben diesen ist nur von Bedeutung die freie Kohlensäure (CO_2), die im Wasser wohl vorwiegend in der Form des Kohlensäurehydrats, H_2CO_3, enthalten sein dürfte.

In den gewöhnlichen natürlichen Wässern kommen fast ausschließlich kohlensaure Erdalkalien vor, hier spielen also nur die Hydrokarbonat-Ionen und die freie Kohlensäure eine Rolle; in Mineralwässern, Abwässern u. dgl. kommen aber auch Karbonate der Alkalien vor, ja die Menge der „festgebundenen" Kohlensäure kann hier mehr als die Hälfte der Gesamtkohlensäure betragen. Solche Wässer können natürlich keine freie Kohlensäure enthalten, ja sie reagieren vielfach gegen Phenolphtalein alkalisch, indem die sich neben Hydrokarbonat-Ionen (HCO_3') findenden Karbonat-Ionen (CO_3'') unter Hydrolyse z. Teil in Hydrokarbonat-Ionen übergehen, wobei es zu einer der OH-Konzentration entsprechenden alkalischen Reaktion kommt

$$CO_3 + H_2O = CO_3H + OH.$$

Monokarbonate (Karbonat-Ionen) und freie Kohlensäure (CO_2) schließen sich also aus, dagegen kann neben Monokarbonat (Karbonat-Ionen) Bikarbonat (Hydrokarbonat-Ionen) vorhanden sein. Die Erfahrung lehrt auch, daß dort, wo für die Bindung der freien Kohlensäure genügend Kalk und Magnesia vorhanden ist, das Grundwasser frei oder wenigstens arm an freier Kohlensäure ist, d. h. harte Wässer enthalten häufig keine freie Kohlensäure, weiche dagegen meist in mehr oder minder erheblichem Maße.

Werden bei einer Wasseranalyse sämtliche Metalle (Kationen) quantitativ bestimmt, wie das bei Mineralwasseranalysen regelmäßig, bei der Untersuchung gewöhnlicher Trink- und Gebrauchswässer seltener geschieht, und hat man ferner die Menge der vorhandenen Reste der stärkeren Säuren (Anionen), meist nur SO_4, NO_3 und Cl, durch die Analyse kennen gelernt, so genügt eine Bestimmung der Gesamtkohlensäure des frisch geschöpften Wassers, um die Menge an Hydrokarbonat und eventuell an freier Kohlensäure zu berechnen. Man bildet nämlich die Summe der Äquivalente der gefundenen Kationen, zieht von dieser Summe die Summe der starken Anionen ab und findet in der Differenz dann die Kohlensäureanionen (Hydrokarbonat-Ionen, HCO_3'). Zieht man diese Menge von der als Gesamtkohlensäure gefundenen ab, und bleibt dabei ein Rest, so besteht derselbe aus freier Kohlensäure (CO_2).

Beispiel: (Koburger Mariannenquelle. Vgl. Deutsches Bäderbuch S. 9.)

Die Analyse habe ergeben:

	mg im Liter	mg-Äquivalente*)
Kalium ($K^{\cdot}$)	6,083	0,1554
Natrium ($Na^{\cdot}$)	19,180	0,8323
Calcium ($Ca^{\cdot\cdot}$)	107,700	5,3730
Magnesium ($Mg^{\cdot\cdot}$) . . .	55,510	4,5580
	Summe:	10,9187

ferner:

NO_3'	59,050	0,9517
Cl'	33,180	0,9361
SO_4''	67,270	1,4010
	Summe:	3,2888
Gesamtkohlensäure, berechnet als HCO_3' (Hydrokarbonat)	514,400	8,433

Kationen	10,9187	mg-Äquivalente
Starke Anionen . . .	3,2888	„ „
Differenz =	7,6299	

ist als Hydrokarbonat zu rechnen.

*) Berechnet durch Division der gefundenen mg mit dem entsprechenden Äquivalentgewicht.

Gefunden sind aber 514,4 mg, entsprechend 8,433 mg-Äquivalenten HCO_3'; demnach ist freie Kohlensäure vorhanden

$$\begin{array}{r} 8{,}433 \\ -\ 7{,}630 \\ \hline \end{array}$$

entsprechend 0,803 mg Äquivalenten Hydrokarbonat.

Auf mg CO_2 umgerechnet, ergibt das 0,803 . 44 = 35,33 mg freie Kohlensäure im Liter Wasser.

Die freie Kohlensäure ist im Wasser sehr löslich, desgleichen die Hydrokarbonate. Beim Erwärmen des Wassers entstehen aus den Hydrokarbonaten Monokarbonate, welche als fast völlig unlöslich ausfallen (Trübung des Wassers)*). Der Vorgang wird durch folgende Gleichung veranschaulicht:

$$Ca(HCO_3)_2 = CaCO_3 + CO_2 + H_2O.$$

B. Freie Kohlensäure.

a) Qualitativer Nachweis der freien Kohlensäure (23) nach v. Pettenkofer.

50—100 ccm des zu prüfenden Wassers werden in einem Kölbchen mit 5—10 Tropfen einer alkoholischen Rosolsäurelösung (0,2 g Rosolsäure in 100 ccm 80 vol.-proz. Alkohol gelöst, mit Barytwasser neutralisiert) versetzt. Bei Gegenwart von freier Säure wird die Flüssigkeit gelb. Beim Ausschluß anderer Säuren ist dadurch freie Kohlensäure nachgewiesen. Nach Klut ist der gelbe Farbenton erst deutlich sichtbar, wenn der Gehalt an freier Kohlensäure 8 mg im Liter Wasser übersteigt. Geringere Mengen freier Kohlensäure können mit dieser Methode auch dann nicht nachgewiesen werden, wenn gleichzeitig reichlich Bikarbonate vorhanden sind, da die Alkaleszenz der letzteren (vgl. S. 35) den Umschlag des Indikators ins Gelbe verhindert.

b) Quantitativer Nachweis der freien Kohlensäure nach Trillich (24).

Zu 100 ccm des zu untersuchenden Wassers gibt man in einem Erlenmeyerkölbchen 10 Tropfen Phenolphtaleinlösung.

*) Ein Liter kohlensäurefreies Wasser löst aber immerhin noch 34 mg $CaCO_3$ und 118 mg $MgCO_3$.

Über einer weißen Unterlage setzt man der Flüssigkeit eine Natronlauge zu, die so eingestellt ist, daß jeder ccm 1 mg CO_2 anzeigt (0,909 g reines Ätznatron in 1 Liter destillierten Wassers). Es wird so viel Lauge hinzugegeben, daß die Flüssigkeit deutlich rot bleibt. Der Versuch wird wiederholt, indem man die erstermittelte Laugenmenge nahezu auf einmal zusetzt und dann unter Umschütteln fertig titriert.

Die Reaktion verläuft nach der Gleichung:

$$Na(OH) + CO_2 = NaHCO_3.$$

Die Anzahl der verbrauchten ccm Natronlauge multipliziert mit 10 gibt mg freie Kohlensäure in 1 Liter Wasser an.

Statt der Natronlauge kann man auch eine $^1/_{10}$ Normal-Sodalösung benutzen.

Die Reaktion verläuft dann nach folgender Gleichung:

$$Na_2CO_3 + CO_2 + H_2O = 2\,NaHCO_3.$$

1 ccm $^1/_{10}$ Normal-Sodalösung entspricht 2,2 mg CO_2.

Hinsichtlich der Genauigkeit der Trillichschen Methode sind in neuester Zeit Bedenken geäußert worden, welche aber ungerechtfertigt zu sein scheinen (25).

Bisweilen kommt es vor, daß das Wasser schon von vornherein sich bei dem Zusatz von Phenolphtalein rot färbt. In solchen Fällen kann natürlich keine freie Kohlensäure vorhanden sein, wenn die Gegenwart anderer alkalisch reagierender Stoffe (Ammoniak) auszuschließen ist.

C. Freie und gebundene Kohlensäure.

a) Qualitativer Nachweis der Kohlensäure überhaupt (auch in gebundener Form).

Zu der Wasserprobe, welche das Gefäß (Flasche) gänzlich oder fast gänzlich erfüllen muß (Ausschluß kohlensäurehaltiger Luft) gibt man mittels Pipette klare Calciumhydratlösung (oder Barymhydratlösung). Die freie Kohlensäure und das Hydrokarbonat werden dann als (annähernd) unlösliches Calcium- (bzw. Baryum-) karbonat als weißliche Trübung ausgeschieden nach den Gleichungen

$$CO_2 + Ca(OH)_2 = CaCo_3 + H_2O$$

und

$$Ca(HCO_3)_2 + Ca(OH)_2 = 2\,CaCO_3 + 2\,H_2O$$

Die an Alkalien gebundene Kohlensäure wird dagegen durch Calciumhydrat bzw. Baryumhydrat allein nicht in Calciumkarbonat (Baryumkarbonat) verwandelt. Man muß daher zur Bindung dieser Kohlensäure noch Calciumchloridlösung (Baryumchloridlösung) hinzugeben.

Dann findet folgende Umsetzung statt:

$$\text{z. B.:}\quad Na_2(CO_3) + CaCl_2 = 2NaCl + CaCO_3$$

Auf diesem Prinzip beruht auch die

b) Quantitative Bestimmung der gesamten Kohlensäure im Wasser nach Fresenius (26).

Aus dem ausgefällten Calciumkarbonat läßt sich die Kohlensäure durch Salzsäure austreiben, worauf sie durch Wägung oder Titrierung bestimmt werden kann. Da Calciumkarbonat in verdünnten Lösungen von Calciumhydrat nicht ganz unlöslich ist, so fällt das Ergebnis etwas zu niedrig (um 10 bis 15 mg CO_2 für das Liter) aus.

Untersuchung des Wassers. Je nachdem das Wasser reich oder arm an Kohlensäure ist, gibt man in eine Kochflasche von ungefähr 300 ccm Inhalt 3, 1 oder 0,5 g Calciumhydrat und bestimmt das Gewicht der so hergerichteten Flasche. Diese wird nunmehr mit dem zu prüfenden Wasser fast völlig gefüllt, und zwar ist dasselbe vorher in einer Kältemischung auf 4—5° abzukühlen und vermittelst eines Hebers überzuführen, um einen Verlust des zu ermittelnden Gases tunlichst zu vermeiden. Durch eine zweite Wägung erfährt man jetzt die Menge des Wassers, welche in Untersuchung genommen wird. Zur Überführung der Alkalikarbonate in Chloride setzt man nun 1 ccm Calciumchlorid hinzu. Die Flasche wird durch einen gut schließenden Kautschukstopfen geschlossen, ihr Inhalt durch öfteres Umschwenken gelöst und auf dem Wasserbade 30—40 Minuten erwärmt, um das ausgefällte amorphe Calciumkarbonat kristallinisch zu bekommen, in welcher Form es sich leichter absetzt. Dabei ist der Stopfen nach Bedarf zu lüften, um die durch Ausdehnung des Flascheninhaltes komprimierte Luft entweichen zu lassen.

Nachdem sich das Calciumkarbonat vollständig abgesetzt hat, gießt man die überstehende klare Flüssigkeit durch ein Filter ab bis auf ein Geringes und gibt das Filter ohne auszuwaschen wieder in die Flasche. An diese wird nunmehr ein Apparat angefügt, vermittelst dessen man die Kohlensäure aus ihrer festen Verbindung austreiben und dann auffangen kann. Die Einrichtung desselben ist nach Tiemann-Gaertner die in Figur 12 dargestellte. Die den Kalkniederschlag enthaltende Flasche B wird mit einem doppelt durchbohrten Kautschukstopfen versehen, welcher einerseits den Kugeltrichter a, an welchen der Kaliapparat A angehängt ist, andererseits das Verbindungsrohr b trägt zum Anschluß der dahinter liegenden Teile des Apparates.

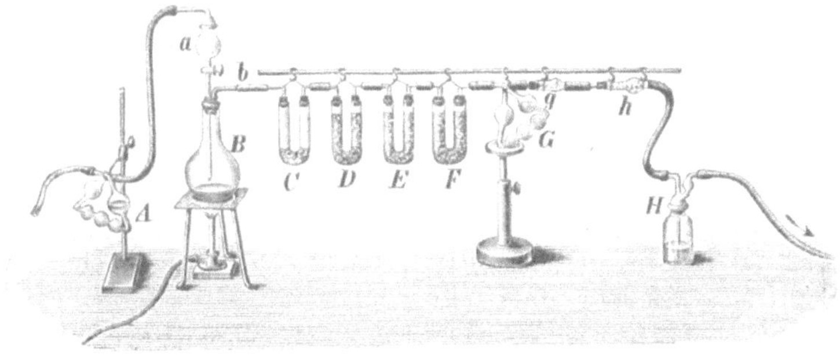

Fig. 12.

Die einzelnen Teile des letzteren werden folgendermaßen beschickt. Von den U-förmigen Röhren enthält C eine geringe Menge entwässerten Chlorcalciums, um die sich entwickelnden, sich bald wieder verdichtenden Wasserdämpfe zurückzuhalten; der etwa noch weiter gehende Wasserdampf wird in den vollständig gefüllten Chlorcalciumröhren D und F absorbiert. Das Rohr E enthält Kupfervitriolbimsstein; G ist ein Kaliapparat, welcher mit dem Kugelrohr g verbunden ein Ganzes bildet; das Rohr h bildet eine später zu erläuternde Schutzvorrichtung. Den Apparat schließt eine mit konzentrierter Schwefelsäure gefüllte Waschflasche H nach hinten ab.

Um eine Absorption von Kohlensäure in den Röhren C, D und F zu vermeiden, muß das Chlorcalcium in denselben vor deren Einschaltung mit Kohlensäure gesättigt werden. Zu diesem Zwecke verbindet man dieselben mit einem Kohlensäureentwickelungs-Apparat, leitet 10 Minuten lang Kohlensäure hindurch und entfernt den Überfluß der Säure durch einen ebenfalls 10 Minuten andauernden Luftstrom.

Der Bimsstein in der Röhre E wird derart präpariert, daß man erbsengroße Bimssteinstücke in konzentrierter Kupfersulfatlösung bis zur vollständigen Austreibung der Luft erhitzt und die Stücke hierauf durch Erwärmung nach Entfernung der überschüssigen Flüssigkeit trocknet. A und G werden mit Kalilauge, g mit Stücken von trockenem Kalihydrat und h von vorne mit Kalistückchen, von hinten mit Chlorcalcium gefüllt.

Hierauf wird der Apparat zusammengestellt und zunächst auf seine Luftdichtigkeit durch Ansaugen an dem Ausmündungsrohr von H bei gleichzeitigem Schlusse der Zuführungsöffnung von A und offenem Hahn des Trichters a geprüft.

Um die kohlensäurehaltige Luft aus B zu entfernen, wird an H ein Aspirator angesetzt und in der Richtung des Pfeils 10 Minuten lang Luft durch den Apparat hindurchgesogen, welche durch die Kalilauge in A ihres Kohlensäuregehaltes beraubt wird. Hierauf wird der Kaliapparat G zusammen mit g genau gewogen. Nach Entfernung des Aspirators füllt man den Kugeltrichter a mit verdünnter Salzsäure (1 Volumen Salzsäure von 1,10 Volumgewicht und 1 Volumen destillierten Wassers), schließt A durch einen Quetschhahn ab und läßt die Säure bei Vermeidung der völligen Entleerung des Trichters in dem Maße zufließen, daß eine gleichmäßige, langsame Entwickelung von Kohlensäure stattfindet, so daß die Blasen in dem Kaliapparat G nicht zu rasch, ungefähr 2 in der Sekunde, aufsteigen. Etwa mitgerißenes Salzsäuregas wird durch den Kupfervitriolbimsstein zurückgehalten; die gebildete wasserfreie Kohlensäure wird durch die Kalilauge in G und das Kalihydrat in g absorbiert. Ein Zurücktreten feuchter Kohlensäure verhüten die Füllungen von H und h. Sobald die Gasentwickelung in B nachläßt, erwärmt man mit einer Flamme, ohne es zum Sieden kommen zu lassen. Hierauf schließt man den Aspirator an und saugt nach Öffnung des Trichterhahns und Entfernung des Quetschhahns bei A so lange Luft langsam durch den Apparat, bis G und g Gewichtskonstanz zeigen. Damit ist der Versuch beendet; die Gewichtszunahme von G und g gibt die Kohlensäuremenge an, welche in B vorhanden war. Diese stammt jedoch nicht aus dem geprüften Wasser allein, sondern, da das Calciumhydrat, welches zur Fällung benutzt worden ist, stets Kohlensäure eingeschlossen enthält, so ist dieser Gehalt in Abzug zu bringen. Man wird daher eine Durchschnittsprobe des Calciumhydrats in gleicher Weise prüfen und das Ergebnis in Abzug bringen.

Beispiel: 305 g Wasser samt den zur Fällung benutzten 3 g Calciumhydrat enthielten 126 mg Kohlensäure (CO_2).

Eine Durchschnittsprobe von Calciumhydrat enthielt 1,5% CO_2. Demgemäs waren in 3 g = 4,5 mg CO_2.

In 305 g Wasser waren sonach vorhanden

$$126 - 4{,}5 = 121{,}5 \text{ mg } CO_2$$

oder im Liter

$$305 : 121{,}5 = 1000 : x$$
$$x = 398{,}3.$$

Das Wasser enthielt im Liter 398,3 mg gesamte Kohlensäure.

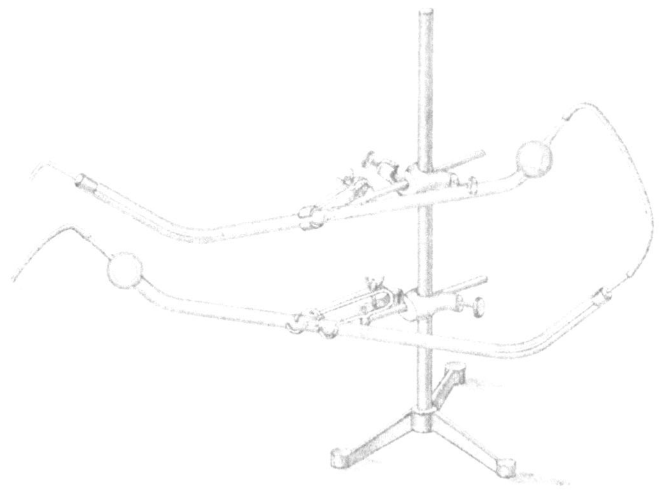

Fig. 13.

Will man die Kohlensäure anstatt durch Wägung durch Titrierung bestimmen, so ersetzt man den Absorptionsapparat G g durch zwei Pettenkofersche Barytröhren (Fig. 13) und verfährt im übrigen wie vorher. Das entbundene Gas wird in der Baryumhydroxydlösung (Barytwasser) als kohlensaurer Baryt gefällt.

Indem man ermittelt, wieviel von einer Oxalsäurelösung von genau bestimmtem Gehalte zur Neutralisation des Barytwassers vor und nach dem Versuch benötigt wird, läßt sich aus der Differenz die Menge der gelieferten Kohlensäure berechnen.

Die Oxalsäurelösung wählt man zweckmäßig so stark, daß 1 ccm derselben 1 mg CO_2 entspricht. Da

$$C_2H_2O_4 + 2\ H_2O : CO_2 = x : 1$$

oder

$$126{,}05 : 44 = x : 1$$

und demgemäß x = 2,865, so müssen 2,865 g reine, trockene Oxalsäure zu 1 Liter destillierten Wassers gelöst werden; 1 ccm hiervon entspricht 1 mg CO_2.

Zur Herstellung des Barytwassers löst man ungefähr 9 g reines kristallisiertes Baryumhydroxyd ($Ba(OH)_2 + 8H_2O$) in 1 Liter destillierten Wassers und fügt 0,5 g Chlorbaryum ($BaCl_2$) hinzu. Dieser Zusatz ist nach Pettenkofers Vorschrift deshalb notwendig, weil das käufliche Baryumhydroxyd (Ätzbaryt) nicht ganz frei ist von kohlensaurem Baryt ($BaCO_3$) und Natrium- bzw. Kaliumhydroxyd (NaOH bzw. KOH). Das Natriumhydroxyd wirkt bei Gegenwart der Oxalsäure derart auf das Baryumhydroxyd ein, daß sich Baryumoxalat und Natriumoxalat bilden; eine Spur Oxalsäure bleibt als Überschuß frei.

$$Ba(OH)_2 + 2NaOH + 2C_2H_2O_4 = BaC_2O_4 + Na_2C_2O_4 + 4H_2O.$$

Nun tritt das ebenfalls noch vorhandene Baryumkarbonat mit dem Natriumoxalat in wechselseitige Verbindung unter Bildung von Baryumoxalat und Natriumkarbonat:

$$BaCO_3 + Na_2C_2O_4 = BaC_2O_4 + Na_2CO_3.$$

Jede überschüssige Spur von Oxalsäure verwandelt wieder das Natriumkarbonat in Natriumoxalat. Dieser Vorgang wiederholt sich immer wieder bei jedem neuen Zusatz von Oxalsäure. Um diesen Fehler zu vermeiden, fügt man dem Barytwasser Baryumchlorid hinzu, wobei sich das Natrium- bzw. Kaliumhydroxyd in Natrium- bzw. Kaliumchlorid umsetzt, da

$$BaCl_2 + 2NaOH = Ba(OH)_2 + 2NaCl.$$

Hierdurch ist eine nachteilige Bildung von kohlensaurem Alkali ausgeschlossen.

Als Indikator wird bei der Titration Phenolphataleinlösung gebraucht.

Ausführung der Untersuchung. Die beiden Pettenkoferschen Barytröhren werden je mit 100 ccm Barytwasser gefüllt und in der aus der Figur 13 ersichtlichen Art in den Apparat dazwischen geschaltet, nachdem man die kohlensäurehaltige Luft durch kohlensäurefreie wie oben ersetzt hat. Die Füllung geschieht mittels einer Pipette. Die Entfernung des letzten Restes in derselben durch Ausblasen ist stets zu vermeiden, um nicht die kohlensäurereiche ausgeatmete Luft mit der Barytflüssigkeit in Berührung zu bringen; vielmehr bewerkstelligt man dieses, indem man die Pipette oben mit dem Finger schließt und durch Umfassen mit der vollen Handfläche erwärmt. Der Versuch wird nun durch Entbindung der Kohlensäure in B in Gang gesetzt, indem man die Kohlensäure in einzelnen Blasen durch die „Barytröhren" streichen läßt. Zu Ende des Versuchs saugt man kohlensäurefreie (Wirkung von A) Luft durch den ganzen Apparat. Hierauf füllt man den Inhalt der beiden Barytröhren in möglichst kohlensäurearmer Atmosphäre, im Freien oder am geöffneten Fenster, ohne nachzuwaschen, in ein gut schließendes Stöpselglas über. Dieses stellt man beiseite, bis sich der weiße Niederschlag von kohlensaurem Baryt vollständig abgesetzt hat, was gewöhnlich nach 6—8 Stunden der Fall ist. Von der überstehenden klaren Flüssigkeit hebt man mittels einer Pipette 50 ccm ab und gibt diese unter der gleichen Vorsichtsmaßregel wie bei der Füllung der Barytröhren in ein Erlenmeyersches Kölbchen. Nach Zusatz von einigen Tropfen der Phenolphtaleinlösung färbt sich die Flüssigkeit rot. Läßt man nun unter wiederholtem Umschwenken aus einer Glashahnbürette die Oxalsäure zutropfen, so verschwindet diese Farbe, wenn der noch vorhandene, durch Kohlensäure nicht gebundene Baryt eben neutralisiert ist. Hierauf wird abgelesen, wieviel Kubikzentimeter Oxalsäure hierzu nötig waren.

In gleicher Weise wird die ursprüngliche Baryumhydroxydlösung geprüft. Aus der Differenz der beiden Zahlen berechnet man die Gewichtsmenge von CO_2.

Beispiel. 50 ccm des ursprünglichen Barytwassers benötigten zur Neutralisation 45,0 ccm, 50 ccm des im Versuch gebrauchten 19,7 ccm Oxalsäurelösung. Die Differenz betrug also 45,0—19,7= 25,3; da jedoch in den Barytröhren sich 200 ccm Flüssigkeit befanden, so wären zur Neutralisation dieser 4 . 25,3 = 101,2 ccm Oxalsäurelösung nötig gewesen. Da 1 ccm derselben 1 mg CO_2 entspricht, so befanden sich darin 101,2 mg CO_2.

Es sollen 310 g Wasser untersucht worden sein; so enthielt nach der Gleichung

$$310 : 101{,}2 = 1000 : x$$

1 Liter 326,4 mg gesamte Kohlensäure (CO_2).

Bemerkungen. Um bei dem zu prüfenden Wasser jeden Verlust an Kohlensäure durch Überfüllen in die Kochflasche B zu verhüten, beschickt man diese mit der nötigen Menge von Calciumhydrat, bestimmt das gesamte Gewicht und läßt das Wasser bei der Entnahme an Ort und Stelle mittels folgender Vorrichtung eintreten. Die Flasche wird mit einem doppelt durchbohrten Kautschukstopfen versehen, welcher zwei Glasröhren in der Anordnung der Figur 14 trägt. Man schließt die äußere Mündung des Rohres c d mit dem Finger, taucht die

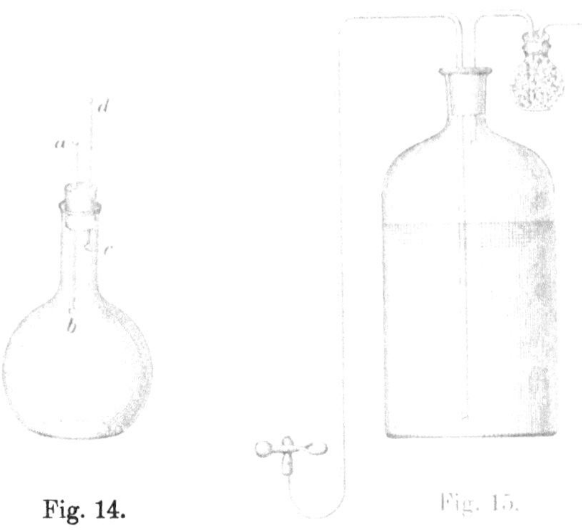

Fig. 14. Fig. 15.

Flasche im Wasser unter und läßt dasselbe durch das Rohr a b nach Entfernung des Fingers eintreten. Die Flasche wird hiernach mit einem anderen, nicht durchbohrten Stopfen dicht geschlossen und die Menge des Wassers durch Wägung im Laboratorium bestimmt. Im übrigen wird, wie oben geschildert, verfahren.

Will man viele Untersuchungen mittels Titrierung hintereinander anstellen, so ist es zweckmäßig, gleich mehrere Liter Barytwasser herzustellen und diese in geeigneter Weise vor dem Zutritt kohlensäurehaltiger Luft zu schützen. Dieses erzielt man, indem man eine Flasche mit einem Heber versieht, welcher an seiner Ausflußstelle ein Stückchen Kautschukrohr zum Ansatz der Pipette bei der Entnahme trägt. Die nachströmende Luft streicht durch ein Gefäß, in welchem sich behufs Zurückhaltung der Kohlensäure in Kalilauge getränkte Bimssteinstückchen befinden (Fig. 15). Diese werden in der Weise präpariert, daß man sie in einer eisernen Schale erhitzt und noch heiß in siedende Kalilauge einträgt; nach dem Erkalten und Abgießen der überschüssigen Lauge sind dieselben brauchbar.

c) Quantitative Bestimmung der freien und gebundenen Kohlensäure im Wasser nach Pettenkofer-Trillich (27).

Die Methode ist darauf gegründet, daß man die freie und gebundene Kohlensäure (Hydrokarbonat) durch einen Überschuß titrierter Baryumhydroxydlösung fällt und den überschüssigen Teil des alkalischen Fällungsmittels nach Absetzen des Niederschlages von Baryumkarbonat in der überstehenden klaren Flüssigkeit durch Oxalsäure bestimmt.

Die Umsetzungen verlaufen nach folgenden Gleichungen:

$$CO_2 + Ba(OH)_2 = BaCO_3 + H_2O$$
$$Ca(HCO_3)_2 + Ba(OH)_2 = CaCO_3 + BaCO_3 + 2H_2O$$

d. h. für jedes Molekül freie und gebundene Kohlensäure bildet sich ein Molekül Baryumkarbonat. In dem Wasser etwa vorhandene kohlensaure, schwefelsaure, phosphorsaure Alkalien würden die Umsetzungen stören, z. B.:

$$Na_2CO_3 + Ba(OH)_2 = BaCO_3 + 2\,Na(OH)$$
$$Na_2SO_4 + Ba(OH)_2 = BaSO_4 + 2\,Na(OH)$$
$$2\,Na_3PO_4 + 3(Ba(OH)_2) = Ba_3(PO_4)_2 + 6\,Na(OH).$$

Es ist daher der Zusatz einer neutralen Baryumchloridlösung (1 Teil $BaCl_2$ + 10 Teile Wasser) notwendig, wodurch Alkalichlorid und die entsprechenden Barytsalze entstehen, z. B.

$$Na_2SO_4 + BaCl_2 = 2\,NaCl + BaSO_4.$$

Das Baryumchlorid schützt also das Baryumhydroxyd vor dem Angegriffen werden.

Wie der doppeltkohlensaure Kalk wird auch im Wasser vorhandene doppeltkohlensaure Magnesia durch Baryumhydrat zu Magnesiumkarbonat umgesetzt:

$$Mg(HCO_3)_2 + Ba(OH)_2 = MgCO_3 + BaCO_3 + 2\,H_2O.$$

Das Magnesiumkarbonat scheidet sich indessen schwer aus, wirkt vielmehr weiter auf das Baryumhydroxyd ein nach folgender Gleichung:

$$MgCO_3 + Ba(OH)_2 = BaCO_3 + Mg(OH)_2.$$

Es wird also dadurch mehr Barythydrat in Baryumkarbonat verwandelt, als der freien und gebundenen Kohlensäure wirklich entspricht. Durch die Zugabe von Baryumchlorid (vgl. oben) zum Baryumhydrat kann man nun die gebundene Kohlensäure des Magnesiums zur Abscheidung bringen, wie folgende Gleichungen zeigen.

$$Mg(HCO_3)_2 + BaCl_2 = BaCO_3 + H_2CO_3 + MgCl_2$$
$$H_2CO_3 + Ba(OH)_2 = BaCO_3 + 2H_2O$$
$$MgCl_2 + Ba(OH)_2 = BaCl_2 + Mg(OH)_2.$$

Es muß also das Baryumhydrat dienen

1. zur Bindung der freien Kohlensäure,
2. zur Bindung der an Kalk und Magnesia gebundenen Kohlensäure.

Kennt man den Magnesiagehalt des Wassers, so läßt sich die an Magnesia gebundene Kohlensäure berechnen und abziehen. 1 Teil Magnesia entspricht 1,1 Teil Kohlensäure, da $MgO = 40{,}32$ und $CO_2 = 44$. Bei Wässern mit stärkerem Eisengehalt ist die Anbringung einer Korrektur erforderlich (Noll). Für ein mg Fe müssen rund 0,8 mg CO_2 in Abzug gebracht werden.

Untersuchung des Wassers. Von dem zu prüfenden Wasser gibt man 100 ccm in einen Meßkolben von 150 ccm Inhalt, fügt 5 ccm Baryumchloridlösung und 45 ccm der Baryumhydroxydlösung (Barytwasser) von der gleichen Konzentration, welche auf S. 48 angegeben ist, hinzu. Da außer dem Niederschlag von kohlensaurem Baryt auch amorphes Calciumkarbonat ausfällt, welches nicht ganz unlöslich ist und daher der Flüssigkeit alkalische Eigenschaften verleiht, so muß man warten, bis der Niederschlag kristallinisch geworden ist. Die Flasche wird umgeschüttelt, gut verstöpselt und kalt beiseite gestellt.

Nach 12 Stunden hebt man von der überstehenden klaren Flüssigkeit 50 ccm mit der Pipette ab, gibt diese in ein Erlenmeyersches Kölbchen, fügt mehrere Tropfen Phenolphtaleinlösung hinzu und titriert mit der gleichen Oxalsäurelösung wie sie zur Bestimmung der gesamten Kohlensäure verwendet wird, bis die Flüssigkeit eben farblos wird. In gleicher Weise wird das ursprüngliche Barytwasser geprüft und aus der Differenz des Oxalsäureverbrauchs die Gewichtsmenge der Kohlensäure berechnet. Da von der gesamten, durch Ausführung des Versuchs entstandenen Flüssigkeitsmenge nur der dritte Teil zur Titrierung verwendet worden ist, so muß man das Ergebnis derselben mit 3 multiplizieren. Die Differenz der beiden Titer stellt die der freien und gebundenen Kohlensäure entsprechenden Kubikzentimeter Oxalsäurelösung dar; da 1 ccm derselben = 1 mg CO_2, so gibt die Anzahl derselben den Kohlensäuregehalt in Milligrammen an. Von diesem Resultate ist noch die der Magnesia entsprechende Kohlensäure abzuziehen.

Beispiel. Das untersuchte Wasser enthielt in 100 ccm 4,0 mg Magnesia. 45 ccm Barytwasser entsprachen 39 ccm Oxalsäure, von welcher 1 ccm 1 mg CO_2 gleichbedeutend ist. 50 ccm der über dem Niederschlag stehenden Flüssigkeit verbrauchten 8 ccm Oxalsäure zur Neutralisierung.

Die scheinbar vorhandene freie und gebundene Kohlensäure beträgt somit 39—(3 × 8) = 15,0 mg für 100 ccm Wasser. Hiervon ist abzuziehen für Magnesia 1,1 × 4 = 4,4. 100 ccm des untersuchten Wassers enthielten somit 15,0—4,4 = 10,6 oder

1 Liter 106 mg freie und gebundene Kohlensäure.

An die eben beschriebene Methode läßt sich auch die Bestimmung der gesamten Kohlensäure anknüpfen (vgl. Trillich). Die unter b angegebene Methode ist aber dafür als die genauere anzusehen. Nach den Erfahrungen einiger Autoren (vgl. (18) und (20a)) sind die mit der Trillichschen Methode erhaltenen Ergebnisse nicht immer befriedigend.

Paul, Ohlmüller, Heise und Auerbach haben an ihrer Stelle mit Vorteil für bestimmte Zwecke die

d) Quantitative Bestimmung der freien Kohlensäure und der Hydrokarbonate, nach C. A. Seyler (28)

angewandt.

Man füllt 300 ccm des zu untersuchenden Wassers ohne Gasverlust in eine farblose mit Glasstopfen verschließbare Flasche von 500 ccm Inhalt, setzt zwei Tropfen Phenolphtaleinlösung hinzu und titriert mit $^1/_{10}$ Normal-Sodalösung die vorhandene freie Kohlensäure (vgl. unter B, b). Der rötliche Farbenton muß sich drei Minuten lang halten. Dann fügt man einige Tropfen Methylorange hinzu und titriert mit $^1/_{10}$ Normal-Salzsäure (Lunge). Die Anzahl der verbrauchten ccm entspricht der Menge des gesamten jetzt in dem Wasser vorhandenen Hydrokarbonats. Da ein Teil des Hydrokarbonats bei der Bestimmung der freien Kohlensäure erst entstanden war, so muß man die Anzahl der zuerst verbrauchten ccm $^1/_{10}$ Normal-Sodalösung von der Menge der verbrauchten $^1/_{10}$ Normalsalzsäure abziehen, um die als Hydrokarbonat vorhanden gewesene Kohlensäure zu berechnen. Statt der Zehntel-Normallösungen werden unter Umständen besser Zwanzigstel-Normallösungen angewandt.

Wird das Wasser von vornherein durch Phenolphtalein gerötet, ist also keine freie Kohlensäure vorhanden, so titriert man sofort mit Methylorange und $^1/_{10}$ Normal-Salzsäure und findet so die gesamte gebundene Kohlensäure.

Als Indikator kann man auch, zumal bei geringen Mengen von vorhandenem Hydrokarbonat, das Jodeosin benutzen:

Nach Titration der freien Kohlensäure in der oben angegebenen Weise setzt man der Flüssigkeit ätherische Jodeosinlösung oder einfacher 100 ccm säurefreien Äther und 5 Tropfen alkoholische Jodeosinlösung zu. Die Ätherschicht färbt sich rot. Unter kräftigem Umschütteln wird mit $^1/_{10}$ Normal-Salzsäure bis zur Entfärbung des Äthers titriert.

Berechnung: Jeder ccm verbrauchter $^1/_{10}$ Normal-Sodalösung entspricht 2,2 mg freier Kohlensäure. Da zur Rotfärbung des Phenolphtaleïns ein Überschuß von Soda notwendig ist, zieht man eine empirisch festgestellte Menge als Korrektur von der direkt gefundenen Menge ab, und zwar bei einem Gehalt des Wassers an freier Kohlensäure bis zu 25 mg im Liter 2 mg, bei größeren Kohlensäuremengen 1 mg. Die übrige Berechnung ergibt sich aus dem oben Gesagten.

Beispiel: 300 ccm Wasser verbrauchten bis zur Rötung 4,4 ccm $^1/_{10}$ Normal-Sodalösung. Sodann 15,2 $^1/_{10}$ Normal-Salzsäure. Demnach enthielt das Wasser $\frac{(4,4-2)\cdot 10}{3} = 8$ mg freie Kohlensäure im Liter und $\frac{(15,2-4,4)\cdot 10}{3} = 36$ mg Kohlensäure im Liter als Hydrokarbonat. Die maßanalytische Bestimmung der freien Kohlensäure ist eine direkte, die Bestimmung der gebundenen Kohlensäure mittels einer Mineralsäure nnter Benutzung von Methylorange als. Indikator aber eine indirekte Methode, insofern man hier die Menge der an Kohlensäure gebundenen Basen bestimmt. In natürlichen Wässern kommen neben der freien Kohlensäure und den kohlensauren Salzen andere freie schwache Säuren bzw. deren durch stärkere Mineralsäuren zerlegbare Salze kaum vor, dagegen ist das bei Abwässern wohl möglich. Die maßanalytische Bestimmung der Kohlensäure würde in solchen Fällen zu hohe Werte ergeben.

Es empfiehlt sich daher, bei Abwässern die Kohlensäure gewichtsanalytisch (nach C, b) zu bestimmen, dabei aber Sorge zu tragen, daß etwaige andere saure gasförmige Bestandteile (schweflige Säure u. dgl.) in geeigneter Weise, z. B. durch Oxydation, vorher eliminiert werden.

Bei den Bestimmungen der Kohlensäure ist ferner daran zu denken, daß der Gehalt der Wasserproben an freier Kohlensäure in Berührung mit der atmosphärischen Luft (besonders einer oft stark kohlensäurehaltigen Laboratoriumsluft) sich leicht verändern kann, wenn auch die Gefahr nicht so groß ist wie bei der Bestimmung des im Wasser gelösten Sauerstoffs. Es ist daher auf eine zweckmäßige Probeentnahme (s. S. 50 und 342) Rücksicht zu nehmen, und es sind die Bestimmungen wenn möglich an Ort und Stelle und schnell vorzunehmen bzw. einzuleiten.

5. Bestimmung des gelösten Sauerstoffs.

Fast ausschließlich handelt es sich bei der Wasseranalyse um die Bestimmung des im Wasser gelösten freien Sauerstoffs; doch ist es speziell für die Analyse von Abwässern häufig auch wichtig, den Gehalt an gebundenem Sauerstoff im Wasser kennen lernen, der sich in Form sauerstoffhaltiger Verbindungen höherer Stufen (Nitrate, Sulfate, Phosphate) vorfindet.

Die Bestimmung des im Wasser gelösten Sauerstoffs kann entweder eine gasvolumetrische oder eine maßanalytische sein. Gasvolumetrische Methoden haben dort gewisse Vorzüge, wo neben dem Sauerstoff auch noch andere im Wasser gelöste Gase bestimmt werden sollen, oder wo das auf seinen Sauerstoffgehalt zu untersuchende Wasser durch Verunreinigungen Stoffe enthält, welche auf die bei den titrimetrischen Verfahren benutzten Reagenzien chemisch einwirken können.

A. Gasvolumetrische Methoden.

Von den gasvolumetrischen Methoden sind zu nennen:

a) Die Methode von Preuße und Tiemann (29).

Das zu untersuchende Wasser wird in einem Kolben von bekannter Größe durch Auskochen von seinen Gasen befreit, die ausgetriebenen Gase werden in einem Gassammler über Natronlauge aufgefangen, nachdem das ganze System luftfrei gemacht worden ist. Die aufgefangenen Gase werden aus dem Gassammler in eine Meßbürette übergeführt und dann nach den Regeln der Gasanalyse weiter untersucht (16).

Die Methode kommt ihrer Umständlichkeit wegen für die Wasseranalyse kaum noch in Betracht. Wegen Einzelheiten der Ausführung sei daher auf die Originalabhandlnng verwiesen.

Noch mehr gilt dies von den Verfahren Petterssons (30) und Hoppe-Seylers (31).

b) K. B. Lehmann (32) entgast eine größere Wassermenge (1 Liter) durch Kochen, nachdem er vorher die Luft aus dem System durch Kohlensäure unter Verwendung eines besonderen Kunstgriffes ausgetrieben hat, fängt die ausgetriebenen Gase in einem mit Natronlauge gefüllten kalibrierten Rohre auf, mißt die entwickelte Menge des Gases und absorbiert den Sauerstoff durch Zugabe von Pyrogallollösung. Die Verminderung des Volums ergibt die Menge des vorhandenen Sauerstoffs. (Näheres s. a. a. O.)

c) Für die Verhältnisse der Praxis suchte **F. C. G. Müller** (33) durch seinen **„Tenaxapparat“** eine bequeme gasvolumetrische Methode zu schaffen, und dieselbe hat auch stellenweise Anerkennung gefunden (34); nach eigenen mit dem Tenaxapparat gemachten Erfahrungen und auch nach den Erfahrungen anderer Experimentatoren können wir den Apparat aber nicht empfehlen (35).

B. Maßanalytische Methoden.

Von den maßanalytischen Methoden seien folgende angeführt:

a) Bestimmung des Sauerstoffs im Wasser nach L. W. Winkler (36).

Diese Methode ist für die Zwecke der Wasseruntersuchung weitaus die bequemste und gebräuchlichste. Die Methode gründet sich auf folgende chemische Vorgänge:

Natronlauge bildet mit Manganochlorid zusammen einen Niederschlag von Manganohydroxyd nach folgender Gleichung:

$$2MnCl_2 + 4NaOH = Mn(OH)_2 + 4NaCl.$$

Ist bei diesem Vorgang gleichzeitig Sauerstoff vorhanden, so oxydiert derselbe nach Maßgabe seiner Menge einen Teil des Manganohydroxyds zu Manganihydroxyd:

$$2Mn(OH)_2 + O + H_2O = 2Mn(OH)_3.$$

Löst man das Niederschlagsgemisch von $Mn(OH)_2$ und $(Mn(OH)_3$ mittels starker Salzsäure, so entsteht Manganochlorid $(MnCl_2)$ und Manganichlorid $(MnCl_3)$

$$Mn(OH)_2 + 2HCl = MnCl_2 + 2H_2O$$
$$2Mn(OH)_3 + 6HCl = 2MnCl_3 + 6H_2O.$$

Das Manganichlorid gibt leicht Chlor ab und wirkt dadurch auf etwa gleichzeitig anwesendes Jodkalium zersetzend ein:

$$2MnCl_3 + 2KJ = 2MnCl_2 + 2KCl + J_2.$$

Es wird Jod frei, und zwar in einer dem ursprünglich vorhandenen freien Sauerstoff äquivalenten Menge. Das Jod löst sich leicht in dem überschüssigen Kaliumjodid. Diese Jodmenge wird durch Titration mit Natriumthiosulfat bestimmt und daraus der Sauerstoffgehalt berechnet.

Substanzen, welche schon an und für sich aus Jodkalium Jod freimachen, dürfen in dem zu untersuchenden Wasser nicht vorhanden sein, wenn die Methode richtige Resultate ergeben soll; auch besteht die Möglichkeit, daß unter Umständen das Jod auf die organischen Substanzen des Wassers oxydierend einwirkt. Es ist daher empfohlen worden, die Titration möglichst schnell dem Ansäuern folgen zu lassen (27a).

Reagenzien: Dadurch, daß das Jodkalium von vornherein der Natronlauge beigefügt wird, braucht man nur folgende drei Reagenzien:

1. Jodkaliumhaltige Natronlauge.

In 100 ccm 33proz. Natronlauge (am besten aus Natrium hydricum purissimum e Natrio metall.) löst man 10 g Jodkalium auf. Die erhaltene Lösung muß vor allem frei von Nitrit sein*), d. h. sie darf (mit Wasser verdünnt) nach dem Ansäuern mit Schwefelsäure zugesetzte Stärkelösung nicht blau färben (s. den Nachweis der salpetrigen Säure).

*) Da dieses aus Jodkalium ebenfalls Jod frei macht.

2. Manganochloridlösung.

80 g kristallisiertes Manganochlorid werden in 100 ccm destilliertem Wasser gelöst. Das Manganochlorid soll eisenfrei sein. Seine Lösung soll aus einer angesäuerten Lösung von reinem Jodkalium Jod in neunenswerten Mengen nicht abscheiden,

3. Konzentrierte reine Salzsäure vom spez. Gewicht 1,19.

Bei der Entnahme von Wasserproben für die Sauerstoffbestimmung sind besondere Vorsichtsmaßregeln anzuwenden

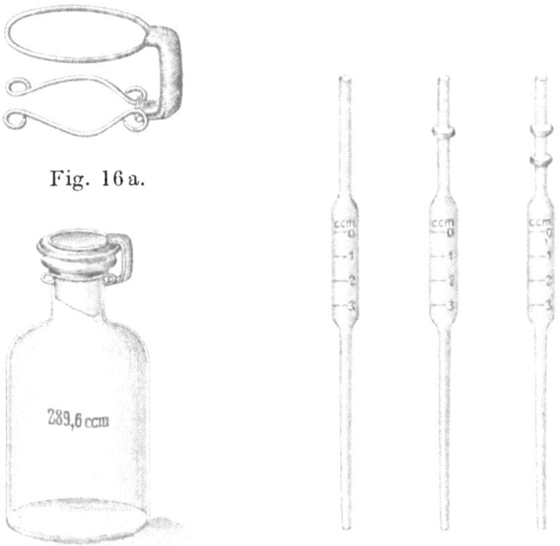

Fig. 16a.

Fig. 16b.

Fig. 17.

(s. Probeentnahme). Es sind ferner Wassertemperatur (genau) und für exakte Bestimmungen auch Barometerstand und Lufttemperatur aufzuzeichnen, bei der Bestimmung der sog. „Sauerstoffzehrung" (s. u.) des Wassers auch die Zeit der Entnahme bzw. die Zeit des Zusatzes der Reagenzien. Letzterer hat (außer bei den Proben, in welchen die „Sauerstoffzehrung" bestimmt werden soll) tunlichst unmittelbar nach der Entnahme der Probe zu erfolgen.

Untersuchung des Wassers. Die Wasserproben für die Bestimmung aus Sauerstoffgehalts werden in Flaschen (Fig. 16b) von 250—300 ccm Inhalt (deren Inhalt durch Auswiegen genau bestimmt und auf der Flasche vermerkt ist) geschöpft, welche mit exakt schließenden, gut eingeschliffenen Glasstöpseln, deren unterer Rand zweckmäßig schief abgeschnitten ist, verschlossen sind. Es ist vorteilhaft, die Flaschen nebst zugehörigen Stöpseln mit eingeätzter Schrift fortlaufend nummerieren zu lassen. Zur Sicherung des Stöpsels wird zweckmäßig noch ein Lübbert-Schneiderscher Flaschenverschluß (Fig. 16a) aufgesetzt. Die Füllung der Flasche hat so zu geschehen, daß das Zurückbleiben oder Eindringen einer Luftblase peinlich vermieden wird. Zur Ausführung der Bestimmung hebt man vorsichtig den Glasstopfen ab und führt mittels einer Pipette mit langer Spitze und doppelter Marke (Fig. 17) zuerst 3 ccm jodkaliumhaltiger Natronlauge und dann mit einer ebensolchen zweiten Pipette 3 ccm Manganochoridlösung derart ein, daß die Reagenzien sich über dem Boden der Flasche ansammeln. Durch diese Einführung der Reagenzien werden 6 ccm Wasser zum Flaschenhals hinausgedrängt, welche bei der späteren Rechnung abgezogen werden müssen. Man setzt den Glasstopfen nebst Flaschenverschluß unter sorgfältiger Vermeidung des Eindringens einer Luftblase wieder auf und schüttelt dann einige Male die Flasche um*). Den sich bildenden Niederschlag von Manganhydroxyd läßt man dann ruhig absetzen, bis die überstehende Flüssigkeit klar geworden ist (insofern das zu untersuchende Wasser vorher auch klar war), was meistens in $^1/_2$—1 Stunde bewerkstelligt ist. Der Stopfen der Flasche wird dann abermals entfernt und der Niederschlag durch Einlaufenlassen von konzentrierter Salzsäure gelöst (auch hierzu bedient man sich zweckmäßig einer der oben abgebildeten 3 ccm fassenden Pipetten). Die völlige Lösung des Niederschlags erfolgt meist leicht durch mehrmaliges Umschwenken.

Winkler wendet von der jodkaliumhaltigen Natronlauge und dem Manganochlorid gewöhnlich nur 1 ccm an, bei kohlensäurereichen oder sauerstoffreichen Wässern 2—3 ccm. Von der Salzsäure fügt er etwa 3 ccm zu. Chlopin (37) empfiehlt, stets 3 ccm zu nehmen, und auch Cronheim (35) spricht sich für größere Reagenzienmengen aus. Bei Bestimmungen am Orte der Entnahme selbst bewahrt man die schon äußerlich von einander ver-

---

*) Schüttelt man zu lange, so verliert der Niederschlag seine flockige Beschaffenheit und setzt sich dann nur sehr langsam ab.

schiedenen (s. Fig. 17) Pipetten, um ihre gegenseitige Berührung zu vermeiden, vorteilhaft mit ihrer unteren Hälfte in schmalen Glaszylindern auf. Das Ansaugen der jodkaliumhaltigen Natronlauge und der konzentrierten Salzsäure geschieht am besten durch Aufsetzen dickwandiger kleiner Gummiballons auf die Mundstücke der Pipetten.

Der Inhalt der Flaschen, der sich nach Zugabe der Salzsäure, je nach dem ursprünglich vorhanden gewesenen Sauerstoffgehalt, hellgelb bis tiefbraun gefärbt hat (bei Sauerstoffabwesenheit bleibt die Flüssigkeit farblos, der Niederschlag vor der Auflösung weiß), wird in ein geräumiges Becherglas oder einen geräumigen Erlenmeyerkolben sorgfältig übergegossen, die Flasche mit destilliertem Wasser nachgespült und die gesammelte Flüssigkeit dann unter Zugabe von etwas frischem Stärkekleister*) oder löslicher Stärke mit $^1/_{100}$ Normal-Thiosulfatlösung bis zum Verschwinden der blauen Farbe über einer weißen Unterlage titriert.

Die jodometrische Methode beruht auf folgenden chemischen Umsetzungen

Jod setzt sich mit Natriumthiosulfat unter Bildung von tetrathionsaurem Natrium und Jodnatrium um:

$$2\,Na_2S_2O_3 + 2\,J = 2\,NaJ + Na_2S_4O_6.$$

Die als Indikator benutzte Stärke bildet, so lange noch freies Jod vorhanden ist, blaue Jodstärke. Die Aufhellung der zuerst blaugrünen, dann dunkelblauen Flüssigkeit zu hellblau tritt allmählich ein, so daß man den schließlichen Umschlag von blau in farblos gut abpassen kann. Immerhin ist es ratsam, etwas schnell zu titrieren, da am Schluß bei längerem Zuwarten ein Wiederblauwerden der bereits farblos gewordenen Flüssigkeit eintritt. Die Flüssigkeit wird während des Titrierens mit einem kräftigen Glasstab gut durchgerührt oder im Erlenmeyerkolben kräftig geschwenkt.

Zur Titration ist eine $^1/_{100}$ Normal-Natriumthiosulfatlösung notwendig, welche man sich wie folgt bereitet und einstellt:

---

*) Zur Bereitung der Stärkelösung schwemmt man eine kleine Messerspitze voll Stärkekleister in kaltem destillierten Wasser auf, läßt diese Flüssigkeit in siedendes destillirtes Wasser eintropfen, wobei man die Siedehitze erhält, bis unter stetigem Umrühren die Stärke verkleistert ist.

Da das Molekulargewicht des mit 5 Mol. Kristallwasser kristallisierenden Natriumthiosulfates 248,22 ist, so muß man zur Herstellung einer $^1/_{10}$ Normal-Natriumthiosulfatlösung (diese hält sich besser als die $^1/_{100}$ Normallösung) 24,822 g zum Liter in destilliertem Wasser auflösen. Der Titer der Lösung verändert sich mit der Zeit, oder ist, falls das angewandte Präparat nicht ganz rein war, von Anfang an nicht genau. Hat man eine genau eingestellte $^1/_{10}$ Normal-Jodlösung zur Hand (12,692, d. h. rund 12,7 g Jodum resublim. puriss. und 18 g jodsäurefreies Kaliumjodid zu 1 Liter destillierten Wasser gelöst und eingestellt), welche ihren Titer, in gut verschlossener Flasche aufbewahrt, längere Zeit festhält, so kontrolliert man den Titer der $^1/_{10}$ Normal-Thiosulfatlösung an ihr. Sonst ist auch das Verfahren nach Volhard zu empfehlen:

3,866 g reinstes umkristallisiertes Kaliumbichromat löst man zum Liter auf. Man gibt 15 ccm einer 10 proz. reinen Jodkaliumlösung in ein Erlenmeyerkölbchen, säuert mit 5 ccm konzentrierter Salzsäure an und verdünnt mit etwa 100 ccm Wasser. Jetzt gibt man genau 20 ccm der Kaliumbichromatlösung hinzu und schüttelt kräftig um. Jedes ccm der Kaliumbichromatlösung, enthaltend 0,003866 g $K_2Cr_2O_7$, macht nach folgender Gleichung 0,01 g Jod aus dem Jodkalium frei:

$$\underset{294,4}{K_2Cr_2O_7} + 6KJ + 14HCl = \underset{761,52}{6J} + 8KCl + 2(CrCl_3) + 7H_2O$$

Läßt man nun aus einer Bürette die auf ihren Titer zu prüfende $^1/_{10}$ Normal-Thiosulfatlösung zufließen, bis die auf Zusatz von Stärkelösung entstandene blaue Farbe verschwindet, so läßt sich feststellen, ob die Lösung den richtigen Gehalt an Natriumthiosulfat besitzt.

Da 1 ccm $^1/_{10}$ Normal-Natriumthiosulfatlösung 0,0127 g Jod entsprechen soll, so müßten 15,8 ccm $^1/_{10}$ Normal-Natriumthiosulfatlösung gebraucht werden, um die bei dem oben geschilderten Versuch ausgeschiedenen $20 \times 0,01 = 0,2$ g Jod zu binden*).

Die zu den Titrationen bei den Sauerstoffbestimmungen benutzte $^1/_{100}$ Normal-Natriumthiosulfatlösung stellt man sich

*) Man kann natürlich auch von einer Normal-Bichromatlössung (z. B. $^1/_{20}$ normalen) ausgehen, um den Titer der Natriumthiosulfatlösung zu bestimmen.

aus der $^1/_{10}$ Normallösung unter Verwendung geeichter Meßgefäße durch Verdünnung mit destilliertem Wasser her.

1 ccm dieser Lösung entspricht 1,27 mg Jod bzw. 0,08 mg Sauerstoff bzw. 0,0558 ccm Sauerstoff bei 0° und 760 mm Druck. Zur Vermeidung umständlicher Reduktionsrechnungen empfiehlt es sich, den Sauerstoffgehalt immer in mg pro Liter Wasser anzugeben.

Die Berechnung erfolgt nach folgender Formel

$$(n \,.\, 0{,}08) : (V - 6) = x : 1000$$

dabei ist n = der Anzahl der zur Titration des Flascheninhalts verbrauchten ccm $^1/_{100}$ Normal-Natriumthiosulfatlösung, V = dem Volum der benutzten Sauerstoffflasche in ccm, von welchem 6 ccm für die eingeführten Reagenzien in Abzug gebracht werden. Dann ist der Gehalt an Sauerstoff in mg pro Liter Wasser

$$x = \frac{1000 \,.\, 0{,}08 \,.\, n}{(V - 6)} = \frac{80}{(V - 6)} \,.\, n$$

Hat man häufiger Bestimmungen auszuführen, so empfiehlt sich die Anlage einer Tabelle, in welcher der Faktor $\frac{80}{(V - 6)}$ für alle Flaschen bereits ausgerechnet ist, eventuell unter gleichzeitiger Hinzufügung des Logarithmus des Resultates. Man hat dann jedesmal nur nötig, den Logarithmus von n zu dem in der Tabelle stehenden Logarithmus hinzuzuaddieren und den Numerus der Summe in den Tafeln aufzuschlagen, um das Resultat zu finden.

b) Modifiziertes Verfahren.

Bei stärker verunreinigten Wässern, insbesondere solchen, welche Nitrite enthalten, bedarf das Winklersche Verfahren einer Korrektur. Sind Nitrite vorhanden, so machen diese aus dem Kaliumjodid ebenfalls Jod frei, während das außerdem entstehende Stickoxyd sich beim Titrieren wieder oxydiert und dann gleichfalls Jod entbindet:

$$KNO_2 + 2HCl + KJ = J + 2KCl + H_2O + NO$$

d. h. der Sauerstoffgehalt wird zu hoch gefunden. Sind viel organische Substanzen im Wasser, so liegt die Möglichkeit vor, daß durch dieselben Jod gebunden wird, und der Sauerstoffgehalt zu niedrig gefunden wird. Den letzteren Fehler sucht Winkler dadurch zu korrigieren, daß er je 100 ccm destillierten

Wassers und 100 ccm des zu untersuchenden Wassers mit je 10 ccm $^1/_{100}$ Normal-Jodlösung versetzt, einige Minuten stehen läßt und dann in beiden Flüssigkeiten die Jodmenge durch Titration mit $^1/_{100}$ Natriumthiosulfatlösung bestimmt. Die Differenz der in beiden Fällen verbrauchten Mengen von Natriumthiosulfatlösung gibt den Korrektionswert bezüglich 100 ccm Wasser ab.

Bei stark verunreinigtem Wasser empfiehlt Winkler (49) folgendes Verfahren.

Zur Herstellung des Manganhydroxydniederschlages benutzt man eine jodkaliumfreie Natronlauge. Zum Lösen des Niederschlages verwendet man die doppelte Salzsäuremenge. Dann erst versetzt man die Flüssigkeit mit einem Kristall von Jodkalium, der sich leicht auflöst.

Für die Korrektur des Ergebnisses bedarf man einer Manganichloridlösung, die wie folgt hergestellt wird. Man gibt zu 20 ccm destillierten Wassers 1 ccm von der reinen Natronlauge, nachher 5—10 Tropfen von der Manganochloridlösung. Man läßt das Gemenge unter öfterem Umschütteln einige Minuten stehen, damit sich in gehöriger Menge Manganihydroxyd bildet. Hierauf wird rauchende Salzsäure zugesetzt, bis sich der Niederschlag gelöst hat, endlich die braune Lösung mit ca. 500 ccm destillierten Wassers verdünnt. Von dieser Manganichloridlösung mißt man zweimal 100 ccm ab. Die ersten 100 ccm verdünnt man mit destilliertem Wasser auf 200 ccm, zu den anderen gibt man 100 ccm von dem zu untersuchenden Wasser. Nach Vermengen wartet man 2—3 Minuten und setzt dann zu beiden Mischungen einen Kristall von Jodkalium und mißt das ausgeschiedene Jod mittels $^1/_{100}$ Normal-Natriumthiosulfatlösung. Die Differenz der in beiden Fällen verbrauchten Natriumthiosulfatlösung gibt den Wert der Korrektur für 100 ccm Wasser. Man berechnet den Wert der Korrektur für die zur Titrierung des Sauerstoffs angewandte Wassermenge und addiert ihn zu der dort verbrauchten Menge von Natriumthiosulfatlösung.

Noll (38) hält folgendes Verfahren für richtiger: 2 ccm 50 proz. Manganochloridlösung, 2 ccm 40 proz. Natronlauge und 20 ccm destilliertes Wasser werden in einem geräumigen Kolben bis zum Braunwerden geschüttelt, dann 50 ccm konzentrierte Salzsäure hinzugefügt und mit destilliertem Wasser auf 300 ccm aufgefüllt. Man fügt jetzt zu je 100 ccm destillierten Wassers und 100 ccm des zu untersuchenden Wassers 10 ccm einer 5 proz. Jodkaliumlösung, fügt ferner 25 ccm der oben beschriebenen Manganichloridlösung zu, läßt 5 Minuten stehen und stellt den eventuellen Verlust an Jod fest, den man, auf Sauerstoff umgerechnet, in Anschlag bringt.

Bei beiden Verfahren wird die salpetrige Säure durch das Manganichlorid zu Salpetersäure oxydiert (39).

Übrigens kann man nach Noll und auch nach unseren Erfahrungen diese Korrektur, wenn es sich nicht um hochgradig verschmutzte Wässer handelt, ganz vernachlässigen, wenigstens für praktische Untersuchungen.

Zur Zerstörung der Nitrite kann man sich auch des Verfahrens nach K. B. Lehmann und Fitzau (40) bedienen. Man versetzt die Wasserprobe vor der Sauerstoffbestimmung mit 1 ccm einer 10proz. Harnstofflösung und 1 ccm einer 25proz. Schwefelsäure und läßt verstöpselt 3 Stunden stehen. Die frei werdende salpetrige Säure zerlegt den Harnstoff in Kohlensäure und Stickstoff:

$$CO(NH_2)_2 + 2\,HNO_2 = CO_2 + 3\,H_2O + 4\,N.$$

Von Modifikationen der Winklerschen Methode der Sauerstoffbestimmung sei noch derjenigen von Romyn (41) Erwähnung getan.

c) Bestimmung des Sauerstoffs im Wasser nach Thresh (42).

Diese Methode macht sich den oben für die Winklersche Methode als eventuelle Fehlerquelle gekennzeichneten Umstand zunutze, daß Nitrite aus einer angesäuerten Kaliumjodidlösung Jod freimachen.

Dabei entsteht auch, wie oben schon erwähnt, Stickoxyd. Ist das zu untersuchende Wasserquantum von der freien Luft abgeschlossen, so kann sich das Stickoxyd nur auf Kosten des im Wasser gelösten Sauerstoffs zu NO_2 oxydieren. Dieses macht aber von neuem Jod frei. Bestimmt man also nach Zugabe einer bekannten Menge von Natriumnitrit und Natriumjodid zu einem abgeschlossenen Wasserquantum nach Ansäuern mit Schwefelsäure die ausgeschiedene Jodmenge durch Titration, so repräsentiert die gemessene Jodmenge die im Wasser vorhanden gewesene salpetrige Säure plus dem vorhanden gewesenen freien Sauerstoff. Fügt man nun abermals unter Sauerstoffabschluß eine gleiche Menge von Natriumnitrit hinzu und titriert das ausgeschiedene Jod abermals, so ergibt die Differenz beider Bestimmungen die Menge des vorhanden gewesenen freien Sauerstoffs. Da alle Operationen bei der Methode unter Luftabschluß ausgeführt werden müssen, so ist eine besondere von Thresh angegebene Apparatur erforderlich. Schon dieser Umstand macht die Methode für die Praxis weniger geeignet. Es möge daher genügen, an dieser Stelle das Prinzip der Methode erörtert zu haben.

d) Approximative Bestimmung.

Es hat nicht an Versuchen gefehlt, die Bestimmung des Sauerstoffs im Wasser, besonders für fischereiliche Zwecke, noch einfacher zu gestalten, indem man auf ganz exakte Resultate verzichtete und sich mit Annäherungswerten begnügte. Wir vermögen indessen keine der folgenden uns bekannt gewordenen Methoden besonders zu empfehlen.

Hofer (43) schätzt aus der Farbe des Niederschlages, welcher bei Zusatz von jodkaliumhaltiger Natronlauge und Manganochlorid sich bildet, den Sauerstoffgehalt des Wassers. Er hat zur annähernden Bestimmung des Sauerstoffgehaltes eine Vergleichsfarbenskala ausgearbeitet.

Ramsay (44) fügt dem zu untersuchenden Wasser Cuprochlorid zu und bestimmt das entstehende Cuprichlorid kolorimetrisch. Ein großer Mangel dieser Methode ist indessen, daß das Cuprochlorid sich kaum rein erhalten läßt, weil es in feuchtem Zustande sofort Sauerstoff anzieht und unter Grünfärbung eine Hydroxydverbindung bildet. Ähnlich verfahren Frankforter, Walker und Wilhoit (44a).

Kaiser (45) benützt das Prinzip der jetzt ziemlich verlassenen Methode von Mohr-Mutschler (46) bzw. Lévy und Marboutin (47), indem er dem Wasser Eisenvitriol und Kalilauge zufügt und nach der entstehenden Färbung den Sauerstoffgehalt des Wassers schätzt.

e) Bestimmung des Sauerstoffdefizits und der Sauerstoffzehrung.

Wir führen die Bestimmung des Sauerstoffs im Wasser aus, um 1. das sogenannte Sauerstoffdefizit des Wassers kennen zu lernen und 2. die sogenannte Sauerstoffzehrung. Unter **„Sauerstoff-Defizit“** (48) verstehen wir die Menge von Sauerstoff, ausgedrückt in mg oder ccm (bei 0° und 760 mm Druck) für 1 Liter Wasser, welche demselben für die jeweils vorhandene Wassertemperatur bis zur Sättigung mit dem Sauerstoff der atmosphärischen Luft fehlt. Wässer, vor allem stagnierende Wässer, in welchen sich lebhafte Zersetzungsvorgänge (Oxydationen) abspielen, zeigen oft nur einen Bruchteil des Sauerstoffgehaltes, den sie in Berührung mit atmosphärischer Luft enthalten könnten.

Die Sättigungsmenge ist verschieden je nach der Wassertemperatur und dem Barometerstand. Die genaue Ermittelung dieser beiden Faktoren ist deshalb für exakte Untersuchungen des Wassers auf sein Sauerstoffdefizit unerläßlich, für die Bestimmung der Sauerstoffzehrung dagegen belanglos.

Folgende Tabelle nach Winkler (49) gibt die wichtigsten Zahlen. Die angegebenen ccm Sauerstoff sind außerdem noch in mg umgerechnet worden. Das Volum-Gewicht eines Liters Sauerstoff bei 0° und 760 mm Druck ist dabei zu 1,430 g angenommen worden (s. Tab. S. 67).

Ist s der Sättigungswert für die gegebene Temperatur und a der gefundene Sauerstoffgehalt, so ist s—a das berechnete Sauerstoffdefizit.

Zur Bestimmung des Sauerstoffdefizits muß die entnommene Probe möglichst sofort mit den Reagenzien versetzt werden, da sich bei Aufbewahrung der Probe der Sauerstoffgehalt häufig schnell ändert. Hat man die fertigen Reagenzien nicht zur Stelle, so kann man im Notfall den Sauerstoffgehalt durch Einwerfen von ca. 1 g reinstem Natriumhydrat in Substanz in die gefüllte Flasche fixieren und muß dann die Manganochloridlösung und das Jodkalium später hinzufügen (50). Beträgt der zur Zeit der Probeentnahme herrschende Barometerstand nicht 760 mm, so muß zur Berechnung des Sättigungswertes für die gegebene Temperatur die aus der Tabelle entnommene Zahl umgerechnet werden, wenigstens für exakte Bestimmungen, da mit steigendem Luftdruck die Löslichkeit des Gases im Wasser zunimmt und umgekehrt. Als vereinfachte Formel kann man dafür benutzen

$$x = n \cdot \frac{B}{760},$$

worin n den Sättigungswert bei der betreffenden Temperatur und 760 mm Luftdruck, B den beobachteten auf 0° reduzierten Barometerstand bedeutet (51). Unter Umständen findet man übrigens

Sättigung des Wassers mit kohlensäure- und ammoniakfreier Luft.

Sättigungswert für Sauerstoff mg pro Liter	Wasser-temperatur °C	Sättigungswert für Sauerstoff ccm pro Liter	Stickstoff Argon etc. ccm	Summe ccm	Sauerstoff-gehalt der gelösten Luft %
14,57	0	10,19	18,99	29,18	34,91
14,17	1	9,91	18,51	28,42	34,87
13,79	2	9,64	18,05	27,69	34,82
13,43	3	9,39	17,60	26,99	34,78
13,07	4	9,14	17,18	26,32	34,74
12,74	5	8,91	16,77	25,68	34,69
12,41	6	8,68	16,38	25,06	34,65
12,11	7	8,47	16,00	24,47	34,60
11,81	8	8,26	15,64	23,90	34,56
11,53	9	8,06	15,30	23,36	34,52
11,25	10	7,87	14,97	22,84	34,47
11,00	11	7,69	14,65	22,34	34,43
10,75	12	7,52	14,35	21,87	34,38
10,51	13	7,35	14,06	21,41	34,34
10,28	14	7,19	13,78	20,97	34,30
10,07	15	7,04	13,51	20,55	34,25
9,85	16	6,89	13,25	20,14	34,21
9,65	17	6,75	13,00	19,75	34,17
9,45	18	6,61	12,77	19,38	34,12
9,27	19	6,48	12,54	19,02	34,08
9,10	20	6,36	12,32	18,68	34,03
8,91	21	6,23	12,11	18,34	33,99
8,74	22	6,11	11,90	18,01	33,95
8,58	23	6,00	11,69	17,69	33,90
8,42	24	5,89	11,49	17,38	33,86
8,27	25	5,78	11,30	17,08	33,82
8,11	26	5,67	11,12	16,79	33,77
7,95	27	5,56	10,94	16,50	33,73
7,81	28	5,46	10,75	16,21	33,68
7,67	29	5,36	10,56	15,92	33,64
7,52	30	5,26	10,38	15,64	33,60

in Oberflächenwässern einen Sauerstoffgehalt, welcher den Sättigungswert für die gegebene Temperatur übersteigt (52).

Für die Beurteilung des Grades der Verunreinigung eines Wassers wichtiger als die Feststellung des Sauerstoffdefizits ist gewöhnlich die Feststellung der sog. **„Sauerstoffzehrung“** (53). Es sind dazu gewöhnlich von dem gleichen Wasser gleichzeitig zwei Proben zu entnehmen (wegen der Vorsichtsmaßregeln s. Kapitel Probeentnahme). Die eine Probe wird sofort verarbeitet und ergibt das etwa vorhandene Sauerstoffdefizit. Die andere Probe läßt man sorgfältig verschlossen ohne Zusatz eines Reagens 48 Stunden vor Licht geschützt stehen (am besten bei 20—22°, sonst jedenfalls bei „Zimmertemperatur") und bestimmt in ihr dann den Sauerstoffgehalt.

Ist a der Sauerstoffgehalt der ersten Probe und b der Sauerstoffgehalt der nach 48 Stunden untersuchten Probe, so ist a—b = c die „Sauerstoffzehrung" des Wassers in 48 Stunden. Bei gewissen Wässern empfiehlt es sich unter Umständen, die Wartezeit von 48 auf 72 Stunden auszudehnen. Werden gleichzeitig Plattenkulturen zum Zweck der Feststellung der Keimzahl gemacht, so bewahrt man die Proben für die „Sauerstoffzehrung" zweckmäßig am gleichen Ort und bei der gleichen Temperatur auf, wie die Gelatineplatten und macht die zweite Sauerstoffbestimmung dann, wenn die Kolonien auf der Platte so weit entwickelt sind, daß ihre Zählung bequem erfolgen kann. Die Zehrung wird auf 1 Stunde umgerechnet.

Wendet man die Methode zur Prüfung von Abwässern an, so muß man die Beobachtungszeit auf 24, 12 oder 6 Stunden reduzieren; doch bedient man sich für diesen Zweck dann besser der „Probe auf Fäulnisfähigkeit" oder der „Reduktionsprobe".

Das auffallendste Produkt, welches bei der Fäulnis von Abwässern entsteht, ist der Schwefelwasserstoff. Derselbe kommt aber bekanntlich auch in reinen Grundwässern vor (vgl. Beurteilung der Ergebnisse).

6. Bestimmung des Schwefelwasserstoffs.

Der Schwefelwasserstoff kommt im Wasser sowohl frei wie auch gebunden an Alkalien vor. Bei Abwesenheit freier Kohlensäure kann kein freier Schwefelwasserstoff vorhanden sein (54). Alle Methoden, bei welchen mit angesäuertem Wasser gearbeitet wird, bestimmen die Gesamtmenge des freien und gebundenen Schwefelwasserstoffs. Will man nur den gebundenen Schwefelwasserstoff bestimmen, so muß man den freien Schwefelwasserstoff zunächst durch längeres Durchleiten von reinem mit Kalilauge gewaschenen Wasserstoffgase entfernen.

A. Qualitativer Nachweis.

Qualitativ ist Schwefelwasserstoff nachweisbar:

a) Durch den Geruch. Bei Zugabe von Kupfersulfat zum Wasser wird der Schwefelwasserstoff gebunden (s. oben Prüfung auf Geruch);

b) Durch alkalische Bleilösung. Man hängt entweder in eine mit dem zu untersuchenden Wasser nicht völlig angefüllte Flasche einen mit alkalischer Bleilösung getränkten Fließpapierstreifen ein (der Streifen wird zwischen Kork und Flaschenhals festgeklemmt) und läßt einige Zeit stehen, oder man fügt die alkalische Bleilösung direkt dem Wasser zu.

Es ist in diesem Falle zweckmäßig, das Wasser zuerst von den Erdalkalien zu befreien, indem man 100 ccm desselben in einem mit Glasstopfen verschließbaren Glas mit Natriumhydrat- und Natriumkarbonatlösung (s. S. 105) versetzt und den entstandenen Niederschlag vollständig absetzen läßt. Ein Teil der überstehenden klaren Flüssigkeit wird mit der Pipette abgehoben und in ein Probierröhrchen gebracht. Bei Zusatz von alkalischer Bleilösung, welche man dadurch bereitet, daß man zu einer 10 proz. Lösung von Bleiazetat so lange Natronlauge hinzufügt, bis der anfänglich entstehende Niederschlag sich wieder gelöst hat, entsteht dann eine gelbbräunliche bis schwärzliche Färbung bzw. bei größeren Mengen von Schwefelwasserstoff ein Niederschlag von Bleisulfid

$$Pb(C_2H_3O_2)_2 + H_2S = PbS + 2\,C_2H_4O_2.$$

Die Wasserproben werden zweckmäßig leicht erwärmt.

c) Durch die Nitroprussidnatriumprobe. Man fügt zu dem zu untersuchenden Wasser etwas verdünnte Natronlauge und einige Tropfen einer Nitroprussidnatriumlösung. Bei Gegenwart von Schwefelwasserstoff bzw. Sulfiden tritt Violettfärbung ein.

d) Methylenblauprobe. Para-Amidodimethylanilin (Dimethylparaphenylendiamin), ein Zwischenprodukt der Methylenblaudarstellung nach Caro (55), gibt mit Schwefelwasserstoff und Eisenchlorid unter Zusatz von Salzsäure Methylenblau. Man versetzt das zu untersuchende Wasser mit $^1/_{50}$ seines Volumens rauchender Salzsäure, fügt einige Körnchen Para-Amidodimethylanilin hinzu und nach Lösung 4—5 Tropfen 5 proz. Eisenchloridlösung. Man wartet bis zu $^1/_2$ Stunde. Die Methode ist sehr empfindlich (0,02—0,1 mg H_2S im Liter).

Weldert und Röhlich (56) haben die notwendigen Reagenzien vereinigt, indem sie 1 g p-Amidodimethylanilin in 300 ccm Salzsäure vom spez. Gewicht 1,19 lösen und 100 ccm 1 proz. Eisenchloridlösung zugeben.

Nach Fendler und Stüber versagt die Carosche Reaktion bei Anwesenheit größerer Mengen von Nitriten.

B. Quantitative Bestimmung.

Für die quantitative Bestimmung des Schwefelwasserstoffs im Wasser kommen in Betracht:

a) Die Methode von Dupasquier-Fresenius (57).

Dieselbe empfiehlt sich bei höherem Schwefelwasserstoffgehalt des Wassers.

Die Methode beruht darauf, daß Schwefelwasserstoff mit Jod unter Schwefelabscheidung Jodwasserstoff bildet

$$H_2S + 2\,J = 2\,JH + S.$$

Man versetzt 250 bis 500 ccm des zu untersuchenden Wassers, nachdem man es schwach mit Essigsäure angesäuert hat, mit einigen Tropfen frisch bereiteter Stärkelösung und läßt dann aus einer Bürette so lange $^1/_{100}$Normal-Jodlösung zufließen, bis die Flüssigkeit sich blau färbt. Man wiederholt den Versuch, indem man fast soviel ccm Jodlösung, als man beim ersten Versuch gebraucht hat, in den zum Titrieren benutzten Kolben fließen läßt, dann die zu untersuchende Wassermenge zugibt und Essigsäure und Stärkelösung zusetzt. Dann titriert man wieder bis zur Blaufärbung. Für genaue Bestimmungen muß man noch die Menge Jodlösung von der insgesamt verbrauchten Menge in Abzug bringen, welche notwendig ist, um in einem gleichgroßen Quantum mit der gleichen Menge Stärkelösung versetzten destillierten Wassers die Blaufärbung zu erzeugen. 1 ccm $^1/_{100}$ Normal-Jodlösung entspricht 0,17 mg Schwefelwasserstoff.

Da der Schwefelwasserstoff in gewöhnlichen Trinkwässern nur in kleinen Mengen vorkommt, so muß meist eine kolorimetrische Methode zu seiner Bestimmung herangezogen werden. Dieselbe kann sich sowohl auf die Schwefelbleireaktion wie auf die Natriumprussidreaktion stützen.

b) Kolorimetrische Methode von Winkler (58).

Man setzt zu dem schwefelwasserstoffhaltigen Wasser Seignettesalzlösung (um die Ausscheidung von Calcium- und Magnesiumkarbonat zu verhindern) und alkalische Bleilösung und vergleicht die entstehende Färbung mit einer Färbung, welche unter denselben Verhältnissen durch Zugabe einer verdünnten Sulfidlösung von bekanntem Gehalt entsteht. Als Vergleichsflüssigkeit benutzt Winkler eine ammoniakalische Arsentrisulfidlösung.

Man bedarf folgender Reagenzien:

1. 25 g kristallinisches Seignettesalz, 5 g Natriumhydroxyd und 1 g Bleiazetat werden in Wasser zu 100 ccm gelöst.

2. 0,0370 g reines trockenes Arsentrisulfid werden in einigen Tropfen Ammoniak gelöst und die Flüssigkeit auf 100 ccm mit destilliertem Wasser verdünnt. Diese Lösung muß jedesmal frisch bereitet werden. 1 ccm der Lösung entspricht 0,1 ccm Schwefelwasserstoffgas von 0^0 und 760 mm Druck (= 0,154 mg).

Von dem zu untersuchenden Wasser werden 100 ccm in eine Flasche aus farblosem Glase von ca. 150 ccm Inhalt geschüttet, in der sich 5 ccm Reagens Nr. 1 befinden. In eine ebensolche Flasche kommen 100 ccm destillierten Wassers und 5 ccm Reagens Nr. 1.

Zu dieser letzteren Flüssigkeit wird nun von der in einer kleinen engen Bürette enthaltenen Ammoniumthioarsenitlösung so viel hinzugeträufelt, bis beide Flüssigkeiten gleich gefärbt erscheinen. Soviel ccm Ammoniumthioarsenitlösung verbraucht werden, ebensoviele ccm Schwefelwasserstoff enthalten 1000 ccm des untersuchten Wassers.

Da der Schwefelwasserstoff durch den Sauerstoff der Luft leicht oxydiert wird, so empfiehlt es sich, bei genauen Bestimmungen mit dem zu untersuchenden Wasser erst eine Zeit lang die Flasche, welche bei 100 ccm eine Marke besitzen muß, zu durchspülen. Man hebert bis zur Marke ab und bringt die 5 ccm Reagens mit einer langgestielten Pipette (vgl. die Winklersche Sauerstoffbestimmung) auf den Boden der Flasche. Die Winklersche Methode bietet den Vorteil, daß die in Schwefelwässern meist vorhandenen Thiosulfate das Resultat nicht beeinflussen. Beträgt die Schwefelwasserstoffmenge weniger als 0,2 ccm pro Liter, so muß man eine größere Wassermenge (500—1000 ccm) für den Versuch verwenden; beträgt sie mehr als 1,5 ccm, so empfiehlt es sich, die Methode Dupasquier-Fresenius anzuwenden.

c) Kolorimetrische Methode mit Nitroprussidnatrium.

Brauchbare Resultate ergibt auch die Bestimmung des Schwefelwasserstoffs durch Vergleichung der Farbenunterschiede, welche durch Verwendung des alkalischen Nitroprossidnatriums entstehen. Diese Methode setzt die Benutzung einer Schwefelwasserstofflösung von bekanntem Gehalte als Vergleichsobjekt voraus. Zur Herstellung derselben übergießt man Schwefeleisen in einem Kolben mit verdünnter Schwefelsäure und leitet das sich entwickelnde Gas in vorher abgekochtes, wieder erkaltetes destilliertes Wasser ein. Das auf diese Weise dargestellte Schwefelwasserstoffwasser ist in kleine (100 ccm) Flaschen abzufüllen und gut verschlossen im Dunkeln aufzubewahren. Die Neigung des Gases, zu entweichen und sich zu oxydieren, ist sehr groß; es ist daher der Gehalt der Lösung stets vor dem Gebrauch neu zu bestimmen.

Um den Gehalt des auf diese Weise dargestellten Schwefelwasserstoffwassers an Schwefelwasserstoff zu ermitteln, verfährt man nach 6 B a.

Prüfung des zu untersuchenden Wassers. Man füllt in ein mit Glasstöpsel versehenes Glas 300 ccm des Wassers, bewirkt durch Zufügung von 1,5 ccm Natriumhydrat- und 3 ccm Natriumkarbonat-Lösung (vgl. Ammoniaknachweis) die Ausfällung der Erdalkalien und schließt gut ab. Sobald sich der Niederschlag vollständig abgesetzt hat, gießt man 250 ccm in einen engen Zylinder ab, fügt 1 ccm Nitroprussidnatriumlösung hinzu, welche durch Lösung von 4 g dieses Salzes in 1 Liter destillierten Wassers hergestellt ist, und beobachtet nach dem Umschütteln die Rotfärbung.

Zur Bestimmung dieser durch den Schwefelwasserstoffgehalt hervorgerufenen Rotfärbung gibt man in einen gleichen Zylinder 245 ccm destillierten Wassers, fügt 1 ccm Nitroprussidnatriumlösung und 2 ccm Natriumhydrat-Lösung hinzu und läßt aus einer Bürette soviel des vorher geprüften Schwefelwasserstoffwassers hinzufließen, bis unter Umschütteln der Flüssigkeit der gleiche Farbenton entstanden ist. Man ermittelt nun auf Grund der vorausgegangenen

Prüfung des Schwefelwasserstoffwassers, wieviel die jetzt verbrauchten Kubikzentimeter desselben Milligramme Schwefelwasserstoff enthalten haben, und berechnet hieraus den Gehalt des Wassers an diesem Bestandteil auf 1 Liter. Sollte das Wasser mehr als 20 mg im Liter enthalten, so ist mit Verdünnungen zu arbeiten; bei einem Gehalt von 1 mg im Liter liefert diese Methode keine zuverlässigen Resultate mehr.

Im engen Zusammenhange mit der Prüfung eines Wassers auf Schwefelwasserstoff steht die Prüfung eines Wassers auf Fäulnisfähigkeit, wie solche bei der Untersuchung von Abwasserkläranlagen (59), im besonderen der biologischen Reinigungsanlagen, erforderlich ist.

7. Prüfung der Fäulnisfähigkeit.

a) Geruchsprobe.

Die zu untersuchende (Ab-)Wasserprobe wird in eine Flasche von etwa 100—200 ccm Inhalt gefüllt, so daß nur der Hals und der oberste Teil der Wölbung der Flasche vom Wasser freibleibt. Ein Streifen Bleipapier wird zwischen Kork und Flaschenhals geklemmt und die verschlossene Flasche an einem warmen Orte (am besten im Brutschrank bei 22°) aufbewahrt. Man überzeugt sich von Zeit zu Zeit durch Besichtigung des Papiers und Geruchsprobe, ob Fäulnis (H_2S-Bildung) aufgetreten ist. Man pflegt die Proben eine Woche bis 10 Tage lang zu beobachten.

b) Methylenblauprobe nach Spitta und Weldert (60).

Diese Methode benutzt die reduzierenden Wirkungen der Fäulnisprodukte, im besonderen des Schwefelwasserstoffs auf das Methylenblau. Das Methylenblau geht durch die Reduktion in eine farblose Verbindung (Leukobase) über.

Von einer 0,05 proz. wäßrigen Lösung des Methylenblau (am besten wird das Methylenblau B. extra der Firma Kahlbaum-Berlin oder das Methylenblau medicinale benutzt) gibt man mittels einer genau kalbrierten Pipette 0,3 ccm auf den Boden eines 50 ccm fassenden, mit Glasstopfen verschließbaren Fläschchens, füllt dann das Fläschchen bis zum Rande mit dem zu prüfenden (Ab-)Wasser, setzt den Glasstopfen auf, so daß keine Luftblasen im Flaschenhals bleiben, sichert den Glasstopfen durch Überschieben eines Lübbert-Schneiderschen Flaschenverschlusses und stellt das Fläschchen in den Brutschrank bei 37°. Ist nach 6 Stunden noch keine Entfärbung eingetreten, so kann man im allgemeinen annehmen, daß ein Nachfaulen des Wassers unter Schwefelwasserstoffbildung auch bei tagelanger Aufbewahrung nicht eintreten wird. Die Methode eignet sich hauptsächlich für die schnelle und regelmäßige Kontrolle von Abflüssen aus biologischen Körpern (61). Seligmann (62) füllt fallende Mengen des zu untersuchenden Abwassers (10, 8, 5, 4, 3, 2, 1, 0,5 ccm) in sterile Reagenzröhren, füllt bei Mengen unter 10 ccm mit sterilisiertem Leitungswasser auf 10 ccm auf, fügt 3 Tropfen einer Methylenblaulösung (Methylenblau medicinale 1,0, Alcoh. abs. 20,0, Aq. dest. 29,0, mit sterilem Wasser auf das 120fache verdünnt) hinzu und überschichtet mit flüssigem Paraffin. Die Röhrchen kommen dann auf 24 Stunden in den Brutschrank bei 37°. Als Maß des Reduktionsvermögens gilt die geringste Menge Abwasser, die nach 24 Stunden das Methylenblau noch entfärbt hat.

c) „**Hamburger Test**“ **auf Fäulnisfähigkeit** (63).

Derselbe beruht darauf, die Abwesenheit von organischem Schwefel in den zu untersuchenden Abwasserproben, als der Quelle der Schwefelwasserstoffbildung, festzustellen. Zu diesem Zweck muß zunächst der anorganische Schwefel entfernt werden. 100 ccm des zu untersuchenden Wassers werden mit etwa 30 ccm Barytwasser (1,5 %) und 5 ccm Chlorbaryumlösung (1 : 9) versetzt und das Gemisch so lange auf etwa 50° C erwärmt, bis sich ein flockiger Niederschlag bildet, worüber eine klare, wasserhelle Flüssigkeit steht. Man prüft nun durch Zusatz eines neuen Tropfens Chlorbaryumlösung, ob in der klaren Flüssigkeit noch eine weitere Fällung entsteht. Ist dies nicht der Fall, so wird von dem Barytniederschlag abfiltiert und das klare, von Sulfaten befreite Wasser zunächst auf freier Flamme bis auf 10 ccm, dann auf dem Wasserbade ganz zur Trockne eingedampft. Den Abdampfrückstand löst man in wenig warmem destillierten Wasser, filtriert die Lösung durch ein kleines Filter in ein Reagenzglas und prüft das Filtat wie oben nochmals auf Sulfate. Ist es sulfatfrei, so wird es in einem Porzellanschälchen auf dem Wasserbade und im Trockenschrank bis zur völligen Trockenheit verdunstet. Der Trockenrückstand wird quantitativ in ein kleines Reagenzgläschen hinübergebracht und hierin mit einem erbsengroßen Stückchen in Äther gewaschenen Kaliummetalls erhitzt. Die Reaktion tritt unter lebhaftem Glühen ein. Man erhitzt nun kurze Zeit stärker bis zur Rotglut des Gläschens und taucht es noch heiß in ein Porzellanschälchen, welches etwa 20 ccm destilliertes Wasser enthält. Das Gläschen zerspringt und teilt seinen Inhalt quantitativ dem Wasser mit. Bei Anwesenheit von organischem Schwefel hat sich Kaliumsulfid gebildet. Man filtriert von der Kohle und den Glassplittern ab und prüft auf Schwefelwasserstoff mittels der Methylenblaureaktion, wie oben (vgl. 6. A. d) angegeben.

Tritt Blaufärbung ein, so war organischer Schwefel vorhanden, und das Wasser ist fäulnisfähig. Dies gilt für biologisch gereinigte, normal zusammengesetzte städtische Abwässer.

d) Methode von Weldert und Röhlich.

Weldert und Röhlich (56) schlagen vor, zur Bestimmung der Fäulnisfähigkeit des Abwassers die Proben bei 37° aufzubewahren und dann den gebildeten freien und gebundenen Schwefelwasserstoff mittels der Caroschen Reaktion (vgl. 6. A. d) nachzuweisen. Sie benutzen dabei ihr vereinfachtes Reagens (S. 70).

e) Indirekte Methode nach Dunbar und Thumm.

Indirekt läßt sich bei biologisch gereinigten städtischen Abwässern ihre Fäulnisfähigkeit oder ihre Unfähigkeit zu faulen dadurch feststellen, daß man die Oxydierbarkeit sowohl des Rohwassers als des gereinigten Wassers mittels Kaliumpermanganat feststellt (vgl. die Methoden auf S. 134). Nach Dunbar und Thumm (64) faulen erfahrungsgemäß Wässer nicht mehr nach, wenn ihre Oxydierbarkeit, verglichen mit der des Rohwassers, um 60—65% oder mehr herabgesetzt worden ist.

f) Indirekte Methode nach Johnson, Copeland und Kimberley.

Nach Johnson, Copeland und Kimberley läßt sich die Fäulnisfähigkeit eines Wassers vorher bestimmen, wenn man einerseits die Menge des reaktionsfähigen Sauerstoffs (freier Sauerstoff und an Stickstoff gebundener Sauerstoff*)) kennt (vgl. die Bestimmung des gelösten Sauerstoffs, der Nitrite und der Nitrate) und andererseits den Sauerstoffbedarf des Wassers. Nach Ansicht der Autoren ergibt sich derselbe annähernd aus dem Kaliumpermanganatverbrauch des Wassers in saurer Lösung, bei 3 Minuten langer Einwirkung in der Kälte oder bei 5 Minuten langer Einwirkung bei Siedetemperatur. Im letzteren Fall muß indessen das Resultat durch 5 dividiert werden. Ist der Sauerstoffverbrauch nun gleich oder größer als die Menge des gelösten Sauerstoffs, und sind keine Nitrate oder Nitrite vorhanden, so fault das Abwasser mit größter Wahrscheinlichkeit nach; ist er geringer als die zur Verfügung stehende Menge freien und gebundenen Sauerstoffs, so wird gewöhnlich das Abwasser nicht nachfaulen.

g) „Incubator test".

Die Fäulnisfähigkeit einer Abwasserprobe kann ferner festgestellt werden mit der sogenannten Bebrütungsprobe („Incubator test"), vgl. S. 140.

8. Bestimmung einiger durch besondere Verfahren in das Wasser künstlich hineingebrachter Bestandteile.

A. Ozon.

Eine qualitative bzw. quantitative Bestimmung des Ozons im Wasser ist bisweilen bei der Kontrolle der Ozonanlagen zur Sterilisierung des Wassers zentraler Versorgungsanlagen notwendig (65).

a) Qualitativer Nachweis.

Sind Stoffe, welche eine ähnliche oxydierende Eigenschaft wie das Ozon entfalten (z. B. Chlor, freie salpetrige Säure, Wasserstoffsuperoxyd) auszuschließen, so erfolgt die Prüfung einfach durch Zugabe einiger Tropfen Kaliumjodidlösung und etwas Stärkekleister. Das Ozon macht aus dem Jodkalium Jod frei, und dieses färbt den Stärkekleister blau. Dabei wird die Lösung alkalisch:

$$O_3 + 2\,KJ + H_2O = O_2 + 2\,KOH + J_2.$$

Sonst ist die Prüfung unsicher, doch ist bei irgendwie erheblicheren Mengen von Ozon schon der Geruch charakteristisch.

---

*) Der sonstige, z. B. an Sulfate gebundene Sauerstoff eines Wassers vermag gewöhnlich nicht der Oxydation organischer Substanzen zu dienen.

b) Quantitative Bestimmung.

Die brauchbarste der bekannten Bestimmungsmethoden stützt sich auf den gleichen chemischen Vorgang wie die qualitative Prüfung. Jedoch ist der genaue Verlauf der Umsetzung verwickelter, als die oben angeführte Gleichung anzeigt. Das ausgeschiedene Jod wird in bekannter Weise (vergl. die Bestimmung des Sauerstoffs nach Winkler) mit $^1/_{100}$ Normalnatriumthiosulfatlösung bestimmt, doch muß die Titration in schwefelsaurer oder essigsaurer Lösung geschehen. Nach Ladenburg und Quasig (66), deren Ansicht sich auch Brunck (67) angeschlossen hat, soll das Ozon indessen auf die neutrale Kaliumjodidlösung einwirken, die Säure also (in einer dem angewandten Kaliumjodid äquivalenten Menge) erst vor der Titration zugesetzt werden, sonst fällt die gefundene Ozonmenge zu hoch aus. Ein Nachbläuen der titrierten Flüssigkeit am Schluß der Titration findet bei diesem Verfahren nicht statt. 1 ccm verbrauchte $^1/_{100}$ Normal-Natriumthiosulfatlösung entspricht 0,240 mg Ozon.

B. Freies und gebundenes Chlor (Hypochlorite) (68).

a) Qualitativer Nachweis.

Die Prüfung erfolgt — wie beim Ozon auch — mit Kaliumjodid und Stärkekleister. Bei Prüfung auf gebundenes Chlor ist mit Salzsäure schwach anzusäuern. Die Reaktion verläuft nach folgender Gleichung:

$$2KJ + Cl_2 = 2KCl + J_2.$$

b) Quantitative Bestimmung.

Die Bestimmung wird ausgeführt, indem das zu untersuchende Wasser mit einer Jodkaliumlösung versetzt und sodann mit Salzsäure schwach angesäuert wird. Das ausgeschiedene Jod wird in bekannter Weise durch Titration mit $^1/_{10}$ oder $^1/_{100}$ Normal-Natriumthiosulfatlösung mit Stärkekleister als Indikator bestimmt. 1 ccm $^1/_{10}$ Normal-Thiosulfatlösung entspricht 3,55 mg Chlor. Für die Bestimmung des Chlors in Abwässern und des Chlors im Chlorkalk selbst bedient man sich zweckmäßig folgender etwas modifizierter Bestimmungsmethode (70), da gewisse im Abwasser und im käuflichen Chlorkalk vorhandene Verunreinigungen bei Gegenwart von Salzsäure aus Jodkalium Jod in Freiheit setzen und daher eine größere Menge wirksames Chlor vortäuschen, als tatsächlich vorhanden ist. Die Abänderung der ursprünglichen Methode besteht darin, daß an Stelle der starken Salzsäure die schwächere Essigsäure gesetzt wird:

100 ccm des zu untersuchenden Abwassers oder der Chlorkalklösung (s. u.) werden mit 5 ccm einer 5proz. Kaliumjodidlösung und 2 ccm 50proz. Essigsäure (sp. G. 1,064) versetzt und dann das ausgeschiedene Jod mit $^1/_{100}$ Normal-Natriumthiosulfatlösung (Stärkekleister als Indikator) titriert. Stark verunreinigtes Abwasser bzw. solches mit färbenden Verunreinigungen titriert man auf Farbengleichheit. Die Titration gilt als beendet, wenn 5 Minuten nach Eintritt der Entfärbung bzw. Farbengleichheit kein Farbenrückschlag mehr stattfindet.

1 ccm $^1/_{100}$ Normal-Natriumthiosulfatlösung entspricht 0,355 mg Chlor. Zur Bestimmung des Gehaltes des Chlorkalks an wirksamem Chlor zerreibt man eine gewogene Menge Chlorkalk unter Wasserzugabe, füllt die trübe Lösung mit dest. Wasser auf 500 oder 1000 ccm auf, mischt und titriert 100 ccm davon wie angegeben.

C. Wasserstoffsuperoxyd.

Das Wasserstoffsuperoxyd ist mehrfach zur Trinkwassersterilisation vorgeschlagen worden (71).

a) Der qualitative Nachweis von Wasserstoffsuperoxyd gelingt ähnlich wie beim Ozon durch Jodkaliumstärkekleister. Jedoch wird das Jodkalium vom Wasserstoffsuperoxyd nur langsam zersetzt, d. h. die Blaufärbung tritt nicht sofort wie beim Ozon ein, sondern allmählich. Gibt man indessen gleichzeitig einen Kristall von Ferrosulfat hinzu, so erscheint die Blaufärbung sofort. Übrigens können Ozon und Wasserstoffsuperoxyd gleichzeitig nebeneinander nicht bestehen, da sie sich zu Wasser und Sauerstoff umsetzen:

$$O_3 + H_2O_2 = 2\,O_2 + H_2O.$$

Charakteristischer und empfindlicher ist die Reaktion des Wasserstoffsuperoxyds mit Chromsäure. Man überschichtet das zu prüfende Wasser in einem weiten Reagenzglase mit etwas Äther — der kein Wasserstoffsuperoxyd enthalten darf, wie es zuweilen vorkommt — und fügt einige Tropfen einer 10proz. Lösung von Chromsäure hinzu. Schüttelt man jetzt durch, so färbt sich der Äther blau. Die rote Chromsäure wird, wie man annimmt, durch H_2O_2 zu blauer Überchromsäure $HCrO_4$ oxydiert, welche sich leicht im Äther löst. Die Reaktion ist wenig haltbar.

b) Die quantitative Bestimmung des Wasserstoffsuperoxyds wird gewöhnlich mit Kaliumpermanganatlösung in schwefelsaurer Lösung vorgenommen. Die Umsetzung findet nach folgender Gleichnng statt:

$$5\,H_2O_2 + 2\,KMnO_4 + 3\,H_2SO_4 = K_2SO_4 + 2\,MnSO_4 + 8\,H_2O + 5\,O_2.$$

Der Endpunkt der Reaktion ist eben überschritten, wenn sich die Mischung durch den ersten überschüssigen Tropfen Kaliumpermanganatlösung bleibend rosa färbt. Da nach obiger Gleichung 170 Gewichtsteile Wasserstoffsuperoxyd durch 316 Gewichtsteile Kaliumpermanganat zerlegt werden, so entspricht z. B. 1 ccm einer $^1/_{10}$ Normalkaliumpermanganatlösung (vergl. S. 38) 1,7 mg H_2O_2. Die Kaliumpermanganatlösung ist durch eine $^1/_{10}$ Normal-Oxalsäure auf ihre Genauigkeit zu kontrollieren (vergl. S. 149).

Ausführung der Bestimmung.

Zur Bestimmung des H_2O_2 in einem Wasser mißt man 200 oder 300 ccm des Wassers ab, gibt diese in ein sorgfältig gereinigtes Becherglas, fügt 20 bis 30 ccm verdünnte (ca. 20proz.) Schwefelsäure hinzu und läßt aus einer mit Kaliumpermanganat (ca $^1/_{10}$ Normallösung) gefüllten Glashahnbürette so lange Kaliumpermanganatlösung zufließen, bis eine Rosafärbung der Flüssigkeit bestehen bleibt. Die Flüssigkeit ist dabei mit einem Glasstab gut umzurühren. Häufig verläuft die Umsetzung anfangs sehr langsam und erst allmählich glatt. Es ist stets darauf zu achten, daß genügend Schwefelsäure vorhanden ist.

Beispiel: Von einer Kaliumpermanganatlösung, von welcher 20 ccm 21,3 ccm $^1/_{10}$ Normal-Oxalsäure oxydierten (vergl. S. 135), wurden zur Zersetzung des in 200 ccm Wasser vorhandenen Wasserstoffsuperoxyds 3,8 ccm verbraucht.

Demnach waren im Liter Wasser vorhanden:

$$\frac{21{,}3 \,.\, 1{,}7 \,.\, 3{,}8 \,.\, 5}{20} = 34{,}4 \text{ mg } H_2O_2.$$

1 mg H_2O_2 liefert bei der Zersetzung 0,47 mg oder 0,329 ccm Sauerstoff. 1 ccm eines 3proz. Wasserstoffsuperoxydpräparates entwickelt bei der Zerlegung rund 10 ccm Sauerstoff. 1 Gewichtsprozent = 3,288 Vol.-Proz.

9. Bestimmung des Gesamtrückstandes (Trockenrückstand).

Bei einem Wasser, welches Trübungen aufweist, können Zweifel darüber entstehen, in welcher Weise der Trockenrückstand bestimmt werden soll, ob im filtrierten oder unfiltrierten Wasser oder in dem Wasser, das man durch ruhiges Stehenlassen zur Klärung gebracht hat. Dazu muß folgendes gesagt werden: Sollen die Schwebestoffe für sich bestimmt werden, wie es bei Abwasseranalysen in Deutschland üblich ist, so empfiehlt sich die Bestimmung des Abdampfrückstandes im filtrierten Wasser; im anderen Fall dürfte es das richtigere sein, das Wasser, unmittelbar bevor man das nötige Quantum für die Bestimmung des Trockenrückstandes abmißt, so kräftig und so lange umzuschütteln, daß eine tunlichst gleichmäßige Verteilung der Schwebestoffe entsteht.

Ein Absitzenlassen des Wassers empfiehlt sich nur, wenn es grobe oder schwere Sinkstoffe enthält. So pflegt etwa dem Wasser beimengter Sand nicht mit gewogen, sondern durch kurzes Absitzenlassen entfernt zu werden. Abwässer enthalten vielfach grobe Partikel, wie Teile von Kotballen, Papierfetzen, Holz u. dgl. Ist es nicht möglich, dieselben mit einem Glasstab oder dgl. in kleine Partikel zu zerdrücken, so läßt man sie bei der Bestimmung zurück und macht nur einen entsprechenden schriftlichen Vermerk zu den Ergebnissen der Analyse. Überhaupt ist es gerade bei der Bestimmung von Rückstand und Schwebestoffen geboten, genau in der Niederschrift der Ergebnisse anzugeben:

1. die zur Bestimmung angewandte Wassermenge;
2. ob das Wasser filtriert (welche Filtermarke?) oder unfiltriert (aufgeschüttelt) war, oder ob und wie lange man es hatte absetzen lassen;
3. bei welcher Temperatur und wie lange die Trocknung vorgenommen wurde.

Nur die Ergebnisse gleichartig ausgeführter Bestimmungen sind miteinander gut vergleichbar.

Das Gewicht der sämtlichen im Wasser gelösten, bei 100 bis 110^0 nicht flüchtigen Bestandteile, der Rückstand, wird ermittelt, indem man eine bestimmte Menge Wasser verdampft und den Rest wiegt.

Ausführung. Eine Porzellanschale (besser Platinschale) von ungefähr 100 ccm Inhalt wird geglüht; nach dem Erkalten im Exsikkator wird ihr Gewicht genau bestimmt. Von dem eventuell (s. o.) vorher filtrierten Wasser werden 300—500 ccm in einem Meßkölbchen abgemessen und diese Menge nach und nach auf dem Wasserbade (Fig. 18) in der Schale eingedampft, wobei letztere nie über die Hälfte gefüllt sein darf. Bei Abwasseranalysen genügen 100 bis 200 ccm. Um ein Vertropfen des Wassers beim Übergießen aus dem Meßkölbchen in die Schale zu verhüten, überzieht man den äußeren Rand der Mündung des Kölbchens an die Ausgußstelle mit einer äußerst feinen Fettschicht und läßt stets das Wasser vermittels eines Glasstabes in die Schale ablaufen. Schließlich spült man das Kölbchen mehrmals mit wenig destilliertem Wasser aus und gibt das Spülwasser ebenfalls in die Schale, um es zu verdampfen. Sobald dies geschehen ist, wird die Schale ca. 2 Stunden im Trockenschrank bei 100^0 oder 110^0 gehalten; hierauf läßt man sie im Exsikkator erkalten und bestimmt das Gewicht des Rückstandes auf der Analysenwage.

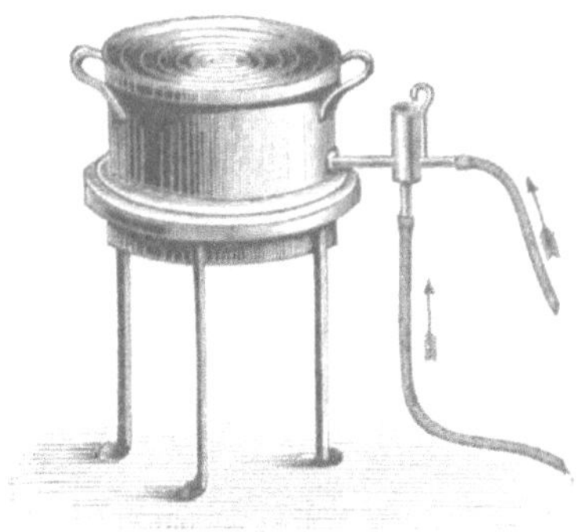

Fig. 18.

Das Trocknen ist tunlichst so lange um je eine Stunde fortzusetzen, bis die letzten beiden Wägungen übereinstimmende Zahlen ergeben haben. Indessen ist es, besonders bei der Bestimmung des Rückstandes von Abwässern, oft schwer, ein konstantes Gewicht zu erhalten.

Was die Temperatur des Trocknens anlangt, so zieht die Mehrzahl der Analytiker die Temperatur von 110^0 der von 100^0

vor. Bei 100°, ja selbst bei 110° wird aber nicht alles Kristallwasser der Salze völlig entfernt. Bei Temperaturen, welche wesentlich über 100° liegen, können andererseits gewisse organische Stoffe bei längerem Erhitzen sich bereits zersetzen. Die Wahl einer Trocknungs-

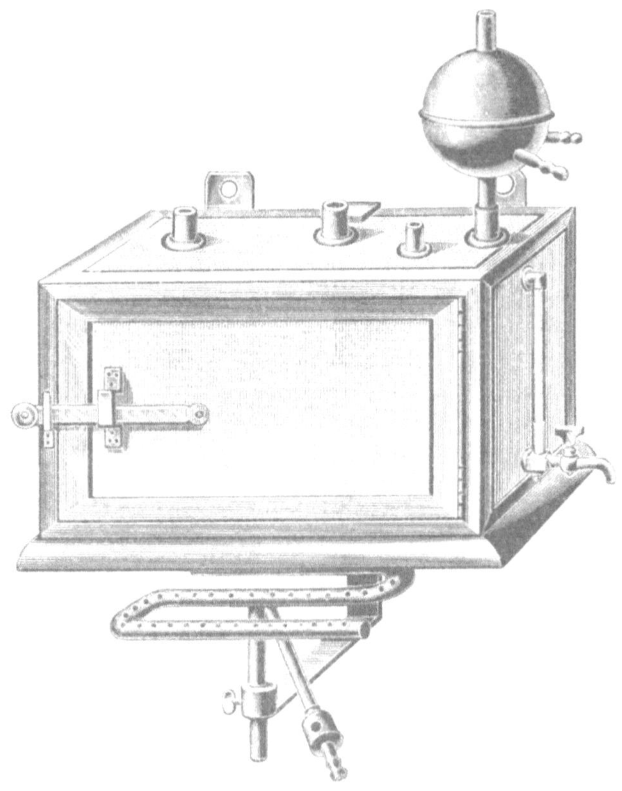

Fig. 19.

temperatur von 110° dürfte daher im allgemeinen den richtigen Mittelweg darstellen. Wählt man Trockenschränke mit Wassermantel (s. Fig. 19), so muß die zum Füllen des Mantels benutzte Flüssigkeit (z. B. Glyzerin-Wassermischung) einen entsprechenden Siedepuukt besitzen. Das Verdampfen der Flüssigkeit im Mantel verhütet man durch Benutzung eines Rückflußkühlers.

Das Abdampfen des Wassers muß an einem staubfreien Orte ausgeführt werden; um das Einfallen von Staubteilchen zu verhüten, kann man auch einen umgekehrten Trichter in einer Entfernung von einigen Zentimetern über der Schale befestigen. Gutes Wasser liefert einen nahezu weißen Rückstand; je nach dem Vorhandensein von organischen Substanzen (auch von gewissen Eisenverbindungen u. dgl.) nimmt derselbe eine gelbliche bis gelbbraune Färbung an.

Das Gewicht des Rückstandes wird auf 1 Liter Wasser berechnet und in Milligrammen zum Ausdruck gebracht.

10. Bestimmung des Glühverlustes.

Setzt man den Rückstand der Glühhitze aus, so erfährt derselbe eine Gewichtsverminderung, welche man als Glühverlust bezeichnet.

Ausführung: Die Schale mit dem Rückstand, dessen Gewicht endgültig festgestellt ist, wird bei mäßiger Hitze (am besten mittels eines Pilzbrenners) gehalten bis zur Verkohlung des Rückstandes. Während dieses Prozesses prüfe man auf etwa entstehende Gerüche und Verfärbungen. Die Hitze wird dann verstärkt, nötigenfalls durch Auflegen eines passenden Porzellan- oder Platindeckels. Man gehe indessen nicht über einen durch „dunkle Rotglut" der Platinschale gekennzeichneten Wärmegrad hinaus.

Erzielt man auf diese Weise bereits eine weiße Asche, so läßt man die Schale im Exsikkator erkalten und bestimmt wieder ihr Gewicht. Die Differenz gegenüber der früheren Wägung vor dem Veraschen bedeutet den Glühverlust. Derselbe wird ebenfalls in mg ausgedrückt und auf 1 Liter Wasser berechnet.

Vielfach, besonders bei stärker verunreinigten Wassern, setzen sich einer glatten Veraschung erhebliche Widerstände in den Weg. Die Asche wird nicht weiß*). Bisweilen genügt in diesen Fällen dann bereits das Befeuchten des abgekühlten Glührückstandes mit einigen Tropfen destillierten Wassers, Abdunsten desselben und Wiederholung des oben geschilderten Veraschungsvorganges. Andernfalls setzt man zweckmäßig zu dem abgekühlten Glührückstand eine etwas größere Menge (10—20 ccm) destillierten Wassers und digeriert unter Benutzung eines Glasstäbchens den

*) Bei Abwässern bleibt die Asche wegen stärkeren Eisengehaltes häufig rötlichbraun gefärbt.

Inhalt der Schale einige Minuten auf dem heißen Wasserbade. Dann filtriert man unter Nachspülen durch ein kleines „aschefreies“ Filter und wäscht die auf dem Filter zurückgebliebenen Partikel mit etwas dest. heißem Wasser nach. Filtrat und Waschwasser werden zunächst beiseite gestellt, das benutzte Filter im Trockenschrank lufttrocken gemacht und mittels eines Platindrahtes oder auch unmittelbar in der Platinschale vorsichtig verascht. Darauf wird das beiseite gestellte Filtrat nebst Waschwasser in die abgekühlte Schale gegeben (Nachspülen mit etwas destilliertem Wasser), auf dem Wasserbade eingedampft und getrocknet. Sodann wird, wie oben, die Schale zu dunkler Rotglut gebracht und die Veraschung zu Ende geführt.

Der gefundene Glührückstand oder Glühverlust ist häufig ein Wert, welcher keineswegs nur den verbrannten organischen Kohlenstoff anzeigt und daher meist nur als ein sehr unsicherer gelten kann. Es ist in vielen Fällen unmöglich, die Verflüchtigung anorganischer Stoffe (z. B. von Chloriden) zu vermeiden. Die Salze organischer Säuren gehen in Karbonate über. Vielfach (besonders bei Abwässern) treten unübersehbare Zersetzungen ein. Die an Erdalkalien gebundene Kohlensäure geht beim Glühen zum Teil verloren, indem sich Oxyde der betreffenden Salze bilden. Vielfach sucht man diesen Fehler dadurch auszugleichen, daß man den wieder erkalteten Rückstand mit etwas mit Kohlensäure gesättigtem destillierten Wasser befeuchtet und nach dem Abdampfen gelinde erhitzt. Die Anwendung einer Ammoniumkarbonatlösung statt des kohlensäurehaltigen Wassers ist ebenfalls üblich, im allgemeinen aber weniger zu empfehlen.

Da bei Benutzung der freien Flamme es schwierig ist, die nötige Glühtemperatur einzuhalten, so empfiehlt sich, zumal wenn einigermaßen vergleichbare Werte gewonnen werden sollen, die Anwendung eines Muffelofens, am besten eines gut regulierbaren elektrisch beheizten Ofens. Behufs Vermeidung eines Verlustes an Chlor ist es bei den an Chlorverbindungen (im besonderen Chlormagnesium) reichen Wässern angezeigt, schon vor Ermittelung des Rückstandes eine Lösung von kohlensaurem Natron von bestimmtem Gehalte im Überschuß zuzusetzen. Hierdurch wird beispielsweise das Chlormagnesium in Magnesiumkarbonat übergeführt, während das Chlor des ersteren an das Natrium gebunden wird.

Die hinzugefügte Gewichtsmenge des kohlensauren Natrons wird schließlich bei dem ermittelten Rückstand und Glühverlust wieder in Abzug gebracht.

Trotz der vorerwähnten Maßregeln wird die Ermittelung des Glühverlustes nur dann verwertbare Zahlen liefern, wenn die organischen Substanzen in relativ großer Menge vorhanden sind.

In den meisten Fällen wird es genügen, die beim Glühen des Rückstandes sich abspielenden Erscheinungen (Farbenveränderungen, Auftreten von Geruch) als das Ergebnis einer qualitativen Prüfung zu registrieren. Man hat dieselben zweckmäßig in folgende Gruppen zusammengestellt:

1. Sind keine organischen Substanzen und vorwiegend Kalksalze vorhanden, so tritt nur ein Weißwerden des Rückstandes beim Glühen ein.

2. Ist wenig organische Substanz zugegen, so tritt beim Erhitzen eine leichte Braunfärbung ein, die rasch vorübergeht und schließlich einer rein weißen Farbe weicht.

3. Bei etwas größerer Menge organischer Stoffe zeigt sich an einzelnen Stellen Schwärzung des Rückstandes, die erst bei anhaltendem starken Erhitzen vertrieben werden kann.

4. Bei sehr großen Mengen organischer Beimengung tritt beim Erhitzen sofort eine Schwärzung der ganzen Masse und daneben oft ein Geruch nach verbrannten Federn oder Haaren auf; es ist schwer oder gar nicht möglich, eine weiße Asche zu erzielen. (Flügge.)

11. Bestimmung der suspendierten Stoffe.

Je geringer ihre Menge ist, um so größere Wasserquanten müssen zu ihrer Bestimmung verarbeitet werden, wenn die Ergebnisse Anspruch auf einige Genauigkeit haben wollen. Von reineren Wässern sollte man daher 500—2000 ccm in Arbeit nehmen, von Abwässern 200—500 ccm. Häufig, namentlich bei reineren Wässern, ergibt die Bestimmung der Durchsichtigkeit (s. S. 8) bessere Resultate als die Bestimmung der suspendierten Stoffe.

Die Bestimmung kann eine direkte und eine indirekte sein.

A. Direkte Bestimmung.

a) Durch Wägung.

In einem abgemessenen Quantum der zu untersuchenden Wasser- oder Abwasserprobe läßt man die Schwebestoffe durch ruhiges Aufbewahren der abgefüllten Wassermenge am kühlen Ort znnächst absetzen. Ein Filter von bekanntem Aschengehalt wird bei 100° oder 110° im Wägegläschen oder Uhrschalenapparat (Fig. 11*u*) getrocknet und sein Gewicht genau bestimmt. Nun filtriert man das abgemessene Wasserquantum durch das Filter, ohne den etwa gebildeten Bodensatz zunächst durch Schütteln aufzurühren. Das in einer trockenen oder mit kleinen Mengen des Filtrates mehrfach ausgespülten Flasche aufgefangene Filtrat kann eventuell für weitere chemische Untersuchungen des Wassers reserviert werden. Schließlich bringt man etwa vorhandenen Bodensatz, in der letzten Portion des Wassers aufgeschüttelt, auf das Filter und spült mit kleinen Portionen destillierten Wassers nach. (Unter Umständen wird man dieses Spülwasser gesondert von der zuerst aufgefangenen Wasserprobe ablaufen lassen.) Etwaige an der Wandung des Glases anhaftende Stoffe sind mittels eines „Gummiwischers" loszureiben.

Der Inhalt des Filters wird mit destilliertem Wasser sorgfältig ausgewaschen, dann bis zur Gewichtskonstanz bei 100° oder 110° getrocknet und nach dem Erkalten im Exsikkator im Wägegläschen oder Uhrschälchenapparat gewogen.

Zur Bestimmung des anorganischen Anteils der suspendierten Substanzen bringt man den Inhalt des Filters in einen ausgeglühten und gewogenen Platintiegel und fügt die Asche des Filters, welches man iu einer Platinspirale verbrannt hat, hinzu. Zur Verbrennung der organischen Substanz erhitzt man den offenen Tiegel über der Flamme. Um etwa gebildete Oxyde von Calcium und Magnesium in Karbonate wieder überzuführen, befeuchtet man den erkalteten Rückstand mit etwas kohlensäurehaltigem destillierten Wasser, verjagt dessen Überschuß und glüht nochmals gelinde (s. S. 84).

Nach dem Erkalten des Tiegels im Exsikkator bestimmt man seine Gewichtszunahme.

Die Gewichte der suspendierten Substanzen sowie des anorganischen Anteils derselben werden nach Abzug der Filterasche auf Milligramme im Liter Wasser berechnet.

Bei schlecht filtrierendem Wasser (Abwasser) kann man statt der gewöhnlichen Filter solche aus gehärtetem Papier anwenden. Das getrocknete und gewogene, womöglich durch einen Platinkonus gestützte, der Trichterwand glatt anliegende Filter wird mit dem Trichter auf einer Saugflasche befestigt, welche durch eine Wasserstrahlluftpumpe unter negativen Druck gesetzt ist. Die Filtration pflegt dann schneller vor sich zu gehen. Indessen ist es in solchen Fällen noch mehr vorzuziehen, sich eines mit präpariertem Asbest beschickten sog. „Goochtiegels“ (Tiegel mit Siebboden) zu bedienen. Die Präparation des für Goochsche Tiegel käuflichen Asbestes besteht im längeren Behandeln mit warmer konzentrierter Salzsäure und Auswaschen der Säure mit destilliertem Wasser. Eine gleichmäßige 2—3 mm dicke Schicht des so präparierten Asbestes wird auf den Boden eines Goochschen Tiegels von etwa 4,5 cm Höhe und 3,8 cm oberem Durchmesser gebracht, der Tiegel (a in Fig. 20) mittels eines weiten Kautschukringes in luftdichte Verbindung mit einem Vorstoß (b) gebracht und durch diesen an eine Saugflasche (c) angeschlossen. Man saugt dann durch Ansetzen einer Wasserstrahlpumpe an den Seitenstutzen (d) sorgfältig 2—3 mal destilliertes Wasser durch den präparierten Tiegel, trocknet ihn bei 110°, läßt im Exsikkator erkalten und wägt. Die zu untersuchende Abwassermenge (50—500 ccm) läßt man, nach tunlichstem Absitzenlassen, zuerst ohne Absaugen durch das Asbestfilter gehen. Ist das Filtrat nicht klar, so wird es auf das Filter zurückgebracht. Das Sediment bringt man zuletzt auf das Asbestfilter, wäscht schließlich 3—4 mal mit destilliertem Wasser nach, trocknet wie oben, läßt erkalten und wägt. Die Veraschung der suspendierten Stoffe kann ebenfalls in dem Tiegel stattfinden (72).

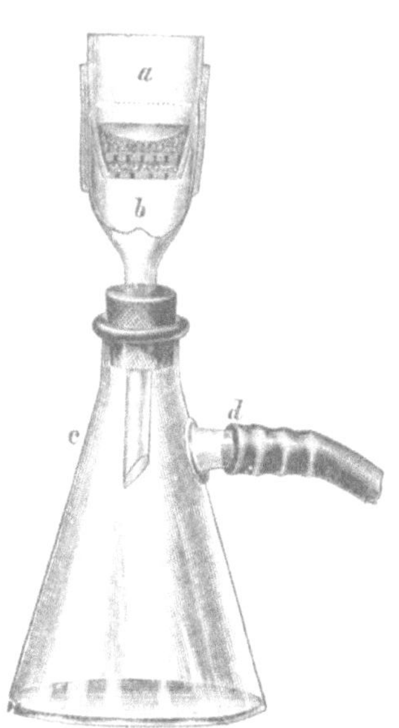

Fig. 20.

b) Volumbestimmung nach Dost.

Neben der Bestimmung der suspendierten Stoffe in getrocknetem Zustande durch Wägung ist auch in den letzten Jahren die Volumbestimmung der frischen Stoffe in Aufnahme gekommen. Begreiflicherweise wird dieselbe ganz vorwiegend bei der Abwasseranalyse angewandt, im besonderen dort, wo es sich um die Kontrolle mechanisch wirkender Abwasserreinigungsanlagen handelt. In Anlehnung an ein von der Royal Commission on sewage disposal usw. empfohlenes Verfahren hat Dost (73) folgende Methode angegeben.

Fig. 21.

Das zu untersuchende Abwasser (50 ccm) wird in einem besonders konstruierten Zentrifugenröhrchen (Fig. 21) mittels der Zentrifuge ausgeschleudert und das Volumen des ausgeschleuderten Schlammes an einer am unteren verjüngten Ende des Röhrchens eingeätzten Skala abgelesen.

Das Zentrifugenröhrchen ist unten mittels eingeschliffenen Glashahns abgeschlossen. An den unterhalb des Glashahns befindlichen, möglichst kurzen Teil des Glasrohrs kann mittels Glasschliffes ein kleines Gefäß angesetzt werden. Dieses kleine Gefäß dient zur Aufnahme der Schlammstoffe.

Die Untersuchung wird derart angestellt, daß man in das Zentrifugenröhrchen bei geschlossenem Hahn 50 ccm Abwasser einfüllt und dann 3 Minuten lang zentrifugiert. Das Volumen der ausgeschleuderten Schlammstoffe liest man hierauf an der Teilung des Röhrchens ab. Falls es zu klein für die genaue Bestimmung des Volumens ist, kann man, ohne einen Verlust an ungelösten Abwasserbestandteilen befürchten zu müssen, das überstehende klare Wasser abgießen, von neuem 50 ccm Abwasser auffüllen und wiederum zentrifugieren, bis die erhaltene Schlamm-Menge groß genug erscheint. Nach dem Abheben des Wassers wird das gewogene kleine Gefäß für die Aufnahme der Schlammstoffe angesetzt, der Glashahn geöffnet und das Röhrchen mit dem Ansatz zusammen zentrifugiert, bis sich alle Schlammstoffe im Ansatzgefäß befinden. Durch Wägen des Gefäßes mit Inhalt, Trocknen bei 100^0 und nochmaliges Wägen erhält man den Gehalt des Schlammes an Wasser und festen Bestandteilen, deren flüchtige

Stoffe durch Glühen eventuell auch noch bestimmt werden können.

Die mit Hilfe des Zentrifugenröhrchens ermittelten Zahlen für das Gewicht des bei 100° getrockneten Schlamms sind stets kleiner als die z. B. mit der Gooch-Tiegel-Methode gefundenen; die mit der Zentrifugenmethode gewonnenen Werte sind also nur unter sich vergleichbar. Der Wassergehalt der ausgeschleuderten Schlammstoffe ist ziemlich konstant, braucht also nicht ständig kontrolliert zu werden.

B. Indirekte Bestimmung.

Nach gutem Durchschütteln wird eine gemessene Menge des zu untersuchenden Wassers oder Abwassers in bekannter Weise zur Bestimmung des Trockenrückstandes benutzt, ein anderer Teil wird durch ein größeres trockenes Faltenfilter (der Trichter ist während des Filtrierens mit einer Glasplatte zu bedecken) filtriert und von einer gleich großen gemessenen Menge des Filtrates ebenfalls der Trockenrückstand bestimmt. Die Differenz beider Bestimmungen ergibt die Menge der Schwebestoffe.

Die Fehlergrenzen dieser Methode sind verhältnismäßig groß. Sie eignet sich daher hauptsächlich für Wasser mit höherem Gehalt an Schwebestoffen (Abwässer). Sie ist bequem auszuführen. Von den erhaltenen Rückständen kann, wie sonst, der Glühverlust ermittelt werden.

C. Ausfällungsmethode nach Rubner.

Nach Rubner (74) kann man die suspendierten Bestandteile des Wassers (allerdings mit gewissen Beimengungen gelöster Stoffe) erhalten durch Ausfällen mit Eisenchlorid und essigsaurem Natron in der Hitze. Im Niederschlag läßt sich der Stickstoffgehalt bequem bestimmen, auch läßt sich seine Verbrennungswärme feststellen. (Vergleiche unter Bestimmung des Stickstoffs und der organischen Substanzen.) Dieses Rubnersche Verfahren wird auch zur Ausfällung der suspendierten und kolloidalen Stoffe von Fowler, Evans und Oddie bei der Abwasseranalyse empfohlen (75).

D. Nähere Untersuchung der suspendierten Stoffe.

Bisweilen ist es erwünscht, in den suspendierten Stoffen den Stickstoffgehalt, den Gehalt an organischem Kohlenstoff, Zellulose und „Fett“ (Ätherextrakt) zu ermitteln. Die Ausführung dieser Bestimmungen ist die nämliche, wie sie später unter den betreffenden Kapiteln beschrieben ist. (Vgl. 15. E., 17, 18, 19.) Für die Stickstoff-, Kohlenstoff- und „Fett“- (Ätherextrakt-) Bestimmung werden abgewogene Mengen der gut getrockneten und nach Möglichkeit fein zerriebenen Masse ohne weiteres benutzt. Für die annähernde Zellulosebestimmung wird eine abgewogene Menge der zu untersuchenden Masse mit der angegebenen Menge Wasser aufgeschwemmt und dann, wie beschrieben, verarbeitet.

12. Bestimmung der Chloride.

A. Qualitativer Nachweis.

Freie Chlorwasserstoffsäure und alle löslichen Chloride geben mit Silbernitrat einen Niederschlag — bei geringen Mengen eine Opaleszenz oder Trübung — von Chlorsilber. Derselbe ist weiß, färbt sich am Licht dunkel, ist löslich in Ammoniak, unlöslich in Salpetersäure.

Zum Nachweis der Chloride im Wasser säuert man dasselbe im Reagenzglase mit chlorfreier verdünnter Salpetersäure an und fügt einige Tropfen Silbernitratlösung hinzu. Ist z. B. Natriumchlorid gegenwärtig, so entsteht folgende Umsetzung:

$$NaCl + AgNO_3 = AgCl + NaNO_3$$

Kohlensaure Salze und phosphorsaure Salze geben mit Silbernitratlösung ebenfalls weiße Niederschläge, dieselben lösen sich aber in Salpetersäure.

Die in natürlichen Wässern selten vorkommenden Jodide und Bromide geben mit Silbernitrat einen hellgelben bzw. gelblichweißen Niederschlag von Jod- bzw. Bromsilber. Jodsilber ist unlöslich in Ammoniak und Salpetersäure, Bromsilber verhält sich hinsichtlich seiner Löslichkeit wie Chlorsilber.

B. Quantitative Bestimmung.

Die für die quantitative Bestimmung anzuwendende Methode hängt — abgesehen von der gewünschten Genauigkeit des Resultates — ab von der im Wasser vorhandenen Chlormenge. Dieselbe muß annähernd bekannt sein oder mittels Titrierverfahrens zunächst ungefähr ermittelt werden.

Enthält ein Wasser weniger als 25 mg Chlor (Cl) im Liter*), so wird die unmittelbare titrimetrische Bestimmung (s. u.) zu ungenau. In solchen Fällen muß ein größeres abgemessenes Wasserquantum (zweckmäßig 300 ccm) durch Eindampfen auf ein kleines Volum (100 ccm) gebracht und mit diesem die maßanalytische Bestimmung vorgenommen werden, oder die Bestimmung erfolgt in einer größeren Wassermenge, z. B. 500 ccm, gewichtsanalytisch.

a) Gewichtsanalytisch.

500 oder 1000 ccm Wasser werden nach und nach in einer Platin- oder Porzellanschale vorsichtig auf dem Wasserbade bis auf etwa 100 ccm eingedampft, mit etwas chlorfreier Salpetersäure angesäuert und die Flüssigkeit — nach eventueller Filtration und Nachwaschen mit destilliertem Wasser — in einem Becherglase erwärmt, dann mit Silbernitratlösung in schwachem Überschuß versetzt und mit einem Glasstabe gut umgerührt, bis sich der Niederschlag zusammengeballt hat. Ein Nachgießen von Silbernitratlösung muß so lange erfolgen, bis kein Niederschlag mehr entsteht. Zur Kontrolle nimmt man einen Tropfen der überstehenden Flüssigkeit heraus und prüft mit Silbernitrat zweckmäßig auf einer schwarzen Unterlage. Tritt noch eine Reaktion ein, so wird die Probe in das Glas zurückgespült und noch weiteres Silbernitrat hinzugefügt.

Das vollständige Absetzen des Niederschlages wird durch fleißiges Umrühren und Erwärmen auf dem Wasserbade befördert.

Der Niederschlag wird sodann auf ein Filter mit bekanntem Aschengewicht gebracht und hier mit heißem Wasser so lange ausgewaschen, bis einige Kubikzentimeter des Filtrates im Reagenzröhrchen auf Zusatz einer Chlornatriumlösung eine Opales-

*) Nach Sell (Über Wasseranalyse. Mitteilungen aus dem Kais. Ges.-Amte, 1. Band, S. 370) sogar weniger als 35,5 mg.

zenz nicht mehr erkennen lassen. Das Filter samt Inhalt wird zunächst im Trichter belassen und im Trockenschrank getrocknet. Inzwischen wird ein Porzellantiegel gut ausgeglüht und derselbe nach dem Erkalten im Exsikkator gewogen. Der Inhalt des Filters wird auf ein Glanzpapier entleert, das leere Filter in der Platinspirale über dem Tiegel verbrannt und im Tiegel vollständig verascht; seinen Rückstand löst man in einigen Tropfen Salpetersäure und fügt 2 Tropfen Salzsäure hinzu. Nach dem Verjagen der Säuren auf dem Wasserbade wird der Niederschlag von Chlorsilber hinzugegeben, erhitzt, bis derselbe oberflächlich zu schmelzen beginnt, und nach dem Erkalten im Exsikkator gewogen. Die gefundene Zahl entspricht, nach Abzug des Gewichtes der Filterasche, Chlorsilber, aus welchem man das Chlor berechnet, indem man dieselbe mit 0,2474 multipliziert, da

$$\begin{aligned} AgCl : Cl &= 1 : x \\ 143{,}34 &: 35{,}46 \\ x &= 0{,}2474. \end{aligned}$$

Das Chlorsilber kann auch im Wasserstoffstrom reduziert und als metallisches Silber gewogen werden. Es ist dann die gefundene Zahl mit 0,3287 zu multiplizieren.

Enthält das Wasser viel organische Stoffe, so kann durch dieselben eine Abscheidung von metallischem Silber herbeigeführt werden. In solchen Fällen (Abwasser) dampft man daher das Wasser besser zur Trockne ein, verascht und bestimmt in dem wäßrigen Auszug der Asche das Chlor wie angegeben. Um Verluste an Chlor zu vermeiden (S. 84) hat das Eindampfen aber unter Zusatz von so viel reinem Natriumkarbonat zu erfolgen, daß das Wasser deutlich alkalisch reagiert.

b) Maßanalytisch nach Mohr.

In neutraler Lösung bildet Kaliumchromat mit Silbernitrat einen rotbraunen Niederschlag von Silberchromat. Da die Affinität des Silbers zu Chlor eine größere ist als zum Chrom, so bildet sich bei Gegenwart von Chlorverbindungen zunächst so lange ein weißer Niederschlag von Silberchlorid, bis die letzte Spur von Chlor verbraucht ist; hierauf entsteht der charakteristische Niederschlag von Silberchromat, welcher das Ende der Chlorreaktion anzeigt. Die chemischen Vorgänge dabei sind folgende:

Zuerst

$$NaCl + AgNO_3 = NaNO_3 + AgCl,$$

hierauf

$$K_2CrO_4 + 2\,AgNO_3 = 2\,KNO_3 + Ag_2CrO_4.$$

Zunächst stellt man sich eine Lösung von Silbernitrat her, bei welcher 1 ccm genau 1 mg Chlor entspricht. Da

$$AgNO_3 : Cl = x : 1$$
$$169{,}89 : 35{,}46$$
$$x = 4{,}791$$

so müssen 4,791 g geschmolzenes Silbernitrat in 1 Liter destillierten Wassers gelöst werden*).

Ferner benötigt man eine 10 proz. Lösung von neutralem, chlorfreiem, gelbem, kristallisiertem Kaliumchromat.

Ausführung. Handelt es sich um reine, neutral reagierende Wässer mit höherem Chlorgehalt (S. 91), so werden 100 ccm Wasser in eine Porzellanschale gegeben und 1—3 Tropfen**) der Kaliumchromatlösung hinzugefügt. Aus einer Glashahnbürette läßt man unter Umrühren mit einem Glasstabe Silbernitratlösung zutropfen. Zuerst entsteht ein weißer Niederschlag; allmählich bildet der einfallende Tropfen der Titerflüssigkeit eine braunrote Färbung, welche durch Umrühren wieder verschwindet. In dem Augenblick, wo dies nicht mehr der Fall ist, hat die Flüssigkeit einen Stich ins Rotbraune angenommen. Hiermit ist die Titrierung beendet.

---

*) Es ist zweckmäßig, diese Titrierflüssigkeit durch eine Chlornatriumlösung, bei welcher 1 ccm ebenfalls 1 mg Chlor entspricht, zu kontrollieren. Da

$$58{,}46 : 35{,}46,$$
$$NaCl : Cl = x : 1,$$

so bedarf man einer Lösung von 1,649 g Chlornatrium zu 1 Liter destillierten Wassers. Das Kochsalz wird in überdecktem Tiegel so lange bei schwacher Flamme erwärmt, bis alles eingeschlossene Wasser unter Knistern entwichen ist; nach dem Erkalten im Exsikkator wird die entsprechende Menge abgewogen und hieraus die gewünschte Lösung gefertigt. Versetzt man 10 ccm derselben mit 1—2 Tropfen Kaliumchromatlösung, so darf erst Rotfärbung eintreten, sobald man 10 ccm Silbernitratlösung hat hinzutropfen lassen. Die Silbernitratlösung muß in dunklem, mit Glasstöpsel gut verschlossenem Glase aufbewahrt werden.

**) Es empfiehlt sich, stets die gleiche Tropfenzahl anzuwenden.

Es wurden beispielsweise verbraucht

3,9 ccm Silbernitratlösung;

dann enthielten

100 ccm Wasser 3,9 mg Chlor

oder

1 Liter Wasser 39 mg Chlor.

Von chlorarmen Wässern dampft man vor Ausführung der Titration, wie oben erwähnt, 300 ccm auf dem Wasserbade auf etwa 80 ccm ab und füllt mit destilliertem Wasser auf 100 ccm auf, von sehr chlorreichen Wässern (z. B. Abwässern) werden nur 50 ccm oder 10 ccm (mit destilliertem Wasser auf 100 ccm aufgefüllt) genommen. Bei der Berechnung ist natürlich die gewählte Menge in Rechnung zu ziehen.

Ist das zu untersuchende Wasser stärker verunreinigt, so zerstört man die organischen Substanzen zweckmäßig vor der Titration dadurch, daß man 100 ccm mit einigen Körnchen Kaliumpermanganat einige Zeit kocht. Tritt auch bei längerem Kochen keine völlige Entfärbung ein, so zerstört man den Rest, d. h. das nicht zur Oxydation der organischen Substanzen verbrauchte Kaliumpermanganat, durch tropfenweisen Zusatz von Alkohol. Man filtriert von dem Niederschlag (Manganoxyde) ab, wäscht mit etwas destilliertem Wasser nach und füllt auf 100 ccm mit destilliertem Wasser auf.

Alkalisch reagierende Wässer oder solche, welche durch Zugabe von viel Kaliumpermanganat alkalisch geworden sind, werden mit Essigsäure oder Salpetersäure vor der Titration neutralisiert. Ebenso müssen sauer reagierende Wässer vorher mittels Sodalösung neutralisiert werden.

Zur Titration kann außer der oben angegebenen Silberlösung auch $^1/_{10}$ Normal-Silberlösung benutzt werden. 1 ccm dieser Lösung entspricht 3,55 mg Chlor. Es muß aber bemerkt werden, daß beim Gebrauch dieser stärkeren Silberlösungen, wenigstens bei geringem Chlorgehalt der Wässer, die Genauigkeit der Bestimmung etwas leidet, weil mit dem Tropfen, welcher die Endreaktion hervorruft, unter Umständen ein unnötiger Überschuß an Silbernitrat dem Wasser hinzugefügt wird. Rechnet man 1 ccm zu 20 Tropfen, so bedeutet ein Tropfen Mehrverbrauch einer $^1/_{10}$ Normal-Silberlösung bei der Titration von 100 ccm Wasser schon 1,77 mg Chlorzuwachs im Liter Wasser! Andererseits hat es aber auch keinen Zweck, eine dünnere Silbernitratlösung anzuwenden als die oben genannte, weil dann der Farbenumschlag minder scharf wird. Durch Erhöhung des für die Titration verwendeten Wasserquantums wird zwar auch die Menge der verbrauchten Silbernitratlösung erhöht und der Ablesungsfehler gegebenenfalls geringer. Dafür ist der Farbumschlag aber in einem kleineren Flüssigkeitsquantum besser zu erkennen. Die Anwendung größerer Wassermengen als 100 ccm bietet bei der Titration des Chlors daher keinen Vorteil.

Die titrimetrische Bestimmung des Chlors hat, wie manche andere Titrationsmethode, den Nachteil, daß sie gewöhnlich nur in der Hand des nämlichen Untersuchers vergleichbare Werte liefert, da die Empfindlichkeit der Augen verschiedener Analytiker für das Auftreten des ersten rötlichen Schimmers in der Lösung eine verschiedene zu sein pflegt, andererseits aber auch durch Übung gesteigert werden kann.

Um tunlichst genaue Resultate zu erhalten, empfiehlt es sich, stets bei der gleichen Beleuchtung zu arbeiten*) und beim Titrieren eine Vergleichsflüssigkeit zu benutzen; d. h. man versetzt eine gleiche Wassermenge mit der gleichen Menge Kaliumchromat als Indikator und fügt nur so viel Silberlösung hinzu, daß die Flüssigkeit durch das sich ausscheidende Chlorsilber zwar getrübt, der Endpunkt der Titration aber unzweifelhaft noch nicht erreicht, sondern die Farbe noch eine rein gelbe ist. Nicht unzweckmäßig erscheint auch der Vorschlag, eine in folgender Weise präparierte Kaliumchromatlösung zu benutzen (76): 50 g neutrales chromsaures Kali werden in wenig destilliertem Wasser gelöst und dann soviel Silbernitratlösung hinzugefügt, daß ein leichter roter Niederschlag entsteht. Man filtriert vom Niederschlag ab und füllt das Filtrat mit destilliertem Wasser zum Liter auf. Von dieser Lösung benutzt man jedesmal 1 ccm als Indikator.

In der Praxis kann man genötigt sein, auch Wässer mit niedrigem Chlorgehalt schnell titrieren zu müssen, weil die gewichtsanalytische Bestimmung oder das Eindampfen zu umständlich oder zu zeitraubend ist. Da dann bei der gewöhnlichen Titrations-

---

*) Von einigen Autoren wird die Vornahme der Chlortitration im Dunkelzimmer bei gelbem Licht empfohlen.

methode die Fehler sehr groß ausfallen*), empfiehlt es sich, in solchen Fällen, entweder eine Korrektur einzuführen oder den Chlorgehalt des Wassers durch Zugabe einer genau bekannten Chlornatriummenge so weit zu erhöhen, daß die Grenze mindestens erreicht wird von welcher an die Titration wieder genauere Werte liefert.

Das erste Verfahren hat Winkler (77) vorgeschlagen. Er titriert 100 ccm Wasser unter Zugabe von 1 ccm 1 proz. Kaliumchromatlösung und einer Silberlösung, von welcher 1 ccm 1 mg Chlor entspricht. Von der Menge der verbrauchten Silberlösung zieht er den in der folgenden Tabelle jeweilig angegebenen Korrektionswert für 100 ccm ab. Derselbe ist verhältnismäßig am größten bei den kleinen Mengen verbrauchter Silberlösung.

Korrektionstabelle.

Verbrauchte Lösung ccm	Korrektion ccm	Verbrauchte Lösung ccm	Korrektion ccm
0,2	— 0,20	2,0	— 0,44
0,3	— 0,25	3,0	— 0,46
0,4	— 0,30	4,0	— 0,48
0,5	— 0,33	5,0	— 0,50
0,6	— 0,36	6,0	— 0,52
0,7	— 0,38	7,0	— 0,54
0,8	— 0,39	8,0	— 0,56
0,9	— 0,40	9,0	— 0,58
1,0	— 0,41	10,0	— 0,60

Im zweiten Falle fügt man der zu untersuchenden Wasserprobe vor der Titration genau 10 ccm einer Kochsalzlösung zu, von der jeder ccm 1 mg Chlor entspricht. (Vgl. die Fußnote auf S. 93.) Bei der Berechnung des Resultates ist diese Menge natürlich in entsprechender Weise in Abzug zu bringen. Wässer, welche stark gelb gefärbt sind und sich daher schlecht für die Titration eignen, können durch Aufkochen mit Aluminiumhydrat entfärbt werden (78), enthalten die Wässer freien Schwefelwasserstoff, so entfernt man letzteren durch Auskochen.

Das Mohrsche Titrationsverfahren gibt auch bei vorsichtigem Arbeiten stets etwas zu hohe Werte. Im Gegensatz dazu

*) Bei Wässern mit nur wenigen mg Chlor kann sich der Fehler auf über 100% belaufen.

fallen die Resultate bei Anwendung der folgenden Methode gewöhnlich zu niedrig aus, wenigstens bei Mengen von weniger als 10 mg Cl im Liter.

c) Maßanalytisch nach Volhard.

Die Methode wird neuerdings wieder mehr als bisher für die Wasseranalyse empfohlen (79), weil der bei ihr eintretende Farbumschlag ein etwas schärferer ist. Das Prinzip der Methode besteht in der Fällung der Chloride durch Zugabe einer bekannten überschüssigen Menge von Silbernitratlösung und Zurücktitrieren des überschüssigen Silbers mit einer Rhodanammoniumlösung von bekanntem Gehalt. Als Indikator dient eine Lösung von Eisenammoniakalaun, welche mit dem geringsten Überschuß des Rhodanammoniums blutrotes Ferrirhodanid bildet. Die sich abspielenden chemischen Vorgänge sind demnach folgende:

$$NaCl + AgNO_3 = AgCl + NaNO_3$$

$$\underset{\text{Rhodanammonium}}{AgNO_3 + NH_4CNS} = \underset{\text{Rhodansilber}}{AgCNS} + NH_4NO_3$$

$$\underset{\text{Rhodanammonium}}{6\,(NH_4CNS)} + \underset{\text{Eisenammoniakalaun}}{Fe_2(SO_4)_3 \cdot (NH_4)_2SO_4}$$

$$= \underset{\text{Ferrirhodanid}}{2\,(CNS)_3Fe} + 4\,(NH_4)_2SO_4.$$

Folgende Lösungen sind erforderlich:

1. Zehntel-Normal-Silberlösung (16,99 g Silbernitrat im Liter).

2. Zehntel-Normal-Rhodanammoniumlösung (7,61 g Rhodanammonium im Liter). Da ein genaues Abwiegen dieses Salzes wegen seiner wasseranziehenden Eigenschaften schwer möglich ist, wiegt man etwa 8 g ab, löst in Wasser zu etwas über einem Liter, stellt gegen $^1/_{10}$ Silbernitratlösung ein und bereitet durch weiteren Zusatz der berechneten Wassermenge (s. o. unter Normallösung) die genaue Lösung. Dieselbe ist haltbar.

3. Eine kalt gesättigte Lösung von Eisenoxydammoniakalaun,

$$Fe_2(SO_4)_3 \cdot (NH_4)_2SO_4 + 24\,H_2O.$$

4. Konzentrierte, von salpetriger Säure freie Salpetersäure. (Sp. G. 1,2.)

Ausführung. 50 oder 100 ccm des zu untersuchenden Wassers werden in einem Kölbchen mit einem mäßigen Überschuß von $^1/_{10}$ Normal-Silberlösung versetzt. Man schüttelt um und läßt das entstandene Chlorsilber absetzen. Darauf werden, je nach der angewandten Wassermenge, 5 oder 10 Tropfen Eisenammoniakalaunlösung und so viel von der Salpetersäure zugefügt, daß die durch den Eisenalaun bedingte Färbung wieder verschwindet. Darauf läßt man unter Umschwenken der Flüssigkeit von der $^1/_{10}$ Rhodanammoniumlösung zufließen bis zum Auftreten einer gelbbräunlichen (rötlichen) Färbung, welche sich etwa 10 Minuten lang halten muß.

Beispiel. Wenn bei Anwendung von 50 ccm Wasser, welche mit 4 ccm Silberlösung versetzt waren, beispielsweise 1,9 ccm Rhodanammoniumlösung zum Zurücktitrieren gebraucht wurden, so enthielt 1 Liter Wasser:

$$4{,}0 - 1{,}9 = 2{,}1 \cdot 20 \cdot 3{,}55 = 149 \text{ mg Chlor.}$$

Folgende Vorsichtsmaßregeln sind bei Ausführung der Bestimmung zu beachten:

1. Das Wasser darf keine salpetrige Säure enthalten, da dieselbe schon bei gewöhnlicher Temperatur zersetzend auf Ferrirhodanid wirkt.

2. Die Titration muß in der kalten Flüssigkeit erfolgen, da in der Wärme die Farbe des Ferrirhodanids durch Salpetersäure zerstört wird.

3. Die Titration muß schnell erfolgen, da sonst, wenn auch in beschränktem Maße, eine wechselweise Umsetzung zwischen dem suspendierten Chlorsilber und Ferrirhodanid zu Rhodansilber und Ferrichlorid stattfindet, was einen Mehrverbrauch von Rhodanammoniumlösung zur Folge hat.

Rothmund und Burgstaller (80) empfehlen daher, zu der mit überschüssigem Silbernitrat versetzten salpetersauren Chloridlösung eine zur Bildung zweier Schichten hinreichende Menge reinen Äthers zu setzen und in der Kälte bis zur völligen Klärung zu schütteln. Das Chlorsilber ballt sich dann zusammen. Seine Löslichkeit und Lösungsgeschwindigkeit wird dadurch herabgesetzt. Hernach titriert man direkt mit Rhodanidlösung unter Zusatz des Eisenalauns. In dieser Modifikation soll die Volhardsche Methode auch bei sehr kleinen absoluten Chlormengen zuverlässige Resultate ergeben, sonst wird sich bei kleinen Chlormengen auch bei der Volhardschen Methode die Titration in einer durch Eindampfen konzentrierten Wassermenge (z. B. 300 auf 100 ccm) empfehlen.

13. Bestimmung der Sulfate.

A. Qualitativer Nachweis.

Man säuert etwa 20 ccm Wasser im Reagenzglase mit Salzsäure an und fügt Chlorbaryumlösung hinzu; das Baryumsalz verbindet sich mit der Schwefelsäure zu unlöslichem schwefelsauren Baryt, welcher je nach seiner Menge in Form einer weißen Trübung oder eines Niederschlages erscheint, da

$$H_2SO_4 + BaCl_2 = BaSO_4 + 2\,HCl.$$

Der Zusatz der Salzsäure verhindert die Bildung von kohlensaurem Baryt.

B. Quantitative Bestimmung.

a) Gewichtsanalytisch.

Je nach dem Ergebnis der qualitativen Untersuchung verwendet man 200—500 ccm oder mehr Wasser, säuert dieses mit Salzsäure an und dampft es nach Umständen auf 200 ccm ein. Das Wasser wird in ein dünnwandiges Becherglas übergefüllt, wobei die letzten Reste durch Nachspülen mit destilliertem Wasser aus dem Abdampfgefäß entfernt werden. Hierauf wird es über einem Drahtnetze zum schwachen Sieden erhitzt und tropfenweise nach und nach heiße Chlorbaryumlösung (1 : 20) hinzugesetzt. Um sich zu überzeugen, ob die Reaktion zu Ende ist, nimmt man die Flamme ab und zu weg, läßt den Niederschlag etwas absetzen und sieht zu, ob das erneute Einfallen der Chlorbaryumlösung noch eine Trübung erzeugt. Schließlich wird man sich darüber noch dadurch vergewissern, daß man 1 Tropfen der überstehenden klaren Flüssigkeit aus dem Becherglase entnimmt, auf eine schwarze Glastafel bringt und 1 Tropfen verdünnte Schwefelsäure zufließen läßt. Entsteht eine weiße Trübung, so ist dies ein Zeichen, daß Baryumchlorid in genügender Menge vorhanden ist; ein erheblicher Überschuß ist zu vermeiden.

Man läßt den Niederschlag mehrere Stunden absetzen, bringt ihn dann auf ein Filter mit bekanntem Aschengewicht, welches man vorher mit Alkohol angefeuchtet hat, um dessen Durchlässigkeit tunlichst zu vermindern. Der Niederschlag muß mit heißem Wasser so lange ausgewaschen werden, bis das Filtrat auf Zusatz von Silbernitrat im Proberöhrchen eine Chlorreaktion nicht mehr erkennen läßt.

Der Niederschlag wird im Trichter getrocknet, dann über einem Bogen Glanzpapier vorsichtig in einen Platin- oder Porzellantiegel entleert; das Filter selbst wird in der Platinspirale verbrannt und dessen Asche hinzugefügt. Man glüht hierauf, bis die Asche weiß geworden, läßt im Exsikkator erkalten und wiegt. Die Gewichtszunahme besteht nach Abzug der Filterasche aus Baryumsulfat ($BaSO_4$). Um hieraus die Schwefelsäure als Anhydrid (SO_3) zu berechnen, multipliziert man dieses Gewicht mit 0,3434, um sie als SO_4''-Ion zu berechnen mit 0,4115.

b) Maßanalytisch.

Zur maßanalytischen Bestimmung der Schwefelsäure sind mehrere Methoden angegeben, die aber z. T. nicht frei von Fehlern sind und sich auch bisher wenig in der Praxis eingebürgert haben. Es sei deshalb hier nur auf einige derselben kurz verwiesen (81). Hartleb fällt die Schwefelsäure mit einer gemessenen überschüssigen Chlorbaryumlösung und bestimmt den Überschuß durch Titration mittels einer Lösung von neutralem chromsauren Kali unter Benützung von Silbernitrat als Indikator. Nach Rossi gibt diese Methode nur bei kleinen Schwefelsäuremengen befriedigende Resultate.

Winkler, Komarowski und Bruhns behandeln das zu untersuchende Wasser mit Baryumchromat in salzsaurer Lösung, wodurch Baryumsulfat und eine der vorhandenen Schwefelsäure äquivalente Menge von Chromsäure entsteht. Beim Neutralisieren fällt das überschüssige Baryumchromat aus nnd kann zusammen mit dem ausgeschiedenen Baryumsulfat abfiltriert werden. Im Filtrat wird dann die Chromsäure kolorimetrisch (Winkler) oder jodometrisch (Komarowski, Bruhns) bestimmt. Vgl. auch Holliger (81a).

14. Bestimmung der Phosphate.

A. Qualitativer Nachweis.

Zum Nachweis der Phosphorsäure werden 100 ccm Wasser stark mit Salpetersäure angesäuert und in einer Porzellanschale zur Trockne eingedampft. Der Rückstand wird durch kurzes Erwärmen etwas über 100° erhitzt (indem man die Flamme unter der Schale vorsichtig hin- und herbewegt), um die vorhandene Kieselsäure unlöslich zu machen, und nach dem Erkalten mit verdünnter Salpetersäure aufgenommen und filtriert. Das Filtrat wird in einem Proberöhrchen mit einer klaren, etwas angewärmten Lösung von Ammoniummolybdat, $(NH_4)_6Mo_7O_{24} + 4H_2O$, in Salpetersäure im Überschuß versetzt. Das Vorhandensein von Phosphorsäure zeigt sich durch eine gelbe Färbung oder durch einen gelben Niederschlag, welcher aus Ammoniumphosphormolybdat (phosphormolybdänsaurem Ammonium), $(NH_4)_3PO_4 . 12MoO_3$, besteht.

Die salpetersaure Lösung des Ammoniummolybdats wird hergestellt, indem man 150 g Ammoniummolybdat mit destilliertem Wasser zu 1 Liter löst und die Lösung in 1 Liter Salpetersäure vom spez. Gew. 1,2 gießt. Nach mehrtägigem Stehen filtrirt man und bewahrt die fertige Lösung in dunklen Flaschen auf.

B. Quantitative Bestimmung.

Der eben geschilderte Nachweis dient auch zur quantitativen Bestimmung, indem man das Gewicht des gewonnenen Niederschlages direkt oder nach dessen Ueberführung in pyrophosphorsaures Magnesium ermittelt und hieraus die Phosphorsäure (P_2O_5 bzw. PO_4) berechnet.

a) Gewichtsbestimmung der Phosphorsäure durch Wägung als Ammoniumphosphormolybdat nach Finkener.

Die Methode gestattet, die Phosphorsäure in Gegenwart der meisten anderen Substanzen zu fällen. In einer Porzellanschale werden 1—2 Liter des Wassers, welches man stark mit Salpetersäure angesäuert hat, vollständig verdampft. Der Rückstand wird 2—3 mal mit Salpetersäure (spez. Gewicht 1,4) übergossen, und hierauf wird immer wieder bis zur Trockne eingedampft. Diese Maßregel ist notwendig, um die Kieselsäure unlöslich zu machen, die Chloride zu beseitigen und die organischen Substanzen zu zerstören, welche das Ausfallen der Phosphorsäure in der gewünschten Form verzögern oder verhindern. Nunmehr wird der Rückstand mit verdünnter Salpetersäure aufgenommen und der gelöste Anteil desselben von dem ungelösten durch Filtrierung geschieden. Zum Filtrat wird so viel von der oben erwähnten Ammoniummolybdatlösung gegeben, daß auf etwa 100 mg P_2O_5 100 ccm Molybdänlösung kommen, d. h. also ein Überschuß der Lösung. Dann wird die Flüssigkeit 4—6 Stunden auf dem Wasserbade auf 50—60° erwärmt und dann abgekühlt oder 12 Stunden in Zimmertemperatur beiseite gestellt.

Der so gewonnene Niederschlag wird abfiltriert und mit einer 20proz. Ammoniumnitratlösung ausgewaschen, bis ein Tropfen des Filtrats, auf dem Deckel eines Platintiegels verdampft, beim Glühen keinen Rückstand mehr hinterläßt. Es ist notwendig, anfangs der Waschflüssigkeit etwas Salpetersäure beizufügen, damit sich nicht saures Ammoniummolybdat kristallinisch ausscheidet. Zur Entfernung des überschüssigen Ammoniumnitrats wird der Niederschlag einmal mit destilliertem Wasser übergossen und dann mit dem Strahl einer Spritzflasche in einen gewogenen Porzellantiegel geschwemmt. Die am Filter haftenden Reste des Niederschlags werden in wenig warmem verdünnten Ammoniak gelöst; diese durch Verdampfen eingeengte Lösung wird mit verdünnter Salpetersäure versetzt und rasch vor erfolgter Ausfällung zu dem übrigen Niederschlag gebracht. Der Porzellantiegel wird nun auf einem Asbestteller vorsichtig mit der Flamme erwärmt, um das Ammoniumnitrat zu verflüchtigen. Dieser Vorgang ist als beendet zu betrachten, wenn ein darüber gehaltenes Uhrglas sich nicht mehr weiß beschlägt, d. h. wenn Ammoniumnitrat nicht mehr sublimiert. Hierauf läßt man den Tiegel im Exsikkator erkalten und bestimmt das Gewicht des Niederschlags, dessen Zusammensetzung der Formel

$$12\,MoO_3 . PO_4 . (NH_4)_3$$

entspricht. Hieraus wird der Phosphorsäuregehalt des Wassers berechnet. Näheres s. bei Hundeshagen (82).

Beispiel: Es seien 1000 ccm Wasser in den Versuch genommen worden. Der Niederschlag von Ammoniumphosphormolybdat wog 8,5 mg. Daraus berechnet sich die Menge P_2O_5 durch Multiplikation mit 0,0375, die Menge PO_4 durch Multiplikation mit 0,0502.

b) Gewichtsbestimmung der Phosphorsäure durch Wägung als Magnesiumpyrophosphat.

Der Niederschlag von Ammoniumphosphormolybdat enthält nur wenige Prozente von Phosphorsäure. Es empfiehlt sich daher, bei einem höheren Gehalt des Wassers an Phosphorsäure, diesen Niederschlag durch Zusatz einer Magnesiamischung in Magnesiumammoniumphosphat überzuführen, dieses durch Glühen in pyrophosphorsaures Magnesium ($Mg_2P_2O_7$) umzuwandeln und als solches zu wiegen.

Zu dem Ende wird der nach 14 B. a erhaltene Niederschlag nach einmaligem Auswaschen mit Ammoniumnitrat noch feucht mit Ammoniak gelöst. Zu dieser Lösung setzt man die in der Anmerkung beschriebene Magnesiamischung und vermehrt das Gesamtvolumen um $^1/_3$ durch Hinzufügen einer 10proz. Ammoniaklösung (spez. Gewicht 0,96). Nach 24stündigem Stehen scheidet sich aus der Flüssigkeit ein kristallinischer Niederschlag von phosphorsaurem Ammoniummagnesium aus, welcher in gleicher Weise, wie bei der Bestimmung des Magnesiums (vergl. S. 148) zu beschreiben ist, weiter behandelt wird. Das Gewicht des pyrophosphorsauren Magnesiums mit 0,638 multipliziert ergibt die entsprechende Menge P_2O_5, mit 0,854 multipliziert die entsprechende Menge PO_4.

Beispiel: 1000 ccm Wasser lieferten 1,69 mg Magnesiumpyrophosphat, demnach enthielt 1 Liter 1,08 mg P_2O_5 bzw. 1,44 mg PO_4.

Anmerkung: Die Magnesiamischung wird hergestellt, indem man 55 g Chlormagnesium und 70 g Chlorammonium in 350 ccm 10proz. Ammoniakflüssigkeit und 750 ccm destillierten Wassers löst. Die Lösung muß nach mehrtägigem Stehen filtriert werden. Es gibt übrigens mehrere voneinander abweichende Vorschriften für die Herstellung.

c) Kolorimetrisch.

Zur schnelleren Bestimmung kleinerer Mengen von Phosphorsäure (Phosphaten) im Wasser ist auch die kolorimetrische Bestimmung empfohlen worden (Lepierre, Woodman und Cayvan). Für die Ausführung der Bestimmung werden folgende Vorschriften gegeben (83) (dabei ist mit der Anwesenheit von Kieselsäure, welche die Reaktion mit Ammoniummolybdat stört, gerechnet):

50 ccm des zu untersuchenden Wassers werden zusammen mit 3 ccm Salpetersäure (spez. Gew. 1,07) in einer Porzellanschale auf einem Wasserbade zur Trockne verdampft, der Rückstand zwei Stunden im Trockenschrank bei 100° gehalten. Der Rückstand wird dann mit 50 ccm kalten destillierten Wassers aufgenommen und in

einen Visierzylinder (Kolorimeterröhre) gefüllt. Die Lösung braucht nicht filtrirt zu werden. Man fügt 4 ccm Ammoniummolybdatlösung hinzu und 2 ccm Salpetersäure, mischt und vergleicht die entstehende Färbung nach 3 Minuten mit einer Vergleichsflüssigkeit, welche durch Verdünnung verschiedener Mengen einer Standardphosphatlösung zu 50 ccm hergestellt ist, und welcher man die gleichen Reagenzien wie oben zugefügt hat. Zweckmäßig stellt man daneben einen Kontrollversuch mit destilliertem Wasser an. Nach Angabe der Autoren ist die Genauigkeit der auf diese Weise ausgeführten Bestimmung für gewöhnliche Zwecke ausreichend. Für genauere Bestimmungen ist eine Korrektionstabelle zu benutzen (s. Original). Die zur Ausführung der Bestimmung notwendigen Reagenzien sind folgende:

1. 50 g reines neutrales molybdänsaures Ammoniak werden in einem Liter destillierten Wassers gelöst.

2. Salpetersäure, spez. Gewicht 1,07.

3. Standardphosphatlösung:

0,5045 g reinen kristallisierten phosphorsauren Natrons ($Na_2HPO_4 + 12 H_2O$) werden in frisch destilliertem Wasser gelöst, 100 ccm der Salpetersäure zugefügt und das ganze auf 1 Liter mit destilliertem Wasser aufgefüllt. 1 ccm dieser Lösung entspricht 0,1 mg P_2O_5. Die Lösung kann gut verstopft einige Zeit in einer Flasche aus Jenaer Glas unverändert aufbewahrt werden. Aus dieser Lösung werden zu Vergleichszwecken Lösungen mit verschiedenem Gehalt an Phosphorsäure hergestellt (s. o.).

Will man die Phosphorsäure in Abwässern bestimmen, so säuert man den in einer Platinschale erhaltenen Abdampfrückstand einer bestimmten Abwassermenge mit Salpetersäure an, setzt 0,1 g Kaliumnitrat und 0,3 g wasserfreies Natriumkarbonat zu, dampft zur Trockne ab und erhitzt zur Rotglut, bis die Masse weiß geworden ist. Die Schmelze wird mit sehr verdünnter Salpetersäure aufgenommen, mit Salpetersäure übersättigt, zur Trockne verdampft und dieser Prozeß noch einmal wiederholt, wie unter 14 B. a angegeben. Es wird in gleicher Weise weiter verfahren und die Phosphorsäure schließlich nach 14 B. b bestimmt. Handelt es sich um industrielle, an Metallsalzen reiche Abwässer, so entfernt man die Metalle vorher zweckmäßig durch Ausfällen mit Schwefelwasserstoff.

15. Bestimmung der Stickstoffverbindungen.

A. Bestimmung des freien Ammoniaks.

a) Qualitativer Nachweis.

Ein sehr empfindliches Mittel zum Nachweis des Ammoniaks besitzen wir in dem Neßlerschen Reagens, einer Doppelverbindung von Jodquecksilber und Jodkalium ($HgJ_2 . 2\,KJ$), in Kalilauge gelöst. Das Reagens gibt mit wenig Ammoniak eine gelbe bis rotgelbe Färbung, bei stärkerem Vorhandensein einen braunroten Niederschlag von Ammoniumquecksilberoxyjodid. Der chemische Vorgang ist hierbei folgender:

$$NH_3 + 2\,(HgJ_2 . 2\,KJ) + 3\,KOH = N \begin{matrix} H \\ H \\ Hg \\ Hg \\ J \end{matrix} \!\!> O + 7\,KJ + 2\,H_2O.$$

Die Herstellungsweise des Neßlerschen Reagens ist folgende; 50 g Kaliumjodid werden in 50 ccm heißen destillierten Wassers gelöst und hierauf konzentrierte heiße Quecksilberchloridlösung so lange hinzugefügt, bis der sich bildende rote Niederschlag nicht mehr verschwindet. Hierauf filtriert man, versetzt das Filtrat mit einer Lösung von 150 g Kalihydrat in 300 ccm destillierten Wassers, fügt noch einige Kubikzentimeter der Quecksilberchloridlösung hinzu und füllt nach dem Erkalten auf 1 Liter auf. Das so gewonnene Reagens muß in gut schließender Flasche aufbewahrt werden. Der sich bildende Bodensatz schließt seine Verwendbarkeit nicht aus, es ist vielmehr nur dessen Beimengung durch sorgfältiges Abheben mit der Pipette bei dem Gebrauch auszuschließen.

Die oben geschilderten Färbungen sind gleichfalls durch einen Niederschlag von äußerst feiner Verteilung bedingt. Da das alkalische Reagens eine Fällung etwa vorhandener Erdalkalien im Gefolge hat, so ist vor Zusatz desselben auf eine Entfernung dieser Bedacht zu nehmen.

Zur Prüfung des zu untersuchenden Wassers gibt man ungefähr 200 ccm in einen gut verschließbaren Zylinder (Fig. 11 *n*), fügt 1 ccm Natronlauge (1:4) und 2 ccm Natriumkarbonatlösung (1:3) zu und läßt den sich bildenden Niederschlag von Erdalkalien 12 Stunden absitzen. Dann hebt man mittels einer Pipette eine beliebige Menge von der klaren, überstehenden Flüssigkeit ab, überträgt dieselbe in ein Proberöhrchen und beobachtet nach Zusatz von 5 Tropfen Neßlerschem Reagens die Färbung oder den Niederschlag, indem man die Höhe der Flüssigkeitssäule gegen eine weiße Unterlage betrachtet. Es ist nicht ratsam, die gefällten Erdalkalien durch Filtration abzutrennen, da Filterpapier (namentlich nach längerer Aufbewahrung) fast immer ammoniakhaltig ist. Muß filtriert werden (Abwässer), so bedient man sich am besten der Filtration durch Asbest.

Die Ausfällung der Erdalkalien kann hintangehalten und ihre vorige Ausfällung also umgangen werden dadurch, daß man dem zu untersuchenden Wasser etwas Seignettesalz (weinsaures Natrium-Kalium) zusetzt. Es kommt dadurch zur Bildung löslicher Doppelsalze. Nach Winkler (84) verfährt man folgendermaßen: 50 g kristallinisches Seignettesalz werden in 100 ccm warmen Wassers gelöst und die filtrierte Lösung, um sie vor Schimmel zu schützen, mit 5 ccm Neßlerschem Reagens versetzt. Nach 2- bis 3 tägigem Stehen ist die Flüssigkeit farblos. Eventuell filtriert man sie durch einen kleinen, in einen Glastrichter hineingedrückten Wattebausch (die anfänglich abtropfende Flüssigkeit ist zu verwerfen). Zur Untersuchung des Wassers auf Ammoniak versetzt man etwa 50 ccm des Wassers in einem Zylinder von farblosem Glase mit 1 ccm dieser Lösung und 1 ccm Neßlerschem Reagens oder 10—15 ccm Wasser in einem Probierröhrchen mit 4—5 Tropfen der genannten Lösungen und beobachtet die Färbung der Flüssigkeit in der Durchsicht von oben nach unten gegen ein untergelegtes Stück weißen Papiers. In sehr harten Wässern erzeugt Seignettesalz allerdings einen Niederschlag. In diesen Fällen empfiehlt sich daher die vorige Ausfällung der Erdalkalien mit Soda-Natronlauge.

Die Reaktion mit Neßlers Reagens auf Ammoniak ist sehr empfindlich. Es lassen sich mit ihr noch bis 0,05 mg NH_3 im Liter nachweisen. Da indessen das Reagens selbst gelblich gefärbt ist, so muß man vorsichtig bei der Deutung der erhaltenen Resultate sein. Zunächst empfiehlt es sich, nicht zu viel und immer gleiche Mengen Reagens anzuwenden. 5 Tropfen auf 10 ccm Wasser genügen im allgemeinen. Dann sollte überall dort, wo es sich um geringe Mengen Ammoniak handelt, die Gegenprobe mit längere Zeit ausgekochtem und in ammoniakfreier Luft erkaltetem destillierten Wasser unter Zugabe der gleichen Reagensmenge gemacht werden. Bei von Haus aus gelb gefärbten Wässern muß mindestens das betreffende Wasser ohne Reagens unter gleichen Belichtungsverhältnissen zum Vergleich herangezogen werden, oder man sucht die gelbe Farbe, wenn sie durch Huminsubstanzen bedingt ist, durch Fällung mit Aluminiumsulfat zu beseitigen (1 ccm einer 2 proz. Lösung von chemisch reinem kristallisierten Aluminiumsulfat auf 100 ccm Wasser). Das gleiche Verfahren kann man auch bei trüben Wässern anwenden. Abwässer behandelt man zweckmäßig vor der kolorimetrischen Ammoniakbestimmung wie folgt: 50 ccm Abwasser werden mit 50 ccm destilliertem Wasser versetzt und zur Mischung einige Tropfen 10 proz. Kupfersulfatlösung und (nach dem Durchschütteln) 1 ccm 50 proz. Natriumhydratlösung zugefügt. Man mischt und läßt den Niederschlag absetzen. In einem aliquoten Teil der überstehenden klaren Flüssigkeit bestimmt man das Ammoniak kolorimetrisch mit Neßlers Reagens.

Wässer, welche Schwefelwasserstoff oder Alkalisulfide enthalten, geben mit Neßlers Reagens eine gelbrote Färbung durch sich bildendes Merkurisulfid. Dasselbe ist aber in Mineralsäuren unlöslich (Unterschied gegen den durch Ammoniak bedingten Niederschlag). Man beseitigt die Sulfide und den Schwefelwasserstoff meist durch Ausfällen mit 10 proz. wäßriger Zinkacetatlösung oder Bleiacetatlösung; doch werden auf diese Weise leicht Spuren von Ammoniak mit entfernt.

Selbstverständlich sind die übrigen Reagenzien, insbesondere die Sodalösung, daraufhin zu prüfen, daß sie frei von Ammoniak sind. Sollte dies nicht der Fall sein, so ist dies durch anhaltendes Kochen und nachheriges Auffüllen zum ursprünglichen Volumen zu erreichen.

b) Quantitative Bestimmung.

α) Methode von Frankland und Armstrong.

Die eben geschilderte Methode läßt sich auch zur quantitativen Bestimmung des Ammoniaks durch kolorimetrische Vergleichung verwerten. Zu diesem Behufe ist es erforderlich, eine Lösung zu besitzen von bekanntem Gehalte an Ammoniak. Man bedient sich hierzu des Ammoniumchlorids (NH_4Cl). Da

$$NH_4Cl : NH_3 = x : 1$$
$$53{,}50 : 17{,}03$$

und demgemäß x = 3,141 ist, so wird eine Lösung dieser Menge Ammoniumchlorids in 1 Liter 1 g oder 1 ccm derselben 1 mg Ammonium enthalten. Zum Gebrauche verdünnt man 50 ccm der Lösung auf 1 Liter, wovon dann 1 ccm 0,05 mg NH_3 entspricht.

Untersuchung des Wassers. Von dem zu prüfenden Wasser werden 300 ccm (in gleicher Weise wie bei dem qualitativen Nachweis) zur Entfernung der Erdalkalien vorbehandelt. Dann hebt man 100 ccm ab, füllt diese in einen Hehnerschen Zylinder (Fig. 22), setzt 1 ccm des Neßlerschen Reagens hinzu und mischt gehörig mittels eines Glasstabes. In einen zweiten solchen Zylinder gibt man 2 ccm der oben beschriebenen verdünnten Ammoniumchloridlösung, füllt mit ammoniakfreiem destillierten Wasser (entweder frisch destillierten oder durch längeres Kochen von Ammoniak befreiten) bis zur Marke 100 ccm auf, setzt ebenfalls 1 ccm Neßlersches Reagens hinzu und mischt in gleicher Weise. Die in beiden Zylindern entstandenen Färbungen werden durch Besehen der Flüssigkeitssäulen gegen eine Unterlage von Filtrierpapier verglichen. Durch Ablassen der stärker gefärbten Flüssigkeit (welche sich tunlichst in dem zweiten Vergleichszylinder befinden soll) stellt man nun Farbengleichheit in beiden Flüssigkeitssäulen her.

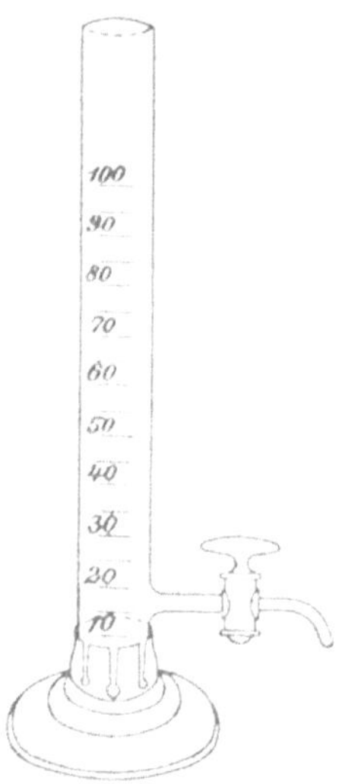

Fig. 22.

Fig. 23.

Beispiel. Der gleiche Farbenton wurde bemerkt, nachdem man 20 ccm aus dem zweiten Zylinder abgelassen hatte; 101 ccm entsprechen 0,1 mg NH_3, demgemäß entsprachen 81 ccm 0,08 mg. Die gleiche Färbung wurde in dem zu untersuchenden Wasser durch die entsprechende Gewichtsmenge von Ammoniak hervorgerufen; die 100 ccm des Wassers enthielten daher 0,08 mg oder

1 Liter 0,8 mg NH_3.

Sobald die Ammoniakreaktion so stark auftritt, daß die Durchsichtigkeit der Flüssigkeitssäule erschwert ist, oder gar sich ein deutlicher Niederschlag bildet, sind Verdünnungen des Wassers mit ammoniakfreiem destillierten Wasser in entsprechender Weise anzuwenden und diese folgerichtig in Berechnung zu ziehen.

In Ermangelung von Hehnerschen Zylindern kann man auch mehrere gleich große Zylinder mit wechselndem Ammoniumgehalt ansetzen und diese in Vergleich ziehen (Fig. 23) oder zwei Zylinder ohne Abflußhahn anwenden.

Am leichtesten sind die Farbenunterschiede zu erkennen in den Grenzen zwischen 0,05 und 1,0 mg NH_3 im Liter Wasser. Die kolorimetrische Methode eignet sich hauptsächlich zur Beurteilung des Trinkwassers. Bei der Untersuchung von Abwässern muß man entsprechende Verdünnungen verarbeiten. Man verdünnt zu diesem Zweck z. B. 2 ccm filtriertes Rohwasser oder 20—50 ccm gereinigtes Abwasser auf 100 ccm mit ammoniakfreiem destillierten Wasser und stellt die gemachten Verdünnungen entsprechend in Rechnung. Im übrigen wird der Ammoniakgehalt des Abwassers gewöhnlich mittels des Destillationsverfahrens bestimmt. Dabei darf jedoch nicht vergessen werden, daß dieses Verfahren fehlerhafte Resultate geben kann dadurch, daß durch die Destillation aus stickstoffhaltigen Körpern (Harnstoff, Eiweißstoffen usw.) Ammoniak abgespalten werden kann. Diese Gefahr besteht allerdings hauptsächlich dann, wenn das Wasser durch langes Destillieren stark eingeengt wird. Dies ist daher zu vermeiden.

β) Kolorimetrisch nach voraufgegangener Destillation.

In einen Destillationskolben werden 500 ccm ammoniakfreies Wasser gegeben und dann die gemessene Menge Abwasser (100 bis 250 ccm) hinzugefügt. Man destilliert unter guter Kühlung

200 ccm ab (zweckmäßig setzt man dem Wasser vorher 0,5 g ammoniakfreie Soda oder 1 g frisch ausgeglühtes Magnesiumoxyd zu) und prüft dann eine kleine Menge des weiteren Destillats mittels des Neßlerschen Reagens auf Ammoniak. Ist dasselbe nicht oder nur noch in Spuren nachweisbar, so wird die Destillation unterbrochen und das Destillat, wie oben angegeben, kolorimetrisch untersucht. Im anderen Fall werden nochmals 100 ccm abdestilliert.

Statt der direkten Destillation kann man sich auch zweckmäßig der mittelbaren Destillation durch einen durchgeleiteten Dampfstrom bedienen, wodurch auch das häufig auftretende unangenehme „Stoßen" der Flüssigkeit vermieden wird. Zu beachten ist bei der kolorimetrischen Vergleichung, daß Destillat und Vergleichsflüssigkeit möglichst gleiche Temperatur besitzen. Handelt es sich um ein Abwasser mit hohem Ammoniakgehalt, so kann die Destillation auch unter Vorlage von titrierter Schwefelsäure erfolgen, eine Methode, die unten bei der Bestimmung des Albuminoid-Ammoniaks und des organischen Stickstoffs näher beschrieben werden wird.

Statt die auftretenden Färbungen mit den Farbtönen zu vergleichen, welche in mit Neßlerschem Reagens versetzten Vergleichsflüssigkeiten von Ammoniumchlorid auftreten, kann man sich nach amerikanischem Muster auch permanenter Vergleichsfarbflüssigkeiten bedienen, welche sich monatelang unverändert aufbewahren lassen. Zur Herstellung dieser Lösungen benutzt man das Kaliumplatinichlorid ($PtCl_4 2 KCl$) und das Kobaltochlorid ($CoCl_2 6 H_2O$) und stellt sich durch das Platindoppelsalz allein oder durch Vermischen beider in angegebenen Verhältnissen die der betreffenden Ammoniumchloridlösung entsprechende Farblösung her (85).

Desgleichen hat man eine Farbenskala auf Papier hergestellt, um nach ihr den Ammoniakgehalt eines Wassers bequemer bestimmen zu können (Kolorimeter mit fester Farbenskala nach J. König).

B. Bestimmung des sogenannten Albuminoid-Ammoniaks und Proteid-Ammoniaks.

Englische Wasseranalysen führen zuweilen in einer eigenen Rubrik den Gehalt an **„albuminoidem Ammoniak"** auf. Es ist dies derjenige Bestandteil an Ammoniak, welcher durch eine alkalische Kaliumpermanganatlösung abgespalten wird aus den organischen Substanzen. Für die Beurteilung des Wassers fällt diese Größe weniger ins Gewicht, da schon die Ermittelung der letzteren genügende Anhaltspunkte ergibt. Trotzdem mag die Methode angeführt werden.

Die Bestimmung schließt sich an die Bestimmung des freien Ammoniaks durch Destillation an (S. 109). Sind 200 ccm abdestilliert, so unterbricht man die Destillation und gibt 50 ccm alkalischer Kaliumpermanganatlösung (vgl. unten) in den Destillationskolben. Man destilliert nun zunächst weiter 100 ccm ab, dann weitere 50 ccm und, falls diese noch mit Neßlers Reagens eine Färbung geben, nochmals 50 ccm. Die durch kolorimetrische Bestimmung in den einzelnen Portionen gefundenen Ammoniakmengen werden in der Rechnung addiert.

Die alkalische Kaliumpermanganatlösung wird folgendermaßen bereitet: 1200 ccm destilliertes Wasser werden in eine $2^1/_2$ Liter fassende, bei 2 Liter mit einer Marke versehene Porzellanschale gegossen und auf dem Drahtnetz zum Kochen erhitzt. In dieser Wassermenge werden 16 g reines Kaliumpermanganat unter Umrühren gelöst. Sodann werden 800 ccm klare 50 proz. Kalihydratlösung hinzugefügt und so viel destilliertes Wasser, daß annähernd die Schale gefüllt ist. Man dampft dann die Mischung auf 2 Liter ein, wobei etwa vorhandenes Ammoniak sich größtenteils verflüchtigt. Die Lösung ist in Flaschen mit eingefetteten Glasstöpseln aufzubewahren.

Bevor dieses Reagens verwendet wird, stellt man zur Vorsicht durch einen „blinden" Destillationsversuch fest, ob und wieviel Ammoniak 50 ccm der Lösung zusammen mit destilliertem Wasser entwickeln. Die hierbei etwa gefundene Menge ist als Korrektur bei den späteren Bestimmungen in Abrechnung zu bringen. Das Resultat wird angegeben in mg Ammoniak für den Liter Wasser.

Für stickstoffreiche Wässer (Abwässer) empfiehlt sich die Bestimmung des „Albuminoid-Ammoniaks" überhaupt nicht. An die Stelle dieser Bestimmung tritt dort besser die Bestimmung des gesamten organischen Stickstoffs. Bei Wässern, die nur in mäßigem Grade verunreinigt sind, kann die Bestimmung ausgeführt werden. Doch hat sie sich auch für diese Fälle in Deutschland wenig eingebürgert. Man kann damit rechnen, daß mittels dieser

Bestimmung annähernd die Hälfte des insgesamt vorhandenen organischen Stickstoffs gefunden wird. Winkler (86) empfiehlt an Stelle der Bestimmung des „Albuminoid-Ammoniaks die **Bestimmung des „Proteid-Ammoniaks“** durch Oxydation mittels Kaliumpersulfats in saurer Lösung und Bestimmung der Menge des abgespaltenen Ammoniaks, mit Umgehung der Destillation, in der Flüssigkeit selbst durch Farbenvergleich.

C. Bestimmung der salpetrigen Säure (Nitrite).

a) Qualitativer Nachweis.

α) Jodzinkstärkereaktion.

Versetzt man ein nitrithaltiges Wasser mit verdünnter Schwefelsäure, so wird aus den Nitriten salpetrige Säure frei, z. B.

$$2\,KNO_2 + H_2SO_4 = N_2O_3 + K_2SO_4 + H_2O.$$

Setzt man dem Wasser außerdem Jodzinklösung zu, so vollzieht sich nebenher folgende Umsetzung:

$$ZnJ_2 + H_2SO_4 = ZnSO_4 + 2\,HJ.$$

Die freigewordene salpetrige Säure wirkt nun ihrerseits wieder auf den Jodwasserstoff ein:

$$N_2O_3 + 2\,HJ = H_2O + 2\,NO + J_2.$$

Enthält die Flüssigkeit nun außerdem noch Stärke, so bildet das freigewordene Jod mit der Stärke blaue Jodstärke. Als Reagens benützt man Jodzink und Stärke zusammen, d. h. Jodzinkstärkelösung.

Zur Herstellung der Jodzinkstärkelösung verreibt man 4 g Stärkemehl im Porzellanmörser mit wenig destilliertem Wasser zu einer milchigen Flüssigkeit und trägt diese zunächst in eine siedende Lösung von 20 g käuflichen reinen Zinkchlorids zu 100 ccm destillierten Wassers unter stetigem Umrühren langsam ein. Das Gemenge wird anhaltend unter Ergänzung des verdampfenden Wassers erhitzt, bis es klar geworden ist, d. h. bis sich die Stärke gelöst hat. Hiernach verdünnt man dasselbe, setzt 2 g käufliches, reines, trockenes Zinkjodid hinzu, füllt auf 1 Liter auf und filtriert nach Lösung des letzteren. Das Reagens muß in gut verschlossenen braunen Flaschen aufbewahrt werden. Es darf auf das Fünfzigfache verdünnt auf Zusatz von verdünnter Schwefelsäure eine bläuliche Färbung nicht erkennen lassen.

Zum Nachweis versetzt man etwa 20 ccm Wasser im Reagensglase oder besser 100 ccm in einem Visierzylinder mit etwa 5 Tropfen bzw. 1—2 ccm verdünnter Schwefelsäure und etwa ebensoviel Jodzinkstärkelösung, mischt und beobachtet, indem man von oben durch die Flüssigkeitssäule auf ein weißes Papier schaut, ob Bläuung eintritt. Stellt sich die Blaufärbung nicht sofort ein, so wird die Probe, vor direktem Licht geschützt, 15 Minuten lang stehen gelassen. Ist auch dann keine Blaufärbung bemerkbar, so ist die Probe negativ ausgefallen.

Bei der Beurteilung eines positiven Ausfalls der Reaktion ist daran zu denken, daß auch Ozon, Wasserstoffsuperoxyd (in Meteorwässern häufig) und unter Umständen auch Eisenoxydverbindungen Jodzinkstärkelösung bläuen können. Größere Mengen organischer Substanz können den Eintritt der Reaktion verhindern.

β) Reaktion mittels schwefelsauren Metaphenylendiamins

$$\left(\text{Metadiamidobenzol } C_6H_4\begin{matrix} \diagup NH_2 \\ \diagdown NH_2 \end{matrix}\right).$$

Die Herstellung dieses Reagens wird bewerkstelligt, indem man eine ca. 0,5 proz. Lösung reinen, bei 63° schmelzenden Metaphenylendiamins mit verdünnter Schwefelsäure bis zur deutlichen sauren Reaktion versetzt. Die Flüssigkeit muß farblos sein, widrigenfalls sie vor dem Gebrauch durch Erwärmen mit ausgeglühter Tierkohle zu entfärben ist. Zur Prüfung des zu untersuchenden Wassers säuert man dasselbe im Proberöhrchen oder Visierzylinder mit verdünnter Schwefelsäure an und fügt schwefelsaures Metaphenylendiamin hinzu. Etwa vorhandene salpetrige Säure bedingt die Bildung eines Azofarbstoffes, Triamidoazobenzol, (Bismarckbraun), welcher sich sofort oder nach einigen Minuten durch eine gelbbraune Färbung verrät. Die Lösung ist vor Licht geschützt aufzubewahren.

Der Nachteil der Methode liegt in der verhältnismäßig geringen Haltbarkeit der Lösung (Bräunung) und in dem Umstande, daß sie bei bereits gelblich oder bräunlich gefärbten Wässern undeutliche Ergebnisse liefert.

Man wird die Reaktion mit Vorteil dort anwenden, wo die Jodzinkstärkeprobe wegen Anwesenheit anderer jodabscheidender Stoffe (s. o.) nicht angebracht ist.

γ) Sonstige Reaktionen.

Von anderen Reagenzien auf salpetrige Säure seien folgende wenigstens dem Namen nach angeführt:

E. Rieglers Naphtolreagens (87) auf salpetrige Säure. Bildung eines roten Azofarbstoffes.

Reagens nach Grieß (88) (α-Naphthylamin-Sulfanilsäurelösung) bildet gleichfalls mit salpetriger Säure einen roten Azofarbstoff.

Erdmanns Reagens (89), welches unter dem Namen „Wasserprüfungsmethode Bagdad“ in den Handel kommt (Berlin, J. F. Schwarzlose Söhne), bildet mit salpetriger Säure einen roten Farbstoff. Von diesen dreien sind die beiden letztgenannten im allgemeinen zu empfindlich für die praktische Wasseranalyse; denn da kleinste Mengen salpetriger Säure auch häufig in der Luft vorkommen, so führen diese Reagenzien unter Umständen zu Täuschungen.

Über die Empfindlichkeit aller genannten Reagenzien vgl. die Angaben bei Mennicke (90).

b) Quantitative Bestimmung.

Methode von Trommsdorff.

Die Farbenerscheinung, welche in salpetrigsäurehaltigem Wasser bei Zusatz von Jodzinkstärkelösung und Schwefelsäure auftritt, läßt sich kolorimetrisch verwerten, wenn man dieselbe mit einer Nitritlösung von bestimmtem Gehalte hervorruft und das Ergebnis in Vergleich stellt.

Zur Herstellung einer Nitritlösung von bestimmtem Gehalte bedient man sich des käuflich zu erhaltenden reinen Natriumnitrits ($NaNO_2$). Dieses Präparat enthält nur 1 % Verunreinigungen; der hieraus entstehende Fehler ist wenig von Belang. Da

$$\underset{76,02}{N_2O_3} : \underset{138,02}{2\,NaNO_2} = 1 : x$$

so ist

$$x = 1,815.$$

Löst man demgemäß 1,815 g Natriumnitrit in 1 Liter destillierten Wassers und füllt 10 ccm hiervon zu 1 Liter auf, so entspricht 1 ccm dieser Lösung 0,01 mg salpetriger Säure (N_2O_3).

Untersuchung des Wassers. In einen Visierzylinder von ungefähr 20 ccm Höhe gibt man 100 ccm des zu prüfenden Wassers, fügt 2 ccm der Jodzinkstärkelösung und 1 ccm 30proz. Schwefelsäure hinzu und mischt gehörig durch Umrühren mittels eines Glasstabes. Ohne unnötigen Zeitverlust stellt man 4 Zylinder von gleichem Höhen- und Querdurchmesser auf (vgl. Fig. 23), füllt dieselben mit destilliertem Wasser in entsprechender Menge und setzt 1, 2, 3 und 4 ccm der Natriumnitritlösung hinzu. Nach Hinzufügung der beiden Reagenzien in demselben Maßverhältnis wie oben vergleicht man nach Verlauf von 5 Minuten die 5 Zylinder untereinander, indem man die Höhe der Flüssigkeitssäule gegen eine weiße Unterlage betrachtet. Derjenige Kontrollzylinder, welcher die gleiche Farbenintensität (Blaufärbung) aufweist wie der, in welchem sich das zu untersuchende Wasser befindet, gibt den N_2O_3-Gehalt für 100 ccm Wasser in Milligrammen an, da 1 bzw. 2, 3 oder 4 ccm Nitritlösung 1 bzw. 2, 3 oder 4 Hundertstel-Milligramm N_2O_3 entsprechen. War unter diesen Verhältnissen eine Farbengleichheit nicht zu erzielen, so ist der Versuch unter den gleichen Bedingungen zu wiederholen, indem man in weiteren 4 Zylindern den noch nicht genügend intensiven Farbenton durch Vermehrung der Nitritlösung um 0,2 bzw. 0,4, 0,6 oder 0,8 ccm ausfindig zu machen sucht. Das nunmehrige Ergebnis mit 10 multipliziert bringt den Gehalt an salpetriger Säure für 1 Liter Wasser in Milligrammen zum Ausdruck.

Statt der verschiedenen Kontrollzylinder mit bestimmtem N_2O_3-Gehalte kann man auch Farbengleichheit herstellen durch Vergleichung zweier ungleich hoher Flüssigkeitssäulen. Man stellt sich einen Kontrollzylinder in der oben geschilderten Weise her, welcher eine stärkere Blaufärbung aufweist als der mit dem zu prüfenden Wasser angesetzte, gießt von dieser Vergleichsflüssigkeit zuerst so viel in irgendein Gefäß (Becherglas), bis die Färbung der restierenden Flüssigkeitssäule heller geworden ist, und sucht dann durch Nachfüllen den gleichen Farbenton zu erzielen.

Zum Arbeiten mit ungleichem Volumen sind zweckmäßiger die schon mehrfach genannten (vgl. Fig. 22) Hehnerschen Zylinder. Ein Kontrollzylinder Nr. I ist in seiner vollständigen Füllung dunkler gefärbt als ein anderer Nr. II, in welchem sich das zu untersuchende, entsprechend behandelte Wasser befindet. Nun öffnet man den Hahn bei Nr. I und läßt langsam so viel Flüssigkeit abfließen, bis in beiden Zylindern der Farbenton gleich ist.

Sei es, daß man Farbengleichheit durch Nachfüllen oder Ablassen des Kontrollzylinders herbeigeführt hat, so liest man den Bestand desselben an Kubikzentimeter Flüssigkeit ab, ermittelt, wieviel sich hierin Milligramme salpetriger Säure befinden und berechnet daraus den Gehalt derselben in dem Wasser. Der Umstand, daß die Intensität der Färbung bei längerem Zuwarten zu wachsen pflegt, macht es notwendig, daß der Zusatz der Reagenzien zu beiden Zylindern tunlichst gleichzeitig erfolgt. Vgl. auch S. 15 unter: Kolorimeter.

Beispiel. Der zur Hälfte entleerte Kontrollzylinder mußte wieder bis zu 80 ccm aufgefüllt werden, oder von dem Hehnerschen Kontrolzylinder mußten 20 ccm abgelassen werden, um den gleichen Farbenton wie in dem Zylinder mit dem zu prüfenden Wasser zu erzielen. In vollständiger Füllung von 103 ccm enthielt der Kontrollzylinder (der Hehnersche oder der andere) 0,04 mg N_2O_3; demgemäß waren in der Flüssigkeit bei dem Stande von 80 ccm (nach der Gleichung $103 : 0{,}04 = 80 : x$) 0,031 mg N_2O_3. Der Gehalt an salpetriger Säure war in 100 ccm Wasser der gleiche; demnach enthielt 1 Liter desselben

0,31 mg N_2O_3.

Der Nachweis von salpetriger Säure mittels der Jodzinkstärkelösung ist sehr empfindlich. Ein Gehalt an dieser Säure von 0,4 mg für das Liter Wasser ruft bereits eine so intensive Blaufärbung hervor, daß eine feinere Unterscheidung der Farbentöne nicht mehr möglich ist. Bei dem Eintreten solcher Färbungen darf man nur mit Verdünnungen arbeiten, welche mit destilliertem Wasser herzustellen und entsprechend in Rechnung zu ziehen sind.

Enthält ein Wasser bzw. Abwasser viel organische Stoffe, Eisenoxydverbindungen, Chlorate, Chromate u. dgl. oder Wasserstoffsuperoxyd oder Ozon, so ist, wie oben erwähnt, die Reaktion mit Jodzinkstärke nicht anwendbar. In diesem Falle wird — vorausgesetzt, daß es sich um ein ungefärbtes Wasser handelt — zweckmäßiger die quantitative Bestimmung mit Metaphenylendiamin als Reagens ausgeführt (Methode von Preuße und Tiemann). Die Ausführung der Methode ist die gleiche wie bei der

Methode nach Trommsdorf. Zu 100 ccm des zu untersuchenden Wassers und zu der Lösung mit bekanntem Gehalt an salpetriger Säure fügt man je 1 ccm verdünnte Schwefelsäure (1 : 3) und je 1 ccm Metaphenylendiaminlösung. Enthält das Wasser zu viel salpetrige Säure, so ist es mit gemessenen Mengen destillierten Wassers zu verdünnen. Bei einem für die Bestimmung passenden Gehalt tritt die Gelb- oder Braunfärbung erst nach etwa 1 Minute auf.

Gefärbte Wässer, bei welchen man die Bestimmung mittels Metaphenylendiamins nicht umgehen kann, sucht man vor Anstellung der Untersuchung durch Fällung der Erdalkalien mittels Soda-Natronlauge (vgl. Nachweis des Ammoniaks) zu entfärben, oder, falls sie zu weich sind, durch Zugabe einiger Tropfen einer 10 proz. Alaunlösung. Bei Abwässern wird auch die Klärung durch Ammoniakzusatz (10 Tropfen auf 200 ccm Abwasser) vor Anstellung der Jodzinkstärkereaktion empfohlen. Schwefelwasserstoff wird durch Zinkazetat gebunden. Auch die übrigen genannten Reaktionen auf salpetrige Säure lassen sich teilweise für die quantitative Bestimmung verwerten (87, 91).

D. Bestimmung der Salpetersäure (Nitrate).

a) Qualitativer Nachweis.

Der Nachweis der Salpetersäure bietet insofern Schwierigkeiten, als die meisten für dieselbe charakteristischen Reaktionen (im besonderen die Reaktion mit Diphenylamin) auch bei dem Vorhandensein von salpetriger Säure eintreten. Das verhältnismäßig seltene Auftreten der letzteren Säure in Wässern wird den Zweifel, ob man es mit der einen oder anderen Säure zu tun hat, nicht zu oft auftauchen lassen. Es mögen die gebräuchlichsten Methoden des Nachweises von Salpetersäure hier erwähnt sein.

α) **Die Brucinreaktion.** Von dem zu prüfenden Wasser dampft man 1 ccm in einem flachen Porzellanschälchen ab und fügt zu dem Rückstande 1—2 Tropfen einer gesättigten Brucinlösung oder eine Spur Brucin in Substanz hinzu. Läßt man allmählich tropfenweise reine konzentrierte Schwefelsäure zufließen, so entsteht bei Gegenwart von Salpetersäure eine Rotfärbung.

β) **Die Diphenylaminreaktion.** Auf dem Deckel eines Porzellantiegels löst man einige Körnchen reinen Diphenylamins in 4 Tropfen konzentrierter Schwefelsäure auf und läßt von der Seite her 1 Tropfen des Wassers zufließen. Die Gegenwart von Salpetersäure zeigt sich durch eine intensive Blaufärbung an.

Die Reaktion läßt sich auch in der Weise modifizieren, daß man das Diphenylamin in Alkohol löst, einige Tropfen dieser Lösung dem zu prüfenden Wasser im Reagenzglase zufügt und nun vorsichtig mit konzentrierter Schwefelsäure unterschichtet. Bei Anwesenheit von Nitraten (bzw. Nitriten) entsteht an der Berührungsstelle ein blauer Ring (Rubner).

Es ist daran zu erinnern, daß die Schwefelsäure bisweilen Salpetersäure enthält. Die Anstellung einer Kontrollprobe mit destilliertem Wasser ist bei positivem Ausfall also immer zu empfehlen.

Die hier genannten Reaktionen auf Nitrate sind längst nicht so empfindlich wie die Reaktionen auf Nitrite. Die Reaktion mit Brucin geben gilt für empfindlicher als die mit Diphenylamin. Nach Klut (92) lassen sich im Wasser unter 7 mg N_2O_5 in einem Liter mittels Diphenylamin nicht mehr erkennen, während bei Anwendung des Brucins noch 1 mg N_2O_5 im Liter Wasser nachweisbar sein soll.

Nach Grosse-Bohle (93) werden die Reaktionen auf Salpetersäure unsicher, wenn das zu untersuchende Wasser weniger als 2 mg im Liter enthält. Er empfiehlt daher, für die Salpetersäurebestimmung 200 ccm auf 10—20 ccm einsudampfen und in diesem konzentrierten Wasser die Bestimmung auszuführen.

Ähnliche Reaktionen wie die Nitrate mit Diphenylamin und Brucin werden auch durch Chlorate, Chromate, Persulfate, Hypochlorite, freies Chlor und dgl. hervorgerufen. Die Anwesenheit solcher Stoffe ist in Abwässern möglich, kann aber in natürlichen Wässern gewöhnlich ausgeschlossen werden.

Die Reaktion mit Brucin bietet nach Winkler und Lunge (94) die Möglichkeit, auch bei Gegenwart von Nitriten nur auf Nitrate zu prüfen. Es zeigt nämlich Brucin in schwefelsaurer Lösung bei großem Überschusse von Schwefelsäure nur Salpetersäure, nicht salpetrige Säure an, d. h. um nur auf Salpetersäure zu reagieren, muß die Lösung wenigstens zu $^2/_3$ ihres Volums aus konzentrierter Schwefelsäure bestehen. Die salpetrige Säure wird dann in Nitrosulfonsäure übergeführt, welche mit Brucin nicht reagiert. Winkler gibt folgende Vorschrift: Man mischt nach Augenmaß zu 3 ccm konzentrierter Schwefelsäure tropfenweise 1 ccm des Wassers und löst in der vorerst vollständig abgekühlten Flüssigkeit einige Milligramme Brucin. Aus der Intensität der Färbung kann man beurteilen, ob das Wasser viel, wenig oder nur Spuren von Salpetersäure enthält. Folgende Farben werden erhalten: Ist der Salpetersäuregehalt im Liter etwa

100 mg N_5O_5: kirschrote Färbung, die bald in orange und nach längerem Stehen in schwefelgelb übergeht;

10 mg N_2O_5: die Flüssigkeit färbt sich rosenrot, nach längerem Stehen blaßgelb;

1 mg N_2O_5: blaßrosenrote Färbung, später fast farblos.

Die Anwesenheit von Ferrosalzen stört sowohl die Diphenylamin- wie die Brucinreaktion (Winkler). Diese Salze müssen daher zunächst durch Zugabe einiger Tropfen nitratfreier Natronlauge entfernt werden. Man gießt das Wasser von dem Sediment ab oder filtriert und bestimmt dann erst die Nitrate.

b) Quantitative Bestimmung.

α) Nach Marx-Trommsdorff.

Diese Methode ist zwar nicht sehr genau, aber verhältnismäßig rasch auszuführen. Sie kann bei Wässern dort angewandt werden, wo es nur auf eine angenäherte Bestimmung der Nitrate (nebst etwaigen Nitriten) ankommt.

Die Methode beruht auf der oxydierenden Wirkung, welche die Salpetersäure auf Indigo ausübt (Oxydation des blauen Indigofarbstoffs zu gelbem Isatin). Die zu verwendende Indigolösung ist eine empirische. Sie ist am besten von der Stärke herzustellen, daß 8—10 ccm durch 1 mg N_2O_5 entfärbt werden. Zur Darstellung löst man vom besten Indigokarmin — Teigform (pro analysi) —, d. i. indigodisulfosaures Natrium, so viel in Wasser auf, daß die Lösung in einem weiten Reagenzglas noch durchscheinend ist. Diese Lösung stellt man in der unten zu beschreibenden Weise auf die angegebene Stärke mit einer Kaliumnitratlösung ein, von welcher 25 ccm gerade 1 mg, 1000 ccm also 40 mg Salpetersäureanhydrid (N_2O_5) entsprechen.

Da

$$\begin{cases} 2\,KNO_3 : N_2O_5 \\ 202{,}22 : 108{,}02 = x : 40 \end{cases}$$

also

$$x = 74{,}9,$$

so sind 74,9 mg KNO_3 zum Liter destillierten Wassers aufzulösen. Als drittes Reagens bedarf man für die Bestimmung reinster nitrat- und nitritfreier konzentrierter Schwefelsäure. Zur Einstellung der Indigolösung füllt man mit derselben eine Bürette an, mißt mittels einer Pipette 25 ccm der Kaliumnitratlösung in ein 200—300 ccm fassendes Kölbchen, und gibt vorsichtig zu diesen 25 ccm Kaliumnitratlösung 50 ccm der konzentrierten Schwefelsäure, welche man vorher in einem Meßzylinder abgemessen bereit gestellt hat. Die Mischung erhitzt sich stark. Das Kölbchen wird (am besten, indem man es mittels eines um den Hals gelegten mehrfach zusammengefalteten Papierstreifens faßt) unter die auf den Nullpunkt eingestellte, mit Indigolösung gefüllte Bürette gebracht. Man läßt unter ständigem Umschwenken des Kölbchens so viel Indigolösung zufließen, bis eine grünliche Färbung in der Mischung entsteht und einige Sekunden bestehen bleibt. Hat man bis zur Erreichung dieses Endpunktes weniger als 8 ccm Indigolösung gebraucht, so ist die Lösung mit destilliertem Wasser zweckmäßig noch zu verdünnen; hat man mehr als 10 ccm anwenden müssen, so war die Lösung zu schwach, und man muß in ihr noch etwas Indigokarmin auflösen. Nicht unzweckmäßig ist es auch, sich eine 10fach so starke Indigolösung herzustellen. In dunkeln Flaschen aufbewahrt, hält sich dieselbe einige Zeit lang, während die dünnere Lösung minder haltbar ist.

Zur genauen Titerstellung wird die geschilderte Titration in der Weise noch einmal wiederholt, daß man auf einmal annähernd so viel Indigolösung zulaufen läßt, wie man beim ersten Mal verbrauchte, und nun die Schlußeinstellung auf einen schwach grünlichen Farbenton durch tropfenweises Zugeben der Indigolösung erzielt. Unter allen Umständen muß rasch gearbeitet werden, um eine zu starke Abkühlung der Mischung zu vermeiden.

Die bei dieser zweiten Titration durch Ablesung der Bürette gefundene Menge Indigolösung entspricht 1 mg N_2O_5.

Die Bestimmung der Salpetersäure in der zu untersuchenden Wasserprobe wird genau in der gleichen Weise vorgenommen. Man ersetzt nur die 25 ccm Kaliumnitratlösung durch 25 ccm des zu untersuchenden Wassers. Auch hier wird die Titration zweimal ausgeführt, das erste Mal um festzustellen, wie viel Indigolösung annähernd verbraucht wird, das zweite Mal zur Ermittelung des genauen Endpunktes der Titration.

Beispiel. Die ursprünglich etwas zu starke Indigolösung war so weit mit Wasser verdünnt worden, daß von ihr bei der zweiten Titration 8,8 ccm verbraucht wurden, um in 25 ccm der (mit 50 ccm konzentrierter Schwefelsäure versetzten) Kaliumnitratlösung einen grünlichen Farbenton hervorzurufen. Unter den gleichen Verhältnissen verbrauchten 25 ccm des untersuchten Wassers 5,6 ccm Indigolösung. Dann enthielt das Wasser Nitrate (bzw. Nitrite) im Liter entsprechend

$$\frac{5{,}6 \cdot 40}{8{,}8} = 25 \text{ mg } N_2O_5.$$

Verbrauchen 25 ccm Wasser mehr als 10 ccm Indigolösung, so empfiehlt es sich, das Wasser mit der gleichen Menge destillierten Wassers zu verdünnen und mit dieser Verdünnung die Bestimmung noch einmal zu wiederholen.

Enthält das Wasser sehr viel leicht oxydable Substanzen, so wird die Bestimmung sehr ungenau. Man kann dann zwar diese Substanzen durch Erhitzen einer abgemessenen Wassermenge mit etwas Kaliumpermanganatlösung und Schwefelsäure zerstören (vgl. die Bestimmung der Oxydierbarkeit), den Überschuß an Kaliumpermanganat durch tropfenweises Zugeben von Oxalsäurelösung beseitigen, schließlich durch nochmaliges Zugeben einiger Tropfen Kaliumpermanganatlösung das genaue Gleichgewicht herstellen, abkühlen lassen und mit destilliertem Wasser auf das ursprüngliche Volumen wieder auffüllen, bevor man zur Bestimmung der Salpetersäure schreitet; indessen dürfte es sich doch in solchem Falle mehr empfehlen, von der Bestimmung der Salpetersäure nach Marx-Trommsdorf ganz abzusehen und die Bestimmung lieber nach Schulze-Tiemann auszuführen. Soll die salpetrige Säure bei dieser Methode nicht mit bestimmt werden, so empfiehlt sich ihre vorherige Entfernung in der von K. B. Lehmann (95) vorgeschlagenen Weise: Man setzt zu etwa 100 ccm Wasser einige Tropfen Schwefelsäure und eine Messerspitze reinen (salpetersäurefreien) Harnstoffs und läßt einige Stunden bei Zimmertemperatur stehen. Der Harnstoff wird dabei nach folgender Gleichung zu Stickstoff umgewandelt:

$$2\,NO_2H + CO(NH_2)_2 = CO_2 + 2\,N_2 + 3\,H_2O.$$ (Vgl. auch S. 64.)

β) Nach Schulze-Tiemann.

Diese Methode ist zwar in allen Fällen anwendbar, sie wird aber ihrer Kompliziertheit halber hauptsächlich nur dann benutzt werden, wenn das Wasser viel störende, im besonderen organische Substanzen enthält (Abwasser). Die Methode gibt genaue Resultate unter der Voraussetzung sehr geschickten Arbeitens. Eine Einübung der Methode ist daher unerläßlich, bevor an eine praktische Anwendung derselben herangegangen werden kann. Wir geben im folgenden die knappe und klare Beschreibung wieder, die Classen (96) in Anlehnung an die Originalarbeiten gemacht hat.

„Die Methode ist eine gasvolumetrische und besteht darin, aus den Nitraten durch Einwirkung von Salzsäure und Eisenchlorür Stickoxyd zu entwickeln, letzteres in einem Meßrohr über Natronlauge aufzufangen und aus dem Volumen des Gases die Salpetersäure zu berechnen:

Die Zersetzung erfolgt nach der Gleichung:

$$2KNO_3 + 6FeCl_2 + 8HCl = 2KCl + 3Fe_2Cl_6 + 4H_2O + 2NO.$$

Damit etwaige Fehler, von denen unten die Rede ist, beim Messen des Gasvolumens nicht ins Gewicht fallen, darf das Volumen Stickoxyd nicht zu klein ausfallen, man muß daher über den Salpetersäuregehalt des Wassers annähernd orientiert sein, um eine entsprechende Menge Wasser in Arbeit zu nehmen. Man verwendet ein Volumen Wasser, welches mindestens 5 mg N_2O_5 enthält.

Man dampft die Probe, z. B. 100—300 ccm, in einer Schale bis auf etwa 50 ccm ein und bringt die rückständige Flüssigkeit samt den Erdkarbonaten in den etwa 150 ccm fassenden Kolben A (Fig. 24).

Die Erdkarbonate brauchen indessen, da sie kein Nitrat zurückhalten, nicht quantitativ eingefüllt zu werden. Der Kautschukstopfen trägt die Glasröhre d e, welche mit der unteren Fläche des Stopfens abschneidet, und die Röhre c, welche in Form einer nicht zu feinen Spitze etwa 2 cm in den Kolben hineinragt. Die Röhren a und f sind durch Schlauchstücke (b und e) und Drahtligaturen angeschlossen, das aufwärts gebogene Ende f von e f ist mit einem Schlauchstück zum Schutz gegen Zerbrechen überzogen. Die Wanne B und die möglichst enge, in $^1/_{10}$ ccm geteilte Meßröhre C sind mit ausgekochter Natronlauge gefüllt.

Man öffnet die beiden Quetschhähne, zieht das Rohr e f aus der Wanne heraus und kocht das Wasser im Kolben noch weiter ein. Nach einiger Zeit bringt man das Rohr e f wieder in die Wanne, so daß die Wasserdämpfe durch die Natronlauge entweichen. Ist die Luft vollständig aus dem Apparate verdrängt, so wird, wenn man bei e den Schlauch mit den Fingern zusammendrückt, die Natronlauge in das Rohr emporsteigen, wobei man einen gelinden Schlag an den Fingern wahrnimmt. Alsdann schließt man den Quetschhahn bei e und läßt die Wasserdämpfe durch c b a entweichen, bis die Flüssigkeit auf etwa 10 ccm konzentriert ist. Inzwischen hat man die Meßröhre über die Mündung des Rohres e f geschoben. Hat die Meßröhre oben einen Abschluß durch einen Glashahn,

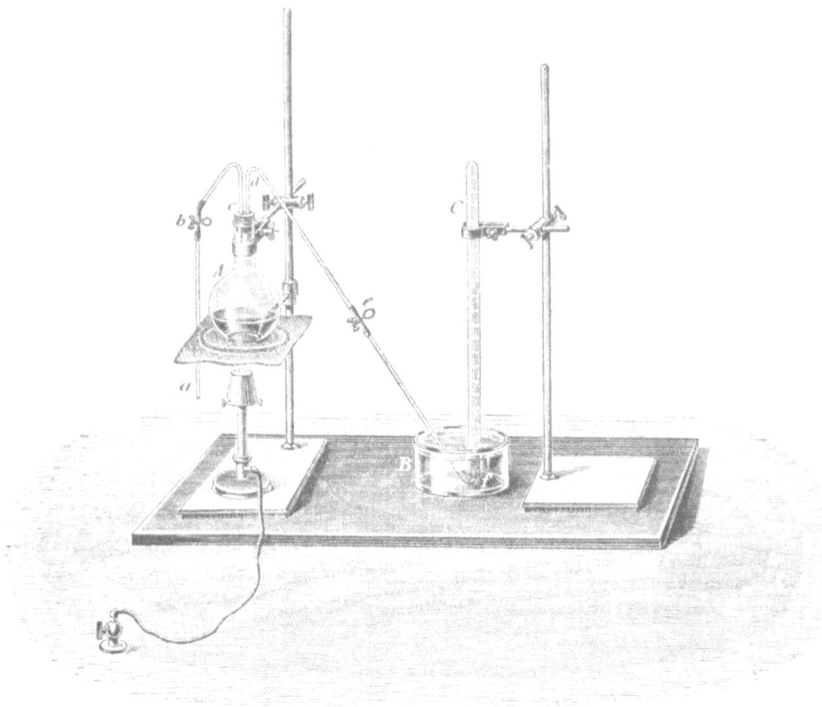

Fig. 24.

was im vorliegenden Fall nicht unzweckmäßig ist, so kann man sie durch Saugen mit Natronlauge bis über den Hahn füllen, sonst muß sie gefüllt mit Hülfe eines untergeschobenen Schälchens in ihre Lage gebracht werden.

Man bringt nun, während das Wasser noch immer kocht, unter das Rohr a ein Bechergläschen mit gesättigter Eisenchlorürlösung, welches am oberen Teile zwei, ein Volum von 10 ccm begrenzende Marken trägt. Zieht man jetzt die Flamme unter dem Kolben weg, so tritt infolge der Abkühlung die Lösung in den Kolben ein, und man schließt den Quetschhahn, sobald etwa 10 ccm Eisenchlorür eingesaugt sind. Durch dasselbe noch mit der Lösung gefüllte Rohr läßt man zweimal 5 bis 10 ccm konzentrierte Salzsäure nachsaugen und schließt den Quetschhahn bei b. Bei der ganzen Operation ist das Eintreten von Luft in den Apparat sorgfältig zu vermeiden.

Jetzt bringt man die Gasflamme wieder unter den Kolben und erhitzt bei geschlossenen Quetschhähnen anfangs gelinde, bis die Schlauchverbindungen bei b und e sich wieder blähen. Man entfernt dann den Quetschhahn e und verschließt zugleich den Schlauch mit den Fingern, so daß man wahrnehmen kann, wann der Druck stark genug ist, um das Stickoxydgas in die Meßröhre eintreten zu lassen. Nimmt die Gasentwicklung ab, so verstärkt man sie durch Erhitzen und destilliert, bis das Gasvolumen in der Meßröhre nicht mehr zunimmt. Das Salzsäuregas wird von der Natronlauge absorbiert. Um den in der Flüssigkeit noch gelösten Rest von Stickoxyd auszutreiben, erzeugt man im Kölbchen eine Druckverminderung, indem man den Quetschhahn e schließt, darauf sofort die Flamme wegzieht und den Kolben etwas abkühlen läßt. Man erwärmt von neuem, bis die Schläuche sich blähen, öffnet e und destilliert, bis die letzten Gasreste übergetrieben sind, wonach man das Rohr e f aus der Lauge entfernt und die Flamme löscht.

Um das Gasvolumen zu messen, bringt man die Meßröhre mit Hilfe eines untergehaltenen, mit Lauge gefüllten Schälchens in einen hohen Glaszylinder, welcher so viel Wasser von Zimmertemperatur enthält, daß die Röhre darin vollständig untertauchen kann. Nach 15—20 Minuten mißt man die Temperatur t des Wassers, notiert den Barometerstand b und zieht die Röhre, indem man sie, um eine Erwärmung zu vermeiden, mit einer Tiegelzange oder dgl. anfaßt, so weit aus dem Wasser, daß letzteres innerhalb und außerhalb der Röhre in demselben Niveau steht, und liest das Gasvolumen V ab.

Man reduziert dasselbe auf 0^0, auf 760 mm und den Trockenzustand nach der Formel:

$$V' = \frac{V \cdot (b - f)}{760\,(1 + 0{,}00367\,t)}$$

wobei f die Tension des Wasserdampfes bei t^0 ist.

Da 1 ccm NO 1,343 mg wiegt, so ist das Gewicht des ganzen Volumens Stickoxyd = 1,343 . V' mg; die demselben entsprechende Menge N_2O_5 ergibt sich aus der Proportion

$$2\,NO : N_2O_5$$
$$60{,}02 : 108{,}02 = 1{,}343 \cdot V' : x,$$

woraus

$$x = 2{,}417 \cdot V'\,mg.$$

Man hat nur noch die Umrechnung vom angewendeten Wasservolumen auf 1 Liter auszuführen.“

Von den verbrauchten Reagenzien wird die Eisenchlorürlösung durch Auflösung von Eisen (eiserner, äußerlich gereinigter Nägel) unter Erwärmen in Salzsäure hergestellt. Die Lösung soll kalt gesättigt sein. Die angewandte Salzsäure soll das spezifische Gewicht 1,12 besitzen.

Pfyl (97) hat das Schulze-Tiemannsche Verfahren dadurch abgeändert, daß er das mittels Eisenchlorür und Salzsäure aus den Nitraten entwickelte Stickoxyd durch eine Waschflasche mit 15 proz. Natronlauge unter Luftabschluß in ein Absorptionskölbchen mit $^1/_{10}$ Normal-Kaliumpermanganatlösung leitet. Hier wird das Stickoxyd absorbiert. Der Überschuß der angewandten Permanganatlösung wird mit Eisenoxydul zurücktitriert. Der für diese Methode notwendige einfache Glasapparat wird von der Firma Dr. Bender und Dr. Hobein in München geliefert.

Das Verfahren soll mindestens so genau sein, wie das Schulze-Tiemannsche. Organische Substanzen beeinträchtigen die Genauigkeit des Verfahrens nicht. Näheres ist aus der Originalarbeit zu ersehen.

γ) **Kolorimetrisch nach Noll** (98).

Hierbei werden die Nitrite mit bestimmt. Man dampft 100 ccm Wasser auf 10 ccm ein und läßt auf diese Menge eine Lösung von 0,05 g Brucin in 20 ccm Schwefelsäure (spez. Gew. 1,84) unter Umrühren $^1/_4$ Minute lang einwirken (Die Brucin-Schwefelsäure darf höchstens 24 Stunden alt sein.) Dann gießt man das Gemisch in einen Hehnerschen Zylinder, in welchem sich bereits 70 ccm dest. Wasser befinden, und vergleicht den entstandenen Farbenton mit dem einer Salpeterlösung von bekanntem Gehalt (0,1872 g Kaliumnitrat im Liter, 10 ccm = 1 mg N_2O_5), die man in der gleichen Weise behandelt hat. Das zu untersuchende Wasser muß eventuell so verdünnt werden, daß im Liter nicht mehr als 50 mg N_2O_5 vorhanden sind.

Eine gute Zusammenstellung der bisher hauptsächlich gebrauchten Methoden für die Bestimmung der Salpetersäure in Wasser und Abwasser findet sich bei Klut (75).

δ) „Nitron“-Methode nach Busch.

Neuerdings wird auch die Methode von Busch (99) empfohlen.

Diese gewichtsanalytische Methode gründet sich auf die außerordentliche Schwerlöslichkeit des Nitrates der von Busch synthetisch gewonnenen Base Diphenylendanilo-dihydrotriazol („Nitron“). Als Reagens, mit welchem zugleich die qualitative Vorprüfung ausgeführt wird, benutzt man eine 10 proz. Lösung von Nitron (Merck) in 5 proz. Essigsäure. Das Reagens stellt eine in brauner Flasche lange haltbare schwach rötlich gefärbte Flüssigkeit dar. 5—6 ccm des zu untersuchenden Wassers werden mit einem Tropfen verdünnter Schwefelsäure angesäuert und dazu 6 bis 8 Tropfen Reagens gegeben. Entsteht sofort ein weißer Niederschlag von Nitronnitrat oder kristallisiert das Salz innerhalb von 1—2 Minuten in glänzenden Nädelchen aus, so enthielt das Wasser über 100 mg Salpetersäure (HNO_3) im Liter. Tritt der Niederschlag innerhalb einer Stunde auf, so sind über 25 mg vorhanden; im anderen Fall weniger. Bei einem Gehalt von über 100 mg kann das Wasser ohne weiteres für die quantitative Bestimmung benutzt werden, sonst dampft man $^1/_2$—2 Liter für die Bestimmung auf 70—80 ccm ein.

Ausführung der quantitativen Bestimmung.

Die zu untersuchende Flüssigkeit (etwa 100 ccm) wird nahe zum Sieden erhitzt, 10 Tropfen verdünnter Schwefelsäure und 10—12 ccm Nitronreagens hinzugegeben. Darauf wird das Gefäß zur Abscheidung der Kristalle $1^1/_2$—2 Stunden in Eiswasser gesetzt. Der aus glänzenden Nädelchen bestehende Niederschlag wird in einen Neubauer-Platin-Tiegel (verbesserter Goochtiegel) abgesaugt, indem man mit dem Filtrat nachspült und schließlich mit 10 ccm Eiswasser derart nachwäscht, daß man das Waschwasser in 4—5 Portionen aufgießt. Der Niederschlag wird 1 Stunde lang bei 105—110° getrocknet und gewogen.

Die Berechnung erfolgt nach der Formel $C_{20}H_{16}N_4 . HNO_3$, d. h. das Gewicht $G \times \frac{63}{375}$ ergibt die Menge der Salpetersäure (HNO_3).

Ist neben Nitrat auch Nitrit vorhanden, so läßt man die möglichst konzentrierte Salzlösung auf etwas (ca. 0,3 g) fein gepulvertes Hydrazinsulfat tropfen. Nach Beendigung der Gasentwicklung verdünnt man und verfährt, wie oben geschildert.

E. Bestimmung des organischen Stickstoffs und des Gesamtstickstoffs.

a) Allgemeine Bemerkungen.

Die Bestimmung des organisch gebundenen Stickstoffs im Wasser (Abwasser) geschieht nach dem Verfahren von Kjeldahl.

Durch Erhitzen des auf eine geringe Menge eingedampften Wassers mit konzentrierter Schwefelsäure wird der Stickstoff der im Wasser vorhandenen organischen Substanz in Ammoniumsulfat übergeführt. Macht man die schwefelsaure Lösung dann durch Zugabe von überschüssiger Natronlauge alkalisch, so wird das Ammoniak aus der Lösung entbunden und kann in eine gemessene Menge titrierter Säure (Normalsäure) überdestilliert werden. Auf azidimetrischem Wege wird dann derjenige Teil der Säure ermittelt, welcher nicht durch das Ammoniak gebunden worden ist, und aus dieser Menge das übergegangene Ammoniak bzw. der Stickstoff berechnet. Das Ammoniak kann auch kolorimetrisch mittels Neßlerschem Reagens bestimmt werden.

Säuert man das Wasser (Abwasser) vor dem Eindampfen an, so bestimmt man das präformierte Ammoniak mit. Im allgemeinen ist dieses Vorgehen zu empfehlen. Will man nur den Gehalt an organischem Stickstoff kennen lernen, so muß das präformierte freie Ammoniak für sich bestimmt und auf Stickstoff umgerechnet in Abzug gebracht werden. Nitrate und Nitrite werden bei der gewöhnlichen Methode nach Kjeldahl nur unvollständig in Ammoniak übergeführt. Will man sie mitbestimmen, so muß man die Modifikation der Kjeldahlschen Bestimmung nach Jodlbauer anwenden, will man sie nicht mit bestimmen, so muß man sie vor Beginn der Kjeldahlschen Bestimmung entfernen. Dies geschieht, indem man die Nitrate durch Zugabe von schwefliger Säure zu salpetriger Säure reduziert und diese durch Eisenchlorür (welches durch die schweflige Säure aus zugegebenem Eisenchlorid entstanden ist) ähnlich wie bei der Schulze-Tiemannschen Methode der Salpetersäurebestimmung in Stickoxyd überführt, welches entweicht.

b) Methode von Kjeldahl.

Die völlige Oxydation der organischen Stoffe durch konzentrierte Schwefelsäure allein stößt mitunter auf Schwierigkeiten. Man pflegt daher der Schwefelsäure Stoffe beizufügen, welche entweder mittelbar oder unmittelbar oxydationsbefördernd wirken, wie metallisches Quecksilber, Platinchlorid, Quecksilberoxyd, Kupfersulfat, Kaliumpermanganat. Eine stärker oxydierende Wirkung übt auch das sogenannte „Säuregemisch“ aus, welches man durch Eintragen von 200 g käuflichem pulverigen Phosphorpentoxyd in reine konzentrierte ammoniakfreie Schwefelsäure erhält, bis das Ganze einen Liter ausmacht.

Das Quecksilber oder das Quecksilberoxyd befördert die Oxydation mehr als das Kupfersulfat, seine Anwendung führt indessen dazu, daß man den Stickstoff nicht vollständig als Ammoniak erhält, denn die gebildeten Quecksilberamidverbindungen werden durch Natronlauge allein nicht vollständig zersetzt. Um den Stickstoff völlig als Ammoniak zu erhalten, muß man daher die Quecksilberamidverbindungen zerlegen und zu diesem Zwecke etwas Schwefelnatriumlösung oder Natriumthiosulfat (10 ccm einer 20 proz. Lösung) gleichzeitig mit der für die Alkalisierung notwendigen Natronlauge zufügen. Gewöhnlich indessen kommt man mit der Zugabe von Kupfersulfat aus.

α) Bestimmung des organischen Stickstoffs (+ Ammoniak) bei Abwesenheit von Nitriten und Nitraten.

250 ccm Abwasser werden in einem birnenförmig gestalteten Kjeldahlschen Oxydationskolben von Jenaer Hartglas unter Zugabe von etwas geglühtem Bimsstein (um das Stoßen zu verhüten) mit 5 ccm konzentrierter Schwefelsäure (sp. G. 1,84) und einigen Kristallen (etwa 0,1 g) Kupfersulfat unter einem gut ziehenden Abzug abgedampft (Fig. 25). Man konzentriert die Flüssigkeit so lange, bis sich Schwefelsäure-Dämpfe entwickeln und erhitzt die nur wenige ccm betragende Flüssigkeit über kleiner Flamme weiter, bis sie farblos oder grünlich geworden ist. Dann entfernt man den Kolben von der Flamme und gibt nach einander einige Kriställchen von Kaliumpermanganat hinzu, bis sich ein grüner Niederschlag ausbildet. Dann läßt man den Kolben abkühlen. Man kann

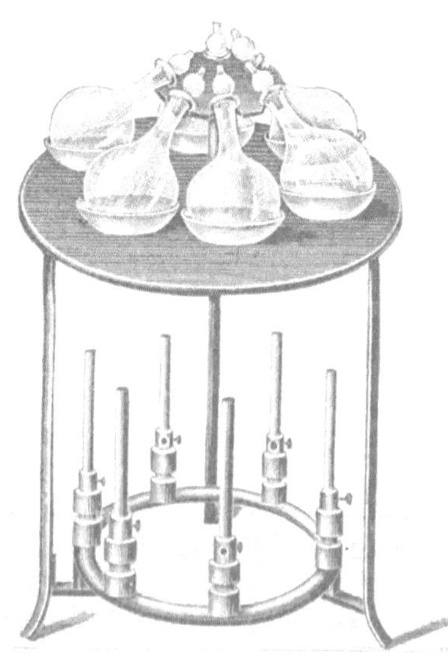

Fig. 25.

nun das Ammoniak, nachdem man die Flüssigkeit alkalisch gemacht hat,

1. überdestillieren in titrierte Schwefelsäure,
2. überdestillieren (am besten mittels eines Dampfstroms) und im Destillat das Ammoniak kolorimetrisch bestimmen.

Zu 1. Im ersteren Fall spült man den erkalteten Kolbeninhalt quantitativ mittels ammoniakfreien destillierten Wassers in einen Destillierkolben von etwa 1 Liter Inhalt über — zweckmäßiger ist es, den Digestionskolben schon so groß zu wählen, daß er auch als Destillationskolben dienen kann, so daß ein Umfüllen vermieden wird — und fügt so viel konzentrierte reine Natronlauge hinzu (Erhitzung!), daß das Gemisch stark alkalisch wird (am einfachsten wird durch eine kleine Vorprobe festgestellt, wieviel Natronlauge notwendig ist, um 5 ccm der mit destilliertem Wasser stark verdünnten Schwefelsäure von 1,84 sp. G. zu neutralisieren; von der 15 proz. offizinellen Natronlauge braucht man dazu annähernd 50 ccm), setzt etwas Talkum oder Zinkstaub hinzu und destilliert (Fig. 26) sofort — eventuell auch ohne Kühlung — in ein Erlenmeyer-Kölbchen über, welches mit einer genau gemessenen Menge (20—50 ccm) Normal-Schwefelsäure beschickt ist. Der Vorstoß muß dabei in die Schwefelsäure eintauchen. Nachdem mindestens 100 ccm überdestilliert sind, zieht man den Vorstoß aus der Schwefelsäure so weit heraus, daß er nicht mehr eintaucht, destilliert noch einige Minuten weiter und dreht dann die Gasflamme ab. Ist der Vorstoß (falls ohne Kühlung destilliert worden ist) abgekühlt, so spritzt man ihn, nach Loslösung vom Destillationsrohr, innen und außen mit destilliertem Wasser ab, welches man in das vorgelegte Kölbchen mit titrierter Schwefelsäure laufen läßt, wartet, bis das Kölbchen völlig kalt geworden ist, und titriert die Schwefelsäure mittels $^1/_{10}$ Normal-Natronlauge unter Zusatz von einigen Tropfen Rosolsäure oder Phenolphtalein bis zu alkalischer Reaktion Kommt es auf sehr genaue Resultate an, so empfiehlt sich die Anstellung eines blinden Versuches und die Berücksichtigung der durch denselben gefundenen in den Reagenzien etwa vorhandenen Stickstoffmengen.

Beispiel: Es waren vorgelegt 20 ccm $^1/_{10}$ Normal-Schwefelsäure, welche von einer genau eingestellten $^1/_{10}$ Normal-Natronlauge 20 ccm zur Neutralisation bedurften. Nach dem Destillieren wurden zur Neutralisation bzw. zur ersten Andeutung alkalischer

Reaktion (Rotfärbung bei Rosolsäure und Phenolphtalein) nur 14,7 ccm $^1/_{10}$ Normal-Natronlauge gebraucht, mithin waren durch Ammoniak gebunden 20—14,7 = 5,3 ccm $^1/_{10}$ Normal-Schwefelsäure. Da 1 ccm $^1/_{10}$ Normal-Schwefelsäure 1,703 mg Ammoniak und

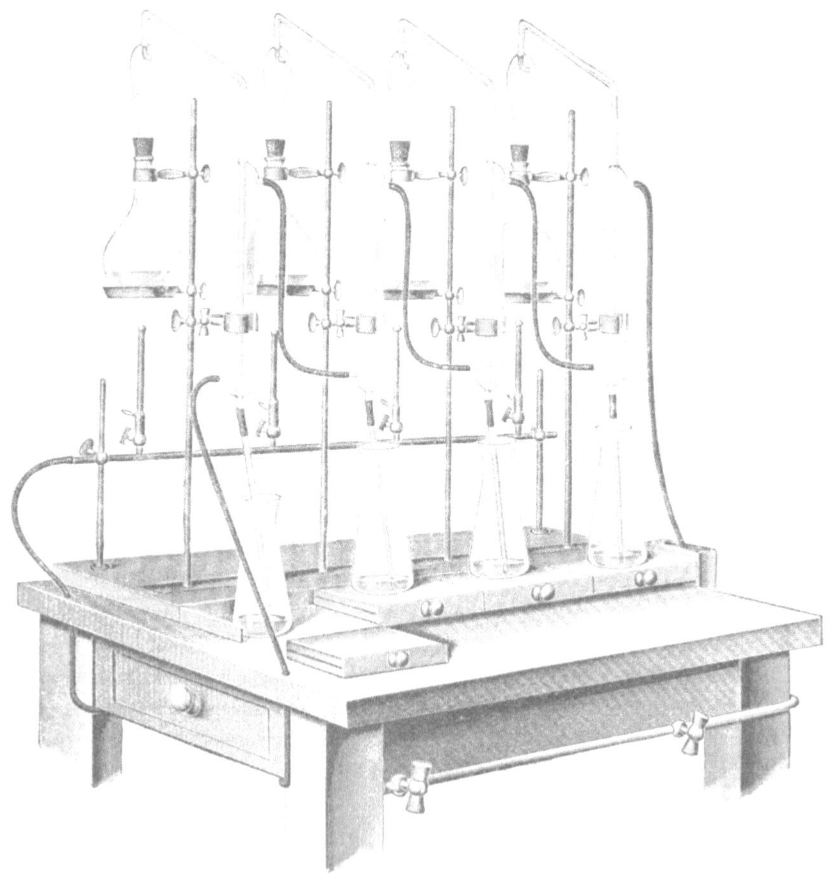

Fig. 26.

1,401 mg Stickstoff entspricht, so enthielten die 250 ccm untersuchten Abwassers 5,3 . 1,703 = 9,03 mg Ammoniak bzw. 5,3 . 1,401 = 7,43 mg organischen Stickstoff (+ etwaigem Ammoniakstickstoff), Mengen, welche durch Multiplikation mit 4 auf den Liter zu berechnen sind. War präformiertes Ammoniak vorhanden, so ist dieses gesondert (s. oben) zu bestimmen und in Abzug zu bringen, falls man den an organische Stoffe gebundenen Stickstoff allein bestimmen will.

Zu 2. Für den Fall, daß die kolorimetrische Bestimmung beabsichtigt ist, nimmt man nur 10—100 ccm Abwasser für eine Bestimmung.

Nach beendeter Oxydation wird der Digestionskolben von der Flamme genommen und erkalten gelassen. Mittels kleiner Portionen von destilliertem ammoniakfreien Wasser wird der Inhalt des Kolbens in einen Meßkolben von 100 ccm Inhalt übergespült, so daß die Flüssigkeitsmenge etwa 40 ccm beträgt. Dann wird durch vorsichtigen Zusatz von 25 proz. ammoniakfreier Sodalösung alkalisch gemacht (es werden etwa 25 ccm dazu gebraucht), bis ein flockiger Niederschlag sich ausscheidet. Man läßt auf Zimmertemperatur abkühlen und füllt auf 100 ccm mit destilliertem Wasser auf, gießt die Flüssigkeit in eine reine trockene Flasche mit Glasstopfen und läßt hier den flockigen Niederschlag sich absetzen. Ein passender Teil der klaren überstehenden Flüssigkeit wird mittels einer Pipette in einen Kolorimeterzylinder gebracht, mit destilliertem Wasser aufgefüllt und mit Neßlers Reagens versetzt. Von der gefundenen Ammoniakmenge wird die Menge des präformierten Ammoniaks abgezogen.

Schwierigkeiten können bei dieser Methode durch das Auftreten von Trübungen entstehen (Kimberly u. Roberts).

Die geschilderte Art der Bestimmung, welche bisher vorwiegend in englischen und amerikanischen Laboratorien üblich war (100), ist neuerdings auch in ähnlicher Form in Deutschland empfohlen worden (101). Als Vergleichsflüssigkeit benützt man am besten eine Ammoniumchloridlösung, von welcher jeder ccm 0,01 mg Stickstoff entspricht. Dieselbe stellt man sich jedesmal aus einer vorrätig gehaltenen stärkeren Lösung her, indem man 10 ccm derselben auf 1000 ccm mit ammoniakfreiem destillierten Wasser auffüllt. Diese stärkere Lösung enthält, da

$$\frac{(NH_4)Cl : N}{53{,}50 : 14{,}01} = x : 1,$$

3,819 g Ammoniumchlorid im Liter.

Die Bestimmung erfolgt im einzelnen, wie bei der Bestimmung des Ammoniaks nach Frankland und Armstrong (vgl. S. 107) angegeben ist.

9*

β) Bestimmung des organischen Stickstoffs (+ Ammoniak) bei Anwesenheit von Nitriten und Nitraten (falls mehr als Spuren vorhanden).

Die zu untersuchende abgemessene Abwassermenge (z. B. 250 ccm) wird in einem Rundkolben aus Jenaer Glas von etwa dem doppelten Rauminhalt mit 5 ccm verdünnter Schwefelsäure versetzt und durch Kochen auf dem Drahtnetz oder dem Asbestteller auf etwa 100 ccm eingedampft. Man setzt nun 30 ccm einer kalt gesättigten Lösung von Schwefliger Säure (oder auch 0,5 g Natriumbisulfit) und nach 5 Minuten einige Tropfen Eisenchloridlösung (1 + 5 Wasser) hinzu und erwärmt etwa 20 Minuten lang im Dampfbade (Wasserbad). Man erhitzt alsdann wieder zum Sieden und dampft weiter bis zur Sirupskonsistenz der Flüssigkeit ein. Darauf gibt man 20 ccm eines aus reiner konzentrierter Schwefelsäure und Phosphorpentoxyd bestehenden „Säuregemisches“, (s. oben), 0,2 g kristallisiertes Kupfersulfat und 5 Tropfen einer 4 proz. Platinchloridlösung hinzu und oxydiert wie gewöhnlich über mäßiger Flamme auf dem Drahtnetz. Das Erhitzen wird vorsichtig so lange fortgesetzt, bis die Flüssigkeit rein grün geworden ist. Nun läßt man erkalten. Hernach gibt man vorsichtig etwa 100 ccm destillierten Wassers zu und bringt so die beim Erkalten ausgeschiedenen Salze in Lösung. Nach abermaliger Abkühlung und Zugabe von einigen Zinkschnitzeln (um das Stoßen der Flüssigkeit zu vermeiden) übersättigt man mit 100 ccm ammoniakfreier 33 proz. Natronlauge (spez. Gew. 1,36), verbindet den Kolben sofort mit dem Destillierapparat und destilliert etwa die Hälfte des Kolbeninhalts in titrierte Schwefelsäure ab oder bestimmt im Destillat das Ammoniak kolorimetrisch (s. S. 131).

γ) Bestimmung des Gesamtstickstoffs (organischer Stickstoff + etwa vorhandenem Ammoniakstickstoff, Nitritstickstoff und Nitratstickstoff) Modifikation der Kjeldahlschen Methode nach Jodlbauer (102).

Durch Zusatz von Phenol zur Schwefelsäure wird der Nitratstickstoff in Nitrophenol übergeführt und dieses durch Amidierung mit Zinkstaub in Amidophenol umgewandelt. Der Stickstoff des Amidophenols wird durch das Kochen mit Schwefelsäure in Ammoniumsulfat verwandelt. Die zu benutzende Phenolschwefelsäure wird erhalten durch Auflösen von Phenol in konzentrierter Schwefelsäure (spez. Gew. 1,84). Die Phenolschwefelsäure soll 5% Phenol enthalten.

Die gemessene Menge Abwasser (z. B. 250 ccm) wird zusammen mit 25 ccm der Phenolschwefelsäure und ein wenig pulverisiertem Bimsstein in einem Rundkolben von Jenaer Hartglas, welcher etwa die dreifache Menge des angewandten Abwassers fassen könnte, auf dem Drahtnetz eingedampft bis auf etwa 30 ccm. Man läßt abkühlen und fügt umschüttelnd 2,5 g Zinkstaub und 0,2 g Kupfersulfat hinzu. Es wird nun weiter erhitzt, bis die Flüssigkeit hellgrün geworden ist. Man läßt wieder abkühlen und fügt etwa 100—150 ccm destilliertes Wasser vorsichtig hinzu. Nach nochmaliger Abkühlung und Zugabe von einigen Zinkschnitzeln macht man alkalisch durch Zugabe von 125 ccm ammoniakfreier 33 proz. Natronlauge, verbindet den Kolben sofort mit dem Destillierapparat und destilliert etwa die Hälfte des Kolbeninhalts in titrierte Schwefelsäure ab oder bestimmt im Destillat das Ammoniak kolorimetrisch (s. S. 131).

δ) Bestimmung des Stickstoffgehalts der suspendierten Stoffe nach Rubner.

Der Stickstoffgehalt der suspendierten Bestandteile eines Wassers zuzüglich gewisser gelöster Stoffe (Kotbestandteile u. dgl.) kann auch nach Rubner (59a und 83) in dem durch Eisenchlorid und essigsaures Natron in der Siedehitze hervorgerufenen Eisenniederschlag (vgl. 11 C) bestimmt werden. Zu diesem Zwecke setzt man zu einer größeren Wassermenge (z. B. 5 Liter) nach eventuellem Neutralisieren derselben je 20 ccm 8 proz. Eisenchloridlösung und 20 proz. Natriumazetatlösung. Der sich bildende flockige Niederschlag wird durch etwa einstündiges Erhitzen der Mischung im Kochschen Dampftopf (s. bakteriol. Teil) zum Absetzen gebracht, das überstehende Wasser abgegossen, der Niederschlag einige Male mit Wasser, schließlich mit Alkohol ausgewaschen (man benützt bei diesen Manipulationen zweckmäßig eine Zentrifuge) und getrocknet. Die Methode eignet sich mehr für wissenschaftliche Untersuchungen als für die Praxis.

16. Bestimmung der „organischen Substanzen".

(Methoden, bei welchen der Verbrauch an Sauerstoff, d. h. die „Oxydierbarkeit" oder das „Reduktionsvermögen" des Wassers bestimmt wird.)

Die Bestimmung des Glühverlustes des Rückstandes gibt uns einen sehr unzuverlässigen Anhaltspunkt über die Mengen der „organischen Substanzen". Einigermaßen erhalten wir einen Begriff von dieser Größe, indem wir bestimmen, wieviel Sauerstoff zur Oxydation der vorhandenen organischen Bestandteile benötigt wird. Die verschiedenartige Zusammensetzung der letzteren, der Umstand ferner, daß höher oxydierbare anorganische Stoffe, wie salpetrige Säure oder Eisenoxydul, gleichfalls einen Sauerstoffverbrauch bedingen, um in ihre höheren Oxydationsstufen (Salpetersäure — Eisenoxyd) übergeführt zu werden, läßt deutlich erkennen, daß ein solches Verfahren nur annähernde Resultate liefern kann. Dieselben sind jedoch, untereinander verglichen, zur Beurteilung des Wassers in hygienischer Hinsicht brauchbar.

Auch die quantitative Bestimmung des Kohlenstoffs und des Stickstoffs der organischen Substanzen gibt Anhaltspunkte für den Gehalt des Wassers oder Abwassers an „organischer Substanz", ferner unter Umständen die Bestimmung der Sauerstoffzehrung (Bestimmung der zersetzlichen organischen Substanz).

Bei nicht ganz klaren Wässern sollte stets angegeben werden, ob die Bestimmung der „organischen Substanzen" im filtrierten Wasser, oder nach dem Absetzenlassen, oder nach dem Aufschütteln vorgenommen worden ist; denn Grosse-Bohle fand z. B. bei Untersuchungen des Rheinwassers, daß 1 mg suspendierte organische Substanz ungefähr 1 mg Sauerstoff verbrauchte (93), ferner sollte angegeben werden, wie lange nach der Entnahme der Probe die Untersuchung begann. Will man die Proben vor Zersetzung schützen, so konserviert man durch Zugabe von Schwefelsäure in der Menge, wie sie bei der Methode nach Kubel-Tiemann angegeben ist.

Zur Oxydation der organischen Stoffe wird allgemein das Kaliumpermanganat benutzt, entweder in alkalischer Lösung (nach Schulze-Trommsdorff) oder in saurer Lösung (nach Kubel-Tiemann). Letztere Methode ist die einfachere und darum gebräuchlichere. Enthält jedoch das Wasser erhebliche Mengen von Chloriden, so zieht man die Oxydation in alkalischer Lösung vor.

a) Methode nach Kubel-Tiemann.

Prinzip der Methode. Oxalsäure ($C_2H_2O_4$) wird durch Kaliumpermanganat in Kohlensäure und Wasser zerlegt durch den in saurer Lösung aus dem Kaliumpermanganat abgespaltenen Sauerstoff. Folgende Gleichungen mögen den Vorgang veranschaulichen:

$$2\,KMnO_4 + 3\,H_2SO_4 = 2\,MnSO_4 + K_2SO_4 + 3\,H_2O + 5\,O$$

$$C_2H_2O_4 + O = 2\,CO_2 + H_2O.$$

So lange noch unzersetztes Kaliumpermanganat in der Lösung vorhanden ist, ist die Farbe der Mischung rot; ist alles Kaliumpermanganat zersetzt (reduziert), so wird die Mischung farblos.

Der Wirkungswert einer Kaliumpermanganatlösung läßt sich also durch eine Oxalsäurelösung von bekanntem Gehalt (z. B. eine $^1/_{100}$ Normal-Oxalsäurelösung) kontrollieren. Ähnlich wie die Oxalsäure werden auch eine Reihe von in natürlichen Wässern vorkommenden organischen Stoffe mehr oder minder vollständig durch den aus dem Kaliumpermanganat abgespaltenen Sauerstoff oxydiert. Der Verbrauch einer auf Oxalsäure eingestellten Kaliumpermanganatlösung ist das Maß für die Menge, in welcher diese „organischen Stoffe“ vorhanden sind. Um eine gute Oxydationswirkung zu ermöglichen, oxydiert man von vornherein mit einem Überschuß an Kaliumpermanganatlösung und mißt die nicht zur Oxydation der organischen Stoffe verbrauchte Menge Kaliumpermanganat durch Titration mit Oxalsäure zurück.

Vergleichbare Ergebnisse sind mit dieser Methode nur dann zu erhalten, wenn stets die nämlichen Versuchsbedingungen (Temperatur, Einwirkungsdauer, Menge der Flüssigkeit, Konzentration der Lösungen usw.) peinlich eingehalten werden. In erster Linie ist stets die gleiche Temperatur bei der Oxydation anzuwenden und die gleiche Einwirkungsdauer dieser erhöhten Temperatur. Gewöhnlich wird die Mischung über kleiner Flamme auf dem Drahtnetz 10 Minuten lang in mäßigem Sieden erhalten. Da die Mischungen dabei die unangenehmen Erscheinungen des Siedeverzugs (Stoßen, explosionsartiges Aufwallen nach längeren Ruhepausen) zu zeigen pflegen, welche man nicht immer durch Zugabe von Glasperlen, Bimssteinsand u. dgl. sicher vermeiden kann und durch diese ungleichmäßige Erhitzung auch die Gewinnung vergleichbarer Ergebnisse in Frage gestellt wird, so ist es zu empfehlen, die Oxydationskölbchen (s. S. 137) in ein kochendes

Wasserbad einzusetzen und 10 Minuten darin zu belassen. Von manchen Seiten wird auch eine Zeit von 30 Minuten vorgeschlagen, doch werden dadurch die Bestimmungen sehr zeitraubend.

Als Oxalsäurelösung benutzt man gewöhnlich eine $^1/_{100}$ normale.

Die Oxalsäure kristallisiert mit 2 Mol. Kristallwasser, ihr Molekulargewicht beträgt daher 126,04, ihr Äquivalentgewicht 63,02. Am besten fertigt man sich durch genaues Abwägen von 6,302 g reiner, kristallisierter, nicht verwitterter Oxalsäure und Auflösen dieser Menge mit destilliertem Wasser zu einem Liter eine $^1/_{10}$ Normallösung an, aus welcher man sich durch entsprechende Verdünnung die $^1/_{100}$ Normallösung bereitet. Zugabe von etwas metallischem Quecksilber verhütet die bei längerer Aufbewahrung leicht eintretende Bildung von Schimmelpilzen.

Eine der Oxalsäure äquivalente Lösung von Permanganat durch genaues Abwägen der entsprechenden Menge desselben herzustellen, ist nicht angängig, da geringe Staubmengen den Wirkungswert der Lösung vermindern. Erst nach mehrtägigem Stehen erlangt die Lösung einen konstanten Wert, den sie dann bei zweckmäßiger Aufbewahrung längere Zeit ziemlich unverändert beibehält.

Das Molekulargewicht des Kaliumpermanganats beträgt 158,03. Da nach obigen Gleichungen zwei Moleküle $KMnO_4$ 5 Moleküle $C_2H_2O_4 + 2\,H_2O$ oxydieren würden, so würde eine der Normaloxalsäure entsprechende Kaliumpermanganatlösung

$$\frac{2 \cdot 158{,}03}{5 \cdot 2} = 31{,}606 \text{ g } KMnO_4$$

enthalten müssen. Zur Bereitung einer der $^1/_{10}$ Normaloxalsäure ungefähr entsprechenden Lösung löst man zweckmäßig etwas mehr als nötig, also etwa 3,3 g Kaliumpermanganat zum Liter destillierten Wassers auf. Man verdünnt die Lösung für den Versuch auf das zehnfache. Die Titerstellung der so bereiteten Kaliumpermanganatlösung müßte mit destilliertem Wasser erfolgen, welches gänzlich frei von organischen Substanzen ist. Da das destillierte Wasser der Laboratorien fast immer etwas Kaliumpermanganat reduziert (zumal wenn es längere Zeit in den mit Heberschläuchen versehenen Flaschen gestanden hat!), so schließt man die Titerstellung zweckmäßiger an die eigentliche Bestimmung unmittelbar an und umgeht auf diese Weise die Benutzung des destillierten Wassers vollständig.

Die Kaliumpermanganatlösung darf nicht in eine mit Gummischlauch und Quetschhahn verschlossene Bürette gefüllt, sondern muß in eine Bürette mit eingeschliffenem Glashahn eingegossen werden.

Ausführung der Bestimmung.

100 ccm des zu untersuchenden Wassers, bei stark verunreinigten Wässern geringere Mengen (z. B. 10 ccm, welche mit 90 ccm von reduzierenden Substanzen möglichst freien destillierten Wassers*) auf 100 ccm gebracht worden sind), werden in einen Erlenmeyerkolben von etwa 300 ccm Inhalt, welcher vorher mit etwas verdünnter Kaliumpermanganatlösung und einigen Tropfen Schwefelsäure ausgekocht und von seinem Inhalt durch kräftiges Ausschwenken möglichst vollständig befreit worden ist, eingefüllt und 5 ccm 25 proz. Schwefelsäure zugegeben. Dann läßt man aus der Bürette, deren Inhalt man genau auf den Nullpunkt eingestellt hat, 10 ccm der Kaliumpermanganatlösung zufließen. Das Kölbchen wird jetzt für 10 Minuten in das kochende Wasserbad gesetzt, darauf herausgenommen. (Erhitzt man auf dem Drahtnetz oder Asbestteller über offener Flamme, so setzt man zur Verhütung des „Stoßens“ der Flüssigkeit (S. 135) eine Messerspitze ausgeglühten Bimssteinpulvers zu.) Die Flüssigkeit muß auch nach dem Kochen noch einen deutlichen roten Farbenton besitzen. Wenn nicht, muß der Versuch neu angestellt werden, entweder unter Verwendung einer geringeren Quantität Wasser oder unter Zugabe von 15 ccm Kaliumpermanganatlösung anstatt 10 ccm. Zu der heißen Flüssigkeit werden unter Umschwenken (einen aus zusammengefalteten Filtrierpapierstreifen gefertigten Halter um den Hals des Kölbchens legen!) aus einer vorher bereit gestellten Bürette genau 10 ccm $^1/_{100}$ Normal-Oxalsäurelösung gegeben. Es muß völlige Entfärbung eintreten, auch dürfen sich keine braunen Flocken ausscheiden. Andernfalls ist der Versuch zu wiederholen. Zu der völlig entfärbten Flüssigkeit läßt man wieder unter fortwährendem Umschwenken in kleinen Portionen, zuletzt tropfenweise, Kaliumpermanganatlösung

*) Hat das destillierte Wasser mehr als Spuren von organischer Substanz, so kann der Fehler in diesem Falle sehr groß werden. Es empfiehlt sich daher, das Reduktionsvermögen des destillierten Wassers noch besonders festzustellen und eventuell in Abzug zu bringen. Man vergesse außerdem nicht bei der Berechnung die Multiplikation mit 10.

zufließen, bis eben eine schwache Rosafärbung bestehen bleibt. Die Gesamtmenge der verbrauchten ccm $KMnO_4$-Lösung wird genau notiert (Zahl G). Man gibt nun sofort noch einmal genau 10 ccm $^1/_{100}$ Normal-Oxalsäure hinzu und titriert abermals mit Kaliumpermanganatlösung bis zu schwacher Rosafärbung („Titerstellung der Kaliumpermanganatlösung"). Der Stand der Bürette wird abermals genau abgelesen. Die Differenz zwischen dieser Ablesung und der ersten (Zahl G) ist die Zahl T. G ist die Anzahl ccm Kaliumpermanganatlösung, die zur Oxydation der im Wasser vorhandenen organischen Substanz plus der 10 ccm $^1/_{100}$ Normal-Oxalsäurelösung verbraucht wurde, T die Anzahl ccm Kaliumpermanganatlösung, die zur Oxydation von 10 ccm $^1/_{100}$ Normal-Oxalsäurelösung allein nötig war.

Daher verhält sich $T : 10 = (G—T) : x$. Multipliziert man die Zahl x mit 0,31606, so erhält man die Kaliumpermanganatmenge in mg, welche zur Oxydation der in dem angewandten Wasserquantum vorhandenen „organischen Substanz" gebraucht worden ist. Da $2 \times 158{,}03$ g $KMnO_4$ 5×16 g Sauerstoff abgeben, so entsprechen 316,06 g Kaliumpermanganat 80 g Sauerstoff, also 0,31606 mg Kaliumpermanganat 0,08 mg Sauerstoff, d. h. praktisch gesprochen: Die gefundene Menge Kaliumpermanganat, durch 4 dividiert, ergibt die entsprechende Menge an verbrauchtem Sauerstoff. Zurzeit ist es allgemein üblich, das Ergebnis in letzterem Werte auszudrücken, obgleich der Wert „Sauerstoffverbrauch" leicht mit „Sauerstoffzehrung" verwechselt werden kann. Die von manchen Analytikern noch beliebte Angabe von „organischer Substanz" in Gewichtsteilen, berechnet durch Multiplikation der Menge des verbrauchten Kaliumpermanganats mit 5, ist willkürlich und hat weder eine Berechtigung noch einen Vorteil und sollte daher durchaus vermieden werden.

Beispiel. Zur Oxydation von der in 100 ccm Wasser enthaltenen „organischen Substanz" zuzüglich 10 ccm $^1/_{100}$ Normal-Oxalsäure wurden verbraucht (Zahl G) 16,7 ccm Kaliumpermanganatlösung. 10 ccm $^1/_{100}$ Normal-Oxalsäure allein verbrauchten 9,8 ccm Kaliumpermanganatlösung (Zahl T). Folglich verhält sich:

$$9{,}8 : 10 = (16{,}7—9{,}8) : x$$

also

$$x = \frac{690}{98} = 7{,}04.$$

Zur Oxydation der in einem Liter des untersuchten Wassers vorhandenen „organischen Substanz“ wurden demnach verbraucht:

$$70{,}4 \cdot 0{,}316\,06 = 22{,}27 \text{ mg } KMnO_4$$

oder

$$70{,}4 \cdot 0{,}08 = 5{,}64$$

oder rund 5,6 mg Sauerstoff.

Die Berechnung der verbrauchten Menge Kaliumpermanganat kann auch mit Hilfe bestimmter Tabellen vorgenommen werden (103). Doch ist deren Anwendung nur bei Massenuntersuchungen von wesentlichem Vorteil.

b) Methode nach Schulze-Trommsdorff.

Das Verfahren wird im allgemeinen so ausgeführt wie das unter a) beschriebene, doch wird die Oxydation der „organischen Substanzen“ zuerst in alkalischer Lösung bewirkt und der Prozeß dann in saurer Lösung zu Ende geführt.

Nach Ansicht einiger Autoren ist die Oxydation der „organischen Substanzen“ mittels alkalischer Kaliumpermanganatlösung zumeist eine vollständigere. Sie kann auch bei Gegenwart größerer Mengen von Chloriden vorgenommen werden, und schließlich verläuft die Erhitzung der alkalischen Lösung gleichmäßiger als die der sauren Lösung. Die benutzten Lösungen sind die gleichen wie unter a) angegeben, nur wird auf 10—15 ccm Kaliumpermanganatlösung 0,5 ccm einer Natronlauge gegeben, welche durch Auflösen von 1 Teil reinen Natriumhydrats in 2 Teilen Wasser erhalten wird. Winkler gibt zur **Herstellung der alkalischen Chamäleonlösung** folgende Vorschrift: 50 g reinstes käufliches Natriumhydroxyd (pro analysi) und 0,8 g Kaliumpermanganat werden in 250 ccm dest. Wasser gelöst und die so erhaltene 60—70° warme Lösung nach vollständigem Abkühlen auf 500 ccm verdünnt. Die Lösung wird in einer gut verschlossenen Flasche aufbewahrt. Durch Verdünnen von 100 ccm derselben auf 500 ccm erhalten wir die zu den Messungen zu benutzende Lösung. Die **Titerstellung** dieser Chamäleonlösung wird in einem ganz kleinen Kochkolben mit 10 ccm der $^1/_{100}$ Normal-Oxalsäure vorgenommen.

Ausführung der Bestimmung.

Nach dem Erhitzen der Mischung auf dem Drahtnetz oder in dem Wasserbad fügt man 10 ccm verdünnte Schwefelsäure hinzu und dann sogleich 10 ccm $^1/_{100}$ Normal-Oxalsäurelösung. Nachdem die Flüssigkeit vollständig farblos geworden ist, und alle Flocken sich gelöst haben, läßt man noch so viel Chamäleonlösung zufließen, bis eine bleibende schwache Rötung der Flüssigkeit entsteht.

Die **Berechnung** geschieht in derselben Weise, wie unter a) angegeben.

c) Englische Methoden.

Die in England bei der Abwasseruntersuchung üblichen Abweichungen von den vorgenannten Methoden (104), nämlich der „At Once test", der „3 Minutes test", der „4 Hours test" und der „Incubator test" (Scudder) bieten unseres Erachtens keine besonderen Vorzüge und geben ebenfalls nur unter sich vergleichbare Werte. Bei diesen Proben läßt man das zu untersuchende Abwasser $^1/_2$ Min. („At once)", 3 Minuten oder 4 Stunden mit schwefelsäurehaltiger Kaliumpermanganatlösung bei 80° F (26,7° C) unter zeitweisem Schütteln stehen, setzt dann etwas Jodkalium hinzu und bestimmt durch Titration mit Natriumthiosulfatlösung (Stärke als Indikator) die dem unzersetzten Kaliumpermanganat entsprechende frei gewordene Jodmenge. Hieraus berechnet sich die vom Abwasser verbrauchte Sauerstoffmenge. Der „Incubatortest" ist eine Differenzmethode. Man bestimmt mittels des „3 Minutes test" den Sauerstoffverbrauch im frischen Abwasser, läßt das Abwasser dann in einer völlig gefüllten Glasstöpselflasche 5 Tage bei 26,7° C stehen und macht mit dem Inhalt der Flasche dann wieder die „Drei-Minuten-Probe". Waren viel leicht zersetzliche organische Stoffe im Wasser vorhanden, so fällt die Differenz zwischen den Ergebnissen beider Bestimmungen groß aus, im andern Fall nur unbedeutend. Das Prinzip der Methode ähnelt dem der Methode der „Sauerstoffzehrung".

Sind in dem Wasser oder Abwasser andere leicht oxydable Substanzen anorganischer Natur in größerer Menge vorhanden (Eisenoxydulsalze, Nitrite, Sulfide) oder oxydierende Substanzen (Chromate u. dgl.), so wird das Ergebnis der Bestimmungen, soweit es lediglich auf „organische Substanzen" bezogen wird, noch ungenauer, als es schon an und für sich ist.

17. Bestimmung des organischen Kohlenstoffs im Wasser.

a) Methode nach J. König (105).

Prinzip der Methode. Der Kohlenstoff der organischen Verbindungen wird nach Entfernung der fertiggebildeten Kohlensäure durch oxydierende Mittel in Kohlensäure übergeführt, diese durch Natronkalk (bzw. Kalilauge) gebunden und gewichtsanalytisch bestimmt.

Ausführung und Berechnung.

1. 500 ccm des Wassers (oder 250 ccm bei den an organischen Stoffen sehr reichen Wässern) werden, wenn trübe, durch einen Gooch-

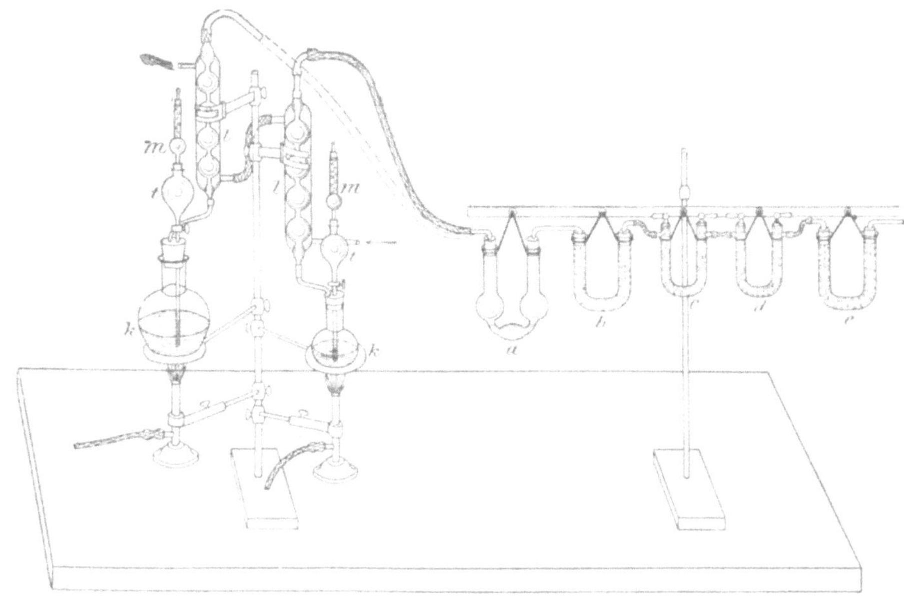

Fig. 27.

schen Tiegel von etwa 100 ccm Inhalt mit Asbestfilter unter Anwendung der Saugpumpe schnell filtriert (s. S. 87) und der abgesaugte Rückstand im Tiegel mit etwas destilliertem Wasser nachgewaschen.

2. Das Filtrat gibt man in einen Rundkolben (k) (Fig. 27), setzt 10 ccm verdünnte Schwefelsäure zu und verbindet, wie es die Figur veranschaulicht, mit dem Kühler, aber ohne die Verbindung mit dem übrigen

Teil des Apparates herzustellen. Das Wasser wird also — mit offenem Kühlrohr — zuerst eine halbe Stunde unter fortwährendem Kühlen gekocht, bis alle fertig gebildete Kohlensäure ausgetrieben ist. Darauf läßt man erkalten, setzt 3 g Kaliumpermanganat — in den meisten Fällen genügen auch 2 g —, 10 ccm einer 20 proz. Merkurisulfatlösung sowie 40 ccm verdünnte Schwefelsäure zu und verbindet wiederum mit dem Kühler. Jetzt aber stellt man die Verbindung des Kühlers mit den Röhren her, wie in der Figur angegeben. Die Peligotsche Röhre a ist bis zum unteren Ende der großen Kugel mit etwa 20 ccm konzentrierter Schwefelsäure gefüllt, die Röhre b enthält Chlorcalcium, c und d Natronkalk und e zur Hälfte Natronkalk, zur Hälfte Chlorcalcium. Der Kolben k ist mit einem doppelt durchbohrten Gummipfropfen geschlossen, durch dessen eine Öffnung ein Glasrohr zum Kühler führt, während durch die andere Öffnung ein Glastrichterrohr t, welches oben ein mit Natronkalk gefülltes Glasrohr m trägt, bis nahezu auf den Boden des Kolbens reicht; das Glasrohr soll die von links zutretende Luft von Kohlensäure befreien; der Kühler dient zur Verdichtung der Wasserdämpfe, die Röhren a und b sollen die letzten Reste Wasserdampf beseitigen, während die Röhre e den Zutritt von Wasser und Kohlensäure von rechts her abhält. Die Röhrchen c und d dienen zur Bindung der durch die Oxydation gebildeten Kohlensäure; sie werden daher vor und nach dem Versuch gewogen. Der Natronkalk in dem Rohre c bindet die Kohlensäure, wenn die Entwicklung nicht gar zu rasch vor sich geht, sehr vollkommen, so daß das zweite Natronkalkrohr d meistens kaum eine Gewichtsvermehrung zeigt. Auch kann man die Rohre c und d für mehrere Versuche — bis sechs und mehr je nach den entwickelten Mengen Kohlensäure — benutzen; erst wenn das Rohr d einige Milligramme Gewichtszunahme zeigt, muß der Natronkalk in dem Rohre c erneuert werden.

Nach Verbindung des Apparates erwärmt man den Kolben k mit kleiner Flamme, so daß nur langsam und gleichmäßig Gasblasen sich entwickeln. Den Gang der Gasentwicklung beobachtet man in der mit wenig konzentrierter Schwefelsäure beschickten Röhre a.

Wenn nach einigem Kochen der Flüssigkeit die Gasentwicklung aufhört, und die Flüssigkeit in Röhre a zurückzusteigen beginnt, stellt man für einen Augenblick die Flamme unter dem Kolben k weg, verbindet mit einem Aspirator, öffnet den Hahn am Trichterrohr t und leitet so lange — etwa $^1/_2$ Stunde — einen schwachen Luftstrom durch, bis alle Kohlensäure aus dem Apparat entfernt und durch die Natronkalkröhren c und d zur Bindung gelangt ist. Während des Durchleitens der Luft kann der Inhalt in Kolben k durch eine kleine Flamme bei gutem Kühlen in schwachem Sieden erhalten werden, um die Entfernung der Kohlensäure aus dem Kolben und Kühler usw. zu unterstützen. Der Inhalt der Rohre m, b und e braucht nur zeitweise nach wiederholter Benutzung erneuert zu werden. Die konzentrierte Schwefelsäure im Rohre a dagegen erneuert man zweckmäßig nach je zwei bis drei Bestimmungen. Die mit Glashähnen versehenen Rohre c und d werden nach der Beendigung des Versuches weggenommen, geschlossen etwa eine halbe Stunde beiseite gestellt, dann kurze Zeit geöffnet, wieder geschlossen und gewogen.

3. Behufs Bestimmung des organischen Kohlenstoffs in den Schwebestoffen der angewendeten 500 ccm Wasser gibt man den Rückstand im Goochschen Tiegel samt ausgehobenem Asbestfilter in ein etwa 250 ccm großes Kölbchen k, setzt 10 ccm 20 proz. Merkurisulfatlösung, 5 g Chromsäure oder 10 ccm einer 50 proz. Chromsäurelösung zu, verbindet das kleine Kölbchen mit dem Kühler und durch den letzteren mit den genannten Absorptionsröhren. Darauf läßt man, unter starker Durchleitung von Kühlwasser, durch das Trichterrohr t langsam 50 ccm konzentrierter Schwefelsäure zufließen, erwärmt mit einer ganz kleinen Flamme allmählich, so daß nur Gasblase für Gasblase entwickelt wird, zuletzt stärker, bis keine Gasblasen mehr durch die Peligotsche Röhre aufsteigen. Die Flüssigkeiten in Kolben k und Röhre a fangen dann an zu stoßen. Man verbindet von da an mit dem Aspirator und leitet wie vorhin einen langsamen Luftstrom durch, bis man sicher ist, die gebildete Kohlensäure aus dem Kolben entfernt zu haben.

Auch hier wird die Flüssigkeit im Kolben k während des Durchleitens von Luft in schwachem Sieden erhalten.

Sollten die Schwebestoffe des Wassers Calcium- oder Magnesiumkarbonat enthalten, so würde man dieselben nach Einfüllen in den kleinen Kolben k vor dem Zusatz von Chromsäure wie bei Nr. 2 mit verdünnter Schwefelsäure kochen müssen.

Der gefundene Gewichtszuwachs der Rohre c und d ist als Kohlensäure zu rechnen. Zur Umrechnung auf Kohlenstoff ist diese Zahl mit

$$\frac{12}{44} = 0{,}2728$$

zu multiplizieren.

b) Methode nach Scholz.

Für die Bestimmung des organischen Kohlenstoffs im Abwasser anwendbar ist ferner die von W. Scholz (106) angegebene Methode, wenn das Abwasser vorher durch vorsichtiges Eindampfen entsprechend eingeengt worden ist. Bei dieser Methode wird die zu untersuchende Flüssigkeit (5 oder 10 ccm) mittels Kaliumbichromat und konzentrierter Schwefelsäure mehr oder minder vollständig zu Kohlensäure oxydiert. Die unvollkommenen Oxydationsprodukte des Kohlenstoffs werden über einer kurzen Schicht glühenden Kupferoxydes im Kopferschen Ofen völlig oxydiert.

Die gebildete Kohlensäure wird in Absorptionsapparaten oder in titriertem Barytwasser aufgefangen und in bekannter Weise (vgl. S. 47) bestimmt.

Auch der Trockenrückstand des Abwassers kann schließlich zur Bestimmung des Kohlenstoffs dienen. Der Kohlenstoff wäre dann nach der Methode der Elementar-Analyse zu ermitteln, eventuell in der von Dennstedt (107) empfohlenen vereinfachten Form. Es ist Rücksicht darauf zu nehmen, daß beim Eindampfen des Abwassers etwaige kohlenstoffhaltige flüchtige Verbindungen zu Verlust gehen können.

18. Angenäherte Bestimmung der Zellulose im Abwasser.

Einen ungefähren, praktisch meist genügenden Anhaltspunkt für die Menge der in einem Abwasser vorhandenen Zellulose (im weiteren Sinne) erhält man auf folgendem Wege. 250—500 ccm des zu untersuchenden Abwassers werden in einer Porzellanschale mit so viel verdünnter Natronlauge versetzt, daß eine ungefähr $^1/_2$proz. NaOH-Lösung entsteht und 30 Minuten lang unter Ersatz des verdampften Wassers gekocht. Die Mischung wird dann durch ein gehärtetes Filter filtriert, das überschüssige Alkali aus dem Filterrückstand nahezu ausgewaschen, der Rückstand in die Schale zurückgebracht und mit 250 ccm einer 0,5 proz. Schwefelsäure nochmals 30 Minuten gekocht. Man filtriert nun durch ein kleines Filter, wäscht erst mit Wasser und dann mit Alkohol nach und extrahiert dann Filter mit Inhalt $^1/_2$ Stunde lang im Soxhletschen Extraktionsapparat durch Äther (vgl. die folgende Bestimmung des Fettes). Dann wird der Filterinhalt sorgfältig vom Filter in einen gewogenen Porzellantiegel übergespült, das überschüssige Wasser verdampft und der Tiegel bei 110° getrocknet und gewogen. Die Gewichtszunahme besteht aus Zellulose plus Sand und dgl. Nach dem Glühen des Tiegels wird nochmals gewogen. Die Gewichtsdifferenz ergibt annähernd die Menge der vorhandenen Zellulose. Die Bestimmung ist, wie gesagt, nur eine sehr approximative, genügt aber im allgemeinen zur Orientierung. Genauere Verfahren sind umständlich (107 a).

19. Bestimmung des „Fettes“ und der „Seifen“ im Abwasser („Ätherextrakt“) (108).

Die durch das Extrahieren mit Äther gewinnbare Masse ist kein reines Neutralfett und keine reine freie Fettsäure, sondern sie enthält neben den genannten Substanzen noch eine Reihe von schlecht oder gar nicht näher bestimmbaren Bestandteilen (Harze, Wachse, schwere Kohlenwasserstoffe, Cholestearin usw.), ferner eine nicht unbeträchtliche Menge von mineralischen Substanzen (im besonderen Eisensalze). Die Bestimmung des Gehaltes des Abwassers an „Ätherextrakt“ gibt aber trotzdem bisweilen wertvolle Anhaltspunkte für die Wahl und Rentabilität besonderer Abwasserreinigungsverfahren.

Zur **Ausführung der Bestimmung** werden 3—5 Liter Abwasser oder 30—150 g getrockneter Schlamm („Schlick“) angewendet, das Abwasser auf dem Wasserbade zur Trockne eingedampft, der Rückstand oder der getrocknete Schlamm zerrieben und im Trockenschrank bei nicht ganz 100° 1—2 Stunden weiter getrocknet. Die ganze Menge oder ein aliquoter Teil davon wird in eine „Extraktionshülse“ (von Schleicher und Schüll) gefüllt und im Soxhletschen Extraktionsapparat der Entfettung mittels Äthyläthers oder (des billigeren) Petroläthers (Siedepunkt ca. 50° C) unterzogen. Als oberer Verschluß der Extraktionshülse dient — wie üblich — ein Stück entfetteter Watte. In den Äther gehen Neutralfette u. dgl. sowie die freien Fettsäuren über.

Die Extraktion wird 3—4 Stunden fortgesetzt, dann unterbrochen, der Inhalt der Hülsen in eine trockene Reibschale entleert, nochmals gründlich zerrieben und wieder eingefüllt.

Die Extraktion wird dann noch einmal 1—2 Stunden lang durchgeführt. Der ätherische Inhalt des Extraktionskölbchens wird schließlich auf dem heißen Wasserbad (keine offene Flamme!) abgedunstet und Kölbchen und Inhalt 1 Stunde im Trockenschrank bei fast 100° getrocknet. Die Differenz im Gewicht zwischen dem leeren Extraktionskölbchen und dem Kölbchen mit der extrahierten Masse ergibt den „Ätherextrakt“ der angewandten Substanz. Man rechnet auf 1 Liter bzw. 100 g oder 1000 g angewandte Substanz um.

Die flüchtigen Fettsäuren gehen bei dieser Bestimmung zu Verlust, ihre Bestimmung ist aber für den vorliegenden Zweck auch meist bedeutungslos.

Soll der **Gehalt** der Masse **an Seifen** ebenfalls ermittelt werden, so wird die bereits genügend extrahierte Substanz in eine Porzellanschale gebracht, mit destilliertem Wasser gründlich verrührt und sodann verdünnte Phosphorsäure bis zu deutlich saurer Reaktion hinzugesetzt. Die Mischung wird dann unter öfterem Umrühren zur Trockne verdampft, wie oben beschrieben im Trockenschrank getrocknet und abermals der Extraktion unterworfen. Der nun erhaltene Ätherextrakt entspricht den gebundenen nicht flüchtigen Fettsäuren.

Vielfach ist es zweckmäßiger, gleich anfänglich die Seifen durch Ansäuern zu zersetzen und „Fett", freie nicht flüchtige Fettsäuren und gebundene Fettsäuren auf diese Weise auf einmal zusammen zu bestimmen. Für genauere Bestimmungen empfiehlt es sich, den Aschegehalt des Extraktes zu ermitteln und in Abzug zu bringen.

20. Die Bestimmung der Erdalkalien. (Calcium und Magnesium.)

A. Qualitativer Nachweis des Calciums.

Ungefähr 50 ccm Wasser werden mit Salzsäure schwach angesäuert, mit Ammoniak versetzt und eine reichliche Menge von Ammoniumoxalat hinzugefügt. Es fällt hierauf oxalsaurer Kalk in Form eines weißen Niederschlags aus, welcher in Salzsäure, jedoch nicht in Essigsäure löslich ist.

$$CaCl_2 + C_2(NH_4)_2O_4 = C_2CaO_4 + 2\,(NH_4)Cl.$$

Dagegen bleibt das Magnesium als Magnesium-Ammoniumoxalat in Lösung.

B. Qualitativer Nachweis des Magnesiums.

Zum Nachweis des Magnesiums verwendet man das Filtrat vom Kalkniederschlag. Dasselbe wird mit Ammoniak im Überschuß und einer Lösung von phoshporsaurem Natrium versetzt. Beim Umrühren der Flüssigkeit mit einem Glasstabe und besonders bei dem Reiben der Glaswandung mit demselben fällt ein weißer Niederschlag aus, welcher aus phosphorsaurem Ammonium-Magnesium besteht, z. B.

$$MgSO_4 + NH_3 + Na_2HPO_4 + 6\,H_2O = MgNH_4PO_4 + 6\,H_2O + Na_2SO_4.$$

Der Niederschlag ist löslich in verdünnten Säuren.

C. Quantitative Bestimmung des Calciums und des Magnesiums.

a) Gewichtsanalytische Bestimmung des Calciums.

Je nach dem Ausfall der qualitativen Untersuchung werden 500 bis 1000 ccm Wasser in Arbeit genommen. Diese werden mit Salzsäure schwach angesäuert und in einer Schale auf dem Wasserbade auf etwa 150 ccm eingeengt. Die Flüssigkeit wird hierauf in ein dünnwandiges Becherglas unter Nachspülen mit destilliertem Wasser übergeführt, zum Sieden erhitzt und mit Ammoniak schwach alkalisch gemacht, worauf sich etwa vorhandenes Eisenoxydhydrat, Tonerdehydrat und Kieselsäure in Form eines Niederschlages ausscheiden. Dieser wird durch ein Filter getrennt, wobei man das Filtrat in einen Erlenmeyerschen Kolben ablaufen läßt, welcher bei 250 ccm eine Marke trägt. In letzterem wird das Filtrat zum Sieden abermals erhitzt und hiernach eine Lösung von Ammoniumoxalat so lange zugefügt, als ein Niederschlag entsteht. Nach dem Erkalten der Flüssigkeit füllt man bis zur Marke (250 ccm) mit destilliertem Wasser auf und läßt den Niederschlag vollständig absetzen. Sobald letzteres der Fall ist, hebt man einige Kubikzentimeter der klaren überstehenden Flüssigkeit vorsichtig mit der Pipette ab und befeuchtet damit ein straff an die Wandungen eines Trichters angedrücktes Filter von bekanntem Aschengewicht. Auf dieses wird der Niederschlag gebracht, indem man den Rand des Erlenmeyerschen Kolbens mit einer sehr dünnen Fettschicht überzieht und die Flüssigkeit an einem Glasstabe hinab auf das Filter gießt. Die Entfernung der an den Wandungen des Kolbens haftenden Bestandteile des Niederschlages geschieht durch Abscheuern mittels eines über den Glasstab geschobenen Stückchens Gummischlauch. Vor dem Auswaschen des Niederschlages nimmt man mit einer Pipette 200 ccm des Filtrats weg und stellt diese zur Bestimmung der Magnesia beiseite. Der Niederschlag wird mit heißem destillierten Wasser so lange ausgewaschen, bis ein Tropfen des Filtrats auf einem Platinblech verdampft, keinen glühbeständigen Rückstand mehr hinterläßt. Hierauf wird der Niederschlag im Trichter getrocknet, dann in einen Platintiegel gebracht, das Filter in der Platinspirale verascht und die Asche gleichfalls hinzugefügt. Zur Überführung des oxalsauren Calciums in Calciumoxyd (CaO) glüht man den Inhalt des Platintiegels auf einem Gebläse bis zur Gewichtskonstanz und bestimmt, indem man stets im Exsikkator erkalten läßt, nach Abzug des Gewichtes der Filterasche die Menge des Calciumoxyds auf der Wage. Dieses Gewicht, mit 0,7148 multipliziert, ergibt den Gehalt an Calcium (Ca).

Wenn ein Gebläse nicht zur Verfügung steht, so führt man den Niederschlag durch schwaches Glühen in Calciumkarbonat über, nachdem man Filter und Niederschlag im Tiegel gut getrocknet hat. Aus dem Calciumkarbonat berechnet sich das CaO bzw. das Ca durch Multiplikation mit 0,5604 bzw. 0,4005.

b) Gewichtsanalytische Bestimmung des Magnesiums.

Die vorher zurückgestellten 200 ccm Filtrat werden mit einigen Tropfen Ammoniak und 20 ccm gesättigter Natriumphosphatlösung versetzt; nach Verlauf von einer Viertelstunde gibt man wieder einige Kubikzentimeter Ammoniak hinzu und gießt später 40 bis 50 ccm Ammoniak nach. Hierbei ist stets vorsichtig mit dem Glasstabe umzurühren, wobei ein Bestreichen der Glaswandung zu vermeiden ist, weil sich sonst Kristalle daselbst festsetzen. Bei diesem Verfahren scheidet sich phosphorsaures Ammoniummagnesium in Form von Kristallen nach Verlauf von 12 Stunden aus. Diese werden in der vorerwähnten Weise auf ein Filter von bekanntem Aschengewichte gebracht und mit einer Mischung von 1 Volumen Ammoniak (vom spezifischen Gewichte 0,96) und 3 Volumen destillierten Wassers so lange ausgewaschen, bis sich im Filtrat Chlor nicht mehr nachweisen läßt. Das Filter samt Niederschlag wird nun im Trichter getrocknet, der Niederschlag in einen ausgeglühten und gewogenen Porzellantiegel gebracht und die Asche des in einer Platinspirale verbrannten Filters hinzugefügt. Hierauf erhitzt man den Tiegel zuerst schwach bei aufgelegtem Deckel, dann stark bei Luftzutritt über dem Bunsenbrenner, bis man eine weiße Asche erzielt hat. Sollte man hierbei auf Schwierigkeiten stoßen, so setzt man einen Tropfen Salpetersäure zu und glüht nach dessen vorsichtiger Verdampfung nochmals. Hiernach läßt man im Exsikkator erkalten und bestimmt das Gewicht. Die nach Abzug des Gewichtes des Tiegels und der Filterasche erhaltene Zahl stellt die Menge des pyrophosphorsauren Magnesiums ($Mg_2P_2O_7$) dar, welche mit 0,3623 zu mul tiplizieren ist, um das gewünschte Ergebnis von Magnesiumoxyd, oder mit 0,2185, um das gewünschte Ergebnis als Magnesium (Mg) zu erhalten. Da diese Zahl den Gehalt an Magnesiumoxyd nur für 200 ccm des bei der Kalkbestimmung erhaltenen Filtrats angibt, während letzteres eigentlich 250 ccm hätte betragen müssen, so ist dieselbe noch mit $^5/_4$ zu multiplizieren, um den Magnesiagehalt der ursprünglich verwendeten Wassermenge zu erhalten.

c) Maßanalytische Bestimmung des Calciums nach Mohr.

Die Methode beruht darauf, daß man die Calciumverbindungen des Wassers durch Zusatz von Ammoniak und einer überschüssigen Menge von Oxalsäurelösung, deren Gehalt bekannt ist, in unlösliches Calciumoxalat überführt und den Rest der nicht gebundenen Oxalsäure durch Titrierung mit Kaliumpermanganat ermittelt. Nach Abzug der letzteren Oxalsäuremenge von der ursprünglich verwendeten erfährt man, wieviel Gewichtsteile zur Fällung des vorhandene Calciums benötigt worden sind. Hieraus berechnet man das Gewicht des Calciumoxydes.

Zur Fällung des Kalks verwendet man eine $^1/_{10}$ Normal-Oxalsäurelösung. Wegen Herstellung dieser und der entsprechenden Kaliumpermanganatlösung vgl. S. 136.

Da nun 126,04 Oxalsäure 56,09 Calciumoxyd entsprechen, so sind 6,302 g Oxalsäure = 2,804 g Calciumoxyd, oder es entspricht 1 ccm der Lösung rund 2,8 mg Calciumoxyd oder rund 2,0 mg Ca.

Um den **Titer** der Kaliumpermanganatlösung gegen die $^1/_{10}$ Normal-Oxalsäure zu **bestimmen**, gibt man in eine Kochflasche von etwa 200 ccm Inhalt mittels einer Pipette 25 ccm der $^1/_{10}$ Normal-Oxalsäurelösung, verdünnt diese mit 75 ccm destillierten Wassers, fügt 15 ccm konzentrierter Schwefelsäure hinzu, wodurch sich die Mischung bis zu 60—70° erwärmt. Hierauf läßt man sogleich aus einer auf Null eingestellten Glashahnbürette unter Umschwenken der Flüssigkeit so lange Kaliumpermanganatlösung zutropfen, bis eine schwache Rosafärbung dauernd sich erhält.

Beispiel. 25 ccm $^1/_{10}$ Normal-Oxalsäurelösung verbrauchten 26 ccm Permanganatlösung. Mithin 26 ccm Permanganat = 25 ccm Oxalsäure = 70 mg CaO = 50 mg Ca.

Ausführung der Untersuchung des Wassers.

Von dem zu prüfenden Wasser werden 100 ccm in einen Meßkolben (Fig. 11 a, b) von 300 ccm Inhalt gegeben. Dieses wird mit Ammoniak deutlich alkalisch gemacht, und hiernach fügt man je nach dem Ergebnisse der qualitativen Prüfung 25 oder 50 ccm der $^1/_{10}$ Normal-Oxalsäurelösung hinzu. Die Flüssigkeit wird zum Sieden erhitzt, um den Niederschlag von Calciumoxalat kompakter zu machen. Nach dem Abkühlen, welches durch vorsichtiges Einlegen des Kolbens in kühles Wasser beschleunigt werden kann, füllt man bis zur Marke auf; nach gehöriger Mischung filtriert man durch ein trockenes Faltenfilter in ein trockenes Glas.

Von dem Filtrat nimmt man mittels einer Pipette 100 ccm weg, überträgt diese in eine Kochflasche von etwa 200 ccm Inhalt, fügt 15 ccm konzentrierter Schwefelsäure hinzu und titriert die warm gewordene Flüssigkeit mit der Kaliumpermanganatlösung wie oben bei der Titerbestimmung angegeben ist. Da nur 100 ccm statt 300 ccm des Filtrats verwendet worden sind, so ist das an der Bürette abgelesene Ergebnis mit 3 zu multiplizieren. Dieses auf Oxalsäure umgerechnete Resultat subtrahiert man von 25 bzw. 50 und berechnet aus der Differenz die Menge des Calciumoxyds.

Beispiel. 25 ccm Oxalsäurelösung entsprechen 26 ccm Permanganatlösung.

100 ccm Wasser wurden mit 25 ccm Oxalsäure versetzt. 100 ccm der auf 300 aufgefüllten Mischung verbrauchten 4,8 ccm Permanganatlösung; mithin 300 ccm, d. h. die ursprünglich angewandten 100 ccm Wasser $4{,}8 \times 3 = 14{,}4$; da $26 : 25 = 14{,}4 : x$, so ist $x = 13{,}8$.

Nunmehr ist die zur Fällung des Kalks verbrauchte Oxalsäuremenge $= 25 - 13{,}8 = 11{,}2$.

Da nun 1 ccm Oxalsäurelösung = 2,8 mg CaO = 2,0 mg Ca entspricht, so sind 11,2 = 31,36 mg CaO = 22,4 mg Ca.

Das Wasser enthielt somit im Liter 313,6 mg CaO = 224 mg Ca.

d) Wegen der **maßanalytischen Bestimmung der Magnesia** vgl. S. 158.

21. Die Bestimmung der Härte des Wassers.

Die Anwesenheit der Erdalkalien verleiht dem Wasser eine Eigenschaft, welche man als Härte bezeichnet. Sind Erdalkalien in reichlicher Menge vorhanden, so hinterläßt das Wasser beim Verdampfen einen größeren Rückstand; bei dem Waschen mit solchem Wasser benötigt man mehr Seife, um Schaum zu erzeugen; Hülsenfrüchte kochen sich in demselben nur schwer weich u. dgl. mehr. Hierdurch charakterisiert sich im allgemeinen ein hartes Wasser gegenüber einem weichen, d. h. einem solchen, welches nur wenig Erdalkalien enthält.

In vielfacher technischer Hinsicht ist die Härte des Wassers von hervorragender Bedeutung, so daß es wünschenswert erschien, für dieselbe ein Maß in Form eines zahlenmäßigen Ausdrucks zu besitzen. Das Übereinkommen, welches man hierüber getroffen hat, ist in verschiedenen Ländern nicht gleich. So sagt man in Deutschland: das Wasser hat einen Härtegrad, wenn in 100000 Teilen Wasser 1 Teil Kalk (Calciumoxyd, CaO) vorhanden ist, d. h. 10 mg CaO in einem Liter, während man in Frankreich bei gleichbleibendem Verhältnis das Calciumkarbonat ($CaCO_3$) als Maß annahm. Ein englischer Härtegrad bedeutet 1 Teil Calciumkarbonat in 70000 Teilen Wasser (oder 1 grain = 0,0648 g in 1 gallon = 4,543 Liter). Es entspricht sonach:

1 deutscher Härtegrad = 1,25 englischen = 1,79 franz. Härtegraden
1 franz. Härtegrad = 0,56 deutschen = 0,7 engl. Härtegraden
1 engl. Härtegrad = 1,43 franz. = 0,8 deutsch. Härtegraden.

Die Erdalkalien sind im Wasser an Schwefelsäure, Salpetersäure, Phosphorsäure, Chlorwasserstoffsäure, und Kohlensäure gebunden und in diesen Formen in Lösung. Durch ihre Bestimmung kommt die gesamte Härte des Wassers zum Ausdruck. Es sind dabei die ermittelten Gewichtsteile von Magnesia (MgO) in die äquivalente Menge von Kalk (CaO) umzurechnen und denen des Kalks zu addieren. Die Umrechnung geschieht nach der Gleichung:

$$\mathrm{MgO} : \mathrm{CaO} = 1 : x$$
$$40{,}32 : 56{,}09$$
$$x = 1{,}39 \text{ oder rund } 1{,}4.$$

Die Milligramme von Magnesiumoxyd mit 1,4 multipliziert, liefern sonach ein dem Calciumoxyd entsprechendes Produkt.

Beispiel. Ein Wasser soll 106,7 mg Calciumoxyd und 36,5 mg Magnesiumoxyd im Liter enthalten haben. Da die Menge des letzteren 36,5 × 1,4 = 51,1 CaO äquivalent ist, so wären bei dieser Umrechnung in 1 Liter Wasser 106,7 + 51,1 = 157,8 mg oder in 100000 Teilen 15,78 Teile Kalk gewesen.

Das Wasser hätte eine Gesamthärte von 15,8 deutschen Härtegraden gehabt.

Durch anhaltendes Kochen des Wassers entweicht die lose gebundene Kohlensäure, wobei Bikarbonate in Monokarbonate übergeführt werden, welche zum größten Teil ausfallen. Eine gewisse Menge des Calciumkarbonats und des Magnesiumkarbonats scheidet sich indessen auch in kohlensäurefreiem Wasser nicht aus. Diese einschließlich der ebenfalls in Lösung gebliebenen Nitrate, Sulfate und Chloride der Erdalkalien bedingen eine andere Härte des Wassers als die vorhergehende; man bezeichnet dieselbe als bleibende oder permanente Härte; die Differenz zwischen der gesamten und bleibenden Härte stellt die vorübergehende, transitorische oder temporäre Härte dar, besser, wenn auch nicht ganz streng zutreffend, Karbonathärte genannt.

A. Härtebestimmung nach Clark.

Die wiederholte Ausführung der gewichtsmäßigen Bestimmung von Kalk und Magnesia ist zeitraubend. Es ist deshalb die nachstehend beschriebene Methode zweckdienlich, um in kürzerer Zeit Aufschluß über die besagte Eigenschaft des Wassers zu erlangen. Das Prinzip des Verfahrens beruht darauf, daß man mit einer Seifenlösung von bestimmtem Gehalte eine chemische Umsetzung der neutralen Erdalkalien mit dem fettsauren Kalium (Seife) herbeiführt; hierbei bilden die Erdalkalien unlösliche Verbindungen mit den Fettsäuren, während die anorganischen Säuren mit dem Kalium sich zu löslichen Salzen vereinigen.

Die Seifenlösung ist so hergerichtet, daß 45 cm in 100 ccm Wasser 12 mg Kalk (CaO) oder die äquivalente Menge von neutralen Baryum- oder Magnesiumsalzen zu binden vermögen; sie zeigt also 12 deutsche Härtegrade an.

Herstellung der Seifenlösung.

Zunächst stellt man sich die nötige Seife her, indem man 150 Teile Bleipflaster auf dem Wasserbade zerfließen läßt und hiernach mit 40 Teilen Kaliumkarbonat zu einer gleichmäßigen Masse verreibt. Diese wird mit absolutem Alkohol ausgezogen und das Ganze zur Abscheidung etwaiger ungelöster Bestandteile filtriert. Aus dem Filtrat beseitigt man den Alkohol durch Destillation und trocknet hiernach die zurückbleibende Seife im Wasserbade. Zur Bereitung der Seifenlösung löst man vorläufig 20 Teile der eben hergestellten Seife in 1000 Teilen verdünnten Alkohols von 56 Volumprozenten auf. Zur Prüfung derselben stellt man sich eine Baryumsalzlösung her, von welcher 100 ccm 12 mg Kalk äquivalent sind. Letztere erzielt man, indem man 0,559 g reines, bei 100° getrocknetes Baryumnitrat oder 0,523 g reines lufttrocknes Baryumchlorid ($BaCl_2 + 2\,H_2O$) in 1 Liter destillierten Wassers löst. Die Baryumsalze sind an Stelle von Calcium- oder Magnesium-Salzen gewählt, weil diese schneller und leichter mit der Fettsäure in Verbindung treten als letztere.

Einstellung des Titers der Seifenlösung.

In ein Stöpselglas von 200 ccm Inhalt füllt man 100 ccm der obigen Baryumsalzlösung und läßt aus einer Quetschhahnbürette zunächst eine größere Menge, später nur immer 0,5 Kubikzentimeter und schließlich nur Tropfen der Seifenlösung zufließen. Inzwischen schüttelt man den Inhalt des Stöpselglases gehörig durch und beobachtet, ob sich ein feinblasiger Schaum bildet, welcher 5 Minuten lang bestehen bleibt. Hätte man z. B. 18 ccm Seifenlösung verbraucht, um eine solche Schaumbildung zu erzielen, so ist erstere zu konzentriert; es müssen demnach 18 ccm derselben in einem Meßzylinder mit 27 ccm 56 proz. Alkohol verdünnt werden, um die richtige Seifenlösung zu erlangen. Selbstverständlich ist diese nochmals auf ihre Zuverlässigkeit in gleicher Weise wie vorher zu prüfen, wobei für 100 ccm der Baryumsalzlösung genau 45 ccm verbraucht werden müssen.

Ausführung der Wasseruntersuchung. In das wohlgereinigte Stöpselglas werden 100 ccm des zu prüfenden Wassers mittels einer Pipette gebracht. Den Stand des Wasserspiegels bezeichnet man sich mit einer Marke. Hierauf wird die Titrierung in gleicher Weise wie bei der Titerstellung mit der Seifenlösung ausgeführt.

Bei Wässern mit stärkerer Härte als 12 deutschen Graden sind immer Verdünnungen, jedoch stets das gleiche

Volumen anzuwenden. Man wird deshalb 10, 20 oder 30 ccm Wasser benutzen und dann erst die Untersuchung einleiten, nachdem man bis zur oben erwähnten Marke mit destilliertem Wasser aufgefüllt hat. Wegen der gesonderten Bestimmung der Karbonathärte s. S. 155.

Die Umrechnung des Verbrauchs an Seifenlösung auf Härtegrade geschieht unter Berücksichtigung etwa vorgenommener Verdünnung mittels Benutzung der nachstehenden Tabelle, aus welcher bei dem Verbrauch einer runden Anzahl von ccm Seifenlösung die Härtegrade unmittelbar entnommen, bei Verbrauch von Mengen Seifenlösung, welche zwischen den ganzen ccm liegen, die Anzahl der Härtegrade durch Interpolation mit Hilfe des angegebenen Differenzwertes berechnet werden.

Es entsprechen		Differenz	Es entsprechen		Differenz
ccm verbrauchte Seifenlösung	Härtegraden		ccm verbrauchte Seifenlösung	Härtegraden	
1,4	0	—	24	5,87	0,27
2	0,15	0,15	25	6,15	0,28
3	0,40	0,25	26	6,43	0,28
4	0,65	0,25	27	6,71	0,28
5	0,90	0,25	28	6,99	0,28
6	1,15	0.25	29	7,27	0,28
7	1,40	0,25	30	7,55	0,28
8	1,65	0,25	31	7,83	0,28
9	1,90	0,26	32	8,12	0,29
10	2,16	0,26	33	8,41	0,29
11	2,42	0,26	34	8,70	0,29
12	2,68	0,26	35	8,99	0,29
13	2,94	0,26	36	9,28	0,29
14	3,20	0,26	37	9,57	0,29
15	3,46	0,26	38	9,87	0,30
16	3,72	0,26	39	10,17	0,30
17	3,98	0,27	40	10,47	0,30
18	4,25	0,27	41	10,77	0,30
19	4,52	0,27	42	11,07	0,30
20	4,79	0,27	43	11,38	0,31
21	5,06	0,27	44	11,69	0,31
22	5,33	0,27	45	12,00	0,31
23	5,60	0,27			

Beispiel. 100 ccm Wasser verbrauchten 14,5 ccm Seifenlösung. Ein Verbrauch von 14 ccm entspricht 3,2 Härtegraden, die Differenz zwischen 14 und 15 ccm 0,26 Härtegraden. Folglich hatte das Wasser 3,2 + 0,13 = 3,33 Härtegrade.

Die Bestimmung der Härte eines Wassers mittels Seifenlösung gibt im allgemeinen praktisch brauchbare Ergebnisse, jedoch können, neben hohen Härtegraden überhaupt, erhebliche Mengen freier Kohlensäure und ein verhältnismäßig hoher Gehalt an Magnesiasalzen störend wirken. Im letzteren Fall vollzieht sich nämlich die Umsetzung mit dem fettsauren Alkali nur schwierig, es bilden sich Abscheidungen an der Oberfläche der Flüssigkeit aus, welche die Erkennung des Endpunktes der Reaktion erschweren. Man fügt in solchen Fällen die Seifenlösung zweckmäßig jedesmal in ganz kleinen Mengen zu und schüttelt möglichst anhaltend. Magnanini empfiehlt statt dessen bei Gegenwart von viel Magnesiasalzen nach dem Seifenzusatz erst einige Minuten zu warten und dann erst durchzuschütteln. Unter Umständen ist auch eine Verdünnung der Wasserprobe (welche natürlich in Rechnung zu setzen ist) zweckmäßig. Viel macht bei dieser Methode die Übung des Untersuchers aus. Bei großer Übung läßt sich der Endpunkt der Reaktion sogar oft besser durch das Gehör (typisches dumpfes Geräusch beim Schütteln) als durch das Auge (bleibende Schaumbildung) feststellen (109).

B. Maßanalytische Bestimmung der Karbonathärte und der Gesamthärte nach Wartha-Pfeifer.

Von neueren Methoden der Härtebestimmung für praktische Zwecke ist hauptsächlich die von Wartha-Pfeifer (110) zu nennen. Das **Prinzip** derselben beruht darauf, die Karbonathärte (vorübergehende Härte) durch Titration mit $^1/_{10}$ Normalsalzsäure unter Anwendung von Alizarin als Indikator zu ermitteln, gegen welches die Bikarbonate des Wassers wie Alkalien reagieren.

$$Ca(HCO_3)_2 + 2\,HCl = CaCl_2 + 2\,H_2O + 2\,CO_2.$$

Fällt man die Kalksalze durch Soda aus und die Magnesiasalze durch Natronlauge, z. B.

$$CaCl_2 + Na_2CO_3 = CaCO_3 + 2\,NaCl$$
$$MgCl_2 + 2\,(NaOH) = Mg(OH_2) + 2\,NaCl$$

so kann, nach Entfernung dieser Härtebildner durch einen Überschuß der titrierten Fällungsmittel, der an Erdalkalien gebundene Anteil der letzteren durch Rücktitration ermittelt und die Gesamt-Härte durch Multiplikation mit einem bestimmten Faktor berechnet werden.

Ausführung der Methode. Man mißt 100 ccm des zu untersuchenden Wassers in einem Meßkölbchen ab, gießt diese Wassermenge in einen Erlenmeyerkolben von etwa 300 ccm Inhalt und fügt soviel Tropfen einer Alizarinlösung (s. Indikatoren) hinzu, daß die Flüssigkeit eine deutlich zwiebelrote Farbe annimmt. Man erhitzt nun den Inhalt des Kölbchens auf dem Drahtnetz zum Sieden, läßt aus einer auf 0 eingestellten Bürette so viel $^1/_{10}$ Normal-Salzsäure zufließen, daß die Farbe der Flüssigkeit in gelb umschlägt, und kocht wieder. Stellt sich die rote Farbe beim Kochen wieder ein, so muß weiter Salzsäure zugefügt werden, so lange bis die Flüssigkeit, einige Minuten lang siedend, gelb bleibt. Die Anzahl der verbrauchten ccm $^1/_{10}$ Normal-Salzsäure wird notiert (Zahl K). Aus ihr berechnet sich die Karbonathärte des Wassers (s. S. 157). Verwendet man Kolben aus gewöhnlichem Glase, so findet man die Karbonathärte infolge der Löslichkeit des Glases etwas zu hoch. Für genauere Bestimmungen ist daher die Anwendung von Porzellanschalen empfehlenswert.

Nun versetzt man die Flüssigkeit mit einem Überschuß einer Lösung, bestehend aus gleichen Teilen $^1/_{10}$ Normal-Natronlauge (4,001 g NaOH im Liter) und $^1/_{10}$ Normal-Sodalösung (5,3 g Na_2CO_3 im Liter), dem sogenannten „Pfeiferschen Alkaligemisch“ (für ein Wasser bis zu etwa 10 Härtegraden genügen 20 ccm des Gemisches), kocht die Mischung einige Minuten, läßt sie dann auf Zimmertemperatur abkühlen und gießt sie in einen 200 ccm Meßkolben ohne Verlust über. Man füllt mit (am besten frisch ausgekochtem) destillierten Wasser auf 200 ccm auf, indem man dabei den gebrauchten Erlenmeyerkolben einige Male ausspült, mischt den Inhalt des 200-ccm-Meßkolbens gut durch und filtriert ihn durch ein trocknes Faltenfilter. Vom klaren Filtrat werden 100 ccm in einem Meßkölbchen abgemessen, ohne Verlust in einen Erlenmeyerkolben von 200—250 ccm Inhalt übergefüllt und einige Tropfen einer 0,1 proz. wäßrigen Methylorangelösung zugegeben (Gelbfärbung).

Man läßt nun zu der Flüssigkeit aus einer auf 0 eingestellten Bürette so lange $^1/_{10}$ Normal-Salzsäure unter ständigem Schwenken des Kölbchens zufließen, bis die gelbe Farbe der Flüssigkeit ins Rötliche umschlägt, und liest den Verbrauch an $^1/_{10}$ Normal-Salzsäure ab (Zahl G). Aus dieser Zahl berechnet sich die Gesamthärte des untersuchten Wassers.

Berechnung. 1 ccm $^1/_{10}$ Normal-Salzsäure entspricht 2,8 mg CaO, da 36,47 Teile Salzsäure $\frac{56,09}{2}$ = rund 28 Teilen CaO äquivalent sind und 1 ccm $^1/_{10}$ Normal-Salzsäure 3,647 mg HCl enthält.

Unter einem deutschen Härtegrad versteht man den Gehalt von 10 mg CaO im Liter oder von 1 mg CaO in 100 ccm Wasser (die im Versuch angewandte Wassermenge).

Multipliziert man daher die Anzahl der verbrauchten ccm $^1/_{10}$ Normal-Salzsäure mit 2,8, so erhält man unmittelbar die Härte des Wassers in deutschen Graden, wenigstens bei der Bestimmung der Karbonathärte (Zahl K).

Bei der Bestimmung der Gesamthärte gibt die Zahl G an, wie viel ccm von der Hälfte (wegen der Auffüllung auf 200) des angewandten Überschusses des Alkaligemisches nicht durch die Erdalkalien gebunden worden sind, oder umgekehrt, wenn man die Zahl G mit 2 multipliziert und das Produkt von der angewandten Menge Alkaligemisch abzieht, so ergibt die Differenz diejenige Anzahl ccm Alkaligemisch, welche zum Ausfällen der Erdalkalien in den ursprünglich angewandten 100 ccm Wasser nötig waren. Da nun, richtige Einstellung der Lösungen vorausgesetzt, 1 ccm Alkaligemisch äquivalent ist 1 ccm $^1/_{10}$ Normal-Salzsäure, so bedarf es auch hier nur der Multiplikation mit 2,8, um die Gesamthärte in deutschen Graden zu erhalten.

Beispiel: 100 ccm Wasser, mit Alizarin versetzt, gebrauchten bis zu bleibender Gelbfärbung 3,2 ccm $^1/_{10}$ Normal-Salzsäure. Das Wasser hatte demnach eine „Karbonathärte" („transitorische Härte") von 3,2 . 2,8 = 8,96 deutschen Härtegraden. Zu diesen 100 ccm Wasser werden 20 ccm Alkaligemisch gegeben, gekocht, gekühlt, filtriert und 100 ccm des Filtrats unter Benutzung von Methylorange als Indikator mit $^1/_{10}$ Normal-Salzsäure titriert. Diese 100 ccm verbrauchten bis zum Eintritt schwacher Rötung 8,2 ccm $^1/_{10}$ Normal-Salzsäure.

Daraus berechnet sich eine Gesamthärte von 20 — (8,2 . 2) = 3,6 . 2,8 = 10,08 deutschen Härtegraden. Die „bleibende Härte" des Wassers war also sehr gering und betrug nur 10,08 — 8,96 = 1,12°. Statt des Alizarins kann man auch zur Bestimmung der Karbonathärte als Indikator Methylorange in der Kälte verwenden, auf welches Kohlensäure nicht einwirkt (vgl. S. 35). Die Kohlensäure muß dann nachträglich durch längeres Kochen ausgetrieben werden.

Die **maßanalytische Bestimmung der Magnesia** wird seltener ausgeführt. Am besten bestimmt man den Kalk maßanalytisch auch Mohr und die Gesamthärte nach Clark und zieht den erhaltenen Kalkwert von der gefundenen Gesamthärte ab. Dadurch läßt sich annähernd genau die Magnesiahärte als Differenz berechnen.

Wegen anderer maßanalytischer Verfahren sei auf die Literatur verwiesen (111).

22. Bestimmung der Alkalimetalle.

A. Die Bestimmung des Natriums und des Kaliums

in natürlichen Wassern ist für die hygienische Beurteilung eines Wassers meist ohne besondere Bedeutung. Die Bestimmung ist zudem ziemlich umständlich und wird deshalb verhältnismäßig selten ausgeführt.

Die meisten Verbindungen der Alkalimetalle sind leicht löslich, nur wenige, wie beispielsweise das Kaliumplatinchlorid, machen eine Ausnahme. Da jedoch andere Metalle mit Platinchlorid ebenfalls schwer lösliche Körper bilden, so müssen diese beseitigt werden, ehe man zur Bestimmung der Alkalien schreitet.

Untersuchung des Wassers. Der Gang der Untersuchung ist folgender: In einer großen Platinschale werden 500—1000 ccm Wasser auf ungefähr 150 ccm eingedampft und hierauf etwa 20 ccm einer gesättigten Baryumhydratlösung hinzugesetzt. Der Niederschlag, dessen Fällung durch kurz andauerndes Erhitzen begünstigt wird, enthält die Salze des Calciums und Magnesiums, Eisens usw., die Phosphorsäure und die Schwefelsäure. Der gesamte Inhalt der Platinschale wird in einen Meßkolben von 250 ccm Inhalt gespült und nach dem Erkalten mit destilliertem Wasser bis zur Marke aufgefüllt. Hierauf wird der Niederschlag durch ein trockenes Filter abgetrennt und das Filtrat in einem trockenen Glase aufgefangen. Aus dem Filtrat muß nun das überschüssige Baryumhydrat oder etwa noch vorhandenes Calciumhydrat entfernt werden. Man hebt daher 200 ccm mit der Pipette ab, gibt diese in eine Platinschale und fügt unter gleichzeitiger Erhitzung Ammoniumkarbonat hinzu, bis keine Fällung mehr auftritt. Hat sich der Niederschlag unter dem Einfluß der Siedehitze in größeren Flocken zusammengeballt, so filtriert man ihn durch ein trockenes Filter ab, läßt das Filtrat in einen trockenen Meßkolben von 250 ccm Inhalt ablaufen, spült mit destilliertem Wasser nach und füllt nach dem Erkalten bis zur Marke auf. 200 ccm des so verdünnten Filtrats werden wieder in eine Platinschale gebracht und zur Ausfällung der letzten Spuren von Calcium und Baryum mit 1—2 Tropfen Ammoniumoxalatlösung versetzt. Der Rückstand wird eine halbe Stunde bei 110° getrocknet und hierauf unter Bedeckung der Schale mit einem größeren Uhrglas geglüht, um die Ammoniumsalze zu verflüchtigen, wobei sich derselbe durch Kohlepartikelchen etwas schwärzt. Nun wird derselbe mit etwas heißem destillierten Wasser aufgenommen und zur Abscheidung der unlöslichen Bestandteile (Kohlenpartikel und etwa vorhandene Oxalate von Calcium und Baryum) durch ein kleines Filter geschickt. Man wäscht alsdann mit heißem destillierten Wasser nach; das Filtrat fängt man in einem gewogenen Platintiegel auf und verdampft es bis zu einer geringen Menge Flüssigkeit. Um in letzterer die Alkalimetallkarbonate in die Chloridverbindungen überzuführen, setzt man vorsichtig einige Tropfen Salzsäure hinzu, wobei man darauf zu achten hat, daß man durch das Aufbrausen (entweichende Kohlensäure) keine Verluste durch Verspritzen erleidet. Es wird sodann zur Trockne eingedampft und schwach geglüht bis zu eben beginnender Rotglut mit bewegter Flamme und in bedecktem Tiegel, bis die Alkalimetallchloride zu schmelzen beginnen. Nach dem Erkalten im Exsikkator bestimmt man die Gewichtszunahme des Platintiegels.

Das Auswaschen der Filter würde eine zu große Ansammlung von Flüssigkeit zu Ende des Versuchs im Gefolge haben. Es wurde daher nur mit trockenen Filtern und trockenen Gefäßen gearbeitet und dann ein aliquoter Teil des jeweiligen Filtrats verwendet; anderseits wurden Verdünnungen des letzteren bis zu einem bestimmten Volumen vorgenommen. Es ist sonach nicht die Gesamtmenge der im Wasser befindlichen Alkalimetallchloride zur Wägung gelangt; um diese zu erfahren, muß man das Gewicht der schließlich ermittelten Menge derselben mit $^{25}/_{16}$ multiplizieren.

Beispiel. Bei Ausführung der vorstehenden Untersuchungsart seien 1000 ccm Wasser verwendet worden und schließlich 20,5 mg Alkalimetallchloride zur Wägung gelangt. Ein Liter des Wassers enthielt somit

$$\frac{20{,}5 \times 25}{16} = 32{,}0 \text{ mg Alkalimetallchloride.}$$

Indirekt lassen sich die Alkalien **als Sulfate** bestimmen, wenn die Menge der übrigen im Wasser vorhandenen Metalle bekannt ist. In diesem Fall wird der Abdampfrückstand mit Schwefelsäure versetzt, nochmals abgedampft und der Rückstand schwach geglüht. Zuletzt wird etwas Ammoniumkarbonat zur Entfernung der freien Schwefelsäure zugegeben. Nach einigem weiteren Glühen läßt man im Exsikkator erkalten und wiegt den Rückstand. Man berechnet nun die aus den sonstigen Einzelbestimmungen bekannten Metallmengen (Ca, Mg, Fe usw.) als (Oxyd-) Sulfate, addiert zu der Summe dieser Sulfate die Menge der etwa gefundenen Kieselsäure und zieht die Gesamtmenge von dem gefundenen Gewicht des Rückstandes ab. Die Differenz ergibt die Menge der Alkalimetalle als Sulfat.

Der Vorzug der Methode liegt darin, daß man das Glühen der Alkalimetallchloride umgeht, bei welchem Verluste durch zu starkes Erhitzen leicht eintreten.

B. Bestimmung des Kaliums als Kaliumchlorid.

Den Rückstand der beiden Alkalimetallchloride löst man in destilliertem Wasser, bringt ihn in ein Porzellanschälchen und fügt Platinchloridlösung (1 : 10 Teilen destillierten Wassers) im Überschuß hinzu, worauf sich die Alkalimetallchloride zu Kaliumplatinchlorid ($K_2 Pt Cl_6$) und Natriumplatinchlorid ($Na_2 Pt Cl_6 + 6 H_2O$) umsetzen. Darauf dampft man auf dem Wasserbade bei möglichst niedriger Temperatur ein, so daß der Inhalt des Schälchens sirupös wird und erst nach dem Erkalten trocken erscheint. Das Natriumplatinchlorid ist, sofern es sein Kristallwasser behalten hat, in Alkohol von 95 % löslich. Nach erfolgter Lösung wird das (unlöslich gebliebene) Kaliumplatinchlorid auf ein getrocknetes, gewogenes Filter gebracht und so lange nachgewaschen, bis die Waschflüssigkeit (Alkohol) klar abläuft. Das Filter samt Inhalt wird getrocknet und im Wägegläschen gewogen. Nach Abzug des Gewichtes des Wägegläschen und des Filters erfährt man die Menge des Kaliumplatinchlorids, welche mit 0,3068 multipliziert das Gewicht an Kaliumchlorid ergibt. Selbstverständlich ist auch hier wieder mit $^{25}/_{16}$ aus dem oben erwähnten Grunde zu multiplizieren.

Beispiel. Der Rückstand von 20,5 mg Alkalimetallchlorid wurde gelöst und entsprechend weiter behandelt. Die Wägung des Filterinhaltes ergab 9,72 mg Kaliumplatinchlorid. Diese entsprechen $9{,}72 \times 0{,}3068 = 2{,}98$ mg Kaliumchlorid. 1 Liter Wasser enthielt demnach.

$$\frac{2{,}98 \times 25}{16} = 4{,}7 \text{ mg Kaliumchlorid.}$$

C. Bestimmung des Natriums als Natriumchlorid.

Wenn man von der Gesamtmenge der Alkalimetallchloride die des Kaliumchlorids abzieht, so entspricht die Differenz dem Gehalt an Natriumchlorid.

Beispiel. In dem Liter Wasser waren 32,0 mg Alkalimetallchloride, wovon auf Kaliumchlorid 4,7 mg trafen; er enthielt demgemäß

$$32{,}0 - 4{,}7 = 27{,}3 \text{ mg Natriumchlorid.}$$

23. Bestimmung der Kieselsäure (Silikate).

Die **qualitative** Prüfung auf Kieselsäure (Reaktion in der Phosphorsalzperle) hat für die Wasseranalyse eine praktische Bedeutung nicht; zur **quantitativen** Bestimmung der Kieselsäure verdampft man in einer Platinschale 500—1000 ccm Wasser, welches man mit reiner Salzsäure angesäuert hat, bis zur Trockne. Diesen Rückstand nimmt man mit eisenfreier konzentrierter Salzsäure auf, fügt nach 15 Minuten ungefähr 80 ccm destilliertes Wasser hinzu und dampft wieder vollständig ein; der Vorgang wird nochmals wiederholt. Hiernach wird das ausgefallene, unlösliche Kieselsäurehydrat mittels eines Filters von bekanntem Aschengewicht von dem Löslichen getrennt und das Filtrat zur Bestimmung der Tonerde samt Eisenoxyd beiseite gestellt. Der Inhalt des Filters wird mit heißem destillierten Wasser ausgewaschen, bis 1 Tropfen der ablaufenden Flüssigkeit auf Zusatz von Silbernitrat keine Trübung mehr gibt, und hierauf bei 110° getrocknet, dann in einen gewogenen Platintiegel gebracht und die Asche des in einer Platinspirale verbrannten Filters hinzugegeben. Hierauf glüht man zuerst vorsichtig mit schwacher, dann mit starker Flamme und schließlich mit einem Gebläse, läßt den Tiegel im Exsikkator erkalten und bestimmt das Gewicht des durch Glühen in Kieselsäureanhydrid umgewandelten Kieselsäurehydrats. Da ersteres sehr hygroskopisch ist, so muß man die Wägung tunlichst schleunig ausführen. Unter Umständen, z. B. wenn das Wasser viel Gips enthält, ist die abgeschiedene Kieselsäure nicht rein. Man mischt dann den erhaltenen Rückstand mit der 12—15 fachen Menge chemisch reinen Natriumkarbonats und schließt durch Erhitzen im Platintiegel (zuletzt über dem Gebläse) auf. Die Schmelze wird in einer Platinschale mit Wasser verrührt, zur Trockne verdampft und dann wie oben geschildert, verfahren.

Beispiel. Es wurden 500 ccm Wasser mit Salzsäure eingedampft und wie oben weiter behandelt. Nach Abzug der Filterasche betrug das Gewicht des Kieselsäureanhydrids 7,2 mg. Es waren sonach in 1 Liter Wasser 14,4 mg Kieselsäure (SiO_2).

24. Bestimmung der Tonerde.

Der **qualitative** Nachweis von Aluminiumverbindungen geschieht am einfachsten durch Zusatz von Ammoniak, welches einen weißen sehr voluminösen gallertartigen Niederschlag von Aluminiumhydroxyd erzeugt. Derselbe ist im Überschuß des Fällungsmittels nur sehr wenig, dagegen in Mineralsäuren und Essigsäure leicht löslich.

$$AlCl_3 + 3\,NH_3 + 3\,H_2O = 3\,NH_4Cl + Al(OH)_3.$$

Vorhandene Eisenoxydsalze werden durch Ammoniak gleichzeitig als $Fe(OH)_3$ gefällt.

Zur **quantitativen** Bestimmung wird das bei der Bestimmung der Kieselsäure zurückgestellte Filtrat in einem Becherglase zum Sieden erhitzt und dann Ammoniak bis zur deutlichen alkalischen Reaktion hinzugefügt. Bei nochmaligem Erhitzen bis zum Sieden fallen die Tonerde und das Eisen als Oxydhydrate aus. Die Ferroverbindungen sind durch obige Behandlung in Ferrisalze übergeführt worden; der Zusatz von Kaliumchlorat kann daher meistens entbehrt werden (vgl. S. 165).

Der Niederschlag wird auf ein Filter von bestimmtem Aschengewicht gebracht und mit heißem destillierten Wasser so lange ausgewaschen, bis 1 Tropfen des Filtrats auf dem Platinblech keinen glühbeständigen Rückstand mehr hinterläßt. Hierauf werden Niederschlag und Filter in der gleichen Weise wie oben weiter behandelt, über einem Bunsenbrenner geglüht und nach dem Erkalten im Exsikkator gewogen. Das nach Abzug der Filterasche erzielte Gewicht zeigt die Menge des Eisenoxyds (Fe_2O_3) + der der Tonerde (Al_2O_3) an. Nach Abzug des ersteren, dessen Gewichtsmenge man aus der Eisenbestimmung berechnet (s. unten), erfährt man den Gehalt des Wassers an Tonerde.

Beispiel. Das von 500 ccm Wasser herrührende Filtrat ergab ein Gewicht von 4,3 mg Eisenoxyd + Tonerde; in 1 Liter war sonach die doppelte Menge, 8,6 mg, dieser beiden Bestandteile.

Das gleiche Wasser enthielt im Liter 0,83 mg Eisen, folglich $0{,}83 \times 1{,}43 = 1{,}19$ mg Eisenoxyd. 1 Liter desselben enthielt demgemäß $8{,}60 - 1{,}19 = 7{,}41$ mg Tonerde (Al_2O_3).

25. Bestimmung des Eisens.

Nach dem Vorhergehenden kann die Bestimmung des Eisens gewichtsanalytisch erfolgen, indem man es durch geeignete Methoden vom Aluminium trennt. In der Wasseranalyse ist indessen beim Eisen die maßanalytische Bestimmung oder die kolorimetrische Bestimmung fast allein üblich.

A. Qualitativer Nachweis.

Zur qualitativen Prüfung auf Eisenverbindungen (112) im Wasser stehen mehrere Wege offen, doch ist dabei stets die Frage zu berücksichtigen, ob sich das Eisen als Oxydul oder als Oxyd im Wasser befindet. Gewöhnlich ist das Eisen im frischen Wasser als Oxydulsalz, und zwar vorwiegend als Bikarbonat, vorhanden. Es fällt dann beim Stehen an der Luft als Eisenoxydhydrat aus, z. B.

$$2\,Fe(HCO_3)_2 + O + H_2O = Fe_2(OH)_6 + 4\,CO_2.$$

Weit seltener kommt Eisen als Oxydsalz im Wasser vor.

a) Reaktionen auf Eisenoxydulsalze.

α) Schüttelprobe.

Mit dem zu untersuchenden Wasser wird eine 1- oder 2-Literflasche zur Hälfte gefüllt und das Wasser in der Flasche dann mehrmals mit Luft kräftig durchgeschüttelt. Man läßt dann die Flasche ruhig stehen. Ist Eisen in leicht ausscheidbarer Form vorhanden — und dieses interessiert vom hygienischen Standpunkt aus in erster Linie — so trübt sich nach 24—48 Stunden das Wasser, und es scheidet sich weiterhin ein brauner Niederschlag von Eisenoxydhydrat aus. Man kann denselben zum Überfluß noch auf einem Filter sammeln, in verdünnter Salzsäure lösen und diese Lösung durch eine der Reaktionen auf Eisenoxydsalze (s. unter b) prüfen.

β) Nachweis mit Kampecheholz.

Das Holz von Haematoxylon Campechianum enthält einen Farbstoff (Hämatoxylin), welcher mit Eisenoxydulsalzen eine blauschwarze Färbung gibt.

Versetzt man das zu untersuchende Wasser mit einer wässerigen Lösung des Extractum Campechiani ligni offic. sicc. oder besser mit einer Abkochung (10 : 200) des geraspelten Kampecheholzes oder schließlich mit einer Kampecheholztablette (Merck 113), so färbt sich das Wasser bei einem Gehalt von über 1 mg Eisen im Liter blaurot bis blauschwarz. Bei einiger Übung gelingt es, aus dem Auftreten weinroter Färbungen auch niedrigere Eisengehalte abzuschätzen. In diesem Sinne liegt die untere Empfindlichkeitsgrenze (nach Klut) bei 0,3 mg Eisen (Fe) im Liter. Störend wirken Ammoniakverbindungen und größere Mengen von Bikarbonaten der Erdalkalien sowie Tonerdeverbindungen (Rosafärbungen). Sauer reagierende Wässer müssen vor Zusatz des Reagens schwach alkalisch gemacht werden. Das Reagens ist ferner tunlichst jedesmal frisch zu bereiten.

γ) Nachweis mit Natriumsulfid (Klut 112).

In einem Zylinder aus farblosem Glase von 2 bis 2,5 cm lichter Weite, ca. 30 cm Höhe und plattem Boden versetzt man das zu prüfende frische Wasser mit etwa 1 ccm 10 proz. wässeriger Natriumsulfidlösung ($Na_2S + 9\,H_2O$, chemisch rein von C. A. F. Kahlbaum-Berlin). Man blickt in der üblichen Weise von oben durch die Wassersäule auf eine einige cm entfernte weiße Unterlage. Je nach der vorhandenen Eisenmenge tritt sogleich oder innerhalb kurzer Zeit, spätestens in 2 Minuten, eine grüngelbe, unter Umständen bis braunschwarze Färbung ein. Das im Wasser vorhandene Eisen wird hierbei in Ferrosulfid übergeführt, welches in kolloidaler Form in Lösung bleibt. Bei geringen Eisenmengen im Wasser empfiehlt es sich, zum Vergleich stets den Versuch mit einem eisenfreien, am besten destillierten Wasser anzustellen oder das ursprüngliche nicht mit dem Reagens versetzte Wasser zum Vergleich heranzuziehen. Auf diese Weise können noch 0,15 mg Fe in 1 Liter Wasser nachgewiesen werden. Unter 0,5 mg ist der erhaltene Farbenton grünlich, darüber mehr grüngelb und bei noch größeren Mengen bräunlich bis braunschwarz.

Das Ferrosulfid ist in verdünnter Salzsäure löslich zum Unterschied gegen etwa durch die Anwesenheit von Blei oder Kupfer entstandenes Bleisulfid oder Kupfersulfid.

Eisenoxydverbindungen geben die Reaktion minder gut. Bei sehr harten Wässern kann die Reaktion gestört werden.

b) Reaktionen auf Eisenoxydsalze.

α) Ferrocyankalium

gibt in mit Salzsäure angesäuerten Lösungen bei Anwesenheit von Ferriverbindungen eine Blaufärbung bzw. einen Niederschlag von Berlinerblau, z. B.

$$4\,Fe_2\,Cl_6 + 3\,K_4\,FeCy_6 = Fe_4\,(Fe\,Cy_6)_3 + 12\,KCl.$$

β) Rhodankalium

(Sulfocyankalium) oder Rhodanammonium gibt in mit Salzsäure angesäuerten Lösungen bei Anwesenheit von Ferriverbindungen eine blutrote Färbung von Ferrithiocyanat, z. B.

$$6\,(NCSK) + Fe_2Cl_6 = 2\,(NCS)_3\,Fe + 6\,KCl.$$

Dieses ist die empfindlichste Reaktion auf Eisenoxydsalze.

Da das Eisen sich im frischen Wasser gewöhnlich als Oxydulsalz befindet, so muß man für die Anstellung der unter b genannten Reaktionen das Oxydulsalz erst in Oxydsalz umwandeln. Dies geschieht am einfachsten durch Eindampfen eines Quantums des zu untersuchenden Wassers (z. B. 300 ccm) auf dem Wasserbade auf etwa $^1/_3$ seines ursprünglichen Volumens unter Zusatz von einigen Körnchen Kaliumchlorat und einigen Tropfen eisenfreier Salzsäure. Hat sich das Eisen bereits ausgeschieden, so ist — sofern sein qualitativer Nachweis überhaupt noch einmal erbracht werden soll — der gelbbraune ausgeschiedene Bodensatz auf einem

Filter zu sammeln und mit heißer verdünnter eisenfreier Salzsäure zu lösen. Die Prüfung wird dann an dem salzsauren Filtrat unmittelbar vorgenommen. Die Lösungen des Ferrocyankaliums (0,5 proz.) und auch die des Rhodankaliums bzw. Rhodanammoniums (10 proz.) sind möglichst nur in frisch bereitetem Zustand zu verwenden.

Wie ersichtlich, wird man bei der Prüfung eines Wassers an Ort und Stelle sich gewöhnlich einer der unter a) angegebenen Methoden bedienen müssen.

B. Quantitative Bestimmung (114).

Für die quantitative Bestimmung des Eisens im Wasser kommt die maßanalytische Bestimmung mittels Kaliumpermanganat kaum, gewöhnlich dagegen die kolorimetrische Bestimmung in Frage. Die maßanalytische Bestimmung pflegt nur bei größeren Mengen von Eisen (Eisengehalt im Schlamm, Abwasser und dgl.) angewandt zu werden.

a) Kolorimetrisch.

Die Intensität der Färbung des Berlinerblau läßt sich zur quantitativen Bestimmung des Eisens ausnutzen, indem man mit einer Lösung von bekanntem Gehalte an Ferrisalzen unter denselben Bedingungen in destilliertem Wasser die gleiche Farbendichte wie in dem zu prüfenden Wasser hervorruft und den Verbrauch an Eisensalz in den Gehalt des Wassers an Eisen umrechnet. In gleicher Weise ist das Rhodankalium verwendbar, jedoch sind Unterschiede in Rot für manche Beobachter weniger gut erkennbar. Zur Ersparung einer umständlichen Rechnung wählt man die **Ferrisalzlösung** so stark, daß 1 ccm derselben 0,1 mg Eisen entspricht. Dies erzielt man, indem man 0,901 g reinen, hellvioletten Eisenalauns (Kalium-Ferrisulfat, $Fe_2(SO_4)_3 + K_2SO_4 + 24\,H_2O$), nachdem man angezogenes Wasser durch Pressen desselben zwischen Filtrierpapier so gut wie möglich entfernt hat, unter Zusatz von wenig Salzsäure zu 1 Ltr. destillierten Wassers, ohne zu erwärmen, löst.

Untersuchung des Wassers. Es werden 200—500 ccm des Wassers nach Zusatz von 1 ccm konzentrierter eisenfreier Salzsäure vom spezifischen Gewichte 1,10 und einigen Körnchen Kaliumchlorat auf ungefähr 50 ccm in einer Porzellanschale eingedampft. Wenn ein Geruch nach Chlor nicht mehr zu bemerken ist, gibt man die Flüssigkeit in einen Meßkolben und füllt nach dem Erkalten bis zu 100 ccm mit destilliertem Wasser auf. Das so vorbereitete Wasser bringt man in einen Hehnerschen Zylinder, fügt 1 ccm der bei dem qualitativen Nachweis erwähnten Kaliumferrocyanid-Lösung hinzu und rührt gehörig mit einem Glasstabe um. In gleicher Weise wie bei der Bestimmung des Ammoniaks (vgl. S. 108) stellt man sich einen Kontrollzylinder auf, in welchem man 0,5 ccm konzentrierte eisenfreie Salzsäure mit 1, 2 oder 4 ccm Eisenalaun-Lösung versetzt und bis zu 100 ccm mit destilliertem Wasser aufgefüllt hat. Auch hier wird durch Zusatz von 1 ccm Kaliumferrocyanid-Lösung die Reaktion hervorgerufen. Es empfiehlt sich, den Versuch so einzurichten, daß die Flüssigkeit im Kontrollzylinder stärker gefärbt ist als in dem Zylinder, welcher mit dem zu untersuchenden Wasser beschickt war.

Durch Ablaufenlassen ermittelt man den gleichen Farbenton und berechnet aus dem übriggebliebenen Volumen der Kontrollflüssigkeit den Eisengehalt des Wassers. Wässer mit einem höheren Gehalt an organischen Stoffen zeigen nach dem Eindampfen oft eine gelbliche bis braune Farbe, welche eine genaue kolorimetrische Bestimmung häufig unmöglich macht. In solchen Fällen geht man für die Eisenbestimmung besser von dem Glührückstand des Wassers aus, welchen man in konzentrierter Salzsäure löst.

Klut empfiehlt wie folgt vorzugehen: 200 ccm des gut umgeschüttelten Wassers werden in einem Becherglase mit 2—3 ccm konzentrierter eisenfreier Salpetersäure versetzt und zum Kochen erhitzt. Zu der heißen Flüssigkeit fügt man Ammoniak in geringem Überschuß unter Umrühren und erwärmt bis zum Verschwinden des Ammoniakgeruchs. Man filtriert heiß und wäscht mit schwach ammoniakhaltigem Wasser von 70—80° C nach. In das ursprünglich verwendete Becherglas bringt man jetzt 5 ccm konzentrierte eisenfreie Salzsäure und etwas Wasser von 70—80° C, wodurch sich der Glaswand noch anhaftende Eisenteilchen lösen. Die salzsaure Lösung bringt man auf das Filter und wäscht mit heißem Wasser nach. Das Filtrat wird nach dem Erkalten auf 100 ccm aufgefüllt und in der üblichen Weise kolorimetrisch untersucht.

Geht man auf diesem Wege vor, so werden die färbenden Stoffe des Wassers ausgeschaltet. Nur bei sehr hohem Gehalt des Wassers an organischen Stoffen (Huminstoffen) versagt die Methode. Dann muß man vom Glührückstand ausgehen.

Verwendet man, wie angegeben, 200 ccm Wasser für die Analyse, so lassen sich auf diese Weise noch Mengen von 0,05 mg Fe_2O_3, entsprechend 0,035 mg Fe, in 1 Liter Wasser bestimmen.

Beispiel: Es wurden 400 ccm Wasser in Versuch genommen. Der Hehnersche Zylinder war mit 100 ccm einer Ferrisalzlösung entsprechend 1,8 mg Eisen beschickt worden; durch Ablaufenlassen war der gleiche Farbenton bei einer Flüssigkeitssäule von 30 ccm Volumen erzielt worden. Die gesamte Flüssigkeit, 100 ccm, enthielt 1,8, daher 30 ccm 0,54 mg Eisen. In 400 ccm Wasser waren daher 0,54 und 1 Liter in 1,35 mg Eisen.

Bei der gewöhnlich benutzten Methode lassen sich Gewichte unter 1 mg Eisen für das Liter nicht mehr zuverlässig nachweisen; andererseits wird die Färbung bei 5 mg für die gleiche Wassermenge zu stark. Man muß daher ein größeres Quantum Wasser einengen oder im anderen Falle mit Verdünnungen arbeiten und diese Maßnahmen in entsprechender Weise in Rechnung ziehen.

Multipliziert man das gefundene Gewicht des Eisengehalts mit 1,2865, so entspricht das Produkt der entsprechenden Menge von Eisenoxydul (FeO); durch Multiplikation mit 1,4297 ermittelt man das Eisen in Form von Eisenoxyd (Fe_2O_3); doch ist es üblicher, das Ergebnis als Eisen (Fe) zu berechnen.

J. König (115) hat die Methode der kolorimetrischen Eisenbestimmung durch Herstellung einer Farbenskala und eines Apparates zu einer leicht ausführbaren gemacht, indem er die Farbentöne, welche sechs Lösungen von verschiedenem Eisengehalt mit Rhodankalium erzeugen, auf chromolithographischem Papier hat vervielfältigen lassen, so daß die umständliche Darstellung der Vergleichslösungen fortfällt. Von der amerikanischen Kommission (116) sind zu dem gleichen Zweck permanente Vergleichslösungen vorgeschlagen worden, welche aus bestimmten Mengen einer Kaliumplatinchlorid- und einer Kobaltchloridlösung hergestellt werden.

Die kolorimetrischen Bestimmungen können natürlich auch mit Hilfe der Kolorimeter (vgl. S. 15) ausgeführt werden.

b) Maßanalytische Bestimmung.

Der Abdampfrückstand einer bestimmten Wassermenge wird zur Zerstörung der organischen Substanzen im Porzellantiegel geglüht und die Asche nach dem Erkalten in einem Gemisch gleicher Volumina konzentrierter Schwefelsäure und Wasser unter Erwärmen gelöst. Das Ganze wird dann in einen Kolben quantitativ herübergespült. Da das Eisen durch Titration mit Kaliumpermanganatlösung bestimmt werden soll, so muß es zunächst in die Oxydulverbindung zurückverwandelt werden. Dieses geschieht am einfachsten durch Einbringen von etwas Zincum metall. puriss. granulatum (Merck) in den Kolben, Aufsetzen eines Bunsenventils (geschlitzter und am einen Ende geschlossener Kautschukschlauch, welcher das Austreten des entwickelten Wasserstoffgases erlaubt, den Eintritt von Außenluft aber verhindert) und leichtem Erwärmen. Die Reduktion gilt als beendet, wenn ein mittels eines Kapillarrohres herausgenommenes Tröpfchen mit Rhodankaliumlösung keine Rötung gibt.

Auch das „chemisch reine Zink" ist selten von Kaliumpermanganat reduzierenden Stoffen ganz frei, so daß für genaue Bestimmungen der Permanganatverbrauch des Zinks für sich ermittelt und entsprechend in Abzug gebracht werden muß. (Anwendung einer gewogenen Menge Zink zur Reduktion. Völliges Auflösenlassen des Zinkes. Blinder Versuch mit einer gewogenen Zinkmenge von etwa 3 g.)

Nach dem Erkalten gießt man von dem ungelösten Zink ab, wobei man den Zutritt der Luft zu der reduzierten Lösung nach Möglichkeit einschränkt, spült das Innere des Kolbens und das ungelöste Zink mit ausgekochtem Wasser ab, fügt dieses Waschwasser zu dem ersten Abguß und titriert die Mischung mit Kaliumpermanganatlösung.

Die eintretende Reaktion wird veranschaulicht durch folgende Gleichung:

$$10\,FeSO_4 + 2\,KMnO_4 + 8\,H_2SO_4 =$$
$$5\,Fe_2(SO_4)_3 + K_2SO_4 + 2\,MnSO_4 + 8\,H_2O,$$

d. h. das Eisenoxydulsalz wird zu Oxydsalz oxydiert. Der Endpunkt der Umsetzung ist eben überschritten, wenn der erste überschüssige Tropfen Kaliumpermanganatlösung bleibende Rotfärbung der Flüssigkeit hervorruft.

Die Titerstellung der Kaliumpermanganatlösung (man stellt sich eine etwa $^1/_{100}$ normale Kaliumpermanganatlösung in der bereits oben S. 136 beschriebenen Weise her) kann mit verschiedenen Substanzen (Ferrosulfat, Ferroammoniumsulfat, Oxalsäure, Jod) vorgenommen werden. Im vorliegenden Fall dürfte sich die schon geschilderte Titerstellung mittels Oxalsäure am meisten empfehlen. Es entsprechen (oxydieren) nach S. 135 zwei Moleküle Kaliumpermanganat fünf Moleküle kristallisierte Oxalsäure, wie auch die folgende Gleichung veranschaulicht:

$$2\,KMnO_4 + 5\,(C_2H_2O_4 + 2\,H_2O) + 3\,H_2SO_4$$
$$= K_2SO_4 + 2\,MnSO_4 + 10\,CO_2 + 18\,H_2O.$$

Da 2 Moleküle Kaliumpermanganat 10 Atomen Eisen bzw. 5 Molekülen Oxalsäure entsprechen, so entspricht 1 Molekül Oxalsäure (126,048 Gewichtsteile) 2 Atomen (111,70 Gewichtsteilen) Eisen oder 1 ccm $^1/_{100}$ Normal-Oxalsäure (0,630 mg Oxalsäure) 0,5585 mg Fe.

Beispiel: Man gibt z. B. 25 ccm der $^1/_{100}$ Normal-Oxalsäurelösung in ein gut gereinigtes Erlenmeyerkölbchen von etwa 150 ccm Inhalt, setzt 5 ccm 25 proz. Schwefelsäure hinzu, erwärmt auf 60—70^0 und läßt aus einer Glashahnbürette von der annähernd $^1/_{100}$ normalen Kaliumpermanganatlösung zufließen bis zu bleibender schwacher Rötung. Es werden 24,5 ccm verbraucht. Man füllt dann die Bürette wieder auf 0 auf und läßt zu der reduzierten Eisensalzlösung unter Umschwenken des Kölbchens (aber ohne Erwärmen) ebenfalls Kaliumpermanganatlösung bis zur Rotfärbung zufließen. Es werden 7,8 ccm verbraucht. Da $24{,}5 : 25{,}0 = 7{,}8 : x$, x also $= 7{,}96$ ist, so enthielt die Eisenoxydulsalzlösung $7{,}96 \times 0{,}5585 = 4{,}45$ mg Fe. Da der Abdampfrückstand aus 500 ccm Wasser herrührte, so enthielt 1 Liter des untersuchten Wassers 8,9 mg Fe.

Handelt es sich darum, den Eisengehalt von suspendierten Stoffen (z. B. aus Abwasser), von Schlamm, Bodenproben u. dgl. festzustellen, so geht man vom Glührückstand der gut zerriebenen und gemischten Trockensubstanz der betreffenden Stoffe aus. Man schmilzt den Glührückstand mit etwas reinem Kalium- und Natriumkarbonat zusammen und extrahiert die Schmelze erschöpfend mit verdünnter Salzsäure. Die salzsaure, das Eisen als Oxyd enthaltende Lösung oder ein aliquoter Teil derselben wird dann mit Zink in der beschriebenen Weise reduziert. Soll eine Titration dieser Lösung mit Kaliumpermanganat ausgeführt werden, so muß der störende Einfluß der freien Salzsäure auf das Kaliumpermanganat dadurch beseitigt werden, daß man etwas Manganosulfat hinzusetzt.

26. Bestimmung des Mangans.

Der Nachweis und die Bestimmung des Mangans im Wasser sind erst in den letzten Jahren häufiger ausgeführt worden, seitdem man auf das Vorhandensein von Mangan neben Eisen in manchen Grundwässern aufmerksam geworden ist. Das Mangan kommt im Grundwasser, wie das Eisen, vorwiegend als Oxydulsalz vor.

Erfahrungen über die Vorzüge der einzelnen für die Bestimmung des Mangans im Wasser angewandten Methoden sind noch nicht so reichlich vorhanden, wie bei den meisten anderen chemischen Wasseruntersuchungsmethoden. Von den in den letzten Jahren empfohlenen Verfahren (117) sollen hier nur zwei beschrieben werden, die sich anscheinend gut bewährt haben (118). Neuerdings hat Klut (119) seine Erfahrungen über die Methoden des Mangannachweises zusammengestellt. Die von uns getroffene Auswahl der Methoden deckt sich indessen nur zum Teil mit seinen Vorschlägen.

A. Qualitativer Nachweis.

Versetzt man ein Mangan (z. B. $MnSO_4$) enthaltendes Wasser mit einer Lösung von Ammoniumpersulfat, $(NH_4)_2S_2O_8$, und erhitzt die Mischung, so scheidet sich das Mangan als braunschwarzes Superoxyd aus, indem wahrscheinlich das intermediär gebildete Manganpersulfat in Mangansuperoxyd (MnO_2, Braunstein) nach folgender Gleichung zerfällt:

$$MnSO_4 + (NH_4)_2 S_2O_8 = MnS_2O_8 + (NH_4)_2SO_4$$
$$MnS_2O_8 + 3\,H_2O = MnO_2 + H_2O + 2\,H_2SO_4.$$

Fügt man hingegen bei sehr verdünnten Manganlösungen zunächst eine sehr geringe Menge Silbernitrat hinzu (d. h. etwas mehr als durch die Chloride des Wassers in Anspruch genommen wird) und dann mit verdünnter Salpetersäure angesäuerte Ammoniumpersulfatlösung, so fällt das Mangan nicht aus, sondern es entsteht beim Erwärmen nach kurzer Zeit eine Rosa- bzw. Rotfärbung durch sich bildendes lösliches Permangansalz (Marshall).

Diese Reaktion kann mit Vorteil zum Nachweis kleinster Manganoxydulsalzmengen im Wasser verwendet werden.

Ausführung. Man stellt die Probe im Reagenzglas an oder besser mit etwas größeren Wassermengen, z. B. 100 ccm, in einem Erlenmeyerkölbchen. Man fügt im letzteren Fall etwa 10 ccm einer etwa 10proz. Ammoniumpersulfatlösung hinzu, sowie 1—2 ccm verdünnter Salpetersäure, sodann ein bis einige Tropfen einer Silbernitratlösung. Ein erheblicher Überschuß der letzteren ist zu vermeiden. Man erwärmt das Kölbchen langsam über der Bunsenflamme bis nahe zur Siedetemperatur und prüft die etwa auftretende Farbenveränderung in der Durchsicht schräg von oben nach unten gegen eine Unterlage von weißem Papier. Nach den Angaben (118) sollen sich bei Anwendung von 100 ccm Wasser noch Bruchteile von $^1/_{10}$ mg Mangan im Liter nachweisen lassen.

Es empfiehlt sich, eine Kontrollprobe mit destilliertem Wasser, welchem man eine Spur Manganosulfat zugesetzt hat, anzustellen.

Bei unreinen und an organischen Stoffen reichen Wässern versagt diese Methode, dgl. bei Anwesenheit von größeren Mengen von Eisensalzen.

B. Quantitative Bestimmung nach v. Knorre.

Setzt man zu einem manganhaltigem Wasser Ammoniumpersulfatlösung im Überschuß (mindestens 2 Teile Ammoniumpersulfat auf 1 Teil Mangansalz) und erhitzt die Mischung einige Minuten auf dem Drahtnetz zum Sieden, so fällt das Mangan quantitativ als Superoxyd aus, und das Filtrat vom entstandenen braunen bzw. braunschwarzen Niederschlag ist manganfrei (vgl. die Gleichungen bei dem qualitativen Nachweis). Die Menge des ausgeschiedenen Mangansuperoxyds läßt sich nach dem Abfiltrieren und Auswaschen des Niederschlages maßanalytisch dadurch ermitteln, daß man das Mangansuperoxyd in einer gemessenen Menge von titrierter überschüssiger, mit Schwefelsäure angesäuerter Wasserstoffsuperoxydlösung (dieser gibt man gegenüber einer gleichfalls anwendbaren Ferrosulfat- oder Oxalsäurelösung meist den Vorzug) löst, entsprechend der Gleichung:

$$MnO_2 + H_2O_2 + H_2SO_4 = MnSO_4 + 2\,H_2O + O_2,$$

und den Überschuß an Wasserstoffsuperoxyd mit titrierter Kaliumpermanganatlösung zurückmißt (vgl. S. 79). Den Titer der Kaliumpermanganatlösung kann man in bekannter Weise (vgl. S. 149) gegen Oxalsäure stellen, doch findet man dann ein wenig zu niedrige Manganwerte. Für ganz genaue Bestimmungen muß man den Titer dadurch berechnen, daß man die gleiche Methode mit Lösungen von genau bekanntem Mangangehalt ausführt. Es empfiehlt sich, das Manganammoniumsulfat zur Herstellung solcher Lösungen zu benutzen, da es verhältnismäßig rein im Handel zu haben ist.

Beispiel für die Titerstellung. Es wird auf der analytischen Wage eine kleine Quantität kristallisiertes Manganammoniumsulfat, d. h. $Mn(NH_4)_2(SO_4)_2 + 6\,H_2O$, z. B. 1,0583 g genau abgewogen und zu einem Liter destillierten Wassers gelöst. 1,0583 g Manganammoniumsulfat entsprechen 0,1486 g Mangan. 50 ccm dieser Lösung, entsprechend 7,43 mg Mangan, werden mit etwas destilliertem Wasser verdünnt, in einem weithalsigen Erlenmeyerkolben von etwa 300 ccm Inhalt mit 10—20 ccm 10 % Ammoniumpersulfatlösung versetzt, die Mischung zum Sieden erhitzt und 3 Minuten im Sieden erhalten. Man filtriert durch ein kleines doppeltes analytisches Filter (oder Filter Nr. 590 Schleicher und Schüll-Weißband), wäscht mit heißem destillierten Wasser nach bis zum Verschwinden der sauren Reaktion im Waschwasser, bringt das Filter mit dem Rückstand in den Erlenmeyerkolben zurück, fügt 10 ccm verdünnter Schwefelsäure (1 : 5) und 5 ccm einer Wasserstoffsuperoxydlösung hinzu, welche durch Verdünnung von chemisch reinem 100 vol.-proz. Wasserstoffsuperoxyd (Merck) mit destilliertem Wasser im Verhältnis 1 : 200 erhalten worden ist, und löst unter kräftigem Umschwenken das MnO_2. Sodann läßt man aus einer Bürette eine etwa $^1/_{100}$ normale Kaliumpermanganatlösung zufließen, bis leichte Rosafärbung der Flüssigkeit bestehen bleibt. Es werden 27,2 ccm $KMnO_4$-Lösung verbraucht. Man titriert nun 5 ccm der Wasserstoffsuperoxydlösung allein unter Schwefelsäurezusatz, nachdem man mit destilliertem Wasser etwas verdünnt hat, in gleicher Weise mit der Kaliumpermanganatlösung bis zur Rosafärbung. Verbrauch 49,1 ccm. Mithin war eine 49,1 — 27,2 = 21,9 ccm Kaliumpermanganatlösung entsprechende H_2O_2 Menge nötig gewesen um 7,43 mg Mangan mit Hilfe der Schwefelsäure in Mangansulfat überzuführen, d. h. 1 ccm der etwa $^1/_{100}$ Kaliumpermanganatlösung entspricht $\frac{7,43}{21,9} = 0,3393$ mg Mangan (Mangantiter der Kaliumpermanganatlösung).

Ausführung der eigentlichen Bestimmung. Enthält das zu untersuchende Wasser unter etwa 10 mg Mangan im Liter, so säuert man es mit verdünnter Schwefelsäure an und dampft es auf ein kleineres Volumen ein, was zur Beschleunigung des Verfahrens unmittelbar über dem Bunsenbrenner auf dem Drahtnetz geschehen kann (bei einem höheren Mangangehalt kann das Eindampfen unterbleiben).

Das auf etwa 100 ccm eingeengte Wasser wird quantitativ in einen weithalsigen Erlenmeyerkolben übergeführt und genau so behandelt wie die Manganammoniumsulfatlösung bei der Titerstellung.

Beispiel: Es wurden verbraucht 38,1 ccm der etwa $^{1}/_{100}$ Normal-Kaliumpermanganatlösung. Da nach dem für die Titerstellung angeführten Beispiel 5 ccm der H_2O_2-Lösung (1 : 200) 49,1 ccm Kaliumpermanganatlösung verbrauchten, so enthielt das Wasser $49{,}1 - 38{,}1 = 11{,}0 \times 0{,}3393 = 3{,}732$ mg Mangan, entsprechend 15,16 mg Mangansulfat ($MnSO_4 + 4\,H_2O$).

27. Bestimmung von Blei, Kupfer und Zink.

A. Qualitativer Nachweis.

Der Nachweis dieser drei Metalle wird ausgeführt, indem man 1 Liter des Wassers mit Salzsäure bis zur deutlich sauren Reaktion versetzt und in einer Porzellanschale durch Verdampfen auf 200 ccm einengt. Durch Einleitung von Schwefelwasserstoff entsteht eine schwarze Fällung, welche das Blei und Kupfer als Schwefelblei und Schwefelkupfer enthält. Der Niederschlag wird abfiltriert und vom Filter mit wenig destilliertem Wasser in eine Porzellanschale gespült. Hier wird er mit einer geringen Menge konzentrierter, reiner Salpetersäure versetzt, worin er sich unter Abscheidung von Schwefel löst. Nachdem man letzteren durch Filtration getrennt hat, dampft man die Flüssigkeit ein, um die überschüssige Salpetersäure zu verjagen, und nimmt den Rückstand mit wenig destilliertem Wasser auf. Diese Lösung dient zum Nachweis des Bleies und des Kupfers.

a) Nachweis von Blei. Aus der eben erwähnten wäßrigen Lösung fällt das Blei auf Zusatz von Schwefelsäure und etwas Alkohol als weißer Niederschlag von Bleisulfat aus, welchen man zur Kontrolle mit Schwefelammonium in schwarzes, unlösliches Schwefelblei wieder überführen kann.

b) Nachweis von Kupfer. Zu dem Filtrat von Bleisulfat gibt man einen Überschuß von Ammoniak, oder man setzt eine Lösung von gelbem Blutlaugensalz (Ferrocyankalium) hinzu. Bei Anwesenheit von Kupfer tritt in ersterem Falle eine Blaufärbung (Kupferoxydammoniak), im zweiten ein rotbrauner Niederschlag (Kupferferrocyanid) auf. Auf blankes Eisen (z. B. eine Messerklinge) schlägt sich noch aus sehr verdünnten Kupferlösungen Kupfer als rotbrauner Niederschlag bei längerer Einwirkungszeit nieder. Für die Prüfung eines Wassers wird diese Reaktion aber nur in seltenen Fällen zu brauchen sein.

c) Nachweis von Zink. Ist nach der Einleitung von Schwefelwasserstoff in das mit Salzsäure angesäuerte, eingeengte Wasser ein Niederschlag entstanden, so enthält das Filtrat oder, wenn dies nicht der Fall war, die mit Schwefelwasserstoff übersättigte saure Flüssigkeit möglicherweise Zink. Zum Nachweis desselben fügt man Natriumacetat in geringem Überschuß hinzu, um die Salzsäure vollständig zu binden und Essigsäure in Freiheit zu bekommen; bei der nun nochmals wiederholten Einleitung von Schwefelwasserstoff scheidet sich das etwa vorhandene Zink in der Form von Schwefelzink als weißer Niederschlag aus. Zur Kontrolle kann man den Niederschlag mit konzentrierter Salzsäure lösen und durch vorsichtigen Zusatz von Natronlauge als Zinkhydrat wieder fällen, welches bei einem Überschuß wieder in Lösung geht und aus derselben durch Schwefelammonium als weißes Schwefelzink nochmals gefällt werden kann.

d) Unmittelbarer Nachweis von Blei. Will man ein Wasser ohne weitere Vorbehandlung auf Bleigehalt prüfen, z. B. sogleich an Ort und Stelle, so versetzt man 100 ccm in einem Visierzylinder mit 1 ccm chemisch reiner Essigsäure und etwas Schwefelwasserstoffwasser. Schon ein Gehalt von einigen Zehnteln mg Blei im Liter gibt sich durch eine braungelbe Färbung zu erkennen. Ist Kupfer auszuschließen, so kann man die eingetretene Verfärbung auf Bleigehalt des Wassers zurückführen. Sicherer ist die oben angegebene Prüfungsmethode.

Klut (120) empfiehlt zum unmittelbaren Nachweis von Blei im Wasser — bei Ausschluß von Kupfer — folgendes Verfahren: 300 ccm des zu untersuchenden Wassers werden in einem hohen farblosen Glaszylinder mit 3 ccm Essigsäure „für analytische Zwecke" angesäuert und hier auf unter Umrühren mit 1,5 ccm einer 10 proz. wäßrigen Lösung von chemisch reinem Natriumsulfid ($Na_2S + 9\,H_2O$ „für analytische Zwecke") versetzt. Das Gemisch muß sauer reagieren, da in alkalischer bzw. neutraler Lösung auch Eisen fällt (vgl. 25, A, a, γ). Es können auf diese Weise angeblich noch 0,3 mg Pb in 1 Liter Wasser durch die bräunlich-gelbe Färbung nachgewiesen werden.

Enthält das Wasser sehr wenig Blei, und will man das Eindampfen umgehen, so kann man sich auch des Verfahrens von Frerichs (121) bedienen, bei welchem das im Wasser enthaltene Blei bei Filtration des Wassers durch Watte in der letzteren großenteils zurückgehalten wird. Man gießt 1 Liter des zu untersuchenden Wassers oder mehr durch einen in ein Filter gedrückten Bausch von befeuchteter reiner Verbandwatte und wäscht nachher den Wattebausch mit kleinen Portionen heißer, stark verdünnter reiner Essigsäure aus. In der ablaufenden essigsauren Lösung fällt man das Blei mittels Schwefelwasserstoffwassers.

Die Methode ist eine Art Anreicherungsmethode, eignet sich aber nur zum qualitativen Nachweis des Bleies (vgl. 123).

B. Quantitative Bestimmung des Bleies.

a) Kolorimetrisch.

Ist die Anwesenheit von Kupfer auszuschließen, so kann man die oben angegebene kolorimetrische qualitative Reaktion auch zu einer quantitativen Bestimmung ausgestalten.

Ausführung: 1 Liter Wasser oder mehr wird auf dem Wasserbade unter Zusatz einiger Tropfen verdünnter Salzsäure (um das Ausfallen von Calciumkarbonat zu verhindern, welches das Blei mit sich niederreißen würde) auf etwa 50 ccm eingedampft und dann die Salzsäure durch Zugabe von etwas Natriumacetat im Überschuß gebunden und die Lösung dadurch zugleich essigsauer gemacht. Nach dem Erkalten wird die Flüssigkeit in einen Hehnerschen Zylinder übergespült, eventuell noch etwas verdünnte Essigsäure (30 proz.), darauf 10 ccm klares Schwefelwasserstoffwasser zugefügt und die Mischung mit destilliertem Wasser auf 100 ccm aufgefüllt.

Zum Vergleich gibt man in den anderen Hehnerschen Zylinder etwa 70 ccm destillierten Wassers und fügt eine bestimmte Anzahl (1—7) ccm einer Lösung hinzu, von welcher 1 ccm 0,1 mg Pb enthält. Zur **Herstellung dieser Lösung** werden 0,16 g getrocknetes, zerriebenes reines Bleinitrat zu einem Liter destillierten Wassers gelöst, da $Pb(NO_3)_2 = 331,12$ und $Pb = 207,10$, mithin $0,1 : x = 207,10 : 331,12$, x also $= 0,1599$. Gibt man nun 3 ccm verdünnte Essigsäure und 10 ccm klares Schwefelwasserstoffwasser hinzu, füllt die Mischung mit destilliertem Wasser auf 100 ccm auf und läßt aus dem stärker gefärbtem Zylinder Flüssigkeit in bekannter Weise (vgl. die Bestimmung des Ammoniaks, der salpetrigen Säure und des Eisens) so lange abfließen, bis Farbengleichheit erzielt ist, so läßt sich der Gehalt an Blei leicht ermitteln.

Beispiel: Es waren 2 Liter Wasser auf 50 ccm eingedampft und, mit den nötigen Reagenzien versetzt, im Hehnerschen Zylinder auf 100 ccm aufgefüllt worden. Im Kontrollzylinder befanden sich 5 ccm der Bleinitratlösung. Farbengleichheit wurde erzielt beim Ablassen des Kontrollzylinders auf 70 ccm. In diesen 70 ccm waren enthalten $0,5 \cdot 0,7 = 0,35$ mg Pb. Mithin enthielt das Wasser $\frac{0,35}{2} = 0,175$ mg Blei im Liter.

Ist neben der Abwesenheit von Kupfer auch die Abwesenheit von Eisen sichergestellt, so kann die Reaktion zwischen Schwefelwasserstoff und Blei auch nach Zufügung von Natronlauge (statt Essigsäure) vorgenommen werden, da bei alkalischer Reaktion der Lösung der Nachweis des Bleies noch empfindlicher ist.

Mit der von Moffatt und Spiro vorgeschlagenen kolorimetrischen Bestimmung des Bleies im Trinkwasser mit Hämatein soll man nach Hanne (122) brauchbare Resultate nicht erzielen können.

b) Jodometrisch nach Diehl und Topf, modifiziert von Kühn (123).

Die jodometrische Bestimmung des Bleies bietet neben ihrer Genauigkeit und verhältnismäßig schnellen Ausführbarkeit den Vorteil, daß die Anwesenheit von Eisen auf das Resultat von keinem Einfluß ist, sofern die Zersetzung des Bleisuperoxyds mit Essigsäure stattfindet (s. u.) und jede Spur einer Mineralsäure, namentlich Salzsäure, ausgeschlossen wird. In manganhaltigen Wässern ist mit Sorgfalt das Niederfallen von Mangan bei der Fällung mit H_2S zu verhüten, indem man bei der H_2S-Fällung genügende Mengen freier Essigsäure (10 g reine Essigsäure auf 5 Liter Wasser) anwesend sein läßt.

Ausführung der Untersuchung. Sie wird wie folgt beschrieben: 5 Liter des bleihaltigen Wassers werden zur Verminderung der Löslichkeit des Bleisulfids mit 100 g festem Natriumnitrat bis zur Lösung desselben geschüttelt, mit einer frisch bereiteten Lösung von 8 g kristallisiertem Schwefelnatrium und 25 ccm reiner konzentrierter Essigsäure (Eisessig) in 500 ccm Wasser gut durchgemischt und $^1/_2$ Stunde der Ruhe überlassen. Alsdann gibt man 2 g eines nach der Vorschrift von Th. Paul vorbereiteten Asbestes*) in die Flasche, verschließt gut mit einem Kork, schüttelt den Inhalt der horizontal auf einer weichen Unterlage (zusammengelegtes Tuch) liegenden Flasche in heftigen intermittierenden rollenden Bewegungen viermal je 30 bis 60 Sekunden in Abständen von etwa 10 Minuten tüchtig durch und stellt die Flasche eine halbe Stunde beiseite. Während dieser Zeit bereitet man ein Asbestfilter in folgender Weise vor: 3 g des obigen Asbestes werden in etwa 500 ccm destillierten Wassers aufgeschlämmt und auf eine mit einer Filtrierpapierscheibe durch Ansaugen bedeckte Wittsche Saugplatte von etwa 4 cm Durchmesser in dünnem Strahle während der Tätigkeit der Saugpumpe aufgegossen. Die Saugplatte befindet sich in einem Trichter, dessen Seitenlänge etwa 8 cm und dessen Durchmesser etwa 9 cm beträgt. Durch gleichmäßige Verteilung des Asbestes bewirkt man unter schwachem Saugen an der Wasserluftpumpe, daß derselbe eine überall gleichmäßige Schicht bildet. Hierauf sorgt man durch Aufgießen von Wasser und starkes Saugen, unter Umständen unter Zuhilfenahme eines Mörserpistills für eine feste Lage des Asbestfilters. Die Dicke desselben beträgt etwa 5 mm.

Der Trichter wird nun auf eine Flasche von etwa 8 Liter Inhalt mittels eines doppelt durchbohrten Gummistopfens fest auf-

*) Weicher, langfasriger Asbest wird mit einer Schere in kurze Stücke geschnitten. Die Stücke werden mit starker reiner Salzsäure ausgekocht, durch Schlämmen in einem Siebe von den feinsten Teilchen befreit und schließlich bei gewöhnlicher Temperatur getrocknet.

gesetzt und die Flasche mittels eines durch die andere Bohrung gehenden Glasrohres mit der Wasserstrahlpumpe verbunden. Nachdem die Pumpe in Tätigkeit gesetzt ist, wird das mit Asbest geschüttelte bleihaltige Wasser vorsichtig auf das Filter gegossen und unter stetem und starkem Saugen abfiltriert. Um das fortwährende Heben der schweren Flasche beim Filtrieren zu umgehen, kann man das zu filtrierende Wasser portionsweise in ein Becherglas von etwa 1 Liter Inhalt überführen und von diesem auf das Filter bringen. Die Operation ist wegen des lästigen Geruches der Flüssigkeit unter einem Abzuge auszuführen. Die Filtration nimmt etwa $^3/_4$ Stunden in Anspruch und liefert ein vollkommen klares und helles Filtrat. Zum Auswaschen der Gefäße und des Filters bedient man sich destillierten schwefelwasserstoffhaltigen Wassers.

Nach dem Auswaschen des Schwefelbleis mit schwefelwasserstoffhaltigem Wasser wird der Trichter mit dem Filter auf einen zum Absaugen eingerichteten Erlenmeyerkolben von etwa 250 ccm Inhalt gesetzt und mit 20—30 ccm einer heißen mit einem Tropfen starker Salpetersäure versetzten 3 proz. Wasserstoffsuperoxydlösung übergossen. Die Flüssigkeit durchzieht den Asbest unter sofortiger Oxydation des darin befindlichen Schwefelbleis, was an dem Verschwinden der dunklen Farbe des Asbests sichtbar in die Erscheinung tritt. Das Asbestfilter wird hierbei infolge der Sauerstoffentwicklung zum Teil schwammig aufgetrieben. Nachdem das Wasserstoffsuperoxyd etwa 10 Minuten gewirkt hat, setzt man die Saugpumpe in Tätigkeit und wäscht mit 40—50 ccm heißen destillierten Wasser nach. Das Filtrat wird in eine Porzellanschale übergeführt und auf dem Wasserbade bis zur Entfernung des Wasserstoffsuperoxyds abgedampft; am besten ist es, das Verdampfen bis zur Trockne zu bewirken. Nachdem der einmal ausgespülte Erlenmeyerkolben wieder unter dem Trichter befestigt ist, wird das im Asbestfilter befindliche Bleisulfat mit 10—30 ccm einer siedenden Natriumazetatlösung (100 g kristallisiertes Natriumazetat in 300 ccm der Lösung) übergossen und einige Minuten der Wirkung derselben ausgesetzt. Man saugt jetzt ab und wäscht wiederholt mit heißem Wasser aus, bis die ablaufende Flüssigkeit keine Bleireaktion mit Schwefelwasserstoff mehr gibt. Bei richtigem Auswaschen genügen 50 ccm Waschflüssigkeit. Der Kolbeninhalt wird jetzt in die Porzellanschale vollständig übergeführt, auf dem Wasserbade bis auf 10 bis 30 ccm konzentriert und bei etwa 60° auf dem Wasserbade mit gesättigtem Bromwasser tropfenweise versetzt; alsbald setzt sich das gefällte Bleisuperoxyd zu Boden und kann nach etwa 15 Minuten langem Erwärmen mittels einer wie oben beschriebenen mit Filtrierpapier und Asbest beschickten Saugplatte von ca. 15 mm Durchmesser abgesaugt werden. Die Flüssigkeit darf hierbei nicht ganz farblos sein, sondern muß einen Stich ins Gelbe zeigen, da Brom, allerdings nur in geringem Überschuß, nie fehlen darf. Das abgesaugte Bleisuperoxyd wird mit heißem Wasser so lange ausgewaschen, bis das Filtrat auf Jodkalium und frisch bereitete Stärkelösung nicht mehr reagiert. Der geringe Rest des in der Porzellanschale haften gebliebenen ausgewaschenen Superoxyds wird nicht auf das Filter gebracht, sondern mit 5 bis 10 ccm einer Jodkaliumlösung (1 Teil Jodkalium in 20 Teilen Wasser), die mit 5 bis 10 Tropfen 50proz. Essigsäure versetzt sind, übergossen und aus der Schale auf das im Asbestfilter befindliche Bleisuperoxyd gebracht; der Trichter mit dem Asbestfilter ist vorher auf einen dickwandigen, zum Titrieren bestimmten reinen Erlenmeyerkolben von etwa 200 ccm Inhalt mit seitlichem Ansatz fest angefügt worden. Nachdem die angesäuerte Jodkaliumlösung etwa fünf Minuten der Wirkung des Bleisuperoxyds ausgesetzt gewesen ist, wird die Porzellanschale mit 10 bis 20 ccm der gesättigten kalten Natriumazetatlösung ausgeschwenkt und auf das Asbestfilter entleert. Das Natriumazetat bewirkt eine schnelle Lösung des ausgeschiedenen gelben Jodbleis. Es scheidet sich eine dem Bleisuperoxyd äquivalente Menge Jod aus. Hierauf wird die Saugpumpe in Tätigkeit gesetzt und die Porzellanschale und das Asbestfilter mit kaltem destillierten Wasser so lange ausgewaschen, bis Schale und Filter rein weiß erscheinen. Bei größeren, 10 mg übersteigenden Mengen Blei kann es vorkommen, daß nicht alles Jodblei in Lösung geht; man wäscht dann mit weiteren Mengen der gesättigten Natriumazetatlösung aus einer Spritzflasche und dann mit destilliertem Wasser abwechselnd nach, bis aus dem Filter alles Jodblei entfernt ist. Das Filtrat wird jetzt unverzüglich mit genau gegen Kaliumbichromat (vgl. S. 61) eingestellter etwa $^1/_{50}$ Normal-Thiosulfatlösung im Überschuß versetzt, so daß auf Zusatz von frisch bereiteter Stärkelösung eine Bläuung nicht eintritt. Der Überschuß des Thiosulfats wird mit $^1/_{100}$ Normal-Jodlösung ermittelt.

Gegen die Thiosulfatlösung wird dann die Jodlösung eingestellt. Da ein Molekül Bleisuperoxyd ein Atom Sauerstoff abgibt, welches zwei Atome Jod in Freiheit setzt, so entspricht ein Atom Blei zwei Atomen Jod, d. h.

$$207{,}10 \text{ Blei} = 2 \times 126{,}92 \text{ Jod}$$

oder

1 ccm $^1/_{100}$ Normal-Jodlösung 1,0355 mg Blei (Pb).

Beispiel: Es wurden 10 ccm $^1/_{50}$ Normal-Thiosulfatlösung zugesetzt und 12,3 $^1/_{100}$ Normal-Jodlösung zum Zurücktitrieren gebraucht. Folglich waren, bei Anwendung von 5 Litern Wasser zur Analyse, in 1 Liter Wasser enthalten $\frac{(20 - 12{,}3) \,.\, 1{,}0355}{5}$ = 1,60 mg Pb.

c) Prüfung eines Wassers auf Bleilösungsfähigkeit.

Ob ein Trinkwasser die Eigenschaft hat, Blei zu lösen — eine Frage, deren Beantwortung bei der Wahl eines Wassers für eine zentrale Wasserversorgung und bei der Wahl des Materials für die Leitungsröhren des betreffenden Wasserwerks von Wichtigkeit ist — wird in der Praxis gewöhnlich am einfachsten durch den Versuch zu entscheiden sein, obgleich durch die angeführte Arbeit von Paul, Ohlmüller, Heise und Auerbach (22) bereits größtenteils festgestellt worden ist, auf welchen Faktoren die bleilösende Eigenschaft der Wässer beruht.

Die genannten Autoren fanden, daß die Angreifbarkeit der Bleiröhren durch Leitungswasser, soweit es auf die Zusammensetzung dieses letzteren ankommt, bedingt wird einmal durch den meist vorhandenen Gehalt an freiem Sauerstoff, ferner bei Gegenwart von Karbonaten, also in allen praktischen Fällen, durch den Gehalt an freier Kohlensäure, die die Bleilöslichkeit begünstigt, durch den Gehalt an Hydrokarbonaten (Bikarbonaten), die die Bleilöslichkeit verringern, und durch den Gehalt an Sulfaten und vielleicht auch Chloriden, die die Bleilöslichkeit erhöhen.

Bei einer bereits im Betriebe befindlichen Wasserleitung mit Bleileitungen benutzt man zur Prüfung einfach das Wasser, welches 24 Stunden in der Leitung gestanden hat; sonst verfährt man am einfachsten folgendermaßen (124).

Man stellt in einen mit schräg abgeschnittenem Glasstopfen verschließbaren Standzylinder (Fig. 28) von ungefähr 1 Liter Inhalt ein der Höhe des Zylinders entsprechendes Stück eines halbierten, etwa 1 bis 2 cm starken Bleirohrs ein, nachdem seine Oberfläche mit stark verdünnter Salpetersäure gereinigt, in destilliertem Wasser sorgfältig längere Zeit abgewaschen und darauf mit einem sauberen Tuch abgetrocknet und blank poliert ist. Dann wird das zu untersuchende Wasser in den Zylinder längere Zeit unter möglichster Vermeidung des Miteintritts von Luft eingeleitet (bis sich der Inhalt des Zylinders mehrere Male erneuert hat). Der Zylinder wird dann mit dem Glasstopfen so geschlossen, daß keine Luft zwischen dem Stopfen und dem Wasser mit eingeschlossen wird. Nach frühestens 24 Stunden wird der Zylinder geöffnet, das mit einer reinen Pinzette gefaßte Bleirohr mehrere Male durch das Wasser auf- und niedergezogen, um etwa anhaftende ungelöste Bleisalze von dem Bleirohr abzuschütteln, und das — unfiltrierte — Wasser nach den bekannten Methoden auf seinen Bleigehalt untersucht. Zur Erzielung einwandfreier Ergebnisse ist es unbedingt notwendig, die Wasserprobe so zu entnehmen, daß der ursprüngliche Gasgehalt des Wassers (Sauerstoff, Kohlensäure) möglichst wenig geändert wird. Deshalb ist der Versuch mit frisch geschöpftem Wasser tunlichst an Ort und Stelle auszuführen. Bei Versendung von Wasserproben ist das Versandgefäß nach mehrmaligem Durchspülen bis zum Rande zu füllen.

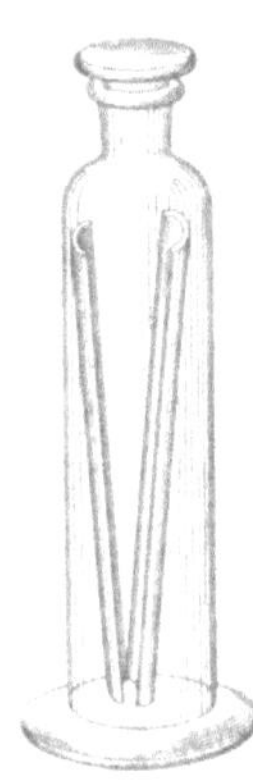

Fig. 28.

Wenn Schwermetalle wie Blei, Kupfer und Zink in Wässern vorkommen, so rühren sie vornehmlich von Verunreinigungen durch die Leitungsröhren her. Es wird daher selten der Fall sein, daß sie gleichzeitig alle drei zusammen vorhanden sind; andererseits ist zu erwarten, daß ihre Menge stets eine geringe sein wird. Aus diesen Gründen wird man sich stets durch die oben beschriebene qualitative Prüfung überzeugen, auf welches Metall man mit Erfolg prüfen kann, um sich unnötige Arbeit zu ersparen. Das Wasser muß hierbei immer in angesäuertem Zustande eingedampft werden, um die Bildung von Calciumkarbonat zu verhüten, in welchen Niederschlag diese Metalle leicht mit übergehen.

C. Quantitative Bestimmung des Kupfers und Zinks.

Da das im Wasser meist nur in minimalen Mengen vorhandene Kupfer und Zink sich erst bei Anwendung sehr großer Wassermengen gewichtsanalytisch einigermaßen sicher bestimmen läßt, so wendet man vielfach die Abscheidung derselben auf elektrolytischem Wege an. Wegen Einzelheiten der Analyse durch Elektrolyse vgl. Classen (125).

a) Bestimmung des Kupfers (126).

Phelps empfiehlt folgendes Verfahren: Je nach dem Kupfergehalt wird 1 Liter des zu untersuchenden Wassers oder eine passende andere Menge auf etwa 75 ccm eingedampft und in eine Platinschale von 100 ccm Fassungsraum übertragen. Dieselbe dient als Anode, ist also mit dem positiven Pol des Akkumulators durch einen Leitungsdraht verbunden. Als Kathode dient ein dicker, etwa 50 ccm langer Platindraht, von welchem 40 cm zu einer flachen Spirale gedreht sind. Dieser Draht ist direkt mit dem negativen Pol der Stromquelle verbunden. Nachdem man zu dem eingeengten Wasserquantum 2 ccm 50 proz. Schwefelsäure gesetzt hat (bei alkalischen und an organischen Stoffen reichen Wässern bis 5 ccm), wird die Kathode so eingetaucht, daß sie dem Boden der Schale parallel und etwas über 1 cm von ihm entfernt steht und dann der Strom geschlossen, welcher eine Stromdichte von ND_{100} = ca. 0,3 Ampère (und eine Elektrodenspannung von 1 bis 2 Volt) hat.

Man elektrolysiert unter gelegentlichem Umrühren mindestens 4 Stunden lang (am besten die Nacht hindurch). Dann wird die Kathode, ohne den Strom zu öffnen, herausgehoben und in eine kleine Menge vorher in einem Porzellanschälchen zum Sieden erhitzter 25 proz. Salpetersäure eingetaucht. Man spült den Draht gut ab und dampft die Salpetersäurelösung auf dem Wasserbade zur Trockne ein. Der Rückstand wird dann mit Wasser aufgenommen und sein Kupfergehalt kolorimetrisch bestimmt. Zu diesem Zweck wird die Lösung in einen Hehnerschen Zylinder quantitativ übergeführt, mit destilliertem Wasser bis zur Marke aufgefüllt und 10 ccm einer *Kaliumsulfidlösung* (hergestellt durch Mischen gleicher Volumina 10 proz. KOH-Lösung und gesättigten Schwefelwasserstoffwassers) zugefügt. Die Färbung durch Kupfersulfid tritt sofort ein und ist ziemlich beständig.

Als Vergleichsflüssigkeit wird eine Kupfersulfatlösung benutzt, die folgendermaßen hergestellt ist. Etwa 0,8 g kristallisiertes Kupfersulfat werden in Wasser gelöst und nach Zusatz von 1 ccm konzentrierter Schwefelsäure mit destilliertem Wasser zum Liter aufgefüllt. In 100 ccm dieser Lösung wird das Kupfer elektrolytisch bestimmt und die Lösung dann so eingestellt, daß 1 ccm von ihr 0,2 mg Cu enthält*).

In dem Hehnerschen Kontrollzylinder werden nun 10 ccm der oben genannten Kaliumsulfidlösung mit destilliertem Wasser verdünnt und dann von der Kupferlösung so lange Mengen von je 0,2 ccm hinzugefügt, bis Farbengleichheit in beiden Zylindern erzielt ist. Die Berechnung erfolgt in der üblichen Weise.

Man kann die kolorimetrische Bestimmung auch mit Hilfe der oben angegebenen Reaktion mit Ferrocyankalium ausführen. Man löst, wie oben beschrieben, die auf der Kathode (Platinspirale) niedergeschlagene Kupfermenge in wenig Salpetersäure, dampft zur Trockne ab, löst wieder in etwa 50 ccm destillierten Wassers und säuert dann zweckmäßig mit ein wenig Salzsäure oder Essigsäure an, worauf man auf 100 ccm auffüllt. Fügt man nun 1 ccm Ferrocyankaliumlösung (1 : 200) zu, so entsteht bei Anwesenheit geringer Kupfermengen eine rötliche Färbung, bei größeren Mengen ein rötlichbrauner Niederschlag von Ferrocyankupfer. Für die kolometrische Bestimmung ist natürlich die Konzentration der zu untersuchenden Lösung so zu wählen, daß das Ferrocyankupfer in Lösung bleibt. Man teilt sie daher zweckmäßig von vornherein in zwei Teile und benutzt den ersten zur Anstellung einer Vorprobe.

Für viele Zwecke dürfte es genügen, das elektrolytisch ausgeschiedene Kupfer auf diesem Wege nur qualitativ zu bestimmen.

b) Bestimmung des Zinks.

Zink wird quantitativ am besten als Sulfid bestimmt. Man dampft etwa 5 Liter des zu untersuchenden Wassers, nachdem man es mit Salzsäure schwach sauer gemacht hat, auf etwa 100 ccm

*) Die Lösung kann mit ausreichender Genauigkeit auch durch Lösen von 0,786 g nicht verwitterten kristallisierten Kupfersulfats ($CuSO_4 + 5 H_2O$) zu 1 Liter destillierten Wassers hergestellt werden.

ein und setzt Sodalösung zu bis nahe zum Neutralisationspunkt. Nun fügt man Natriumazetatlösung im Überschuß und einige Tropfen Essigsäure hinzu, erhitzt die Mischung zum Sieden und leitet dann Schwefelwasserstoff ein, bis die Mischung Zimmertemperatur angenommen hat. Das Zink fällt als weißes Zinksulfid (ZnS) aus. Es wird abfiltriert und mit etwas ammoniumnitrathaltigem Wasser ausgewaschen. Das Zinksulfid wird nach dem Trocknen möglichst vom Filter abgelöst und ohne Verlust in einen gewogenen Porzellantiegel gebracht, das Filter über dem Tiegel am Platindraht verbrannt, die Filterasche dem Tiegelinhalt beigefügt und letzterer durch starkes Glühen bei Luftzutritt in Zinkoxyd verwandelt. Letzteres wird nach dem Erkalten im Exsikkator gewogen. Die Gewichtszunahme des Tiegels, multipliziert mit 0,803, ergibt die Menge Zink (Zn) in der angewandten Wassermenge, welche auf 1 Liter umzurechnen ist.

Nach K. B. Lehmann (127) kann man kleine Mengen Zink (bis 0,3 mg abwärts) mit Ferrocyankalium titrieren, wenn man das Eisen abgeschieden hat; doch erheischt die Methode genaues Einhalten von Detailvorschriften.

Beabsichtigt man, das Zink aus der eingedampften Wassermenge elektrolytisch abzuscheiden, so muß diese Prozedur in einer Platinschale (als Kathode) vorgenommen werden, deren Innenfläche zunächst einen elektrolytischen Kupferüberzug erhalten hat oder in einer silbernen Schale. Das Zink kann, nachdem es in lösliches Zinkdoppelsalz übergeführt worden ist, leicht und rasch elektrolytisch zur Ausscheidung gebracht werden, doch eignet sich die Methode nicht zur Bestimmung kleiner Zinkmengen. Eine kolorimetrische Bestimmung des Zinks ist nicht gut möglich, da die gebildeten Niederschläge weiß sind. Es kann höchstens der Grad der eingetretenen Trübung bestimmt werden.

Zinn tritt gewöhnlich nur in Spuren in Wässer über. Die **qualitative Prüfung** auf Anwesenheit dieses Metalles kann erfolgen, indem man ein größeres Quantum Wasser zur Trockne verdampft, den Rückstand mit etwas konz. H_2SO_4 befeuchtet und die organische Substanz dann durch Glühen zerstört; oder man stellt mit Soda und Salpeter eine Schmelze her, wie beim Nachweis der Chromate (vgl. S. 189) beschrieben. Asche bzw. Schmelze werden gelöst. Schwefelwasserstoff fällt gelbes Zinnsulfid, löslich in gelbem Ammoniumsulfid, unlöslich in verdünnten Säuren. Vgl. auch (127a).

28. Bestimmung verschiedener anderer Stoffe.

Außer den bisher genannten Substanzen können in Abwässern gelegentlich oder dauernd auch andere chemische Körper suspendiert oder gelöst auftreten und auch unmittelbar oder nach vorausgegangenen chemischen Umsetzungen in den abgelagerten Schlamm übergehen. Es liegt in der Natur der Sache, daß solche Stoffe sich hauptsächlich in industriellen Abwässern finden werden. Es kann nicht Aufgabe des vorliegendes Buches sein, Mittel und Wege anzugeben, um alle im Abwasser oder Schlamm möglicherweise vorkommenden Stoffe nachzuweisen. Liegt ein bestimmter Verdacht auf einen Stoff vor, so muß seine Auffindung zunächst nach den allgemeinen Regeln der qualitativen Analyse erfolgen. Läßt die qualitative Analyse die Anwesenheit des betreffenden chemischen Körpers in erheblicher Menge erkennen, so muß eventuell die quantitative Analyse ebenfalls mit den bekannten Methoden der Lehrbücher einsetzen.

In den meisten Fällen wird die Aufgabe eine sehr komplizierte sein und nur unter besonderen Umständen in Angriff genommen werden.

Von besonderem hygienischen Interesse sind einige Substanzen, welche stark giftig wirken und daher die in der Vorflut vorhandenen oder die für die normale Zersetzung der Abwässer in den biologischen Reinigungsanlagen (Rieselfelder, biologische Reinigungsanlagen im engeren Sinne) notwendigen tierischen und pflanzlichen Lebewesen schädigen oder vernichten können. Auf den (hauptsächlich) qualitativen Nachweis einiger derselben möge daher noch kurz hingewiesen werden.

A. Nachweis von Arsen.

(Abwässer von Gerbereien, Teerfarbenfabriken, Schwefelsäurefabriken u. a.)

Die Methode beruht darauf, daß man die Sauerstoffverbindungen des Arsens durch die Einwirkung nascierenden Wasserstoffs zu Arsenwasserstoff reduziert. Dieser zerfällt durch Glühhitze oder Verbrennung. Im ersteren Fall bildet sich Arsen und Wasserstoff, im letzteren Arsenigsäureanhydrid, bzw. beim Abkühlen der Flamme metallisches Arsen.

Zur Ausführung dieser Methode bedient man sich des Marshschen Apparates (Fig. 29). Derselbe besteht aus einer zweifach tubulierten Woulfschen Flasche, welche man mit Stückchen von reinem metallischen Zink beschickt. Der eine Tubus ist mit einem bis nahe an den Grund der Flasche reichenden Trichterrohre versehen, während in den anderen ein Ableitungsrohr eingefügt ist. An letzteres schließt sich ein mit Chlorcalciumstückchen gefülltes U-förmiges Rohr behufs Trocknung des zu entwickelnden Gases und weiterhin eine mehrfach zu dünneren Stellen ausgezogene Glasröhre von schwer schmelzbarem bleifreien Glase, in welcher der Nachweis des Arsens stattfindet.

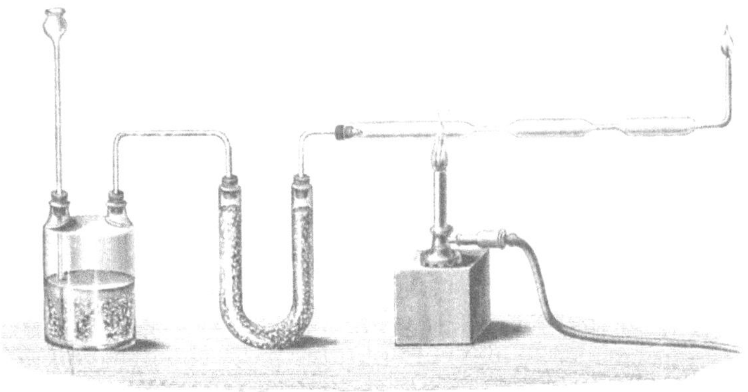

Fig. 29.

Zunächst gibt man durch das Trichterrohr verdünnte Schwefelsäure in die Woulfsche Flasche und setzt damit die Entwicklung von Wasserstoffgas in Gang, welche besser verläuft, wenn man noch einige Tropfen Platinchloridlösung hinzufügt. Um die Bildung von Knallgas zu verhüten, welches zu gefährlichen Explosionen Anlaß geben kann, ist vor jeder weiteren Maßnahme so lange zu warten, bis alle Luft durch Wasserstoffgas aus dem Apparat verdrängt ist. Hierauf zündet man den am Ende des Apparates ausströmenden Wasserstoff an. Zur Prüfung, ob das gelieferte Gas bzw. die zur Bildung desselben verwendeten Materialien (Zink und Schwefelsäure) arsenfrei sind, versetzt man die erste nach dem U-Rohr befindliche Erweiterung des mehrfach ausgezogenen Glasrohres mittels eines Bunsenbrenners oder einer Spirituslampe in gelinde Glühhitze. Wenn dies der Fall ist, darf nach Verlauf einer halben Stunde hinter der erhitzten Stelle keine schwarze Abscheidung stattfinden.

Nach Erfüllung dieser Vorsichtsmaßregeln ist der Apparat zur Ausführung der Untersuchung des Wassers auf Arsen geeignet. Zu diesem Behufe läßt man durch das Trichterrohr in die Woulfsche Flasche zunächst 5 ccm und allmählich steigend bis zu 30 ccm des zu prüfenden Wassers einfließen. Ein schwarzer, spiegelnder Niederschlag hinter dem erhitzten Teile der Glasröhre zeigt die Gegenwart von Arsen an. Hierbei nimmt die Wasserstoffflamme, namentlich, wenn man den Bunsenbrenner entfernt, eine bläulichweiße Färbung an. Hält man in die Flamme den Deckel eines Porzellantiegels, so beschlägt sich dieser schwarz mit elementarem Arsen, welches dadurch charakterisiert ist, daß es sich in einer konzentrierten Lösung von unterschwefligsaurem Natrium leicht löst.

Arsen ist auch auf biologischem Wege mit Hilfe bestimmter Schimmelpilzarten (*Penicillium brevicaule*) nachzuweisen (Gosio 128).

B. Nachweis von Cyanverbindungen.

Die Prüfung auf Cyanverbindungen in Abwässern aus Cyanfabriken, Galvanisierwerken, Gasfabriken und Kokereien wird folgendermaßen ausgeführt (129): 50 ccm des zu prüfenden Abwassers werden mit 1 ccm einer 10 proz. Ferrosulfatlösung und $^1/_2$ ccm einer 10 proz. Natronlauge versetzt; nach etwa 5 Minuten wird die Lösung mit Schwefelsäure angesäuert. Tritt Blaufärbung ein, so ist die Anwesenheit von Cyanverbindungen anzunehmen. Um die giftigen Cyanverbindungen (Blausäure) nachzuweisen, werden 500 ccm der Abwasserprobe nach Zusatz von 50 g Natriumbikarbonat aus einem Literkolben mit einfachem Aufsatz unter Vorlage von 2 ccm $^1/_{10}$ Normal-Silbernitratlösung und etwa 10 ccm verdünnter Salpetersäure destilliert, bis das Destillat 100 ccm beträgt. Gibt das Destillat keinen Niederschlag von Cyansilber, so enthält das Abwasser weniger als 0,5 mg Cyankalium im Liter. Entsteht ein Niederschlag, und soll dessen Menge bestimmt werden, so ist der Niederschlag abzufiltrieren und in einem aliquoten Teil des Filtrats das überschüssige Silbernitrat nach Volhard titrimetrisch zu bestimmen (vgl. S. 97). 1 ccm $^1/_{10}$ Normal-Silberlösung entspricht 5,404 mg Cyanwasserstoff, da 1 Molekül Silbernitrat 2 Molekülen Cyanwasserstoff entspricht.

C. Nachweis von Phenol

(Abwässer von Anilinfabriken, Gasfabriken und Kokereien).

Man gewinnt etwaiges Phenol aus Abwässern, indem man letztere mit Wasserdämpfen destilliert und das Destillat prüft. Vielfach ist schon der Geruch des Destillats charakteristisch. Chemisch lassen sich Phenol und teilweise auch seine Derivate nachweisen durch die auftretende Blaufärbung (bei reinem Phenol amethystblaue Färbung) nach Zugabe von Eisenchloridlösung zu dem neutralen Destillat (starke Säuren heben die Färbung auf); bei Zusatz von Bromwasser zu phenolhaltigem Wasser bildet sich gelblichweißes kristallinisches Tribromphenol. Wegen quantitativer Phenolbestimmungen muß auf die Literatur (130) verwiesen werden.

D. Nachweis von Chromaten

(Abwässer von Färbereien, Gerbereien usw.).

Eine passende Menge des zu untersuchenden Abwassers wird in der Platinschale zur Trockne verdampft und die organische Substanz des Trockenrückstandes bei mäßiger Rotglut zerstört. Bisweilen empfiehlt es sich auch, dem Trockenrückstand einige Zehntel bis einige Gramm von einer gut zerriebenen Mischung von 2 Teilen reinen Natriumkarbonats und 1 Teil Kaliumnitrat zuzufügen und den Trockenrückstand über der Bunsenflamme mit dieser Mischung zu schmelzen. Die Asche oder die Schmelze wird in heißem destillierten Wasser gelöst und die Reaktion der Lösung geprüft bzw. korrigiert (Salzsäure ist dabei zu vermeiden, die Lösung der Schmelze ist mit Essigsäure anzusäuern). Die Lösungen können zur **Anstellung folgender Reaktionen** im Reagenzglase dienen:

1. Zugabe von **Bleiazetatlösung.** Es fällt aus der mit Essigsäure angesäuerten Lösung gelbes Bleichromat, löslich in überschüssiger Natronlauge.

2. Zugabe von **Silbernitratlösung.** Aus der neutralen Lösung fällt braunrotes Silberchromat, löslich in Salpetersäure und Ammoniak.

3. Zum Nachweis sehr kleiner Mengen kann auch die für **Wasserstoffsuperoxyd** (vgl. S. 78) angegebene Reaktion in

umgekehrter Anordnung dienen. Eine maßanalytische Bestimmung kann sowohl mittels Eisenoxydulsalz wie auf jodometrischem Wege ausgeführt werden.

E. Nachweis von freier und gebundener schwefliger Säure (SO_2).

Schweflige Säure kommt in freiem und gebundenem Zustand in einigen Abwässern, z. B. den von Sulfitzellstoff-Fabriken (131) vor. **Qualitativ** prüft man auf schweflige Säure am besten, indem man das Abwasser in einem Kölbchen mit Phosphorsäure ansäuert, das Kölbchen auf dem Wasserbade erwärmt und einen Streifen Kaliumjodatstärkepapier in den Hals des Kölbchens hängt. Der Streifen färbt sich bei Anwesenheit von schwefliger Säure blau.

Die **Bestimmung der freien schwefligen Säure,** welche leicht in Wasser löslich ist, demselben gegen Lackmus eine saure Reaktion verleiht und in erheblicheren Mengen sich schon durch den charakteristischen Geruch zu erkennen gibt, geschieht fast ausschließlich auf jodometrischem Wege. Die dabei stattfindende Umsetzung wird durch folgende Gleichung veranschaulicht:

$$H_2SO_3 + J_2 + H_2O = H_2SO_4 + 2\,HJ.$$

Man kann, unter Benutzung von Stärke als Indikator, entweder den Verbrauch an $^1/_{100}$ Normal-Jodlösung feststellen oder besser die gebildete Schwefelsäure gewichtsanalytisch bestimmen (s. unten). 1 ccm $^1/_{100}$ Normal-Jodlösung entspricht 0,320 mg SO_2.

Zur **Bestimmung der gesamten schwefligen Säure** (freie + gebundene) füllt man 300 oder 500 ccm des zu untersuchenden Wassers (Abwassers) in einen Rundkolben von $^3/_4$ bis 1 Liter Inhalt, verschließt den Kolben mit einem doppelt durchbohrten Kautschukstopfen, durch welchen, ähnlich wie bei einer Spritzflasche (Fig. 11 *x*), ein langes und ein kurzes gebogenes Glasrohr hindurchgeführt sind. Der Kolben wird auf einen Dreifuß mit Drahtnetz gestellt, das bis auf den Boden reichende Glasrohr mit einem Kohlensäureentwicklungsapparat, das kurze Glasrohr mit einem Liebigschen Kühler verbunden, dessen Vorstoß in die in einem größeren Becherglas befindliche Jodlösung (5 g Jod, 7,5 g Jodkalium, mit destilliertem Wasser zum Liter aufgefüllt) eintaucht. Die Menge der vorzulegenden Jodlösung richtet sich nach dem

Gehalt des Wassers an schwefliger Säure. Es muß nur ein Überschuß von Jodlösung vorhanden sein. Eine Abmessung der Menge ist im übrigen nicht nötig. Man verdrängt nun zunächst langsam durch Kohlensäure die Luft aus dem ganzen System, um eine Oxydation der schwefligen Säure zu Schwefelsäure zu verhindern, gibt dann, indem man den Stopfen des Kolbens schnell lüftet, 20 ccm Phosphorsäurelösung (spez. Gew. 1,15) hinzu und erwärmt darauf den Kolbeninhalt mittels Bunsenbrenners vorsichtig bis zum Sieden. Unter fortwährendem langsamen Einleiten von Kohlensäure und reichlicher Beschickung des Liebigschen Kühlers mit kaltem Wasser destilliert man etwa 200 ccm des Kolbeninhalts in die Jodlösung hinein ab. Das Destillat wird nötigenfalls filtriert und mit destilliertem Wasser im Meßkolben auf ein bestimmtes Volumen, z. B. 500 ccm, gebracht und gut gemischt. In einem aliquoten Teil dieser Mischung fällt man nun nach der bei der Bestimmung der Sulfate gegebenen Vorschrift (vgl. II, 13, B, a) durch Zufügen von Salzsäure und Baryumchloridlösung unter Erwärmen die gebildete Schwefelsäure als Baryumsulfat und bestimmt letztere gewichtsanalytisch. 1 mg $BaSO_4$ entspricht 0,274 mg SO_2. Die gefundene Menge SO_2 ist auf die Gesamtmasse des aufgefüllten Destillats umzurechnen.

29. Physikalische und chemische Untersuchung von Schlammproben.

Zunächst wird man die **äußeren Eigenschaften** eines Schlammes prüfen, d. h. **Farbe, Geruch, Wassergehalt** (Konsistenz), eventuell auch die **Reaktion**.

A. Herstellung der Trockensubstanz.

Um eine genauere Bestimmung des Wassergehaltes vorzunehmen, trocknet man von der gut durchgemischten Probe 100 bis 200 g in einer vorher tarierten, einen Glasspatel enthaltenden Porzellanschale zuerst auf dem Wasserbade und dann im Trockenschrank bei 110° unter zeitweiligem Umgraben der Masse mittels des Spatels, bis sich das Gewicht während halbstündigen Trocknens nicht mehr wesentlich ändert. Aus dem Gewichtsverlust wird der Wassergehalt bzw. die Trockensubstanz berechnet. Die trockene

Masse wird dann nach Möglichkeit in einem Porzellanmörser zerrieben und in ein trockenes Pulverglas gefüllt. Diese Masse dient zur Anstellung etwaiger weiterer Untersuchungen. Unter andern können in Frage kommen:

a) Bestimmung des Glühverlustes (vgl. S. 83).

Eine weiße Asche ist dabei gewöhnlich nicht zu erzielen.

b) Bestimmung des Eisengehaltes (vgl. S. 169).

c) Prüfung auf gebundenen Schwefel (Sulfide).

Schwefeleisenhaltiger, gewöhnlich schwarz aussehender Schlamm entwickelt beim Übergießen mit verdünnter Salzsäure Schwefelwasserstoff, kenntlich am Geruch und durch die Prüfung mit Bleipapier. Die Prüfung ist besser mit frischem ungetrockneten Schlamm auszuführen. Will man eine quantitative Untersuchung auf Schwefeleisen bzw. Sulfide überhaupt, einschließlich des Schwefelwasserstoffs ausführen, so muß der sich beim Übergießen mit Säure entwickelnde Schwefelwaserstoff durch Wasserstoffsuperoxyd zu Schwefelsäure oxydiert, diese als Baryumsulfat gefällt und daraus der Schwefelgehalt berechnet werden (Methode von Classen). Die gefundene Baryumsulfatmenge mit 0,1374 multipliziert ergibt die Menge des vorhandenen Schwefels.

d) Prüfung auf freien Schwefel.

Man schüttelt eine größere Portion des ungetrockneten Schlammes im Schütteltrichter mit Schwefelkohlenstoff oder Benzol mehrmals aus, dunstet die Extraktionsflüssigkeit (nach dem Abscheiden) auf dem vorher erhitzten Wasserbade (ohne brennende Flamme!) ab und wäscht nötigenfalls den Rückstand noch ein wenig mit Alkoholäther aus. Der Rückstand wird auf ein Platinblech gebracht und darauf verbrannt. Enthält er Schwefel, so erfolgt die Verbrennung mit blauer Flamme unter Bildung von stechenden Schwefeldioxyddämpfen. Oder man schmilzt den Rückstand mit etwas Soda und Salpeter zusammen. Dann läßt sich nach Auflösen der Schmelze in destilliertem Wasser durch Fällung mit Baryumchlorid und verdünnter Salzsäure der Schwefel auch in Form von Schwefelsäure (vgl. S. 99) nachweisen, unter Umständen sogar quantitativ bestimmen.

e) Bestimmung des Ätherextraktes (vgl. S. 145).

f) Bestimmung des Zellulosegehalts (vgl. S. 144).

30. Allgemeine Bemerkungen über den Gang der chemischen Analyse.

Um sich ein Bild über die Zusammensetzung des zu untersuchenden Wassers im allgemeinen zu schaffen, wird man die Prüfung desselben stets mit einer qualitativen Ermittelung der vorhandenen Bestandteile einleiten. Es mag zuweilen fraglich sein, wie man die eingetretene Reaktion zu deuten hat; häufige Beobachtung bei verschiedenen Wasserarten führen zu einer Erfahrung, welche eine zuverlässige Deutung des jeweiligen Resultats auf dem Wege des Vergleichs ermöglicht. Im allgemeinen läßt sich sagen, daß eine eben bemerkbare Opaleszenz oder Färbung als „schwache Spur", oder wenn diese Erscheinungen deutlicher hervortreten, als „Spur" zu bezeichnen ist. Die Entstehung eines sichtbaren Niederschlages wird man mit dem Ausdruck „Vorhanden" verzeichnen. Während die ersteren beiden Beobachtungen einen weiteren Anlaß zur quantitativen Bestimmung nur zuweilen abgeben (Ammoniak, Schwefelwasserstoff, Blei, Kupfer) bildet die Intensität des Niederschlages, seine Dichtigkeit, das Vermögen, sich mehr oder minder rasch abzusetzen, die Grundlage für die sich anschließende quantitative Untersuchung.

Durch die Aufbewahrung der entnommenen Probe erfährt das Wasser, besonders aber das Abwasser, Veränderungen, welche tunlichst zu vermeiden sind. Das Absetzen der schwebenden Bestandteile sollte man an einem kühlen Orte vor sich gehen lassen. Die niedrige Temperatur (Eisschrank) bildet ein Mittel, unwillkommene Zersetzungsvorkommnisse zu verlangsamen oder auf ein Minimum herabzudrücken. Störend ist ferner ein Verlust der flüchtigen Stoffe, welcher trotz guten Verschlusses immerhin möglich ist, da die Probeflaschen häufig nicht vollständig gefüllt sind. Die Ermittelungen des Gehaltes an Kohlensäure, Sauerstoff (vgl. auch unter Probeentnahme), Schwefelwasserstoff werden deshalb unter tunlichst geringem Zeitverlust bald nach der Entnahme des Wassers auszuführen sein. In gewissem Sinne kommt auch das Ammoniak hier in Betracht, da es in freiem Zustande zum Teil vorhanden sein kann.

Die Umsetzungsfähigkeit des letzteren, auch im gebundenen Zustande, in salpetrige Säure und weiterhin in Salpetersäure sowie die unter gewissen Bedingungen sich abspielende Oxydation der organischen Bestandteile lassen es gerechtfertigt erscheinen, die Bestimmung des Ammoniaks, der salpetrigen Säure und der Salpetersäure, der Oxydierbarkeit, des Sauerstoffgehaltes und des Glühverlustes nicht lange hinauszuschieben.

Konservierung von Proben (vgl. auch das Kapitel Probeentnahme). Will man die Zersetzung eines Wassers (Abwassers) hintanhalten, so empfiehlt sich außer der Aufbewahrung bei niedriger Temperatur der Zusatz von einigen Tropfen reinen Chloroforms (132), mit welchen das Wasser (Abwasser) einige Male durchgeschüttelt wird. Die vorherige Untersuchung auf Kohlensäure und Sauerstoff kann dadurch natürlich nicht gespart werden, ferner müssen Proben für die Bestimmung der Oxydierbarkeit vor Zusatz des Chloroforms dem Wasserquantum entnommen werden. Man kann diese letzteren dann dadurch konservieren, daß man zu abgemessenen Portionen des Wassers gleich die für die Ausführung der Oxydierbarkeitsbestimmung notwendigen Mengen verdünnter Schwefelsäure hinzufügt (vgl. S. 137).

Weiterhin kann die Ermittelung von Calcium, Magnesium, besonders aber von Eisen an Zuverlässigkeit einbüßen, wenn Kohlensäure zu entweichen Gelegenheit hatte und damit die Ausfällung dieser Metalle ermöglicht wird.

Fehlerquellen dieser Art wird man durch den eben geschilderten Gang der Untersuchung auszuschließen suchen. Für die übrigen zu ermittelnden Bestandteile ist eine bestimmte zeitliche Reihenfolge von geringerer Bedeutung, wenngleich es sich empfehlen wird, unnötigen Zeitverlusten zu entsagen. Immerhin wird man die quantitativen Bestimmungen nach praktischen Rücksichten ordnen, wie sich solche beispielsweise bei der Ermittelung des Kieselsäure- und Tonerdegehaltes ergeben, zumal in Fällen, wo etwa die beschränkte Menge des vorhandenen Wassers zur Sparsamkeit mahnt.

31. Zusammenstellung der Ergebnisse der chemischen Analyse.

Die ermittelten Werte werden jetzt allgemein in Milligrammen angegeben und auf 1 Liter Wasser bezogen. Andere Berechnungsarten sollten daher schon der leichteren Vergleichbarkeit verschiedener Analysen wegen nicht mehr ausgeführt werden.

Im Hinblick auf die zurzeit überall zur Anerkennung gelangte Theorie der verdünnten Lösungen **wird es von manchen Seiten als wünschenswert betrachtet, die Analysenergebnisse von jetzt an einheitlich, und zwar dieser Theorie entsprechend, auszudrücken.**

In den wässerigen Lösungen finden sich bekanntlich die Salze gewöhnlich nicht als solche vor, sondern sie sind, je nach dem Grade der Verdünnung der Lösungen, mehr oder minder in ihre Ionen dissoziiert, d. h. in die Kationen, also die Metalle (z. B. $Na^{\cdot}$, $Ca^{\cdot\cdot}$, $Mg^{\cdot\cdot}$) und die Anionen, d. h. Säurereste (z. B. Cl', SO_4'', HCO_3') gespalten.

War es bisher üblich, die sauerstoffhaltigen Säuren als Säureanhydride, ferner manche Metalle (z. B. Ca und Mg) als Metalloxyde in der Analyse zu berechnen, so empfiehlt es sich aus den genannten Gründen jetzt mehr, die **Metalle** stets **als Kationen** zu berechnen (z. B. als $Ca^{\cdot\cdot}$, $Mg^{\cdot\cdot}$), und es erscheint auch nicht unangebracht, **an Stelle der Anhydride,** z. B. SO_3, N_2O_5, N_2O_3, P_2O_5, CO_2, **die Anionen (Säurereste)** zu setzen, z. B.

SO_4'' (Sulfat-Ion),
NO_3' (Nitrat-Ion),
NO_2' (Nitrit-Ion),
HPO_4'' (Hydrophosphat-Ion),
CO_3'' (Karbonat Ion),
HCO_3' (Hydrokarbonat-Ion).

Diese Art der Darstellung der Untersuchungsergebnisse entspricht zweifellos einer richtigeren wissenschaftlichen Auffassung der chemischen Vorgänge. Im übrigen bietet sie aber praktische Vorzüge für die Wasseranalyse im allgemeinen einstweilen nicht. Gewöhnlich sind daher im vorliegenden Leitfaden die alten Berechnungsarten noch beibehalten und nur teilweise durch die neueren ersetzt oder ergänzt worden. Wegen der Darstellung der Ergebnisse der chemischen Analyse der Mineralwässer vgl. Hintz und Grünhut (133).

Eine einheitliche Darstellung der Ergebnisse der chemischen Untersuchung des Wassers wäre jedenfalls ebenso erwünscht, wie ein genau präzisiertes einheitliches Vorgehen bei der Ausführung der Analyse, vor allem bei den maßanalytischen Methoden. Eine Vergleichung von Ergebnissen von solchen Untersuchungen, welche nicht nur von verschiedenen Analytikern sondern auch noch nach verschiedenen Methoden ausgeführt worden sind, ist sonst schlechterdings bisweilen unmöglich.

32. Ambulante chemische Wasseruntersuchungen.

In gewissen Fällen erübrigt sich eine eingehende und genaue chemische Untersuchung des Wassers, oder die **Untersuchung** muß, weil beim Transport und beim Aufbewahren der Wasserprobe Veränderungen in der Zusammensetzung des Wassers eintreten können, sogleich **an Ort und Stelle** vorgenommen werden. In allen diesen Fällen sind nur **bequeme, expeditive Methoden** brauchbar. Für eine **orientierende Untersuchung** genügt vielfach die Bestimmung der Wassertemperatur, der Durchsichtigkeit, der Farbe und des Geruchs, ferner die qualitative Prüfung auf Reaktion des Wassers, salpetrige Säure, Ammoniak uud Salpetersäure. Auch kann eine Bestimmung der freien Kohlensäure, des Eisens, der Härte und eventuell des Sauerstoffverbrauchs an Ort und Stelle von Wert sein. Seltener kommt die Prüfung auf Blei und Mangan am Orte der Probeentnahme in Frage. Die Untersuchungen auf die Menge des gelösten Sauerstoffs, auf Kohlensäure und auf bleilösende Eigenschaft des Wassers müssen gewöhnlich an Ort und Stelle eingeleitet werden. (Wegen der biologischen und bakteriologischen Untersuchungen vergleiche die folgenden Abschnitte.)

Die Voraussetzung für die Ausführung oder Einleitung solcher Untersuchungen sind **handlich zusammengestellte Untersuchungskästen.** Es sind deren mehrere angegeben worden.

So fertigt die Firma E. Merck in Darmstadt einen **Wasseruntersuchungskasten** nach den Angaben von **Schreiber und Klut,** in welchem die Reagenzien in Tablettenform (bzw. in zugeschmolzenen Ampullen) vorhanden sind. Mit Hilfe dieser Ausrüstung (113) ist eine Bestimmung der Temperatur, der Durchsichtigkeit und der Farbe des Wassers, eine Prüfung auf seine Reaktion, auf etwaigen Gehalt an salpetriger Säure, Salpetersäure und Ammoniak möglich, ferner eine annähernde Bestimmung der Chloride, des Sauerstoffverbrauchs, der Härte und des Eisens.

Der Untersuchungskasten ist dem von Thresh nachgebildet.

Klut hat als Ergänzung zu seiner Anleitung für die „Untersuchung des Wassers an Ort und Stelle" (120) einen **transportablen Kasten für Wasseruntersuchungen** konstruiert, der die für die Vorprüfung des Wassers auf seine Brauchbarkeit für Trink- und Wirtschaftszwecke erforderlichen Gerätschaften und Reagenzien enthält. Die Ausrüstung ermöglicht die Bestimmung der Temperatur, Durchsichtigkeit, Farbe, des Geruchs und der Reaktion sowie die Prüfung auf Schwefelwasserstoff, salpetrige Säure, Salpetersäure, Ammoniak, Eisen und Mangan.

Von **Thiesing** stammt eine handliche **Zusammenstellung für die Voruntersuchung des Wassers an Ort und Stelle** auf Ammoniak, salpetrige Säure, Salpetersäure, Eisen, freie Kohlensäure usw., sowie eine andere für Gasbestimmungen (Kohlensäure, Sauerstoff) im Wasser.

Andere Zusammenstellungen (für chemische und bakteriologische Untersuchungen) sind angegeben von **Gärtner, Proskauer, Beninde, Hilgermann** u. a. Wegen eines handlichen Apparats zur Messung des elektrischen Leitvermögens von Wässern an Ort und Stelle vgl. S. 347.

Soweit nicht ein Zwang zur Ausführung der Untersuchung an Ort und Stelle besteht, welche für gewisse Bestimmungen eine Vereinfachung der Methodik meist auf Kosten der Genauigkeit verlangt, sollte immer die exakte chemische Analyse im Laboratorium angestrebt werden. Die meisten der hier skizzierten Untersuchungen an Ort und Stelle (abgesehen von den einleitenden Untersuchungen) haben tatsächlich häufig nur den Wert von Vorprüfungen und orientierenden Untersuchungen. Allerdings können auch diese, an der richtigen Stelle angewandt, unter Umständen von nicht unerheblichem Wert sein.

III. Die mikroskopische Wasser- und Abwasseruntersuchung und die biologische Beurteilung des Wassers und Abwassers nach seiner Flora und Fauna.

1. Allgemeine Bemerkungen.

Es kann nicht ausreichend sein, die ungelöst im Wasser befindlichen Bestandteile nur auf dem Filter als suspendierte Substanz dem Gewichte nach kennen zu lernen, auch die Ermittelung, wie groß der verbrennbare (organische) Anteil derselben ist, gibt uns nur einen ungenügenden Anhaltspunkt über deren Bedeutsamkeit für die hygienische Beurteilung des Wassers. Zudem wäre die Voraussetzung, daß man durch das Filter sämtliche schwimmende Teilchen aufgefangen hat, eine irrige; ein beträchtlicher Teil derselben ist von so geringer Größe, daß wir sie mit unbewaffnetem Auge nicht mehr wahrnehmen können. Wir können uns nur eine Vorstellung über das Wesen solcher kleinsten Gegenstände machen, wenn wir dieselben durch Vergrößerung erkennbar machen. Die Lupe bzw. das Mikroskop gestatten uns, die äußeren Umrisse ihrer Gestalt, ihre Farbe und dergleichen zu erkennen, um nach ihrem Wesen und nach ihrer Herkunft zu bestimmen, ob ihnen als Verunreinigung eine hygienische Bedeutung beizumessen ist oder nicht.

So wichtig diese mikroskopische Wasseranalyse ist, so darf doch über ihr die Beobachtung der höher stehenden Vertreter der Mikrofauna und die höhere Fauna und Flora des Wassers nicht vergessen werden. Besonders für die Beurteilung des Oberflächenwassers (Bäche, Flüsse, Seen) und des Abwassers spielen auch mit unbewaffnetem Auge erkennbare Lebewesen eine nicht zu unterschätzende Rolle.

Die bakteriologische Wasseruntersuchung pflegt man unter die mikroskopische und biologische Untersuchung nicht mit einzubegreifen. Ihr ist deshalb ein besonderer Abschnitt gewidmet.

Läßt sich eine Anleitung zur physikalischen, chemischen und selbst auch bakteriologischen Wasseruntersuchung verhältnismäßig leicht allen denjenigen geben, bei denen eine gewisse Vorkenntnis der allgemeinen Grundsätze und Handgriffe, welche die Tätigkeit im Laboratorium erfordert, vorausgesetzt werden kann, so gilt das nicht in gleichem Maße für die mikroskopische und biologische Wasseruntersuchung. Hier kann eigentlich nur die jedesmalige Anschauung des wirklichen Objektes, nicht die seiner Nachbildung, belehrend wirken, wenigstens für den Anfänger und weniger Geübten. Die ungemein mannigfaltige äußere Form des betrachteten Gegenstandes bedeutet hier alles, scheinbar nebensächliche Änderungen in dem Strukturbild können Kennzeichen wichtiger Unterschiede sein. Die Untersuchung ist ganz vorwiegend eine qualitative, während bei der physikalischen, chemischen und auch bakteriologischen Wasseruntersuchung quantitative Bestimmungen mindestens von gleicher Bedeutung sind wie die qualitativen, ja die letzteren gewöhnlich an Wichtigkeit übertreffen. Spielt Übung und Erfahrung schon bei den physikalischen, chemischen und bakteriologischen Untersuchungen eine große, ausschlaggebende Rolle hinsichtlich der Zuverlässigkeit der gewonnenen Ergebnisse und ihrer richtigen Deutung, wie viel mehr noch ist dies bei der biologischen Wasseruntersuchung der Fall! Und so gibt es denn eigentlich nur wenige Spezialisten, welche dieses Gebiet völlig beherrschen.

Bei diesem Stand der Dinge könnte es angebracht erscheinen, dieses Kapitel überhaupt auszuscheiden. Wir tun es trotzdem nicht, weil wir der Ansicht sind, daß einmal alle verfügbaren Methoden zur Beurteilung der Wässer nach Möglichkeit herangezogen werden müssen, und daß es außerdem doch eine Reihe so charakteristischer Formen unter der Flora und Fauna des Wassers gibt, daß sie auch von dem weniger Geübten erkannt werden können. Auf eine eingehendere und subtilere Beurteilung von Wasser und Abwasser vom biologischen Standpunkt aus wird derselbe aber gewöhnlich verzichten müssen.

Im übrigen stehen für eingehendere Studien mehrere gute und brauchbare Werke zur Verfügung (134). In dem vorliegenden Buche können nur die besonders charakteristischen und zugleich wichtigen Organismen Berücksichtigung finden.

2. Aufgabe und Gegenstand der mikroskopisch-biologischen Untersuchung.

Wie die physikalische, chemische und bakteriologische Analyse kann uns die mikroskopische und biologische Wasseruntersuchung, je nach Lage der Dinge, mannigfache Aufschlüsse geben. So läßt uns die unmittelbare mikroskopische Betrachtung des aus einem Brunnenwasser abgesetzten **Sedimentes** oft eine mangelhafte Beschaffenheit der Brunnenkonstruktion erkennen, indem aus dem menschlichen Haushalt stammende Körperchen (Stärkekörner, Kaffeesatz, Stoffasern, Waschblau), Bestandteile von Fäkalabwässern (unverdaute, gallig gefärbte Muskelfasern, Zellulose, Darmepithelien, Eier von Darmschmarotzern), Teile von Tieren (Ratten- und Mäusehaar, Vogelfederreste u. dgl.) sich dem ungenügend geschützten Brunnenwasser (Kesselbrunnen) beimengen und im mikroskopischen Bilde erscheinen (vgl. Tafel I). Das Mikroskop vermag ferner vielfach sicherer als das unbewaffnete Auge zu erkennen, ob eine im Wasser vorhandene **Trübung** oder ein daraus entstandenes Sediment organischer oder anorganischer Natur ist (organischer Detritus, Sand, Ton, Eisenoxydhydrat, Schwefeleisen, kohlensaurer Kalk u. dgl.; vgl. Tafel I).

Die **Herkunft eines Wassers** läßt sich durch die mikroskopische Prüfung oft unschwer durch in ihm enthaltene charakteristische Formen der Mikroflora und Mikrofauna (vgl. Tafel II—V) feststellen. Von Bedeutung kann dies u. a. bei der hygienischen Begutachtung von Quellwässern sein, welchen sich gelegentlich Oberflächenwasser beimischt, oder bei der Untersuchung von Wässern solcher Brunnen, welche in der Nähe von Flüssen niedergebracht sind und bei stärkeren Wasserspiegelabsenkungen Zuflüsse unzureichend filtrierten Flußwassers erhalten.

Von besonderer Wichtigkeit ist die mikroskopisch-biologische Untersuchung für das **Studium der Verunreinigung und Selbstreinigung der Bäche, Flüsse und Seen** geworden, hauptsächlich deswegen, weil auch Verunreinigungen vorübergehender Natur vielfach nicht ohne Einfluß auf Flora und Fauna eines Oberflächenwassers sind, sich also biologisch noch feststellen lassen, wenn das vordem verunreinigte Wasser selbst längst wieder rein geworden ist. Die Untersuchung hat sich in diesem Fall auf die festsitzenden Organismen zu richten. Mittels der physikalischen, chemischen und bakteriologischen Untersuchung läßt sich dagegen gewöhnlich nur der augenblickliche Zustand eines Wassers erkennen.

Gewisse Organismen vermögen nur in reinen Wässern zu gedeihen („Katharobien") (135), andere bevorzugen als Lebensmedium das durch Abwässer mehr oder minder verunreinigte Wasser (136) („Oligo-, Meso-, Polysaprobien"). Übergänge zwischen diesen beiden Kategorien von Pflanzen und Tieren sind natürlich reichlich vorhanden.

Die **Massenhaftigkeit oder Spärlichkeit des Auftretens der Organismen** ist gewöhnlich von ausschlaggebender Bedeutung und muß stets mit berücksichtigt werden.

Schließlich spielt die mikroskopisch-biologische Untersuchung auch eine große Rolle bei der Begutachtung von Abwasserreinigungsanlagen (137).

Gegenstand der mikroskopisch-biologischen Untersuchung kann sein:

1. **Das im Wasser schwebende und treibende Material (Plankton).**

2. **Die am Ufer der Oberflächengewässer sich festsetzenden Organismen.** (Außer dem eigentlichen Ufer kommen hier auch in Betracht: im Wasser liegende Steine, verankerte Fahrzeuge, Pfähle usw.)

3. **Der Schlamm**, den die natürlichen Oberflächenwässer und Abwässer sowie die künstlichen Wasser- und Abwasseransammlungen absetzen.

3. Die Mikroskopisch-biologischen Untersuchungsmethoden.

Dieselben sind verhältnismäßig einfacher Natur.

a) Anzuwendende Vergrößerungen usw.

Für die Zwecke der **mikroskopischen Betrachtung** der Objekte genügen gewöhnlich Vergrößerungen von 60—400, wie solche

z. B. erzielt werden können durch Kombination der Leitzschen Objektive Nr. 3 und 6 mit den Okularen 1 und 4. Für Untersuchungen auf Reisen ist das von Leitz zusammengestellte kleine Reisemikroskop zu empfehlen (auch Zeiß u. a. liefern solche Instrumente) oder die noch einfachere von Kolkwitz (138) angegebene Form.

Daneben empfiehlt es sich, bei den Untersuchungen an Ort und Stelle auch **Lupen** anzuwenden, welche — je nach Konstruktion — eine bis 40fache Vergrößerung liefern*).

Als **Lichtquelle** ist natürliches (am besten von einer weißen Wolke reflektiertes) Tageslicht vorzuziehen. Von einfachen künstlichen Lichtquellen kommt vorwiegend der Gas-Auerbrenner in Frage. Zu grelles Licht wird bekanntlich durch Einfügen einer Scheibe aus Milchglas oder bläulichem Glase in den Umfassungsring der Irisblende gemildert. Bei den meist gebrauchten schwächeren Vergrößerungen ist der Hohlspiegel anzuwenden. Auf richtige Abblendung ist besonderes Gewicht zu legen. Bisweilen ist die Anwendung schiefer (exzentrischer) Beleuchtung angebracht (140).

Sollen **Brunnenwässer** u. dgl. mikroskopisch untersucht werden, so läßt man die Flasche, welche die Probe enthält, am kühlen Ort so lange stehen, bis angenommen werden kann, daß alle sedimentierfähigen Teilchen sich zu Boden gesenkt haben (2—24 Stunden). Man kann auch ein größeres Wasserquantum durch ein kleines Filter aus Filtrierpapier filtrieren, zum Schluß das Filter durchstoßen und den angesammelten Inhalt mit wenig Wasser herausspritzen. Schließlich kann man sich auch der Methode des Zentrifugierens bedienen.

Dann wird mittels einer Planktonpipette, d. h. mit einem entsprechend langen Glasrohr von etwa 6 mm lichtem Durchmesser, dessen unteres Ende zu einer 2 mm weiten Spitze ausgezogen, und dessen oberes Ende nach Art der Augentropfgläschen mit einer 4—5 cm langen Gummikappe verschlossen ist, etwas von dem **Bodensatz** angesaugt und auf einen plangeschliffenen Objektträger ausgeblasen. Die kleine Wassermenge wird dann — zweckmäßig nach Bedeckung

*) Das Reisemikroskop nach Kolkwitz, sowie gute aplanatische Lupen liefert die Firma Otto Himmler, Berlin N 24, eine 40fach vergrößernde Anastigmat-Lupe die Firma Carl Zeiß, Jena.

mit einem Deckgläschen — erst bei schwacher und dann bei stärkerer Vergrößerung mikroskopisch durchmustert. Unter Umständen ist es empfehlenswerter, das zu untersuchende Wasser in größeren Mengen durch ein Planktonnetz laufen zu lassen und die im Netz zurückgehaltenen Organismen zu untersuchen (139).

Handelt es sich um Untersuchung einer **Planktonprobe,** so wird eine kleine Menge des Planktons nach dem Absetzen aus dem Planktongläschen (s. Probeentnahme) ebenfalls mittels Planktonpipette auf den Objektträger übertragen.

Festere Objekte (Pilzmassen u. dgl.) zerzupft man mit einigen Tropfen Wasser auf dem Objektträger mit Hilfe von Zupfnadeln.

Liegen **zarte Objekte** vor (niedere Tiere u. dgl.), welche durch den Druck des Deckgläschens Formveränderungen oder Verletzungen erleiden könnten, so stützt man das Deckgläschen an den Seiten durch eingeschobene Papierleisten oder an den vier Ecken durch Wachströpfchen, die aus einer Masse von Wachs und venetianischem Terpentin bestehen.

Überschüssige Flüssigkeit saugt man durch ein an die Seite des Deckgläschens angelegtes Fließpapierstückchen ab.

Will man zu dem Präparat **Reagenzien zufließen lassen,** so bringt man einen Tropfen der Reagensflüssigkeit an eine Kante des Deckgläschens und befördert seinen Eintritt unter das Deckglas zu dem Präparate, indem man an der gegenüberliegenden Kante mittels eines vorsichtig angelegten Filtrierpapierstreifchens eine schwache Saugewirkung ausübt. Auf dieße Weise lassen sich auch Farbstoffe, insbesondere Methylenblaulösung, dem frischen Präparat zuführen und **„vitale Färbungen“** erzeugen. Auch mikrochemische Reaktionen, z. B. auf Eisen u. dgl., lassen sich auf diese Weise ausführen.

Setzen die unter dem Deckglas eingeschlossenen Organismen (z. B. Ciliaten, Flagellaten) durch ihre lebhafte Beweglichkeit einer genauen Betrachtung Hindernisse entgegen, so muß man sie entweder **abtöten, betäuben** oder **immobilisieren.**

Zum Abtöten benutzt man zweckmäßig gesättigte wäßrige Sublimatlösung, von der man einen Tropfen an den Rand des Deckgläschens bringt und in der oben beschriebenen Weise einsaugen läßt, oder man setzt den auf dem Objektträger befindlichen (unbedeckten) Wassertropfen 1—2 Minuten lang den Dämpfen einer 1 proz. Überosmiumsäurelösung aus, indem man 3 bis

4 Tropfen derselben in ein Uhrschälchen gibt und den rasch mit dem Wassertropfen nach unten gedrehten Objektträger über das Uhrschälchen legt. Dann erst bedeckt man den Wassertropfen mit dem Deckglase. (Die Dämpfe der Überosmiumsäure reizen die Schleimhäute des Auges und der Nase stark!) Zum Betäuben lebhaft beweglicher Organismen kann man einen Tropfen einer gesättigten wäßrigen Chloralhydratlösung oder einer 1 proz. Lösung von Cocainum hydrochloricum benutzen. Zum Immobilisieren (nach Mez) den Zusatz von etwas erwärmter schwacher Gelatinelösung oder von Gummischleim (Gummi arabicum).

Gewöhnlich dienen die angefertigten mikroskopischen Präparate nur dem augenblicklichen Studium. Die **Herstellung von Dauerpräparaten** erfordert eine gewisse Geschicklichkeit und Übung. Als Einbettungsmaterial wird gewöhnlich Glyzeringelatine benutzt. (1 Teil Gelatine in 6 Teilen Wasser erweicht; Zusatz von 7 Teilen Glyzerin. Auf je 100 g dieser Mischung 1 g Karbolsäure zur Konservierung.)

Etwaige **Färbung der Präparate** erfolgt am besten mit wäßriger Methylenblaulösung (s. o.).

Zur schnellen **Unterscheidung der zu zählenden Planktonorganismen** (s. u.) **von den fremdartigen Bestandteilen des Planktons** (Detritus usw.) empfiehlt Volk (141) die Färbung mittels Erythrosin (Tetrajodfluorescein-Natrium), ein Farbstoff, welcher sich im allgemeinen nur auf die Organismen und nur ausnahmsweise auf einzelne Detritustückchen niederschlägt.

b) Quantitative Planktonuntersuchung.

Die quantitative Bestimmung der im Wasser lebenden Planktonorganismen setzt kompliziertere Apparate voraus. Die von Hensen angegebene Methode der quantitativen Bestimmung (vgl. bei Apstein) ist im allgemeinen als zu wenig genau verlassen.

Besser ist es, durch ein **Planktonetz** (s. Probeentnahme) eine **gemessene Menge** des mit einem Litergefäß geschöpften **Wassers** (z. B. 50 Liter) zu geben, den Rückstand aus dem Netz mit wenig Wasser herauszuspülen, zu zentrifugieren und zu messen oder bis zum konstanten Gewicht zu trocknen und zu wiegen (Kolkwitz); doch ist dabei eine Scheidung zwischen wirklichem Plankton und „Pseudoplankton“ (organische ungeformte Stoffe, Detritus usw.) nicht möglich.

Nach der **Methode von Sedgwick-Rafter** (vgl. bei Whipple) wird eine gemessene Wassermenge durch eine Sandschicht filtriert, welche die Organismen zurückhält, der Sand wird mit einer kleinen gemessenen Menge von filtriertem Wasser ausgewaschen und die Flüssigkeit vom Sande abgegossen. Ein gemessener Teil der Flüssigkeit wird unter dem Mikroskop mit Hilfe eines Okularmikrometers in einer Zählkammer ausgezählt und das erhaltene Resultat auf die ganze ursprüngliche Wassermenge berechnet. Der Fehler dieser Methode soll höchstens 10 % betragen.

Mittels der **Planktonpumpe** (141) sind angeblich exakte Bestimmungen möglich; doch ist die Apparatur eine verhältnismäßig komplizierte, nur für längere Untersuchungen an einem Objekt geeignete.

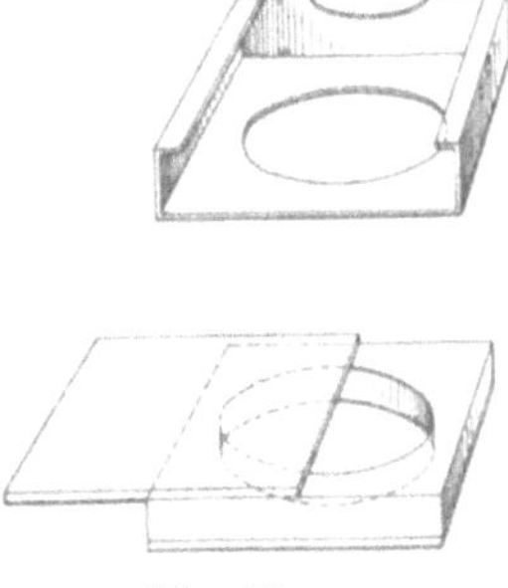

Fig. 30.

Die bisher genannten Methoden werden meist an konserviertem Material ausgeführt, für frisches Material reicht man gewöhnlich mit einer Schätzungsmethode aus. Kolkwitz empfiehlt die Benutzung einer 1 ccm fassenden **Planktonkammer** (Fig. 30) zur direkten Entnahme einer kleinen, aber abgemessenen Wassermenge. Der ganze Apparat kann zur Probeentnahme untergetaucht werden. Die Konstruktion erhellt aus beistehender Abbildung. Die Probe wird zunächst mit einer etwa 15 fach vergrößernden aplanatischen Taschenlupe (Himmler-Berlin N; Zeiß-Jena) betrachtet, mit der man schon viele Algen, Protozen und Rädertiere deutlich erkennen kann. Dann wird die Durchsuchung mit stärkeren Lupen oder mit dem Mikroskop bei schwacher Vergrößerung fortgesetzt. Auf diese Weise wird eine Orientierung an Ort und Stelle zur Bestimmung der ungefähren Menge und Zusammensetzung der Planktonorganismen ermöglicht. —

Das Material, welches am Ufer, auf und unter Steinen, an Pfählen, Mühlrädern, Schiffswandungen usw. festsitzt und mittels geeigneter Instrumente erbeutet werden kann (s. Probeentnahme) sowie der Schlamm sind vorwiegend **Gegenstand makroskopischer Betrachtung** (vgl. Tafel VI); doch müssen Teile des Materials (z. B. Abwasserpilzrasen) zur genaueren Identifizierung und Charakterisierung auch einer mikroskopischen Untersuchung unterzogen werden.

Als **Konservierungsmittel** dient fast ausschließlich das Formalin. Man kann etwa 1 ccm Formalin auf 10—25 ccm zu konservierende Masse (planktonhaltiges Wasser usw.) rechnen. Soll eine genauere Untersuchung auf Protozoen ausgeführt werden, so muß dieselbe bald nach der Entnahme an nicht konserviertem Material vorgenommen werden, da viele Protozoenleiber sonst zerfließen und sich der Untersuchung entziehen. Überhaupt sollte man tunlichst es niemals unterlassen, wenigstens einen kurzen Blick durch das Mikroskop auf einige der Planktonprobe entnommene Tropfen im frischen Zustande zu werfen, um ein Bild über die etwa vorhandene Tierwelt zu bekommen, welche im lebenden Zustand weit charakteristischer sich darzubieten pflegt als im konservierten. Will man nichtkonserviertes Material aufbewahren, so gieße man die planktonhaltige Flüssigkeit usw. in eine gläserne Doppelschale mit angehobenen Deckel, damit der Sauerstoff der Luft freien Zutritt hat.

4. Die einzelnen Formen der niederen Pflanzen- und Tierwelt.

Kolkwitz und Marßon haben sich der mühevollen, aber dankenswerten Aufgabe unterzogen, eine **Ökologie***) (Aufenthaltslehre) **der pflanzlichen** (142) **und der tierischen** (143) **Saprobien** aufzustellen, d. h. derjenigen Organismen, welchen wir bei dem biologischen Studium der Verunreinigung und Selbstreinigung der Gewässer begegnen. (Die Organismen ganz reiner Wässer „Katharobien" sind in diesen Zusammenstellungen nicht berücksichtigt.) Sie unterscheiden zur Charakterisierung der verschiedenen Abstufungen der Selbstreinigung in den Gewässern **drei Hauptzonen,** welche sie durch folgende Namen bezeichnen:

I. Polysaprobe Zone (Fäulnisfähige Wässer).

II. α- und β-mesosaprobe Zone (zunächst schnell [α], dann langsamer [β] verlaufende Mineralisation).

III. Oligosaprobe Zone (Beendigung der Mineralisation).

Die polysaprobe und α-mesosaprobe Zone ist verhältnismäßig arm an höheren Organismen.

*) Von ὁ οἶκος, die Behausung.

Diejenigen Organismen, welche neben „saprob" im ökologischen Sinn auch ausgesprochen „saprophil" in ernährungs-physiologischer Hinsicht sind (wie z. B. Anthophysa vegetans, Carchesium Lachmanni, Vorticella microstoma u. a.), verdienen nach den genannten Autoren als Leitorganismen für die chemische Beschaffenheit des Wassers besondere Bedeutung. Im übrigen ist der Hauptwert bei der Beurteilung der Gewässer im allgemeinen nicht auf die einzelnen Organismen zu legen — das ist nur bei der Trinkwasseruntersuchung unter Umständen zulässig —, sondern auf die Lebensgemeinschaften der Organismen, die „Biocönosen".

Die Untersuchung des Ufers, des freien Wassers und des Grundes eines Gewässers wird immer nebeneinander vorgenommen werden müssen.

Die drei oben genannten Zonen werden von Kolkwitz und Marßon wie folgt kurz charakterisiert:

„**I. Die Zone der Polysaprobien** ist in chemischer Beziehung gekennzeichnet durch einen gewissen Reichtum an hochmolekularen, zersetzungsfähigen, organischen Nährstoffen (Eiweißsubstanzen und Kohlehydrate), wie sie beispielsweise durch die meist unmittelbar fäulnisfähigen Abwässer aus Städten und landwirtschaftlichen, gewerblichen und anderen Betrieben in die Vorfluten gelangen. Abnahme im Gehalt des Wassers an Sauerstoff, verbunden mit Reduktionserscheinungen, Bildung von Schwefelwasserstoff und Schwefeleisen im Schlamm und Zunahme an Kohlensäure pflegen oft die chemischen Begleit- bzw. Folgeerscheinungen hierbei zu sein.

Organismen treten meist in großer Zahl, aber in relativer Einförmigkeit auf; besonders Schizomyzeten und (meist bakterienfressende) farblose Flagellaten sind häufig. Stark sauerstoffbedürftige Organismen treten naturgemäß meist vollkommen zurück. Fische pflegen diese Zone für längeren Aufenthalt zu meiden.

II. Die Zone der Mesosaprobien zerfällt in zwei Abschnitte mit α- bzw. β-mesosaprobem Charakter. Sie pflegt sich an die polysaprobe Zone anzuschließen. In dem α-Teil, welcher dieser zugekehrt ist, verläuft die Selbstreinigung noch verhältnismäßig stürmisch, aber — im Gegensatz zu Zone I — unter gleichzeitigem Auftreten von Oxydationserscheinungen, die zum Teil durch die Sauerstoffproduktion seitens chlorophyllführender Pflanzen bedingt werden.

Die im Wasser enthaltenen Eiweißstoffe sind hier wahrscheinlich bis zum Asparagin, Leucin, Glykokoll usw. abgebaut, woraus sich ein qualitativer Unterschied gegenüber der Zone I ergibt.

Im β-mesosaproben Teil nähern sich die Abbauprodukte schon der Mineralisation. Normale, meist nitrathaltige Drainwässer der Rieselfelder werden am besten zu dieser Zone gerechnet.

Alle Organismen der mesosaproben Region pflegen einen gewissen schwachen Einfluß von Abwässern und ihren Abbauprodukten zu vertragen. Bemerkenswert ist unter anderem ihr Reichtum an Diatomaceen, Schizophyceen und vielen Chlorophyceen, zum Teil auch an höheren Pflanzen. Unter den Tieren finden sich gleichfalls niedrig und hoch organisierte in großer Arten- und Individuenzahl.

III. Die Zone der Oligosaprobien ist die Region des (praktisch gesprochen) reinen Wassers. Sie schließt sich, wenn ein Selbstreinigungsprozeß örtlich oder zeitlich voraufging, an die mesosaprobe Zone an und bezeichnet dann die Beendigung der Mineralisation. Doch rechnen wir auch reinere Seen, deren Wasser keinen eigentlichen Mineralisationsprozeß durchmacht, hierher. Der Gehalt des Wassers an Sauerstoff kann oft dauernd der Sättigungsgrenze (bezogen auf die im Wasser gelöste Luft) nahe sein, sie gelegentlich sogar überschreiten. Der Gehalt an organischem Stickstoff pflegt 1 mg pro Liter nicht zu übersteigen. Die Sichttiefe des Wassers ist meistens bedeutend, mit gelegentlicher Ausnahme zu Zeiten erheblicher Wasserblüte.

Das pflanzliche sowohl wie das tierische Plankton unser reineren Landseen gehört in diese Region. Der Schlamm solcher Gewässer kann dabei β-mesosaproben Charakter tragen."

5. Beschreibung einer Reihe von pflanzlichen und tierischen Vertretern aus den genannten drei Zonen.

Aus der Reihe der Saprobien im Sinne von Kolkwitz und Marßon mögen folgende Formen als Beispiele angeführt werden. Dieselben sind zugleich auf den angefügten Tafeln abgebildet, und zwar jeweils tunlichst bei gleicher Vergrößerung bzw. in natürlicher Größe.

Die im folgenden den einzelnen Namen beigegebenen kurzen Beschreibungen sollen, unter möglichster Vermeidung der spezialwissenschaftlichen Nomenklatur, lediglich auf die auch für den Nichtfachmann sinnfälligsten Merkmale und Eigenschaften der betreffenden Organismen aufmerksam machen.

Polysaprobien.

A. Pflanzliche.

Spirillum undula (*Schizomycetes*).

Taf. II, Fig. 1.

8—16 μ langer, eine bis mehrere Schraubenwindungen aufweisender, farbloser, sich rasch bewegender Mikroorganismus mit endständigem Geißelbüschel.

Verflüssigt bei Kultur auf Gelatine langsam den Nährboden.

Häufig in städtischen Abwässern, welche einige Tage aufbewahrt worden sind.

Sphaerotilus natans (*Schizomycetes*).

Taf. II, Fig. 3 und Taf. VI, Fig. 14.

Findet sich hauptsächlich in seichtem, fließendem oder sonst bewegtem Wasser; makroskopisch in Form schleimiger, weißlicher Flocken oder Büschel und fellartiger Überzüge. Er kommt in größeren Mengen vorwiegend in der kälteren Jahreszeit vor und entwickelt sich im Wasser gern an Bohlen, Pfählen, Zweigen usw. Seine Entstehung wird vor allem begünstigt durch den Eintritt städtischer Sielwässer und der Abwässer von Sulfit-Zellstofffabriken, Zuckerfabriken, Brauereien u. dgl. in die Vorflut. Makroskopisch dem Leptomitus lacteus (s. diesen S. 211) ähnlich, mikroskopisch leicht von ihm durch die Zartheit seiner Fäden zu unterscheiden. Er besteht aus Zellreihen, welche je von einer Scheide ein geschlossen sind, und bildet auf diese Weise dünne Fäden von 2 μ Durchmesser, welche gewöhnlich mehr oder weniger dicht aneinander lagern. Sphaerotilus ist einer der charakteristischsten und verbreitetsten Abwasserorganismen.

Beggiatoa alba (*Schizomycetes*).

Taf. II, Fig. 6.

Erscheint makroskopisch als weißlicher, schleierartiger, nicht selten weit ausgedehnter Belag auf im Wasser liegenden

Gegenständen, an Uferwänden, am Grunde usw., meist leicht bei der Berührung zerreißend. Kommt nur bei Anwesenheit von Schwefelwasserstoff vor, welcher von Beggiatoa zu Schwefel und Schwefelsäure oxydiert wird. In stehendem und schwach bewegtem Wasser. Mikroskopisch 3—4 μ starke Fäden, gewöhnlich Schwefelkörnchen enthaltend, undeutlich gegliedert. Die Fäden zeigen langsam oszillierende Eigenbewegung.

Euglena viridis (*Flagellata*).
Taf. II, Fig. 11.

Spindelförmiger, etwa 50 μ langer Organismus mit lebhaft grünem Chromatophor. Der grüne Farbstoff der Euglena viridis hält sich auch im Dunkeln. Am Grunde der vorderen Falte entspringt die lange Geißel. Daselbst auch die Mundöffnung und ein roter Pigmentfleck.

Gegen mit organischen Stoffen verschmutzte Abwässer ziemlich widerstandsfähiger Organismus. Kann an der Oberfläche verschmutzter Dorfteiche und an anderen Orten reingrüne Überzüge bilden.

B. Tierische.

Vorticella microstoma (*Ciliata*)
Taf. IV, Fig. 11.

Eiförmiger Körper mit lebhaft strudelndem Wimperkranz an der Öffnung, auf langem kontraktilen Stiel, mit dem das Tier auf dem Substrat befestigt ist. Wenn zu Gruppen vereinigt, aber auch einzeln, sind die Vorticellen mit der Lupe schon als weißliche Fleckchen leicht erkennbar.

Mesosaprobien.

α-*Mesosaprob.*

A. Pflanzliche.

Sphaerotilus natans (*Schizomycetes*) (s. o.).

Euglena viridis (*Flagellata*) (s. o.).

Stigeoclonium tenue (*Confervales*).
Taf. III, Fig. 10.

Verzweigte, aus Zellreihen bestehende ziemlich dicke Fäden mit zugespitzten Enden. Grüne Chromatophoren.

Mucor (*Zygomycetes*).

Taf. II, Fig. 13.

Vielfach verzweigtes Mycel, meist ohne Querteilung. Die charakteristischen Fruchtträger kommen unmittelbar nicht zur Beobachtung, da sie sich im Wasser nicht bilden.

Leptomitus lacteus = *Apodya lactea* (*Phycomycetes*).

Taf. II, Fig. 12.

Bildet makroskopisch weißliche Massen von schaffellartigem Aussehen, welche das Bett des Gewässers bzw. darin liegende Steine u. dgl. überziehen, oder flottierende lockere weißliche Büschel. Normalerweise festsitzend, häufig aber auch treibend. Von Sphaerotilus natans (s. S. 209) meist durch geringere Schleimigkeit zu unterscheiden. Beide kommen auch gleichzeitig nebeneinander vor.

Mikroskopisch sehr charakteristisch:

Lange, gerade, schlauchartige, 16—20 μ dicke Fäden ohne Querwände, aber mit Einschnürungen in gewissen Abständen, wodurch einzelne Glieder gebildet werden, die an riesige Hefesprossungen erinnern. Jedes Glied mit einer Verschlußkugel. Die Fäden sind schwach verzweigt.

Fusarium aqaeductuum (*Ascomycetes*).

Taf. II, Fig 14.

Weißes Mycel, in Zellen gegliedert. In größeren Mengen bisweilen durch Moschusgeruch ausgezeichnet. Sporen von typischer sichelförmiger Gestalt. Kann in mäßig verunreinigten Vorflutern oft büschelförmige Besätze an Faschinen, Wurzeln usw. bilden.

B. Tierische.

Anthophysa vegetans (*Flagellata*).

Taf. IV, Fig. 6.

Kugelförmige, begeißelte Organismen, zu farblosen, rundlichen, kopfartigen Gebilden vereinigt, an ziemlich langen, oft durch Einlagerung von Eisenoxydhydrat braungefärbten, verzweigten Stielen sitzend.

Bodo globosus (*Flagellata*).

Taf. IV, Fig. 7.

Kugelförmiger, farbloser Organismus mit zwei Geißeln, deren eine als Schleppgeißel ausgebildet ist.

Bewegung mehr oder weniger oszillierend.

Synura uvella (*Flagellata*).

Taf. II, Fig. 9.

Traubenförmig zusammengeballte, kugelig-kegelförmige Organismen, jeder mit 2 gleich langen, dicht nebeneinander sitzenden Geißeln versehen, braun gefärbt. Frei schwimmende Kolonien von 30—100 μ Durchmesser. Häufig im Plankton von Flüssen usw., besonders zur kälteren Jahreszeit.

Glaucoma scintillans (*Ciliata*)

Taf. IV, Fig. 9.

Völlig bewimperter, eiförmiger Organismus. Die undulierende Membran der Mundspalte erscheint in ständig klappender Bewegung.

Paramaecium caudatum (*Ciliata*)

Taf. IV, Fig. 10.

Völlig bewimpertes, langgestrecktes, farbloses, ziemlich großes Infusor. Hinteres Ende verschmälert, mit längeren Cilien.

Carchesium Lachmanni (*Ciliata*).

Taf. V, Fig. 2a.

Sehr typisch für mäßig verunreinigte Vorfluter. Kolonien bildende glockenförmige Tiere auf kontraktilen, verzweigten Stielen. Muskeln der Einzelstiele nicht als Ganzes zusammenhängend. Auch in der warmen Jahreszeit vorhanden. Schon mit Lupe leicht bestimmbar. Bildet bei Massenentwicklung zarte weißliche Überzüge an Stengeln von Wasserpflanzen, Holz u. dgl.

Epistylis galea (*Ciliata*).

Taf. V, Fig. 2.

Kegelförmige kontraktile Glöckchen an verzweigten starren Stielen.

Tubifex tubifex (*Vermes*).

Taf. VI, Fig. 8.

Meist 3—5 cm lange, dünne, rötliche Borstenwürmer, in sich zersetzendem Schlamm oft massenhaft anzutreffen. Die Tiere stecken mit dem vorderen Drittel ihres Körpers im Schlamm und vollführen mit dem übrigen, frei ins Wasser ragenden Teil des Körpers schlängelnde Bewegungen.

Tripyla setifera (*Vermes*).

Taf. V, Fig. 8.

Freilebender, wenige Millimeter langer Fadenwurm (Nematode). Meistens Schlamm- und Uferbewohner.

Rotifer vulgaris (*Rotatoria*).

Taf. V, Fig. 3.

Weit verbreiteter Vertreter der Rädertiere. Körper lang gestreckt teleskopartig kontraktil, mit zwei Augen. Länge etwa $^1/_2$ mm. Die große Gruppe der Rädertiere (Rotatoria) besteht aus Organismen, welche mit einem lebhaft sich bewegenden, mannigfach gestalteten Wimperapparat („Räderorgan“) am Vorderende des Körpers versehen sind, ähnlich wie er bei vielen Ciliaten zu beobachten ist. Die Rädertiere sind indessen viel höher organisiert als diese. Das Hinterende (der Fuß) des Körpers der Rädertiere zeigt gewöhnlich Anhänge verschiedener Form. Die Tiere besitzen einen Verdauungskanal, Muskeln, Nerven, vielfach Augen (von roter Farbe) usw. Manche Gattungen besitzen einen Panzer. Die Tiere sitzen entweder fest oder kriechen umher oder schwimmen frei. Männchen und Weibchen sind deutlich unterschieden. Männchen wenig zahlreich. Die Rädertiere sind (wie manche Flagellaten und Ciliaten) Bakterienfresser.

Anchylostoma duodenale, Larve (*Vermes*).*)

Taf. V, Fig. 7 (Abbild. des Eies s. Taf. I, Fig. 3b).

Kann auch zu den α-mesosaproben Formen gerechnet werden.

*) Dieser Organismus ist hier nicht als charakteristische mesosaprobe Form, sondern seiner krankheitserregenden Eigenschaften wegen eingereiht worden.

Der nach vorne verjüngte Körper läuft hinten in eine pfriemenförmige Spitze aus. Länge zuerst 0,2—0,5 mm, später 0,8 mm. Bewegung, zumal bei gelinder Erwärmung, sehr lebhaft, hauptsächlich mit der hinteren Körperhälfte. Später Einkapselung der Larve in eine den Körper gleichmäßig umgebende, glashelle Scheide, welche den Körper vor Schädlichkeiten ziemlich gut schützt. Mit der Einkapselung ist das Endstadium des im Freien (Wasser) lebenden Anchylostoma erreicht. In diesem Zustand wandern die Larven auf dem Wege des Magendarmkanals oder unmittelbar durch die Haut in den menschlichen Körper ein, wo sie sich (im Darm) zu geschlechtsreifen, 8—16 mm langen Parasiten entwickeln. Pathogen für den Menschen (Anchylostomiasis, Kachexie der Bergleute, Ziegelbrenneranämie).

Die produzierten Eier der Parasiten werden mit dem Kot des infizierten Menschen entleert und entwickeln sich, bei genügend hoher Temperatur und genügender Feuchtigkeit, d. h. mit Vorliebe im Wasser, zu den geschilderten Larven.

In Wassertümpeln (z. B. im Grubenwasser der Bergwerke) die durch Fäkalien Kranker infiziert sind, werden die Larven gelegentlich gefunden. Aus dem eierhaltigen Kot können sie übrigens leicht zur Entwicklung gebracht werden. Die Eier sind doppelt konturiert, oval, mit glatter Oberfläche, durchsichtig. Inhalt meist im Stadium der Furchung begriffen (2—8 Furchungskugeln).

Asellus aquaticus (*Crustacea*).

Taf. VI, Fig. 6.

Ein bis anderthalb Millimeter lange, flache, mit Fühlern und Beinen versehene Assel, welche sich kletternd oder kriechend fortbewegt.

Farbe grau oder bräunlich. Dient Fischen als Nahrung.

Chironomus plumosus, Larve (*Insecta*).

Taf. VI, Fig. 4.

Blutrote, wurmähnlich erscheinende Larve der Zuckmücke, baut sich aus Schlammteilchen ein röhrenförmiges Gehäuse, das sie nur selten verläßt, um frei herumzuschwimmen.

Liefert ausgezeichnete Fischnahrung.

β-Mesosaprob.

A. Pflanzliche.

Cladothrix dichotoma (*Schizomycetes*).

Taf. II, Fig. 4.

Dichotomisch (unechte Dichotomie) verzweigte, farblose, dünne Fäden von im wesentlichen ähnlichen Bau wie Sphaerotilus.

Oscillatoria limosa (*Schizophyceae*).

Taf. II, Fig. 7.

Fäden aus kurzen, zylindrischen Zellen bestehend, etwa 20 μ im Durchmesser, ohne Verzweigungen, mit abgerundeten Enden. Farbe blaugrün. Die Fäden zeigen charakteristische aktive kriechende oder pendelnde Bewegung, so daß sie sich selbständig aus dem Schlamme herausbewegen können. Geruch eigenartig dumpfig-erdig.

Oscillatoriaarten gedeihen im Sommer und Winter.

Melosira varians (*Bacillariales*).

Taf. II, Fig. 8.

Zellen aus schachtelartigen Kieselschalen gebildet, mit abgerundeten Kanten. Im Plasma der Zellen braune Farbstoffträger. Zellen zu Fäden von etwa 30 μ Durchmesser zusammengefügt. Sehr typisch für die Uferregion von Vorflutern, deren Wasser sich der Mineralisation weitgehend genähert hat.

Navicula cryptocephala (*Bacillariales*).

Taf. III, Fig. 6.

Schalen schmal lanzettlich, nach den Enden zugespitzt. Enden etwas vorgezogen, knopfförmig. Im Querschnitt viereckig. Beweglich. Die Gattung Navicula ist durch eine große Reihe von Spezies und Varietäten ausgezeichnet.

Pediastrum Boryanum (*Protococcales*).

Taf. III, Fig. 9.

Polyedrische, zu scheibenartigen Kolonien in Rosettenform vereinigte grüne Zellen. Randzellen zweilappig.

Elodea canadensis (*Monocotyledonae*)

Taf. VI, Fig. 11.

Wasserpest Blätter in meist dreigliedrigen Quirlen ziemlich klein, länglich bis lineal-lanzettlich. Pflanze untergetaucht.

Phragmites communis (*Gramineae*).

Taf. VI, Fig. 9.

Schilf. Bildet oft Bestände an Ufern von Flüssen und Seen. Dient zahlreichen Wasserbewohnern als Schlupfwinkel und Aufenthaltsort.

B. Tierische.

Arcella vulgaris (*Rhizopoda*).

Taf. IV, Fig. 3.

Braune, pilzhutförmige, runde Chitinschale, zart hexagonal gefeldert. Protoplasmamasse hauptsächlich im mittleren Teil der Schale. Mittels Pseudopodien kriechend.

Coleps hirtus (*Ciliata*).

Taf. IV, Fig. 8.

Tonnenförmiger, gepanzerter, allseitig gleichmäßig bewimperter Organismus.

Länge 40—50 μ. Sehr gefräßig.

Stentor polymorphus (*Ciliata*).

Taf. V, Fig. 1.

Trompetenförmiges großes Infusorium, mit feinen Wimpern bekleidet. Im vorderen Teil mit Strudelorganen. Kern groß, rosenkranzförmig.

Spongilla lacustris, [Schwamm-Nadel] (*Spongiae*).

Taf. IV, Fig. 5.

Ganz leicht gebogene glatte, spitze Skelettnadeln. Stäbchen aus hornartiger Substanz.

Bildet meist geweihartig gestaltete Überzüge auf Schilfstengeln, Holzbohlen usw. Farbe grün oder gelblich.

Nephelis vulgaris (*Vermes*).
Taf. VI, Fig. 7.

Schlammegel. Mehrere Zentimeter lang, schmal, flach, mit Haftscheibe. Farbe meist grau oder bräunlich. Nährt sich vorwiegend von kleineren Tieren, u. a. von den Zuckmückenlarven.

Rotifer vulgaris (*Rotatoria*) s. o.

Synchaeta pectinata (*Rotatoria*).
Taf. V, Fig. 5.

Ungepanzertes, seiner Gestalt im Längsschnitt nach einem Flugdrachen ähnelndes Rädertier, mit Auge und kompliziertem Räderapparat. Echt planktonisch.

Polyarthra platyptera (*Rotatoria*).
Taf. IV, Fig. 12.

Ungepanzert, im Längsschnitt annähernd quadratisch geformt, mit einem Auge. An jeder Längsseite des Körpers je eine Gruppe von drei ziemlich langen, schwertförmigen Anhängen. Kann sich im Wasser schwimmend und springend fortbewegen.

Sehr häufig im Plankton.

Brachionus pala (*Rotatoria*).
Taf. V, Fig. 6.

Gepanzert, tulpenartige Form mit ziemlich langem biegsamen Fuß. Auge. Häufig mit Eiern.

Verbreitet im Plankton.

Anuraea aculeata (*Rotatoria*).
Taf. V, Fig. 4.

Gepanzert, nahezu faßförmig, ohne Fuß. Zwei Dornen am hinteren Ende. Auge. Anuraea cochlearis nur mit einem Dorn.

Sehr häufig im Plankton.

Asellus aquaticus (*Crustacea*) s. o.

Daphnia longispina (*Crustacea*).
Taf. V, Fig. 12.

Wasserfloh. Charakteristisches Aussehen. Langer Stachel am hinteren Körperende. Schale. Zwei mehrästige Schwimmbeine. Darmkanal. Großes (schwarz gefärbtes) Auge.

Planktonorganismus.

Paludina vivipara = Vivipara contecta (*Mollusca*).
Taf. VI, Fig. 1a.

Sumpfschnecke. Gedrungen-kegelförmiges Gehäuse, schwach grünlich mit braunen Bändern.

Oligosaprobien.

A. Pflanzliche.

Gallionella ferruginea (*Schizomycetes*).
Taf. II, Fig. 2.

Feine, meist Eisenoxydhydrat enthaltende, in der Regel schraubig gewundene Fäden. Eisenbakterie. Die einzelnen Exemplare sind meist zurückgebogen und mit den freien Enden ineinander gewunden, wodurch perlschnurartige Fäden vorgetäuscht werden.

Crenothrix polyspora (*Schizomycetes*).
Taf. II, Fig. 5.

Sehr bekannte Eisenbakterie. Zylindrische Fäden erheblich breiter als bei der vorigen Gattung. Mit Scheiden. In die Scheiden sind kurze Zellen eingelagert, welche an der Spitze der Fäden zu kleineren Zellen (Sporen) zerfallen können. Eiseneinlagerungen in Form von Oxydulsalzen. Rostbildung durch Oxydation dieser Salze zu Oxyden.

Clathrocystis aeruginosa (*Schizophyceae*).
Taf. II, Fig. 10.

„Wasserblüte" bildend. Sehr zahlreiche kleine, runde Zellen, grünlich, zu Familien vereinigt, welche oft von Gallerte umhüllte, gitterartig durchbrochene Kolonien darstellen.

Synura uvella (*Flagellata*) s. o.

Dinobryon sertularia (*Flagellata*).
Taf. III, Fig. 1.

Kolonien bildende Protozoen; in becherförmigen Gehäusen steckend, begeißelt, gelblich gefärbt.

Häufig im Plankton.

Ceratium hirundinella (*Peridiniales*).

Taf. III, Fig. 2.

Gepanzerter Organismus, mit mehreren großen hornartigen Fortsätzen, von brauner Farbe, frei schwimmend. 2 Geißeln, deren eine in einer gürtelförmig den Körper umziehenden Rinne liegt.

Fragilaria crotonensis (*Bacillariales*).

Taf. III, Fig. 3.

Diatomee, ähnlich einem zweiseitigen Kamm gebaut, bestehend aus kettenartig aneinander liegenden langgestreckten Zellschalen. Mitte durch Farbstoffträger gelb gefärbt.

Häufig im Plankton.

Asterionella formosa (*Bacillariales*).

Taf. III, Fig. 4.

Schmale Kieselzellen, zu sternförmigen Gebilden gruppiert. Gelbe Farbstoffträger im Plasma. Strahlen zu 4 bis ca. 16, meist gegen 8.

Sehr charakteristische Planktonalge.

Synedra acus (*Bacillariales*).

Taf. III, Fig. 5.

Schlanke, lanzettförmige, fast lineare Zellschalen.

Im Plankton.

Gomphonema olivaceum (*Bacillariales*).

Taf. III, Fig. 7.

Zellschalen keulenförmig, auf langen, verzweigten, hyalinen Stielen sitzend; die dem Protoplasma eingelagerten Farbstoffträger sind gelb gefärbt.

Uferorganismus.

Eudorina elegans (*Protococcales*).

Taf. III, Fig. 8.

Begeißelte, grüne Chromatophoren enthaltende Zellen, zu hohlkugelförmigen Familienverbänden vereinigt.

Im Plankton.

Cladophora glomerata (*Confervales*).
Taf. VI, Fig. 13.

Zähe Fadenalge, mit verzweigten dünnen Fäden, flutende grüne Rasen bildend. Festsitzend.

Amblystegium riparium (*Bryophyta*).
Taf. VI, Fig. 12.

Wassermoos, auch auf feuchtem Boden.

Potamogeton crispus (*Monocotyledonae*).
Taf. VI, Fig. 10.

Laichkraut. Krause, breit -lanzettförmige Blätter. Potamogeton bildet zahlreiche Arten, die sich oft schon in der Form der Blätter von einander unterscheiden.

B. Tierische.

Amoeba proteus (*Rhizopoda*).
Taf. IV, Fig. 2.

Schalenloses, nacktes Protoplasmaklümpchen mit Kern, lappige Pseudopodien aussendend. Farblos.

Schlamm- und Uferbewohner,

Difflugia pyriformis (*Rhizopoda*).
Taf. IV, Fig. 4.

Schale meist aus Sandkörnchen aufgebaut, birnförmig, aus welcher die Pseudopodien des Protoplasmaleibes herausragen. Als beschalte Amöbe aufzufassen.

Rhaphidiophrys pallida (*Heliozoa*).
Taf. IV, Fig. 1.

Annähernd kugeliger Körper mit tangentialen Nadeln. Die feinen fadenförmigen Pseudopodien radial ausstrahlend, mit Achsenfäden, die im Mittelpunkt des Körpers zusammenstoßen.

Limnaea stagnalis (*Mollusca*).
Taf. VI. Fig. 1.

Schlammschnecke. Rechtsgewundenes Gehäuse, mit langer Spitze und großer letzter Windung, von bräunlicher Farbe.

Dreissensia polymorpha (*Mollusca*).

Taf. VI, Fig. 2.

Wandermuschel. (Passiv aus dem Schwarzem Meer in die Flüsse verschleppt.)

Kleine, annähernd dreieckige Muschel, von meist bräunlicher Farbe mit dunkleren Bändern.

Häufig zu Klumpen vereinigt, ähnlich den Miesmuscheln des Meeres.

Gammarus pulex (*Crustacea*).

Taf. VI, Fig. 5.

Flohkrebs. Meist über 1 cm lang. Körper gekrümmt, aus ringförmigen, beschalten Segmenten zusammengesetzt, seitlich zusammengedrückt. Augen und zwei Fühlerpaare am Kopf. Brustbeine und Hinterleibsbeine. Graugelbe Färbung. Frei schwimmend, kräftige Bewegungen ausführend.

Cyclops viridis (*Crustacea*).

Taf. V, Fig. 10.

Hüpferling. In Segmente geteilter, breiter eiförmiger Vorderleib, schmaler Hinterleib. Körper im ganzen birnförmig. An der Spitze des Vorderleibes mittelständiges Auge und zwei große Antennen. Am Hinterleib borstenartige, gefiederte Fortsätze. Beim Weibchen an der Grenze zwischen Vorder- und Hinterleib rechts und links je ein großes Eiersäckchen.

Nauplius (Larve niederer Krebse).

Taf. V, Fig. 9.

Ovaler bis fast rechteckiger Körper mit drei Gliedmaßenpaaren und einem unpaaren Auge. Läßt eine bestimmte Diagnose auf die später zur Entwicklung kommende Crustaceenspezies nach den bisherigen Untersuchungen nicht zu.

Bosmina coregoni (*Crustacea*).

Taf. V, Fig. 11.

Körper in der Seitenansicht annähernd dreieckig. Kopf schnabelförmig mit langem Fortsatz und mit Auge, durch keine

Einkerbung vom Mittelleib abgesondert. Ruderextremitäten. Eier im Brutraum auf der Rückseite des Körpers.

Perla-Larve (*Orthoptera*).

Taf. VI, Fig. 3.

Larve der Afterfrühlingsfliege, auch Uferbold genannt.

Larve von Phryganea grandis (*Neuroptera*).

Taf. VI, Fig. 3a.

Larve der Köcherfliege, Sprock genannt, lebt im Wasser und baut sich durch Zusammenkitten von allerhand Fremdkörpern ein Gehäuse, aus dem sie nur Kopf, Thorax und Beine zum Zwecke der Fortbewegung oder Nahrungsaufnahme herausstreckt.

IV. Die bakteriologische Untersuchung des Wassers und Abwassers.

1. Allgemeine Bemerkungen.

Wenngleich im vorhergehenden Kapitel die niederen pflanzlichen und tierischen Gebilde des Wassers behandelt worden sind, so erscheint es doch angezeigt, den einfachsten Formen, den Bakterien, ein eigenes Kapitel zu widmen, zumal dieselben hinsichtlich der hygienischen Beurteilung des Wassers ein besonderes Interesse gewonnen haben. Weiterhin ist deren Erkennung und Bestimmung nicht durch das Mikroskop allein möglich, sondern es sind gewisse Maßnahmen nötig, deren Beschreibung eine getrennte Behandlung erheischt. Nur durch die Züchtung, d. h. durch die Erzeugung von Massenverbänden der Bakterien lassen sich gewöhnlich Merkmale einzelner Arten ausfindig machen.

Die bakteriologische Untersuchung beschränkt sich größtenteils auf Trinkwasser und Oberflächenwasser. Das eigentliche Abwasser ist selten Gegenstand der bakteriologischen Prüfung, doch kann immerhin die letztere mit Erfolg herangezogen werden zur Kontrolle der Wirkung biologischer Abwasserreinigungsverfahren, im besonderen der Bodenfiltration.

Für die folgenden Ausführungen müssen die Grundlagen der Bakteriologie und die einfacheren bakteriologisch-technischen Fertigkeiten als bekannt vorausgesetzt werden. Doch sollen im folgenden trotzdem die hauptsächlichsten in Frage kommenden Handgriffe und Methoden noch einmal eine kurze Schilderung erfahren.

Die praktische Anleitung im Laboratorium für den Ungeübten ist hier so wenig zu umgehen wie bei den physikalischen, chemischen und mikroskopischen Untersuchungen.

Es ist ein bedauerlicher Irrtum, wenn man die Ausführung einer quantitativen bakteriologischen Wasseruntersuchung (Keimzählung) für so einfach hält, daß sie ein jeder, nachdem er sie einmal mit angesehen oder ihre Beschreibung gelesen hat, sicher ausführen kann. So einfach die Technik der bakteriologischen Wasseruntersuchung erscheint, so schwierig ist es tatsächlich für den Anfänger, mit Sicherheit einwandfreie Ergebnisse zu erzielen, d. h. einerseits unter Fernhaltung aller nicht dazu gehöriger saprophytischer Keime zu arbeiten, andererseits durch zu große Ängstlichkeit beim Sterilisieren der Instrumente und Gläser, beim Verflüssigen der Nährböden usw. nicht die Keime in ihren Lebensbedingungen zu schädigen. Nur derjenige, welchem die bakteriologische Technik, im besonderen das bakteriologisch saubere Arbeiten so in Fleisch und Blut übergegangen ist, daß er gleichsam automatisch und dabei doch mit völliger Sicherheit die vielen kleinen notwendigen Handgriffe sachgemäß erledigt, darf auf zuverlässige Resultate rechnen. Man sollte niemals vergessen, daß wir in den Bakterien Organismen vor uns haben, die bereits auf physikalische und chemische Veränderungen ihrer Umgebung reagieren, welche wir als belanglos anzusehen gewohnt sind (Oligodynamische Wirkungen). Deshalb wäre jedem, ehe er an die bakteriologische Wasseruntersuchung herangeht, z. B. die Lektüre der ausgezeichneten Arbeit Fickers (144) dringend zu empfehlen, in welcher ein Teil dieser Einflüsse gründlichst erörtert wird.

Wenn oben von zuverlässigen Resultaten gesprochen wurde, so ist auch dies noch cum grano salis zu verstehen.

Wir müssen uns vergegenwärtigen, daß wir mit den unten näher zu beschreibenden Methoden der quantitativen Keimbestimmung absolute Zahlen kaum jemals zu erwarten haben. Die Zahlen, die wir erhalten, sind bestenfalls mit einander vergleichbare, d. h. dann, wenn wir uns in der Technik der Bestimmung der Keimzahl stets genau an die gleiche Methodik halten. Diese Methodik beschränkt sich nicht etwa nur auf den Prozeß der eigentlichen Herstellung der Zählplatte, sondern sie hat bereits bei der Herstellung der Nährböden usw. einzusetzen. Hält man sich an die Vorschriften nicht gewissenhaft, so wird man zwar Ergebnisse erhalten, aber Ergebnisse, welche zu groben Täuschungen führen können und mit den von anderer Seite gewonnenen durchaus unvergleichbar sind. Das Mißtrauen, das von vielen Seiten den Ergebnissen der quantitativen bakteriologischen Wasseruntersuchung entgegengebracht wird, ist leider nicht ganz unberechtigt. Die Berechtigung zu diesem Mißtrauen würde aber schwinden, wenn nur solche Persönlichkeiten die bakteriologischen Untersuchungen ausführten, welche sich durch die scheinbare Einfachheit der notwendigen Manipulationen nicht täuschen lassen, sondern auf Grund ihrer Kenntnisse und ihrer Erfahrung hinter der scheinbar leichten Technik auch die Schwierigkeiten erkennen, welche sich der Gewinnung zuverlässiger, verwertbarer und vergleichbarer Ergebnisse entgegenstellen.

Zum Studium der Biologie und Morphologie der Bakterien empfehlen wir von deutschen Büchern u. a. die Werke von Fischer (145) und Lehmann-Neumann (146), zum genaueren Studium der Technik der bakteriologischen Untersuchungsmethoden die Werke von Günther (147) und Heim (148). Recht nützlich sind auch die kleinen Taschenbücher von Abel und Abel und Ficker (149). Hinsichtlich der Darstellung der Beziehungen zwischen Mikroorganismen und Wasser können noch immer die betreffenden Abschnitte in Tiemann-Gärtners (150) Handbuch als mustergültig gelten, wenngleich selbstverständlich in den Anschauungen über diese Dinge sich manches in den letzten fünfzehn Jahren geändert hat. Von ausländischen Büchern seien u. a. genannt die Werke von Frankland (151), Savage (152), Prescott and Winslow (153) und Miquel et Cambier (154).

Angaben über Methodik der bakteriologischen Abwasseruntersuchungen finden sich u. a. in dem Second Report, Royal Commission on Sewage Disposal 1902 (London).

2. Das Vorkommen der Bakterien im Wasser und Abwasser.

Von den verschiedenen Wasserarten, welche zum menschlichen Genuß und Gebrauch verwendet werden, hat sich das als Quellwasser zutage tretende Grundwasser sowie das künstlich gehobene oder artesisch zu Tage tretende wohl von jeher eines besonderen Vorzuges erfreut, und zwar infolge seiner schon äußerlich auffallenden Reinheit. Und doch ist dieses Wasser nicht ganz von der Möglichkeit einer Verunreinigung durch Bakterien freizusprechen. Allerdings sind es gewöhnlich nur Ausnahmen von der

Regel, welche eine Besprechung des Grundwassers nach dieser Hinsicht erheischen; leider ist eine solche umsomehr geboten, als nach später darzulegenden Umständen bisweilen die Ausnahmen häufiger sind als die Regel. Vergegenwärtigen wir uns die Entstehung des Grundwassers, so ist für den größten Anteil desselben, für den aus dem Niederschlagswasser entstandenen, Keimfreiheit im voraus anzunehmen. Die filtrierende Eigenschaft des Bodens ist es, welche diese Behauptung rechtfertigt. Diese kommt nicht nur zur Geltung bei den feinporigen Bodenarten, deren Kanäle ein kapillares Gepräge an sich tragen, sondern auch bei großporigen, indem sich hier die Natur eines zweckentsprechenden Mittels bedient hat, das den gleichen Erfolg nach einer gewissen Zeit sichert. Die Fähigkeit der Bakterien, den Boden zu durchwandern, ist durch zahlreiche Untersuchungen geprüft worden, und es hat sich ergeben, daß dieselben nur wenige Meter in die Tiefe vordringen können. Eine solche Tatsache kann nur auf eine äußerst wirksame Filtration zurückgeführt werden, die in dem Vorhandensein kapillarer Gänge im Boden, in deren Beschaffenheit und Krümmung ihre Erklärung findet. Insofern die Dichtigkeit dieses Filters durch physikalische Verhältnisse primär nicht bedingt ist, wird sie in kurzer Zeit geschaffen, indem das Niederschlagswasser eine Menge feinster Stoffe von der Erdoberfläche abschwemmt, welche bei dessen Versickerung zur Verlegung größerer Porenräume dienen. Auf diese Weise erwirbt sich auch ein großporiger Boden nach und nach die Eigenschaften eines feinporigen, indem er sich gewissermaßen mit einer filtrierenden Schicht überzieht.

Es kommt noch ein Umstand hinzu, welcher die Entwicklungsfähigkeit der Bakterien mit zunehmender Tiefe ungünstig gestaltet. Ungelöste, leblose organische Massen werden ebenfalls durch den Filtrationsvorgang frühzeitig abgeschieden und damit Nährmaterial den Bakterien entzogen, während andererseits die erhöhte Tätigkeit derselben die gelösten organischen Stoffe aufbraucht oder in ihrer Konstitution verändert, ehe dieselben in eine gewisse Tiefe gelangen. Wenn schon diese Umstände ungünstig auf die Entwicklung von Bakterien einwirken, so sind es um so mehr die relativ niederen Bodentemperaturen, die Abnahme von Sauerstoff und die Vermehrung der Kohlensäure gegenüber der äußeren Atmosphäre, welche eine gedeihliche Entfaltung ihrer Lebenstätigkeiten häufig beeinträchtigen können.

Die Ursachen, daß das Grundwasser trotzdem nicht immer frei von Bakterien befunden wird, liegen in einer anderen Richtung. Nicht immer ist die Länge des Weges, welchen dasselbe in die Tiefe zurücklegt, derart bemessen, daß eine vollständige Abscheidung der Bakterien stattfindet. Wenn beispielsweise die undurchlässige Bodenschicht sehr oberflächlich gelegen ist, so bewegt sich der Grundwasserstrom in der Zone der Bakterientätigkeit und nimmt, namentlich bei stärkerem Gefälle, eine Anzahl der Keime mit sich fort, wie dies bei manchen Flachquellen der Fall ist. Seichte Brunnen sind in dieser Hinsicht immer als verdächtig zu betrachten, wenn dieselben bei nachgewiesener Bodenverunreinigung ein an Keimen reiches Wasser liefern.

Eine andere Art der Übertragung von Bakterien ist dadurch gegeben, daß Undichtigkeiten des Bodenfilters durch äußere Ursachen eintreten; Erdarbeiten rücken oft sehr nahe an die Zone des Grundwassers heran oder legen diese für längere Zeit bloß; hin und wieder stellen auch die Gänge verschiedener im Boden wohnender Tiere eine direkte Kommunikation zwischen Erdoberfläche und Grundwasser her. Das Niederschlagswasser wird unter solchen Verhältnissen denjenigen Weg einschlagen, welcher ihm den geringsten Widerstand bietet, und geht hierdurch jeglicher Filtration und Reinigung verlustig.

Wohl die häufigste Verunreinigung erfährt das Grundwasser an denjenigen Stellen, an welchen es angezapft wird, durch ungeeignete Anlage und Behandlung von Quellen und Brunnen. Die schlechte Fassung einer Quelle kann das beste Wasser zu einem gesundheitsschädlichen und gefährlichen umgestalten, insofern sie den Zutritt von Unrat von außen her ermöglicht. Es ist naheliegend, daß man das Wasser an der am leichtesten zugänglichen Stelle zu fassen sucht, bei abfallendem Gelände wird dies immer der tiefste Punkt sein. Nicht selten findet man, namentlich auf dem Lande, daß Abwässer, ja sogar der flüssige Inhalt von Dunggruben, von höher gelegenen Punkten aus ihren Weg zur oder in die Nähe der Entnahmestelle des Trinkwassers nehmen. Ähnlich liegen oft die Verhältnisse bei dem sogenannten Schacht- oder Kesselbrunnen. Um die Leistungsfähigkeit dieser Art von Brunnen tunlichst auszunützen, findet der Zutritt des Wassers nicht nur von der Sohle her statt, sondern es ist zu gleichem Zwecke die Mauerung der Wandung durchlässig gestaltet. Jede Verunreinigung des Bodens in der Umgebung des Brunnens führt möglicherweise zu bedenklichen Beimengungen von Bakterien zum Wasser. Ist schon an sich die Herstellung eines solchen Brunnens oft nicht zu empfehlen, so wird man bei der Wahl des Ortes ganz besonders darauf zu achten haben, daß dieser gegen äußere Verunreinigungen geschützt ist und bleibt. Selbstverständlich ist die Fernhaltung unsauberer Flüssigkeiten. Es ist aber auch Bedacht darauf zu nehmen, daß durch dichte Pflasterung u. dgl. in der Umgebung des Brunnens das Einsickern von Aufschlagwasser verhütet wird, daß diesem vielmehr Gelegenheit zu raschem Abfluß gegeben wird. Sobald das Wasser mit der Bodenoberfläche in Berührung gekommen ist, ist es mit Keimen infiziert, welche sich unter Umständen sehr rasch vermehren, so daß seine Beschaffenheit eine sehr fragliche wird. Es ist häufig der Fall, daß derartig verändertes Wasser einen direkten Weg zu dem Brunneninhalt findet und diesen hierdurch verschlechtert oder unbrauchbar macht. Die leidige Gewohnheit der Wäschereinigung, bei der eine gewisse Wasservergeudung unvermeidlich ist, in der Nähe solcher Brunnen ist besonders zu tadeln, da neben der Unappetitlichkeit die Beimengung von Krankheitserregern zum Wasser auf diese Weise nicht ausgeschlossen ist.

Wenn sonach das Vorhandensein von Spaltpilzen im Grundwasser in größerer Zahl eine meist vermeidbare Ausnahme bildet, so muß deren Existenz in den zutage liegenden Gewässern geradezu als Regel betrachtet werden, so daß wir mit ihnen als normalen Wasserbewohnern rechnen.

Die Lebenstätigkeit der Bakterien in der Erdkruste ist eine sehr vielseitige, und demgemäß steigt ihre Vermehrung daselbst zu großer Menge. Ein Teil derselben wird von dem Wind mit dem Staube fortgetragen und auf diesem Wege dem Oberflächenwasser zugeführt. Weit bedeutender ist die Anzahl derselben, welche durch die Bewegung des Wassers mit den Bodenteilchen losgerissen werden.

Ganz beträchtlich sind die Bakterienmassen, die mit fäulnisfähigen Substanzen in das Wasser gelangen oder demselben durch Abwässer der verschiedensten Art zugeführt werden. Für die Beurteilung der Verunreinigung durch menschliche Auswurfstoffe charakteristisch ist hier namentlich die typische Darmbakterie, das Bacterium coli.

3. Die Vermehrungsfähigkeit der Bakterien im Wasser.

Wenn sich aus dem Gesagten schon das Vorhandensein von Bakterien überhaupt im Wasser erklärt, so erklärt sich deren häufig große Anzahl aus ihrer raschen Vermehrungsfähigkeit daselbst. Diese Eigenschaft war frühzeitig schon bekannt geworden, seitdem man sich mit den Lebenstätigkeiten dieser niederen Pflanzenformen beschäftigt hat; ein zahlenmäßiger Beweis hierfür wurde durch das von Koch entdeckte Plattenverfahren erbracht. Durch viele Versuche ist erwiesen, daß Keime, auf eine günstige Nährflüssigkeit verimpft, in kurzer Zeit sich auf ein Vielfaches vermehren. Zunächst wird man geneigt sein, dies auf einen Überfluß von Nährmaterial zu beziehen; jedoch diese Beobachtung wurde auch gemacht bei der Verwendung von gewöhnlichem Wasser und sogar oft, wenn dieses destilliert worden war. Die letztgenannte Tatsache spricht für eine ungeheure Genügsamkeit einer großen Reihe von Bakterienarten. Wollte man annehmen, daß die Existenz von Ernährungsmaterial allein maßgebend für die Vermehrungsfähigkeit der Bakterien sei, so müßte man logischerweise schließen, daß deren Anzahl in infizierten Gewässern mit der Zeit ins Unendliche wachsen müßte, da man doch voraussetzen darf, daß ausreichender Nährstoff hier stets geliefert wird. Dagegen hat das Experiment wie auch die Beobachtung in der Natur eine Abnahme der Keimzahl nach gewissen Zeiten gelehrt. Auf die Ursachen dieser Abnahme des näheren einzugehen, ist hier nicht der Ort, es mag vielmehr die Andeutung genügen, daß im Laboratoriumsversuch Bedingungen vorliegen, welche ein Weiterleben erschweren, wie beispielsweise die Ausscheidung schädlicher Produkte durch die Keime selbst. Aber auch diese Erscheinung läßt sich, wie andere, für die Beobachtung in offen liegenden Gewässern nicht verwerten, da sicher derartige Stoffe eine Verdünnung in kürzester Zeit erfahren, welche ihrer Unwirksamkeit gleichbedeutend ist. Wie bei allen Lebewesen, so ist es unter anderem wahrscheinlich auch hier der Kampf um das Dasein, der eine Grenze zieht. Die im Wasser befindlichen niederen Pilze sind nicht alle gleicher Art, und dementsprechend sind ihre Ansprüche verschieden; die schwächeren müssen den stärkeren unterliegen, und unter wechselnden äußeren

Bedingungen gewinnen die einen oder die anderen wieder die Oberhand, bis sich schließlich gewissermaßen ein Gleichgewichtszustand einstellt, der Befund, den wir durchschnittlich durch unsere Untersuchungen konstatieren. Nach neueren Untersuchungen scheinen auch die Protozoen bei der Regelung des Bakteriengehaltes eine bedeutsame Rolle zu spielen (154a). Nach Rubner (154b) muß man auch u. U. der Keimverminderung durch Sedimentation Wichtigkeit beimessen.

Ein gewisser Reichtum von Bakterien bildet demnach bei manchen Wasserarten die Regel, mit der wir rechnen müssen. Verschiedene Gründe waren es, die zu einer eingehenderen Beschäftigung mit den im Wasser vorkommenden Bakterienformen aufforderten. Die nächste Aufgabe lag in der Prüfung der einzelnen Arten auf die Möglichkeit, Krankheiten zu erzeugen. In dieser Hinsicht sind die meisten Wasserbakterien, soweit es bisher bekannt ist, unschuldiger Natur; es ist jedoch nicht ausgeschlossen, daß sich ihnen Krankheitserreger beimengen können. Ist schon deswegen eine bakteriologische Untersuchung des Wassers angezeigt, so ist sie es auch aus einem anderen Grunde, insofern als ein über das gewöhnliche Maß hinausgehender Bakterienreichtum Aufschluß über die Art und Größe stattgehabter Verunreinigungen geben kann. Zufolge der Erkenntnis der einzelnen Arten und ihrer Lebensbedingungen ist ein Rückschluß auf ihre Herkunft ermöglicht, der manchmal trotz ihrer Unschädlichkeit den Genuß des Wassers verleidet, nach Umständen ekelerregend macht, selbst wenn die sichtbare Beschaffenheit des Wassers noch nicht darunter gelitten hat.

4. Einrichtung des Laboratoriums für die bakteriologische Wasseruntersuchung.

Zur bakteriologischen Wasseruntersuchung einschließlich der Apparate zur Herstellung der Nährböden, aber abgesehen von den zur Entnahme der Wasserprobe dienenden (über diese vgl. das Kapitel „Probeentnahme"), braucht man folgende

Gerätschaften und Apparate.

(Vgl. dazu Fig. 11 u. Fig. 39.)

Kochkolben von je $1^1/_2$, 2 und 3 Liter Inhalt mit weitem Halse.

Meßzylinder zu 1 Liter Inhalt und zu 100 ccm.

Große Trichter, etwa von 15—20 cm oberer Weite, zweckmäßig aus emailliertem Eisenblech.

Lange Glasstäbe.

Thermometer von 0° bis 100°, am besten mit längerem Unterteil.

Fleischhackmaschine.

Wasserbad mit Dreifuß, zweckmäßig mit Niveauhalter für konstanten Wasserzufluß, von etwa 21 cm Durchmesser mit Einlageringen (vgl. Fig. 18) und Einsatzgestell (Fig. 31) für Reagensgläser. Dazu einen Kronenbrenner und ein Thermometer von 0° bis 100°.

Kochtopf, emailliert, mit seitlichen Griffen, etwa 29 cm weit, von ungefähr 15 Liter Inhalt. Dazu zweckmäßig als Untersatz einen Universalgaskocher.

Reagenzgläser, 160 mm lang, von 16 mm Durchmesser, von gutem Glase, welche öfteres Erhitzen auf 160° aushalten, ohne trübe zu werden, und wenig Alkali abgeben. Am besten sind Gläser aus Jenaer Glas.

Reagierglasgestelle für je 24 und 48 Reagenzgläser mit je zwei übereinander liegenden Bohrungen zur Aufnahme jedes Glases, um das Herausgleiten der Gläschen zu verhüten.

Abfülltrichter zum Einfüllen von stets gleichen Mengen Nährmaterial in die Reagenzgläser nach Treskow (Fig. 32).

Nicht entfettete weiße Watte.

Kasten zum Sterilisieren (Fig. 33) mit heißer Luft nebst Heizvorrichtung (Kronenbrenner). Größe des Arbeitsraumes: 24 cm Höhe, 18 cm Breite, 16 cm Tiefe. Dazu 1 Thermometer bis 250°.

Viereckige Drahtkörbe zum Einsetzen, 18 cm hoch, 16 cm breit, 12 cm tief.

Kochscher Dampftopf (Schema s. Fig. 34a und b) mit erweitertem Wassergefäß, am besten mit konstantem Wasserzufluß und Dampfeintritt von oben (s. Fig 34b), nebst Heizvorrichtung. Höhe des Arbeitsraumes 50 cm, Durchmesser 25 cm. Dazu runde Drahtkörbe mit Henkel zur Aufnahme der zu sterilisierenden Gegenstände, 25 cm hoch, 23 cm im Durchmesser.

Bunsenbrenner mit Sparflamme (Fig. 11 t).

Platindrähte, 0,4 mm stark, 50 mm lang; desgleichen Drähte mit angebogener Öse. Die Drähte sind am Ende von Glasstäben mittels Rubinglases eingeschmolzen oder werden in besonderen Nadelhaltern durch Einschrauben befestigt (Fig. 39 m).

Zum Einstellen der Platinnadeln und Platinösen dient ein Eichenholzklotz mit entsprechenden Bohrungen.

Kartoffelmesser. Kartoffelbürste. Kartoffelbohrer.

Petrische Doppelschalen (Fig. 39a). Die untere Schale soll im Lichten einen Durchmesser von 90 mm haben. Für bestimmte Zwecke ist das Modell des Kgl. Preußischen Kriegsministeriums geeignet (Gummiring-

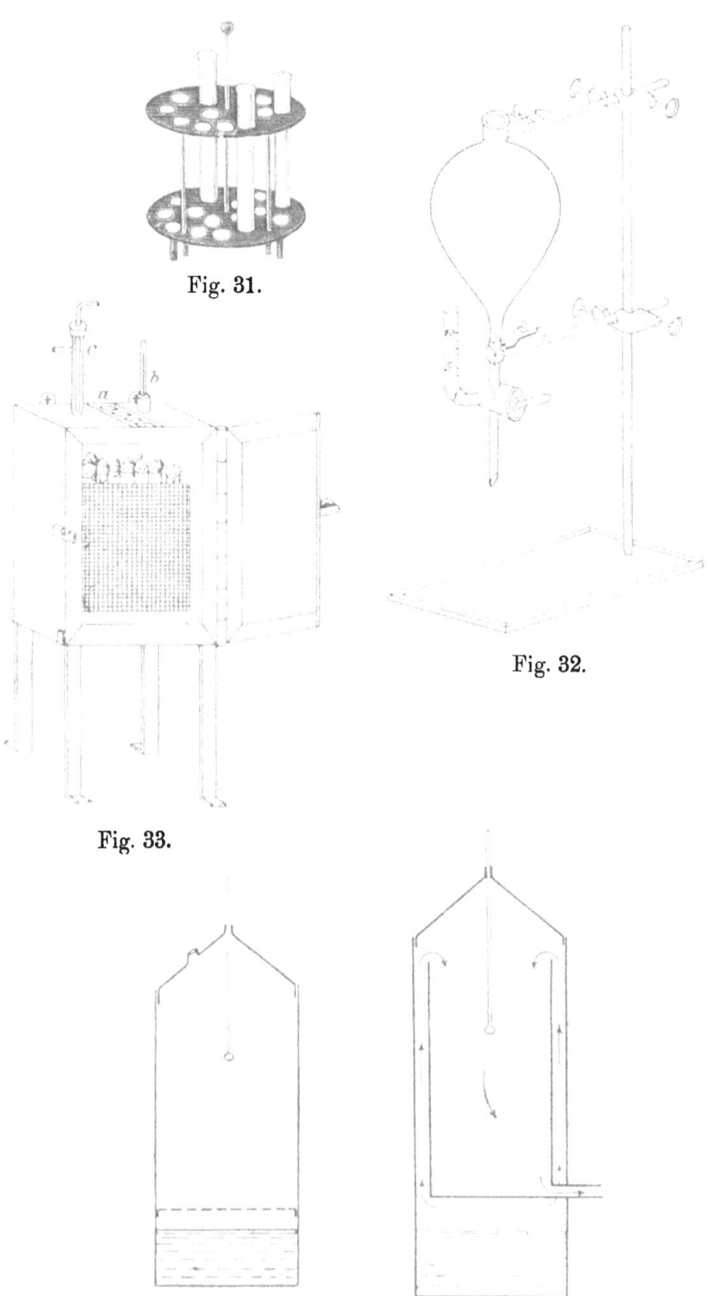

Fig. 31.

Fig. 32.

Fig. 33.

Fig. 34 a.

Fig. 34 b.

Fig. 35.

Fig. 36.

Fig. 37.

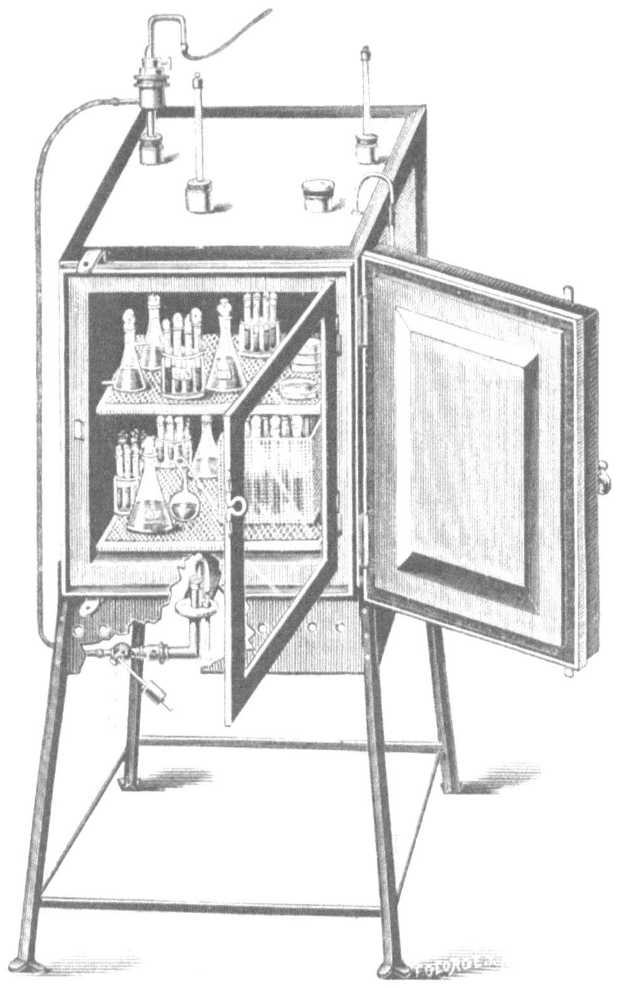

Fig. 38.

verschluß), ferner die Kulturschalen in Flaschenform nach Rozsahegyi (Fig. 46) oder nach Petruschky.

Ein Plattengießapparat (Kühlapparat), am zweckmäßigsten mit metallener Kühlfläche, z. B. nach Dahmen (Fig 35). Vgl. dazu auch Fig. 42 und den Transport- und Kühlapparat nach Spitta unter „Probeentnahme“.

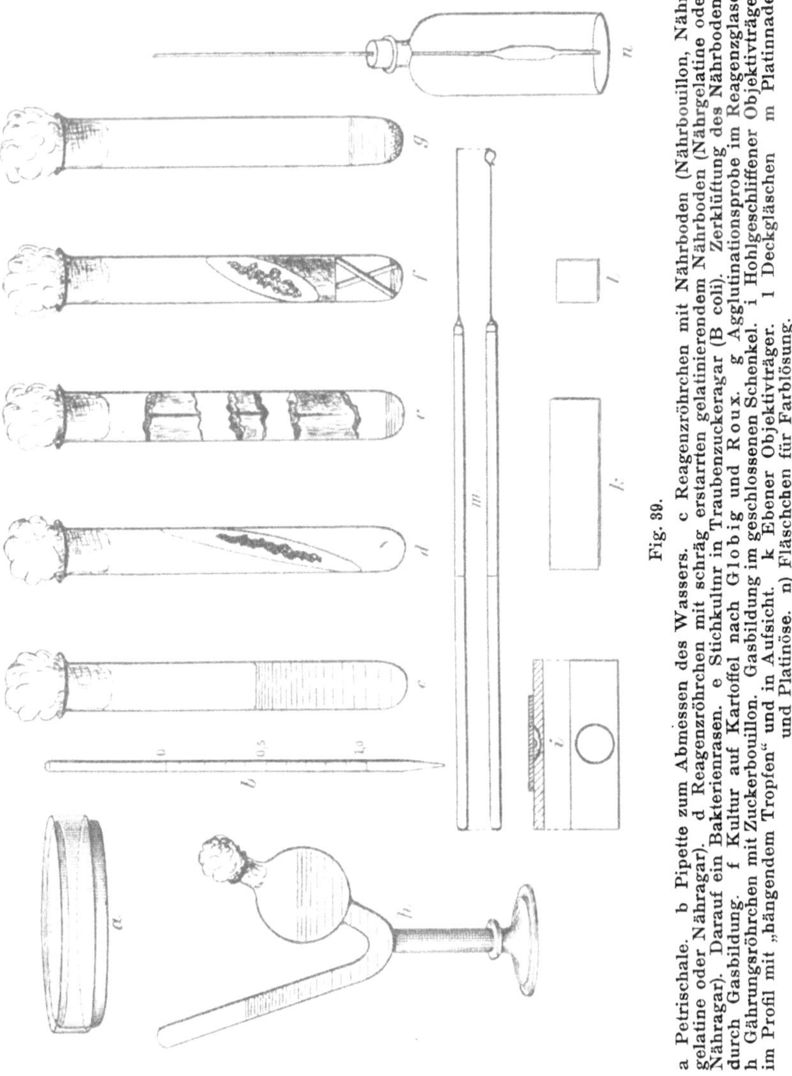

Fig. 39.

a Petrischale. b Pipette zum Abmessen des Wassers. c Reagenzröhrchen mit Nährboden (Nährbouillon, Nährgelatine oder Nähragar). d Reagenzröhrchen mit schräg erstarrten gelatinierendem Nährboden (Nährgelatine oder Nähragar). Darauf ein Bakterienrasen. e Stichkultnr in Traubenzuckeragar (B coli). Zerklüftung des Nährbodens durch Gasbildung. f Kultur auf Kartoffel nach Globig und Roux. g Agglutinationsprobe im Reagenzglase. h Gährungsröhrchen mit Zuckerbouillon. Gasbildung im geschlossenen Schenkel. i Hohlgeschliffener Objektivträger im Profil mit „hängendem Tropfen“ und in Aufsicht. k Ebener Objektivträger. l Deckgläschen m Platinnadel und Platinöse. n) Fläschchen für Farblösung.

Kupferbüchsen zur Aufnahme der Petrischalen zwecks Sterilisierung (Fig. 36).

Wasserpipetten (Fig. 39b) von je 1 ccm Inhalt, geteilt in 0,1 ccm.

Kupferbüchsen zur Aufnahme dieser Pipetten zwecks Sterilisierung.

Tropffläschchen. Vollpipetten zu 5, 10, 25, 50 und 100 ccm (Fig. 11).

Gärungskölbchen nach Smith (Fig. 39 h) oder Dunbar (Fig. 50) für 10—20 ccm Inhalt, und größere mit auswechselbarem Fuß zu 50 und 100 ccm Inhalt (Fig. 51).

Erlenmeyerkölbchen zu 100 ccm Inhalt (Fig. 11 k).

Soxhletsche (Milch-) Flaschen zu 200 ccm Inhalt mit Gummischeiben-Patentverschluß (vgl. Fußnote S. 274).

Wasserstoffentwicklungsapparat nach Kipp nebst 2 Gaswaschflaschen.

Anaerobengefäß nach Novy (Fig. 37).

Konservengläser mit Deckel und Gummidichtung („Weck-Gläser"), ca. 22—23 cm lichte Höhe (vgl. S. 292).

Holzklotz mit 5 Bohrungen für Reagenzgläser und 5 Klammern (Fig. 48).

Chamberland-Filtrierkerze.

Pukallfilter verschiedener Größe mit zugehörigen Glasbehältern.

Porzellantrichter mit eingelassener poröser Filtrierplatte (vgl. Fig. 54).

Saugflasche (vgl. Fig. 20).

Wasserstrahlluftpumpe von Glas.

Zählapparat nach Wolfhügel-Mie für Plattenkulturen nebst Lupe (Fig. 43 u. 44).

Zählplatte nach Lafar (Fig. 45).

Plattenzählmikroskop (Leitz) (vgl. Fig. 47).

Okularnetzmikrometer und Objektmikrometer.

Wegen des Bakterienmikroskopes, der Objektträger, Deckgläschen, Cornetschen Pinzetten, Porzellan- und Uhrschälchen usw. vgl. das Kapitel: Qualitativer Nachweis der Bakterien im allgemeinen.

Brutschrank (Thermostat) auf 22° eingestellt (Fig. 38).

Desgl., auf 37° eingestellt.

Desgl., auf 46° eingestellt.

Außer den genannten Apparaten sind gewisse in jedem Laboratorium vorhandene Utensilien, z. B. Tarierwage, Handwage nebst Gewichtssätzen, verschiedene kleinere Glassachen, Hornlöffel u. dgl. selbstverständlich notwendig.

Von **Reagenzien** werden ständig oder häufig gebraucht:

Destilliertes Wasser.

96proz. Alkohol.

„Absoluter" Alkohol (99—99,8%).

Xylol.

Lackmuspapier, glatt, blauviolett.

Alkoholische Phenolphtaleinlösung 1:100.

4proz. wäßrige Natriumhydroxydlösung oder Normalnatronlauge.

15proz. wäßrige Lösung von kristallisiertem Natriumkarbonat, annähernd zu ersetzen durch Normalsodalösung (143,08 Na_2CO_3 + 10 H_2O im Liter Wasser).

Kochsalz.

Natriumkarbonat krystallisiert, in Substanz.

Natriumhydrat

Kaliumhydrat.

Anilinöl.

Kanadabalsam.

Für die Herstellung der gewöhnlichen Nährböden

ist vorrätig zu halten:

Feinste weiße Speisegelatine.

Agar-Agar in Stangen oder in Pulverform.

Peptonum siccum (Witte).

Liebigs Fleischextrakt.

Von Farbstoffen

sind hauptsächlich notwendig:

Methylenblau B extra oder medicinale.

Gentianaviolett.

Methylviolett (Kristallviolett.)

Fuchsin.

Wegen der übrigen Farbstoffe und der sonst für einzelne Untersuchungen notwendigen Reagenzien und Nährstoffe ist im Text an den betreffenden Stellen das notwendige angegeben.

5. Nachweis der Bakterien im Wasser.

A. Qualitativer Nachweis der Bakterien im allgemeinen.

Nur wenn in einem Wasser (Abwasser) Bakterien in sehr großer Anzahl vorhanden sind, wird es gelingen, dieselben unmittelbar mikroskopisch nachzuweisen, und zwar entweder im lebenden Zustand oder im abgetöteten Zustand, durch Farbstoffe tingiert (s. S. 271).

Zur mikroskopischen Beobachtung bedarf man eines schwachen Trockensystems (z. B. Leitz Objektiv Nr. 3, Zeiß Objektiv B) und einer homogenen Ölimmersion (z. B. Leitz Homog. Ölimmersion 1/12, Zeiß desgl.), dazu der Okulare I u. IV. Man verfügt damit über eine etwa 60—1000fache Vergrößerung. Wenn das Immersionssystem benutzt wird, ist zur Beleuchtung der Abbesche Beleuchtungsapparat (Spiegel, Irisblende und Kondensorsystem) notwendig.

a) Betrachtung ungefärbter Präparate

(z. B. eines Tropfens Kanalwasser) im sog. „hängenden Tropfen“ (Fig. 39i). Man umzieht den Ausschliff eines hohlgeschliffenen Objektträgers mit Hilfe eines Pinselchens mit etwas Vaseline. Auf die Mitte eines gereinigten Deckgläschens*) (das aber nicht so fettfrei gemacht werden darf, daß ein aufgetragener Wassertropfen zerläuft), welches man in eine Cornetsche Pinzette (Fig. 40) eingeklemmt hat, bringt man den zu untersuchenden Wassertropfen. Man nimmt das Deckgläschen aus der Pinzette, legt es auf ein Stück Fließpapier, deckt den hohlgeschliffenen, mit Vaseline versehenen Objektträger so darüber, daß der Tropfen frei

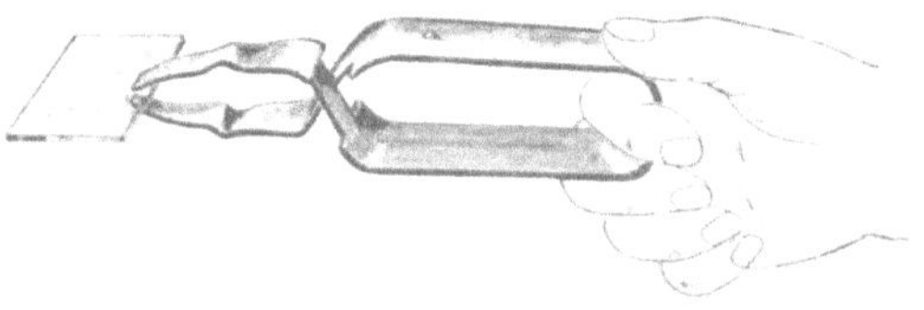

Fig. 40.

unter der Kuppel des Ausschliffs liegt, dreht den Objektträger schnell so herum, daß das von dem Vaselin festgehaltene Deckgläschen nach oben zu liegen kommt (der Tropfen darf dabei nicht zerrinnen, sondern muß frei in der Höhlung hängen), und bringt das Präparat auf den Objekttisch des Mikroskopes. Man benutzt Hohlspiegel, enge Irisblende (2—4 mm im Durchmesser), schwaches Objektiv und schwaches Okular und stellt den Rand des Tropfens so ein, daß dieser entweder von oben nach unten oder von links nach rechts sichelförmig die Mitte des Gesichtsfeldes durchzieht. Darauf wird — ohne den Objektträger im geringsten zu verschieben! — das schwache Objektiv durch das Immersionssystem, der Hohlspiegel durch den Planspiegel ersetzt, die Irisblende auf einen Durchmesser von etwa 7—8 mm erweitert und ein Tropfen eingedicktes Zedernholzöl (Immersionsöl) auf die Mitte des Deckgläschens gebracht. Man senkt nun den Tubus des Mikroskopes so lange, bis die Frontlinse des Immersionssystems in den Öltropfen eintaucht, senkt dann, indem man seitlich das Auge in gleiche Höhe mit dem Objekttisch bringt und auf diese

*) Gebräuchlichste Form und Größe: 18 qmm.

Weise kontrolliert, den Tubus vorsichtig weiter, bis die Frontlinse das Deckgläschen fast berührt, blickt dann durch das Mikroskop und dreht den Tubus ganz langsam wieder nach oben, bis der Rand des Tropfens im Gesichtsfelde erscheint. Dann stellt man die dünne Randzone des Tropfens mittels Mikrometerschraube scharf zur Beobachtung etwaiger Mikroorganismen ein.

b) Bakterienfärbung und Betrachtung gefärbter Präparate.

Deckglaspräparat.

Man bedarf dazu eines Deckgläschens, das so sorgfältig — vor allem von fettigen Bestandteilen — gereinigt worden ist, daß ein aufgebrachter Wassertropfen sich mühelos in gleichmäßig dünner Schicht über das Deckglas ausstreichen läßt. Zu diesem Zweck werden neue Deckgläschen nach Säuberung mit Wasser und nach dem Abtrocknen mit einer Mischung aus gleichen Teilen Alkohol und Äther oder mit Xylol geputzt. Auch vorsichtiges kurzes Erhitzen auf beiden Seiten (Krummbiegen vermeiden!) in der Flamme des Bunsenbrenners ist zweckdienlich. Bisweilen muß man die Deckgläschen erst in einer Lösung von 100 g doppeltchromsaurem Kali in 1 Liter Wasser + 100 ccm roher Schwefelsäure mehrere Minuten lang in der Porzellanschale kochen, nach dem Abgießen der Flüssigkeit mit verdünnter Natronlauge, dann mit Wasser und zuletzt mit Alkohol abspülen und trocknen (Zettnow). Diese Methode ist besonders zum Reinigen bereits gebrauchter Deckgläschen zu empfehlen.

Von der zu untersuchenden Flüssigkeit entnimmt man mittels ausgeglühter und wieder erkalteter Platinöse einen Tropfen, bringt ihn auf das, wie vorstehend beschrieben, gereinigte Deckgläschen und breitet ihn mit wenigen Strichen gleichmäßig über die ganze Fläche aus. Enthält die zu untersuchende Flüssigkeit an und für sich fettige Bestandteile (wie z. B. häufig Abwasser) so kann eine gleichmäßige Verteilung selbst bei sorgfältiger vorheriger Reinigung des Deckgläschens Schwierigkeiten machen. Man läßt die Flüssigkeitsschicht an der Luft trocken werden, klemmt das Deckgläschen in die Cornetsche Pinzette und führt es dreimal rasch durch die nicht leuchtende Flamme des Bunsenbrenners („Fixieren"). Dann gibt man tropfenweise so viel Farblösung (s. u.) auf das Deckgläschen, daß es vollständig damit bedeckt ist, und läßt die Farblösung eine gewisse Zeit (s. u.) einwirken. Die Farblösung wird dann vom Deckgläschen abgegossen, Gläschen und Branchen der Pinzette mit Wasser abgespült, das Gläschen aus der Pinzette herausgenommen, mit einer Kante auf Fließpapier gestellt, so daß die Hauptmenge des überschüssigen Wassers abgesaugt wird, und die nicht präparierte Seite mit Fließpapier oder einem Leinwandläppchen getrocknet. Die präparierte Seite läßt man am besten an der Luft abtrocknen. Zur Beförderung dieses Prozesses ist leichtes Erwärmen des Gläschens durch Hin- und Herbewegen über der Flamme des Bunsenbrenners zulässig.

Man bringt dann in die Mitte eines gut gesäuberten ebenen Objektträgers*) einen Tropfen des Immersionsöls, drückt das Deckgläschen mit der präparierten Seite nach unten leicht darauf, so daß keine Luftblasen zwischen Deckgläschen und Objektträger bleiben, und bringt den Objektträger auf den Objekttisch des Mikroskopes. Es wird sofort mit dem Immersionssystem untersucht, wobei der Planspiegel zur Anwendung kommt und die Irisblende völlig geöffnet ist.

Objektträgerpräparat.

Statt auf dem Deckgläschen kann man den zu untersuchenden Wassertropfen auch in der Mitte eines entsprechend gereinigten Objektträgers ausbreiten, trocknen lassen und wie oben angegeben färben und dann nach Aufbringen eines Tropfens Zedernholzöl ein sauberes Deckgläschen darauf decken. Das Deckgläschen kann auch ganz fortgelassen werden. Sollen die Präparate aufgehoben werden, so wird statt des Zedernholzöles Kanadabalsam zwischen Objektträger und Deckgläschen gebracht. Bei Präparaten, welche nur zu einer flüchtigen Durchmusterung dienen, kann das Zedernholzöl unter dem Deckglas auch durch gewöhnliches Wasser ersetzt werden. Das Trocknen des Deckgläschens nach dem Färben erübrigt sich dann. Man hat aber darauf zu achten, daß einerseits das zwischen Objektträger und Deckgläschen befindliche Wasser nicht verdunstet, andererseits der Objektträger in der Umgebung des Deckgläschens und namentlich die Oberfläche des Deckgläschens frei von Wasser bleibt, da andernfalls beim Mikroskopieren Wasser und Immersionsöl miteinander in Berührung kommen, was

*) Gebräuchlichstes Format: Englisch, 26×76 mm.

zu Trübungen Veranlassung geben kann. Soll das Präparat nachträglich konserviert werden, so kann, nach sorgfältiger Entfernung des Immersionsöltröpfchens, das Präparat an der Luft getrocknet und in Kanadabalsam eingeschlossen werden. Der Kanadabalsam wird erst nach mehreren Tagen einigermaßen fest. Ein seitlich unter dem Deckglas herausgequollener etwaiger Überschuß desselben läßt sich später mittels eines in Xylol getauchten Leinwandläppchens entfernen.

Die zwecks Färbung der Präparate anzuwendenden **Farbstoffe** sind verschieden, je nach der Art des Präparates. Sind in einem Präparate noch andere Körper neben den Bakterien zu erwarten, wie es bei der Untersuchung von Wasser- oder Abwasserproben immer der Fall sein wird (Protozoen, Pflanzenzellen, organischer Detritus usw.), so sollte als Farbstoff nur das Methylenblau Verwendung finden, da es am wenigsten Farbstoffniederschläge erzeugt und eine differenzierte Tinktion zuläßt. Unter Umständen kann es sich sogar empfehlen, nicht das trockene Präparat zu färben, sondern dem zu untersuchenden Wassertropfen auf dem planen Objektträger sofort ein Tröpfchen Methylenblaulösung zuzumischen, die Lösung mit dem Deckglas zu bedecken und zu beobachten. Die Mikroorganismen, die Zellkerne usw. ziehen allmählich den Farbstoff an sich und färben sich erst hell, dann dunkler. Dieser Prozeß läßt sich mikroskopisch sehr gut verfolgen. Der Überschuß an Farbe stört, wenn er nicht zu groß war, das Bild nicht. Eine Abtötung der Organismen wird mit dieser Methode nicht oder nur allmählich erreicht.

Handelt es sich dagegen nur um Färbung der wäßrigen Aufschwemmungen von Reinkulturen von Bakterien (s. u.), so sind auch andere Farbstoffe anwendbar. Bei allen Färbungen gilt die Regel, daß man feinere Bilder bekommt, wenn man mit verdünnten Farblösungen längere Zeit färbt, als wenn man konzentriertere Farblösungen kurz einwirken läßt. Erwärmen beschleunigt die Färbung, doch soll die Erwärmung gewöhnlich nicht weiter als bis zur Dampfbildung der Farblösung gehen. Bei Anwendung von Methylenblau ist das Erwärmen zu unterlassen. Die Erwärmung der Farblösung kann auf dem in die Cornetsche Pinzette eingespannten Deckgläschen selbst erfolgen, oder man wirft das Deckgläschen mit der präparierten Seite nach unten so auf die in einem Porzellanschälchen oder Uhrschälchen befindliche warme Farblösung, daß es darauf schwimmt. Das Erwärmen der Farblösung erfolgt am besten über dem kleinen Sparflämmchen des Bunsenbrenners. Hinsichtlich der Dauer der Färbung lassen sich allgemeingültige Regeln nicht angeben. Als Anhaltspunkt möge dienen, daß die notwendigen Einwirkungszeiten etwa zwischen 10 Sekunden und 5 Minuten schwanken. Zur **Herstellung der Farblösungen** geht man gewöhnlich von gesättigten alkoholischen Farblösungen aus. Die gebräuchlichsten Bakterienfarbstoffe sind: Fuchsin, Gentianaviolett, Kristallviolett (Methylviolett) und Methylenblau. Man schüttet etwa 20 g des trockenen Farbstoffs in eine 200 ccm fassende Glasstöpselflasche, füllt die Flasche zu drei Viertel mit absolutem Alkohol und läßt unter häufigem zeitweiligen Umschütteln einige Tage lang bei Zimmertemperatur stehen.

Zur Herstellung der eigentlichen Farblösung gießt man einige ccm der gesättigten alkoholischen Farblösung in ein Reagenzglas und mischt so viel destilliertes Wasser hinzu, daß die Farblösung eben noch durchsichtig erscheint, wenn man quer durch das gefüllte Reagenzglas hindurchblickt. Von Methylenblau kann man auch eine gesättigte wäßrige Lösung benutzen (Filtrieren!).

Es empfiehlt sich, die Farblösungen — abgesehen von den alkoholischen Stammlösungen — jedesmal in kleinen Quantitäten im Reagenzglas frisch herzustellen.

Durch Zugabe gewisser Stoffe (Beizen) kann die Färbewirkung erhöht werden.

Folgende Lösungen dieser Art sind die gebräuchlichsten:

1. Karbolfuchsinlösung.

Man mischt 10 ccm gesättigte alkoholische Fuchsinlösung mit 100 ccm 5 proz. Karbolsäurelösung. Von dieser gut haltbaren Lösung wird zum Zwecke der Färbung gewöhnlich 1 Teil mit 4 bzw. 9 Teilen Wasser verdünnt.

2. Anilinwassergentianaviolettlösung.

Man schüttelt in einem Reagenzglas wenige ccm Anilinöl mit etwa 15 ccm destilliertem Wasser kräftig durch. Ein Teil des Anilinöls muß ungelöst bleiben. Man filtriert etwa $^3/_4$ der Flüssigkeit durch ein kleines feuchtes Filter in ein zweites Reagenzglas. Das Filtrat muß klar und frei von Öltröpfchen sein. Zum Filtrat gibt man so viel gesättigte alkoholische Gentianaviolettlösung, daß die Farblösung eben noch durchsichtig erscheint. (Am besten stets frisch zu bereiten!)

3. Löfflers Methylenblaulösung.

1 ccm einer 1 proz. Kalihydratlösung (ungefähr 0,2 ccm einer Normalkalilauge) wird mit destilliertem Wasser auf 100 ccm aufgefüllt und 30 ccm gesättigte alkoholische Methylenblaulösung hinzugefügt. Die Lösung ist gut haltbar und wird daher zweckmäßig vorrätig gehalten. Sie eignet sich sehr gut zum Färben von Abwasserausstrichpräparaten u. dgl.

Gramsche Färbung.

Zur Unterscheidung mancher Bakterienarten ist die von Gram angegebene Färbungsmethode sehr geeignet. Nach seiner Vorschrift färbt man zuerst 1—2 Minuten in Anilinwassergentianaviolettlösung und legt dann das Präparat ohne abzuspülen 1 Minute lang in eine Jod-Jodkaliumlösung, welche aus 1 Teil Jod, 2 Teilen Jodkalium und 300 Teilen Wasser besteht, bringt dasselbe hierauf in absoluten Alkohol für einige Minuten bis zur eingetretenen vollständigen Entfärbung, spült dann mit Wasser ab und trocknet. Durch diese Färbung sind beispielsweise die Bakterien der Typhus-Coli-Gruppe von vielen anderen Keimen zu unterscheiden; sie färben sich durch dieses Verfahren nicht, oder, richtiger gesagt, sie geben hierbei den aufgenommenen Farbstoff wieder ab.

B. Quantitative Bestimmung der Bakterien.

a) Allgemeine Bemerkungen über Zählmethoden.

Die quantitative unmittelbare Bestimmung des Bakteriengehalts eines Wassers gelingt ebenfalls nur bei sehr bakterienreichen Wässern (Abwässern und dgl.) und auch dann noch schwierig, weil der gewöhnlich in reichlicher Menge vorhandene Detritus usw. das Auszählen der Bakterien ungemein erschwert. Die Zählung kann entweder am gefärbten Präparat (Klein, Hehewerth, Winslow) oder am ungefärbten Präparat (Winterberg) mit Hilfe der Zeißschen Zählkammer erfolgen. Wenn auch praktisch ohne große Bedeutung, so sind die mit diesen Methoden ausgeführten Untersuchungen (155) doch deswegen von Interesse, weil sie gezeigt haben, daß wir mit dem weiter unten zu beschreibenden Plattenverfahren für gewöhnlich nur Bruchteile der wirklich vorhandenen Bakterienmenge zu zählen imstande sind (vgl. auch S. 271).

Die große Vermehrungsfähigkeit der Bakterien, sowie ihr fast ubiquitäres Vorkommen machen es notwendig, schon bei der Probeentnahme und weiter bis zu dem Augenblick der bakteriologischen Untersuchung der Probe gewisse Vorsichtsmaßregeln zu treffen, welche sowohl eine Vermehrung der Bakterien hintanhalten als auch den Zutritt fremder Keime zu der Wasserprobe verhüten. Was die gebotene Art der Probeentnahme anlangt, so sei hier auf das Kapitel V, 3: „Ausführnng der Probeentnahme für die bakteriologische Untersuchung“ hingewiesen, in welchem die Entnahme von Wasserproben zusammenhängend Erörterung finden wird.

Über die Vermehrungsfähigkeit der Wasserbakterien geben uns u. a. die Versuche von Wolffhügel und Riedel (156) gewisse Anhaltspunkte. Die praktische Konsequenz dieser Versuche ist, daß die bakteriologische Feststellung der in einem Wasser vorhandenen Bakterienmenge tunlichst sofort nach der Entnahme der Wasserprobe geschehen soll. Ist dies nicht möglich, so muß die entnommene Wasserprobe bei niedriger Temperatur aufbewahrt werden, d. h. bei einer Temperatur, welche 6° im allgemeinen nicht überschreitet. Dies läßt sich mit Hilfe besonderer Transportkasten bewerkstelligen (s. Probeentnahme).

Um die Anzahl der in einem bestimmten Wasserquantum — als Einheit wird für bakteriologische Zwecke das Kubikzentimeter oder das Gramm angenommen — vorhandenen Bakterien oder, richtiger gesagt, der mittels unserer Methoden zur Entwickelung zu bringenden Bakterien festzustellen, müssen wir, da aus oben genannten Gründen die unmittelbare Auszählung meist unmöglich ist, den Umweg über die zahlenmäßige Feststellung der durch Vermehrung der einzelnen Bakterien entstandenen Kolonien einschlagen, d. h. wir sorgen zunächst für eine räumliche Trennung der in einem Wasserquantum vorhandenen Bakterien von einander, bringen die einzelnen Bakterien dann unter günstige Lebensbedingungen und warten ab, bis die Vermehrung des einzelnen

Bakteriums in dem ihm zusagenden Nährmedium durch fortwährende Teilungsvorgänge eine so große geworden ist, daß die durch sein Wachstum hervorgerufenen Erscheinungen (Koloniebildung, Trübung des Nährmediums) schon für das unbewaffnete Auge oder doch wenigstens schon bei schwacher (etwa 4—60 facher) Vergrößerung erkennbar werden. Aus dem Auftreten dieser Erscheinungen schließen wir rückwärts auf ein einzelnes Bakterium als Ursache, indem wir von der Voraussetzung ausgehen, daß eine genügende Trennung etwa vorhanden gewesener Bakterienverbände in Einzelindividuen durch unsere Maßnahmen erfolgt ist.

Es gibt nun zwei Wege, dieses Ziel zu erreichen. Der ältere, neuerdings aber wieder mehr in Aufnahme gekommene Weg ist die Verdünnungsmethode, der zweite die Methode der Plattenkultur mit Hülfe der von Robert Koch eingeführten durchsichtigen gelatinierenden Nährmedien.

b) Gewöhnliche Nährböden für die Bakterienzüchtung.

Bevor auf die Beschreibung dieser Methoden eingegangen werden kann, müssen wir zunächst eine Beschreibung der Darstellungsweise derjenigen allgemein gebräuchlichen Nährböden geben, vermittels derer die Bakterien in der angedeuteten Weise isoliert und zur Vermehrung gebracht werden können. Diejenigen Spezialnährböden, welche zur Züchtung und Erkennung gewisser Arten von Bakterien angegeben worden sind, sollen bei Besprechung des Nachweises dieser Arten erst später Erwähnung finden.

α) Nährböden, welche Extraktivstoffe des Fleisches enthalten.

Die Extraktivstoffe des Fleisches können durch Verwendung frisch hergestellten Fleischwassers gewonnen werden. Zu diesem Zwecke übergießt man z. B. 500 g feingehacktes, fettfreies Rind- oder Pferdefleisch*) mit 1 Liter destillierten Wassers, läßt unter zeitweiligem Umrühren mit einem dicken Glasstab an einem kühlen

*) Man kaufe das Fleisch im Stück und hacke es mit der Fleischhackmaschine selbst, da dem fertigen Hackfleisch bisweilen Konservierungsmittel beigemengt sind.

Ort (im Sommer im Eisschrank) stehen, und trennt sodann die Fleischteilchen von dem rot gefärbten wäßrigen Fleischauszug, indem man den letzteren durch ein Koliertuch laufen läßt, welches man in einen entsprechenden Holzrahmen gespannt oder über die Öffnung eines großen Glastrichters gelegt hat. Die im Tuch zurückgebliebene Fleischmasse wird in demselben noch gründlich mit den Händen ausgepreßt und die noch herausgedrückte Flüssigkeitsmenge zu der Kolatur hinzugefügt. Gewöhnlich wird die Gesamtmenge der Kolatur nicht ganz ein Liter betragen. Man füllt dann mit Wasser bis zum Liter auf.

Schneller kommt man zum Ziel, wenn man das gehackte Fleisch etwa $^1/_2$ Stunde lang unter Umrühren mit etwa 50^0 warmem Wasser auslaugt und Fleisch nebst Fleischwasser dann noch ungefähr eine Stunde in den Dampftopf stellt. Man läßt dann erkalten, damit sich das Fett abscheidet, gießt die über dem ausgelaugten Fleisch stehende Flüssigkeit durch ein angefeuchtetes Faltenfilter und füllt mit Wasser auf 1 Liter auf.

Herstellung der Nährbouillon.

Zu 1 Liter Fleischwasser fügt man im 2-Liter-Kolben 10 g Peptonum siccum (Witte) und 5 g Kochsalz. Das Gemisch wird durch Einstellen in den Dampftopf unter zeitweiligem Umschütteln zur vollständigen Lösung gebracht. Man gibt nun in kleinen Mengen so viel Natronlauge oder Sodalösung hinzu (s. o. unter Reagenzien), bis ein mit dem Glasstab herausgenommener Tropfen auf glattem blauvioletten Lackmuspapier eine Rötung nicht mehr hervorruft. Man spült, um besser beobachten zu können, den aufgebrachten Tropfen der Bouillon mit etwas neutralem destillierten Wasser ab. Ist der richtige Punkt erreicht, so wird rotes Lackmuspapier durch einen Tropfen der Nährbouillon bereits deutlich gebläut, ein Umstand, der bei Unerfahrenen häufig zu Zweifeln darüber führt, ob die richtige Reaktion hergestellt ist. Maßgebend ist allein die Tüpfelreaktion auf blauviolettem Lackmuspapier.

Ein etwaiger Überschuß von Alkali kann nötigenfalls durch Zutröpfeln von stark verdünnter Salzsäure, Phosphorsäure oder Milchsäure unschädlich gemacht werden, doch ist ein solches Überschreiten des Neutralisationspunktes nach Möglichkeit durch vorsichtige und allmähliche Zugabe des Alkalis zu vermeiden.

Wollte man Phenolphtaleinlösung als Indikator verwenden, so würde eine in bezug auf diesen Indikator neutrale Nährbouillon auf blauviolettes Lackmuspapier schon deutlich alkalisch wirken. Obgleich bei der Anwendung von Lackmuspapier eine gewisse Übung dazu gehört, den richtigen Farbenton festzustellen und stets wieder zu erkennen (wegen der im Fleischsaft enthaltenen Phosphate), empfehlen wir doch, im besonderen für die Zwecke der bakteriologischen Wasseruntersuchung lediglich Lackmus als Indikator beizubehalten, trotz mancher Vorzüge, welche das Phenolphtalein (157) besitzt.

Nach dem Neutralisieren kocht man im Dampftopf 1 Stunde lang, filtriert heiß durch ein angefeuchtetes Faltenfilter und prüft nochmals die Reaktion des Filtrates, welche, falls Änderung eingetreten, noch zu korrigieren ist. (Nach etwaiger Korrektion ist nochmals zu kochen und zu filtrieren). Bleibt die Nährbouillon trübe, so läßt man die Flüssigkeit auf ungefähr 50^0 abkühlen, gibt dann das Weiße eines Hühnereies hinzu, verteilt dasselbe gut durch Umschütteln, erhitzt noch einmal im Dampftopf 1 Stunde lang, filtriert und prüft bzw. korrigiert die Reaktion.

Die klare, neutrale Nährbouillon wird nun entweder zu je 10 oder zu je 9 ccm (vgl. Verdünnungsmethode) mit Hilfe des vorher im Dampf sterilisierten Treskowschen Trichters oder mittels sterilisierter Pipette in sterile Reagenzgläser gefüllt. Diese Reagensgläser werden in folgender Weise präpariert. Nachdem sie sauber gewaschen worden sind, wobei sorgfältig darauf zu achten ist, daß etwaige bei der Reinigung verwandte Salzsäure oder Soda durch Spülen mit reinem Wasser vollständig wieder entfernt wurde, läßt man sie trocknen und versieht sie darauf mit fest schließenden Stopfen aus nicht entfetteter Watte. Dann packt man sie in einen passenden viereckigen Drahtkorb, stellt denselben in den Sterilisationschrank (Fig. 33) und heizt an. Hat die Temperatur im Schrank ca. 160^0 erreicht, so setzt man von diesem Zeitpunkt an den Korb mit den Gläschen noch $^1/_2$ Stunde lang dieser Temperatur aus. Dann läßt man die Gläschen erkalten. Werden Gläschen bei diesem Sterilisationsvorgang trübe, so deutet dies auf eine ungeeignete Glassorte hin. Solche Gläser sind nicht zu verwenden.

Will man die Nährbouillon nicht sogleich verwenden, sondern einen Vorrat davon aufheben, so gießt man abgemessene Mengen von ihnen (z. B. je $^1/_2$ Liter oder 1 Liter) in Flaschen, welche mit den bekannten Patentverschlüssen (Bügel, Porzellanknopf, Gummiring) versehen sind. Der Form und Größe nach am geeignetsten sind hierzu die zum Versand von Kindermilch gebrauchten Flaschen. Die Flaschen werden gut gereinigt und leer mit geöffnetem Verschluß im Dampftopf sterilisiert. Nach dem Einfüllen der Bouillon befestigt man über dem Kopf der Flasche bei locker aufgesetztem Patentverschluß eine Kappe aus doppeltem Filtrierpapier, deren unteres Ende an den Hals der Flasche durch einen zur Schleife gebundenen Faden angedrückt wird. Röhrchen oder Flaschen mit ihrem Inhalt werden 1 Stunde lang im strömenden Dampf sterilisiert. Nach dem Abkühlen drückt man bei den Flaschen, ohne die Papierkappen abzunehmen, den Patentverschluß zu und kann die Bouillon dann vor Verdunstung und Infektion geschützt beliebige Zeit aufbewahren.

Herstellung der Nährgelatine.

Die Herstellung der Nährgelatine unterscheidet sich von der Herstellung der Nährbouillon nur dadurch, daß dem Fleischwasser außer Pepton und Kochsalz noch 100 g feinste weiße Speisegelatine zugesetzt werden. Man läßt das Pepton und die Gelatine mit dem Kochsalz zunächst durch längeres Einstellen des Gemisches (im Kolben) in etwa 50° warmes Wasser quellen und sich auflösen. Diese Prozedur soll nicht im Dampftopf vorgenommen werden, da bei der Herstellung der Nährgelatine jedes überflüssige Erhitzen auf höhere Temperaturen streng vermieden werden muß, wenn man den Schmelz- bzw. Erstarrungspunkt der Gelatine nicht in nachteiliger Weise herabdrücken will. Schüttelt man häufig kräftig um, so ist die Lösung der Gelatine in etwa 1 Stunde beendigt. Man stellt dann den Kolben mit der Mischung noch 20 Minuten in den Dampftopf, neutralisiert dann, wie oben angegeben, gegen blaues Lackmuspapier und fügt, falls man eine leicht „alkalische Gelatine" zu haben wünscht, sogleich 10 ccm der 15 proz. wäßrigen Sodalösung (oder 10 ccm Normalsodalösung) hinzu. Bei Herstellung „neutraler Gelatine" unterbleibt dieser Zusatz.

Man bringt den Kolben noch einmal für 15 Minuten in den Dampftopf, filtriert heiß durch ein angefeuchtetes Faltenfilter und verfährt im übrigen genau, wie zur Herstellung der Nährbouillon angegeben. Die Gelatine wird zu je 10 ccm in sterile Reagenzgläschen eingefüllt, wobei eine Berührung des inneren oberen Teiles der Gläschen mit der Gelatine vermieden werdeu muß, damit die Wattestopfen beim Erkalten der Gelatine nicht festkleben. Die Gelatine muß absolut klar sein, sonst ist sie am besten — weil sonst wieder längeres Kochen notwendig — ganz frisch herzustellen. Man sterilisiert die Gelatine in den Röhrchen (Einstellen der Röhrchen in den runden Drahtkorb) unmittelbar oder kurz nach dem Einfüllen 15 Minuten (nicht länger!) im Dampf, läßt sie am kühlen Ort erstarren und dann bei Zimmertemperatur oder im 22^0- Thermostaten 24 Stunden stehen, damit etwa übrig gebliebene Sporen Zeit haben, zu vegetativen Formen auszuwachsen, und wiederholt dann die Sterilisation 15 Minuten lang. Um ganz sicher zu gehen, kann man am nächsten Tage nochmals 15 Minuten sterilisieren; doch ist dies letztere u. E. nicht unbedingt nötig, wenn man die Gelatine nicht sofort benutzen will. Wir empfehlen statt dessen, die Gelatine zunächst 3—4 Tage bei Zimmertemperatur oder im Thermostaten bei 22^0 aufzubewahren, sodann etwaige Röhrchen, welche bakterielle Verunreinigung (Trübung, Koloniebildung) zeigen, auszusondern und an einem der Röhrchen den Schmelz- und Erstarrungspunkt der Gelatine zu bestimmen. Man führt dies aus, indem man das Röhrchen an das untere Ende eines genau zeigenden, mindestens in $^1/_2$ Grade geteilten Thermometers durch ein Fädchen festbindet, Thermometer mit Röhrchen schräg in den Arm eines Statives befestigt und in dieser Lage in ein Wasserbad (am besten großes mit Wasser gefülltes Becherglas von ca. 1 Liter Inhalt) von 22—24^0 C so weit einsenkt, daß Thermometer und Gläschen zwar nicht den Boden berühren, aber die Gelatinemasse und das Quecksilbergefäß des Thermometers sich vollständig unter Wasser befinden. Man heizt nun das Wasserbad so allmählich durch die Sparflamme eines Bunsenbrenners an, daß die Temperatur in 5 Minuten höchstens um 1^0 steigt, mischt das Wasser von Zeit zu Zeit mit Hilfe eines Glasstabes oder dgl. gut durch und beobachtet nun, bei welcher Temperatur die anfänglich schiefstehende Oberfläche (Kuppe) der Gelatine sich horizontal stellt (Schmelzpunkt). Läßt man nun die Temperatur des Wasserbades durch Fortnahme der Flamme und eventuell durch

Zugießen kleiner Portionen kühlen Wassers allmählich wieder niedriger werden und neigt von Zeit zu Zeit das Gelatineröhrchen ein wenig hin und her, so kann man auch die Temperatur ziemlich genau feststellen, bei welcher die verflüssigte Nährgelatine wieder fest wird (Erstarrungspunkt). Eine genauere, aber umständlichere Methode gibt van der Heide (158) an.

Der Erstarrungspunkt liegt etwas tiefer als der Schmelzpunkt. Kurz nach der Herstellung der Gelatine liegen beide Punkte niedriger als später; die Bestimmung des Schmelzpunkts finde daher frühestens etwa 2 Tage nach der letzten Sterilisierung statt. Dann ist der Schmelzpunkt nahezu konstant geworden und ändert sich nur noch entsprechend etwaigem allmählichen Wasserverlust (Austrocknen) der Gelatine. Je nach der Art der Herstellung schmilzt die Nährgelatine etwa zwischen 27° und 31° C.

Für den Gebrauch der Gelatine zu Wasseruntersuchungen, besonders im Sommer und außerhalb des Laboratoriums (ambulante Untersuchungen), bedeutet die Erhöhung des Schmelzpunktes bzw. Erstarrungspunktes um 1—2 Grade schon einen erheblichen praktischen Gewinn. Nach van der Heide erniedrigt jede Stunde, in welcher die Gelatine einer Erhitzung von 100° ausgesetzt war, den Schmelzpunkt etwa um 2°. Man kann den Schmelzpunkt auch höher rücken durch Vermehrung des Gelatinegehaltes auf 15—20%, doch ist die Darstellung solcher hochprozentiger Gelatinen unbequemer und nur ausnahmsweise geboten. Mit höherem Gelatinegehalt ändern sich außerdem die Wachstumsbedingungen für manche Bakterienarten. Die Kolonien bleiben häufig im Wachstum zurück. Besondere Vorschriften zur Herstellung von Gelatine mit hohem Schmelzpunkt sind von Forster u. a. (158) angegeben.

Um die Gelatine gegen zu rasche Austrocknung zu schützen, bewahrt man sie am besten an kühlem Ort in gut schließenden hölzernen Behältern (Kasten mit Klappdeckel) oder in Glasdosen mit gut schließendem Deckel auf. Man stelle die Röhrchen nur völlig abgekühlt in die Behälter ein. Ein an dem Behälter befestigter Zettel gebe den Tag der Darstellung, die Reaktion und den Schmelzpunkt der Gelatine an.

Ist der Inhalt der Röhrchen schon so weit eingetrocknet, daß die Oberfläche (Kuppe) der Gelatine nicht mehr eine Ebene, sondern eine Konkavität darstellt, so ist die Gelatine für quantitative bakteriologische Wasseruntersuchungen am besten nicht mehr zu verwenden.

Für die laufenden gewöhnlichen Bestimmungen des Keimgehaltes von Wässern benutzt man zweckmäßig nicht die aus Fleischwasser hergestellte Nährgelatine*), sondern geht besser vom Fleischextrakt aus und hält sich dann vorteilhaft an folgende **vom Kaiserlichen Gesundheitsamt gegebene Vorschrift** (159). Dieselbe ist in der Anlage zu § 4 der „Grundsätze für die Reinigung von Oberflächenwasser durch Sandfiltration“ enthalten, welche seitens des Reichskanzlers (Reichsamt des Innern) mittels Rundschreiben vom 13. Januar 1899 den Bundesregierungen mitgeteilt wurden.

Wenn diese Grundsätze und damit auch die Vorschriften in der Anlage zu § 4 streng genommen nur für durch Sandfiltration gereinigtes Oberflächenwasser gelten, so empfiehlt es sich doch, bei allen bakteriologischen Wasseruntersuchungen quantitativer Art nach dieser Vorschrift zu verfahren, damit die Ergebnisse verschiedener bakteriologischer Wasseruntersuchungen einigermaßen miteinander vergleichbar werden. Der Wortlaut der genannten Vorschrift ist folgender:

Anlage zu § 4.

Ausführung der bakteriologischen Untersuchung.

1. Herstellung der Nährgelatine.

Die Anfertigung der Nährgelatine ist nach folgender, lediglich zu diesem besonderen Zwecke gegebenen und vereinfachten Vorschrift vorzunehmen.

Fleischextraktpepton-Nährgelatine.

Zwei Teile Fleischextrakt Liebig 2
Zwei Teile trockenes Pepton Witte 2
und
Ein Teil Kochsalz 1
werden in
Zweihundert Teilen Wasser 200
gelöst; die Lösung wird ungefähr eine halbe Stunde im Dampfe erhitzt und nach dem Erkalten und Absetzen filtriert.

*) Dieselbe ist dagegen von Vorteil bei der Isolierung von Keimen aus Bakteriengemischen und zum Studium pathogener Formen.

Auf Neunhundert Teile dieser Flüssigkeit 900
werden

Einhundert Teile feinste weiße Speisegelatine 100
zugefügt, und nach dem Quellen und Erweichen der Gelatine wird die Auflösung durch (höchstens halbstündiges) Erhitzen im Dampfe bewirkt.

Darauf werden der siedendheißen Flüssigkeit
dreißig Teile Normalnatronlauge*) 30
zugefügt und jetzt tropfenweise so lange von der Normalnatronlauge zugegeben, bis eine herausgenommene Probe auf glattem, blauviolettem Lackmuspapier neutrale Reaktion zeigt, d. h. die Farbe des Papiers nicht verändert. Nach viertelstündigem Erhitzen im Dampfe muß die Gelatinelösung nochmals auf ihre Reaktion geprüft, und wenn nötig die ursprüngliche Reaktion durch einige Tropfen der Normalnatronlauge wieder hergestellt werden.

Alsdann wird der so auf den Lackmusblauneutralpunkt eingestellten Gelatine

Ein und ein halber Teil kristallisierte, glasblanke (nicht verwitterte) Soda**) $1^1/_2$
zugegeben und die Gelatinelösung durch weiteres, halb- bis höchstens dreiviertelstündiges Erhitzen im Dampfe geklärt und darauf durch ein mit heißem Wasser angefeuchtetes, feinporiges Filtrierpapier filtriert.

Unmittelbar nach dem Filtrieren wird die noch warme Gelatine zweckmäßig mit Hilfe einer Abfüllvorrichtung, z. B. des Treskowschen Trichters, in sterilisierte (durch einstündiges Erhitzen auf 130—150°) Reagens-Röhrchen in Mengen von 10 ccm eingefüllt und und in diesen Röhrchen durch einmaliges 15—20 Minuten langes Erhitzen im Dampfe sterilisiert. Die Nährgelatine sei klar und von gelblicher Farbe. Sie darf bei Temperaturen unter 26° nicht weich und unter 30° nicht flüssig werden. Blauviolettes Lackmuspapier werde durch die verflüssigte Nährgelatine deutlich stärker gebläut. Auf Phenolphtalein reagiere sie noch schwach sauer.

2. Entnahme der Wasserproben.

3. Anlagen der Kulturen.

4. Zählung der Keime.***)

Zu dieser Vorschrift ist zu bemerken, daß die zurzeit im Handel befindlichen Sorten von Speisegelatine bisweilen einen verhältnis-

---

*) An Stelle der Normalnatronlauge kann auch eine 4 proz. Natriumhydroxydlösung angewandt werden.

**) Statt 1,5 Gewichtsteile kristallisierter Soda können auch 10 Raumteile Normalsodalösung genommen werden.

***) Wortlaut unter 2—4 ist fortgelassen.

mäßig geringen Säuregrad aufweisen. In diesem Fall würde die Zugabe von 30 Teilen Normalnatronlauge die Gelatine mehr oder minder stark alkalisch machen, so daß der Überschuß des Alkalis erst wieder durch Zugabe von stark verdünnter Salzsäure, Phosphorsäure oder Milchsäure gebunden werden müßte. Dies ist zu vermeiden. Man tut daher besser, wenn man den Säuregrad der Gelatine nicht kennt, die Normalnatronlauge allmählich in kleinen Portionen zuzusetzen und nach jedesmaligem Zusetzen die Reaktion zu prüfen. Entscheidend ist auch hier stets die Prüfung mit blauviolettem Lackmuspapier (s. o.). Die Zugabe von Hühnereiweiß zwecks besserer Klärung, wird auch bei dem Arbeiten nach der Vorschrift des Kaiserl. Gesundheitsamtes oft als nötig sich erweisen.

Herstellung von Nähragar.

Die Herstellung des Nähragars unterscheidet sich von der Herstellung der Nährbouillon nur dadurch, daß dem Fleischwasser außer Pepton und Kochsalz noch 1½—2%*) (bei 1 Liter Fleischwasser also 15—20 g) feingeschnittenes oder pulverförmiges Agar-Agar zugefügt wird. Agar-Agar (eine ostindische Carragheenart) quillt nur sehr langsam in heißem Wasser und löst sich nur bei längerem Kochen, am besten bei Temperaturen über 100°, also z. B. im Kochsalzwasserbad oder beim Kochen im Autoklaven (Fig. 41) bei 110°. Es empfiehlt sich, Kochsalz und Pepton erst nach dem Erweichen des Agars zuzugeben.

Nach dem Lösen der Zusätze wird die Mischung wie die Nährbouillon neutralisiert (man stellt sich am besten nur neutrales Nähragar her), dann noch einmal durchgekocht und die Reaktion nochmals kontrolliert und eventuell wiederhergestellt.

Die Agarlösung erstarrt bei etwas über 40° C. Erstarrte Agarlösung wird erst zwischen 90 und 100° C wieder flüssig. Langes Erhitzen setzt den Schmelzpunkt oder Erstarrungspunkt nicht herunter. Gewisse Schwierigkeiten macht das Filtrieren des Agars, welches nach dem Neutralisieren vorzunehmen ist. Es muß im kochenden Kochschen Dampftopf vorgenommen werden und erfolgt verhältnismäßig langsam, wenigstens bei höherem Agargehalt.

*) Für die Untersuchungen auf Typhusbazillen usw. kommen Agarnährböden mit einem Gehalt von 3% Agar-Agar zur Verwendung.

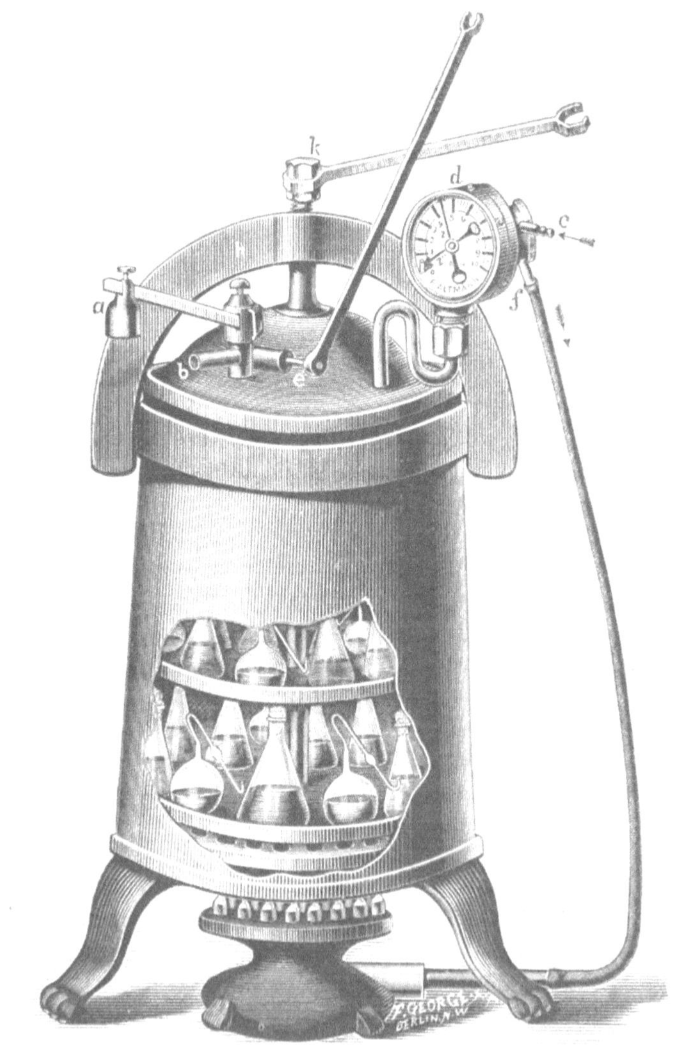

Fig. 41.

a Sicherheitsventil. be Dampfablaßhahn. d Manometerregulator. cf Gaszu- und ableitung. h Bügel. k Zentralschraube.

Die Filtration erfolgt durch ein Filter aus angefeuchtetem Filtrierpapier oder besser durch Watte. Man bringt (nach Abel) in einen Trichter eine vierfache Lage Verbandwatte, die über den Rand herausragen muß, kocht den so vorbereiteten Trichter 1 Stunde im Dampftopf und gibt sogleich das noch heiße Nähragar hinein. Auch besondere Filtrationsapparate hat man angegeben (160). Gießt man die heiße Agarlösung in hohe Glas- oder Blechzylinder und läßt diese im angeheizten Dampftopf einige Stunden ruhig stehen, so senken sich die trübenden Stoffe allmählich zu Boden. Man läßt das Agar dann in den hohen Zylindern erstarren, klopft den erstarrten Agarzylinder heraus und kann die unteren trüben Partien abschneiden und auf diese Weise das Filtrieren umgehen.

Das wieder verflüssigte Agar wird in der bereits oben beschriebenen Weise zu je 10 ccm in sterilisierte Reagenzgläser gefüllt und diese Röhrchen dann noch einmal 1 Stunde lang im strömenden Dampf sterilisiert.

Das Nähragar spielt in der Wasserbakteriologie eine weniger bedeutende Rolle als die Nährgelatine, wenigstens soweit die Bestimmung der Keimzahl in Frage kommt. Das gewöhnliche Nähragar wird vielmehr fast ausschließlich zur Herstellung der Reinkulturen benutzt. Zu diesem Zweck werden die mit flüssigem heißen Agar gefüllten Reagenzgläschen schräg gelegt, so daß der Nährboden in schiefer Schicht erstarren kann. Auf die spiegelblanke schräge Agarschicht wird dann bei Bedarf Material von der zu impfenden Kolonie mittels der vorher sterilisierten Platinnadel durch Strich aufgetragen. Das Nähragar verträgt selbstverständlich die höheren Brutschranktemperaturen ohne zu schmelzen. Darin beruht sein Hauptvorzug vor der Nährgelatine.

Das Nähragar preßt beim Erkalten eine nicht unbeträchtliche Menge von Wasser aus, was zur Folge hat, daß das Agar der Glaswand weniger fest anhaftet als die Gelatine. Von manchen Autoren wird zur Vermeidung dieses sich bisweilen geltend machenden Übelstandes empfohlen, bei der Herstellung des Nähragars auf 1 Liter Fleischwasser noch 5 g Gummi arabicum (oder auch Gelatine) zuzusetzen. Man kann übrigens auch Nährböden aus Gelatine-Agarmischungen herstellen (Prall).

Von Zusätzen, welche man zu besonderen Zwecken zur Nährbouillon, zur Nährgelatine oder zum Nähragar macht, kommt für die Wasserbakteriologie ausschließlich der Traubenzucker in

Betracht. Er wird am besten in Mengen von 0,5 % zugefügt, und zwar erst gegen Schluß der betreffenden Nährbodenbereitung, weil bei längerem Erhitzen sonst Bräunung des Nährbodens durch Karamelbildung eintritt.

β) Nährböden, welche frei sind von den Extraktivstoffen des Fleisches.

Versuche, die ursprünglichen, Fleischwasser — bzw. Fleischextrakt — enthaltenden Nährböden für die Zwecke der bakteriologischen Wasseruntersuchung zu verbessern oder durch andere zu ersetzen, sind mehrfach unternommen worden im Hinblick auf die Tatsache, daß man mittels der Fleischwassergelatine oder dem Fleischwasseragar nicht die maximalen Keimzahlen des Wassers zu erhalten pflegt. Die Gründe dafür liegen indessen nicht allein in der stofflichen Zusammensetzung des Nährbodens, sondern z. B. auch darin, daß das Auszählen der Gelatineplatten wegen der Verflüssigung eines Teiles der Kolonien nach einer verhältnismäßig kurzen Zeit (gewöhnlich 48 Stunden) erfolgen muß, während ein Teil der Wasserbakterien für die Koloniebildung erheblich längere Zeit braucht. Eine Zählung der Kolonien aber erst nach einer ganzen Reihe von Tagen (man hat sogar empfohlen, bis zu 3 Wochen zu warten!) würde die bakteriologische Wasseruntersuchung so gut wie wertlos machen, wenigstens dort, wo es sich um die bakteriologische Trinkwasserkontrolle handelt.

Der triftigste Grund dafür, ein Ersatzmittel der Fleischwassergelatine und des Fleischwasseragars zu schaffen, liegt in der verhältnismäßig komplizierten Zusammensetzung dieser Nährböden, welche es ziemlich schwer macht, daß zwei verschiedene Untersucher genau den gleichen Nährboden anfertigen. Geringe Unterschiede in der Zusammensetzung bedingen aber schon eventuell auch verschiedene Untersuchungsergebnisse bei der nämlichen Wasserprobe.

Von diesem Gesichtspunkt aus hat der **von Hesse und Niedner** (161) für die Wasseruntersuchung empfohlene **Nährboden** gewisse Vorzüge, da seine Herstellung sehr einfach ist. Er besteht lediglich aus 100 T. destillierten Wassers, 1 T. Agar-Agar und 1 T. Nährstoff Heyden (Albumose). Der Nährboden soll in Reagenzgläser von Jenaer Glas gefüllt werden, welche kein Alkali abgeben. Die Züchtungsdauer soll (bei 18 bis 25° C) zehn Tage bis drei Wochen betragen.

Daß man auf diesem Wege gewöhnlich zu höheren Keimzahlen gelangt, kann nicht bestritten werden; aber es heißt unseres Erachtens doch den Sinn der bakteriologischen Wasseruntersuchung unrichtig auffassen, wenn die Tendenz darauf gerichtet ist, die maximalsten Zahlen zu erhalten. Die Anzahl der auf einem Nährboden aufgehenden Kolonien entspricht niemals der absoluten Zahl der in dem verimpften Wasserquantum enthalten gewesenen lebenden Bakterien, sondern stets nur einem gewissen Bruchteil derselben. Die Ergebnisse der Zählung bei Benutzung von Fleischwassernährböden sind aber für die Praxis brauchbarer als die Ergebnisse der Zählung bei Benutzung der Hesse-Niednerschen Nährböden, wie die Untersuchungen P. Müllers und F. Pralls (162) ergeben haben; denn der Nährboden von Hesse und Niedner gibt zwar bei reinem oder wenig verunreinigtem Wasser höhere Keimzahlen als die sonst gebräuchlichen alkalischen Fleischwasserpepton-Nährböden, aber bei Wässern, die mit Kot und Harn verunreinigt sind, also mit Stoffen, welche am ehesten gefährliche Krankheitserreger ins Wasser bringen, sind die Ergebnisse ungünstiger, weil die eben genannten Bakterienarten sehr schlecht auf den Albumosenährböden gedeihen.

Es liegt also unseres Erachtens einstweilen für die Praxis kein Grund vor, von der Fleischwasserpeptongelatine als Nährboden für die quantitavive bakteriologische Wasseruntersuchung abzugehen; wohl aber ist es von der größten Bedeutung, daß dieser Gelatinenährboden in peinlichst genauer Weise stets nach der gleichen Vorschrift (am besten nach der oben wiedergegebenen Vorschrift des Kaiserlichen Gesundheitsamtes) gefertigt wird.

Diejenigen Leser, welche sich für die Frage der Ersatznährböden usw. interessieren, finden die hauptsächlichsten diesen Gegenstand betreffenden Arbeiten unter der Literatur angegeben (161 bis 163). Auch die Dichte der Besäung der Platten, die Art der Beimpfung u. a. m. beeinflußt die Keimzahlen erheblich (164).

Peptonwasser besteht lediglich aus gewöhnlichem Wasser mit einem Zusatz von 1% Pepton und ½% Kochsalz. Für Wasseruntersuchungen auf Choleravibrionen wird ein zehnmal so konzentriertes Peptonwasser benutzt („Peptonstammlösung"), welchem man noch zweckmäßig 1 % Kaliumnitrat und 0,2 % Soda zufügt.

Für Untersuchung von Wasserproben auf B. coli benutzt man bisweilen eine konzentrierte Peptonlösung von folgender Zusammensetzung:

Pepton	10,0 g
Kochsalz	5,0 g
Traubenzucker . . .	10,0 g
Wasser . . .	ad 100

Das Einfüllen, Sterilisieren usw. des Peptonwassers erfolgt wie bei der Nährbouillon beschrieben. Das konzentrierte Peptonwasser wird zu je 100 ccm in Kölbchen abgefüllt.

Milch als Nährboden. Frische Magermilch wird zu je 10 ccm in sterile Reagenzröhrchen gefüllt und an drei aufeinanderfolgenden Tagen je eine Stunde im Dampftopf oder einmal 1 Stunde lang im Autoklaven bei 110° sterilisiert.

Kartoffel als Nährboden. (Kartoffelkeile nach Globig und Roux.) Man sticht mit einem Korkbohrer, dessen Durchmesser etwas geringer als die lichte Weite der benutzten Reagenzgläser ist, aus einer äußerlich durch Abspülen und Abbürsten gereinigten guten rohen Kartoffel ein zylinderförmiges Stück heraus, schneidet die beiden noch mit Schale bedeckten Grundflächen mit dem Messer ab und zerlegt durch einen weiteren schrägen Schnitt den Kartoffelzylinder in zwei gleich große Keilstücke. Je eins dieser so gefertigten Stücke wird mit der Basis nach unten in ein Reagenzglas geschoben, in dessen Kuppe sich 1 bis 2 etwa $1\frac{1}{2}$ cm lange Stückchen von Glasstäben oder Glasröhren als Stütze für den Kartoffelkeil sowie einige Tropfen Wasser als Schutz gegen Austrocknung befinden (Fig. 39f). Die in üblicher Weise mit Wattestopfen versehenen Röhrchen werden an drei aufeinanderfolgenden Tagen je $\frac{1}{2}$ Stunde lang in strömendem Dampf oder im Autoklaven einmal bei 110° eine Stunde lang sterilisiert.

Die schräge Fläche des Kartoffelkeiles wird bei Bedarf beimpft. Die Kartoffel eignet sich besonders zur Anlage von Reinkulturen farbstoffbildender Bakterienarten.

Eiweißfreie Nährlösungen s. S. 272.

c) Die Ausführung der quantitativen bakteriologischen Untersuchung des Wassers.

Mit Hilfe der vorher geschilderten Nährböden wird es leicht sein, den Nachweis zu führen, ob im Wasser Bakterien vorhanden sind oder nicht, wenn es sich nur um diesen handelt. Vermischt man das Wasser mit den Nährboden oder läßt es eine gewisse Zeit mit ihrer Oberfläche in Berührung, so wird bei sonst günstigen äußeren Bedingungen (Temperatur) das Wachstum der Bakterien Veränderungen der sichtbaren Beschaffenheit des Nährbodens hervorrufen, welche für ihre Anwesenheit zeugen. Diese allgemeine Beobachtung wird jedoch in den seltensten Fällen für die Beurteilung eines Wassers in bakteriologischer Hinsicht ausreichen; es ist vielmehr notwendig, die einzelnen Keime zu isolieren.

α) Die Isolierung der Keime.

Wie schon oben erwähnt, ist es nicht möglich, einen einzelnen Keim isoliert der Beobachtung und Untersuchung in hinreichendem Maße zugängig zu machen; man wird vielmehr nur das gewünschte Ziel erreichen, wenn man denselben durch seine Vermehrungsfähigkeit zu einem Verbande gleichgearteter Individuen, zu einer Kolonie, auswachsen lassen kann. Durch die früher und neuerdings wieder geübten Verdünnungsmethoden in flüssigen Nährmedien ist man allerdings auch in der Lage, verschiedene Arten aus einem Gemisch von Bakterien einzeln darzustellen, und diese waren die erste Veranlassung zu einer Klassifizierung; die vollständige Ausnutzung eines vorliegenden Bakterienmaterials in dieser Beziehung verdanken wir jedoch allein der Entdeckung Kochs, welche in der Verwendung erstarrender und durchsichtiger Nährmedien gipfelt.

Die Gelatine- oder Agar-Platte.

Vermischt man eine bestimmte Menge Wassers mit verflüssigter Gelatine oder verflüssigtem Agar und gießt die Mischung auf einer Glasplatte aus, so werden die einzelnen Keime auf eine größere Oberfläche verteilt und wachsen daselbst zu Kolonien aus. Jede Kolonie entspricht sonach ursprünglich einer Bakterie. Diese Voraussetzung ist nur bei Erfüllung gewisser Bedingungen zutreffend.

Zunächst muß die Wasserprobe vor der Bearbeitung kräftig durchgeschüttelt werden. Die Bakterien haften meistens in größerer

Anzahl an den suspendierten organischen Bestandteilen, nach Umständen sind sie, namentlich in ruhenden Gewässern, zu aneinanderhängenden Verbänden vereinigt. Eine Trennung und möglichst gleichmäßige Verteilung im Wasser wird durch eine solche energische Bewegung angestrebt und auch in zureichender Weise meistens erzielt.

Gleichzeitig wird die Gelatine*) verflüssigt, indem man die Röhrchen genügend lange in Wasser von etwa 35° eintaucht. Hierauf wird eine bestimmte Menge des zu untersuchenden Wassers der verflüssigten Nährlösung zugesetzt, dessen Volumen mit einer in Zehntel geteilten Pipette von 1 ccm Inhalt (Fig. 39 b) abgemessen wird. Die Pipetten sind vor jeder Untersuchungsreihe $^1/_2$—1 Stunde lang im Heißluftschrank zu sterilisieren, in welchen sie in einer Eisenblechschachtel oder in einem mit Wattepfropf verschlossenen Glaszylinder gestellt werden. Unter solchem Verschluß halten sich dieselben ziemlich lange steril; bei ihrer Handhabung ist bloß darauf zu achten, daß sie nur an ihrem oberen Ende mit den Fingern berührt werden. Es wird die Frage auftauchen, wie viel Wasser man zur Untersuchung verwenden soll. Im allgemeinen wird man selten über 1 ccm hinausgehen, da größere Mengen die Gerinnungsfähigkeit der Gelatine beeinträchtigen. Die Erfahrung hat gelehrt, daß bei reinen Quell- und Brunnenwassern und bei gereinigten (filtrierten) Oberflächenwässern das Maß von 1 ccm nicht zu gross ist, daß man jedoch bei zutage liegendem Wasser auf 0,5, 0,2 oder 0,1 ccm heruntergehen muß. Läßt die sichtbare Beschaffenheit oder die Berücksichtigung der örtlichen Verhältnisse eine besonders starke Verunreinigung des Wassers vermuten, so muß man zu Verdünnungen schreiten. Diese sind am besten mit einer 0,7 proz. Kochsalzlösung oder gewöhnlichem Leitungswasser anzufertigen, welches in Mengen von je 9 ccm sterilisiert in Reagenzgläsern bereitgehalten wird. Man gibt 1 ccm des zu untersuchenden Wassers zu der Verdünnungsflüssigkeit, mischt durch mehrmaliges Neigen des Röhrchens die beiden Flüssigkeiten gut miteinander und hat dann eine zehnfache Verdünnung (d. h. 1+9) hergestellt. Verwendet man zur Verimpfung 0,1 ccm der Mischung, so enthält diese Menge 0,01 ccm des zu untersuchenden Wassers. Selbst-

*) Wegen Herstellung der Agarplatten vgl. weiter unten.

verständlich müssen auch die zu verwendenden Pipetten vor dem Gebrauch steril gemacht worden sein.

Um eine gleichmäßige Verteilung der Bakterien in der Gelatine zu erzielen, muß diese gehörig mit dem zugefügten Wasser gemischt werden. Dies geschieht durch längeres vorsichtiges Schwenken des Reagenzröhrchens, wobei eine Blasenbildung und die Benetzung des Wattepfropfens sorgfältig zu vermeiden sind.

Bei dem Ausgießen der Gelatine sind zwei Bedingungen erforderlich, nämlich, daß die Schicht gleich dick wird, und daß sie rasch erstarrt; beide werden durch den Gebrauch nebenstehenden Apparates (Fig. 42) erfüllt. Auf einem Dreieck steht eine Schale, welche mit einer Glasplatte überdeckt ist. Wenn man die Schale mit Eiswasser gefüllt hat, um eine Abkühlung der Glasplatte zu erzielen, so bringt man letztere mittels der Stellschrauben unter Benutzung einer Dosenlibelle in vollkommen wagrechte Lage. Nun ist der Apparat zum Gebrauch fertig; ein darauf gestellter Glassturz dient dazu, etwaige offene Gelatineschalen vor dem Hineinfallen von Keimen aus der Luft zu schützen. Einfacher ist der in Fig. 35 abgebildete Apparat.

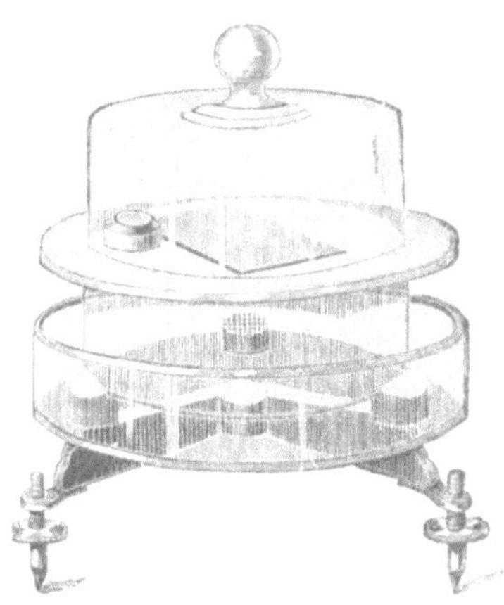

Fig. 42.

Die bequemste Methode der Anlage von Kulturplatten ist durch die Anwendung der Petrischen Doppel-Schalen (Fig. 39 a) ermöglicht. Dieselben stellen niedrige Glasdosen von ca. 9 cm Durchmesser dar; sie werden vor dem Gebrauche im Heißluftschrank steril gemacht. Wenn dieselben ungeöffnet an geeignetem Platze aufbewahrt werden, so erhalten sie längere Zeit ihre Keimfreiheit. Bei dem Gießen der Gelatine hebt man sorgfältig den Deckel senkrecht, jedoch nicht zu hoch, auf und läßt die Gelatine unter den nötigen Vorsichtsmaßregeln in den unteren Teil der Dose einfließen. Den Glasrand des vom Wattestopfen befreiten Gelatineröhrchens hat man vorher durch 3—5 Sekunden langes Hineinhalten in die Bunsenflamme keimfrei zu machen. Man läßt ihn dann abkühlen. Hat man die Gelatine durch leichte Bewegung der Petrischen Schale gleichmäßig auf ihrer Unterlage verteilt, so läßt man sie in wagrechter Lage erstarren.

Von manchen wird es vorgezogen, die Mischung von Wasser und verflüssigter Gelatine erst in der Glasschale vorzunehmen. Man gibt dann das abgemessene Wasserquantum zunächst in die leere sterile untere Hälfte der Doppelschale, gießt dann erst die Gelatine hinzu und mischt möglichst vollkommen. Unter Umständen (ambulante Untersuchungen) sind auch die Zählflaschen nach Rozsahegyi zu empfehlen (Fig. 46).

Von v. Esmarch ging der Vorschlag aus, die geimpfte Gelatine im Reagenzröhrchen selbst in dünner Schicht auszubreiten. Diese Methode der „Rollröhrchen“ ist für manche Fälle nicht unzweckmäßig, namentlich, wenn es sich um den Nachweis einer geringeren Anzahl von Keimen handelt. Die Herstellung eines Rollröhrchens ist folgende. Die verflüssigte Gelatine wird in gleicher Weise wie vorher mit dem zu untersuchenden Wasser gemischt. Hierauf wird über den Wattepfropf des Röhrchens eine kleine, gut anliegende Gummikappe gezogen und dieses in nahezu wagrechter Lage im Eiswasser um seine Achse gedreht, bis die an den Wänden herumlaufende Gelatine vollständig erstarrt ist. Hat das Leitungswasser eine genügend niedrige Temperatur, so kann man auch unter dem Strahl desselben die Gerinnung bewerkstelligen. Eine Benetzung des Wattepfropfens durch letztere ist zu vermeiden. Die Rollröhrchen werden in nahezu wagrechter Lage aufbewahrt.

Die Anlage der Agarplatte unterscheidet sich von der der Gelatineplatte insofern, als die Grenzen der Verflüssigung und Gerinnung des ersteren Nährbodens innerhalb höherer Temperaturen liegen. Agar wird erst bei länger andauernder Siedehitze flüssig und gerinnt ungefähr bei 40°, wie bereits erwähnt worden ist. Demgemäß ist das Hinzufügen der zu prüfenden Wasserprobe erst dann zu bewerkstelligen, wenn eine schädigende Einwirkung der höheren Temperatur auf die Keime ausgeschlossen ist. Die Agarröhrchen werden in einem Wasserbade von 100° so lange gehalten, bis ihr Inhalt vollständig flüssig geworden ist. Man überläßt hierauf das Ganze sich selbst, bis die Abkühlung so weit gediehen ist, daß ein eingesetztes Thermometer die Temperatur des Wassers auf etwas über 40° angibt. Hiernach nimmt man erst die Verimpfung vor und verfährt im übrigen, wie eben geschildert worden ist. Da man sich sehr nahe an der Gerinnungsgrenze des Agar befindet, so sind die nachfolgenden Maßnahmen des Gießens sehr rasch auszuführen.

Die Agarplatten gewähren, wie gesagt, den Vorteil, daß sie bei einer höheren Temperatur (Brutschrank von 37° und höher) gehalten werden können, wodurch eine schnellere Auskeimung und Bildung von sichtbaren Kolonien erreicht und demgemäß die Erzielung des Untersuchungsergebnisses in kürzerer Zeit herbeigeführt wird. Sie sind ferner namentlich in denjenigen Fällen zu empfehlen, wo das Vorhandensein vieler die Gelatine verflüssigender Bakterienarten störend bei der Anwendung der vorher geschilderten Methode auftritt.

Hat man durch eine der beschriebenen Arten den Nährboden auf einer größeren Oberfläche zur Gerinnung gebracht, so läßt man die darin einzeln verteilten Keime zur Auskeimung kommen, indem man die Gelatineplatten oder Rollröhrchen bei Zimmertemperatur nicht unter 18° und nicht über 22°, die Agarplatten durchschnittlich bei 37° hält. In der heißen Jahreszeit sind erstere nach Umständen in einem kühlen Raum, wenn möglich in einem durch gleichzeitige Heizung und Wasserkühlung auf konstanter Temperatur gehaltenen T h e r m o s t a t e n (Brutschrank für konstante niedrige Temperatur) unterzubringen. Die Schalen sind außerdem vor grellem Tageslicht, vor allem Sonnenlicht, zu schützen und desgleichen vor Staub.

Beim Abkühlen des Schaleninhalts pflegt eine Kondensation von Wassertröpfchen zu erfolgen, die namentlich bei Agarplatten sehr lästig werden kann. Dort, wo es sich nicht um die Untersuchung sehr keimarmen Wassers (Grundwasser, Quellwasser, filtriertes Wasser) handelt, kann man, um diese Kondensation zu vermeiden, die gegossenen Petrischalen unbedenklich zwecks Ausdunstung 5—10 Minuten offen stehen lassen, vorausgesetzt, daß das Laboratorium verhältnismäßig staubfrei ist. Die Gefahr des Auffallens fremder Bakterien-Keime aus der Luft auf die Gelatine- oder Agarplatte in dieser kurzen Zeit wird meist sehr überschätzt. Gewöhnlich sind nur Schimmelpilzsporen in größerer Anzahl in der Luft vorhanden.

Es kann ferner empfohlen werden, die Platten, nachdem sie erstarrt sind, so aufzubewahren, d a ß d e r B o d e n n a c h o b e n, der Deckel nach unten gekehrt ist. Das Auffallen von Kondenswassertropfen und die Bildung von Bakterienschleiern und sekundären Kolonien ist dann fast gänzlich ausgeschlossen.

β) Die Bestimmung der Anzahl der Keime (Zählung).

Ist der einzelne in dem durchsichtigen gelatinierenden Nährboden fixierte Keim zur Kolonie herangewachsen (s. Tafel VII), was unter günstigen Temperaturverhältnissen (ca. 20° C) in 48 Stunden zu erfolgen pflegt, so kann man zur Zählung schreiten. Es wurde oben schon erwähnt, daß man nach Möglichkeit die Keime jedesmal 48 Stunden lang wachsen lassen soll, ehe man zählt; nur unter besonderen Umständen (z. B. wenn sehr schnell verflüssigende rapide wachsende Keime die ganze Kulturschale zu zerstören drohen) ist eine frühere Zählung statthaft. Die Tatsache der ungewöhnlich frühen Zählung sollte indessen stets im Untersuchungsprotokoll vermerkt werden.

Die Zählung kann entweder mittels Lupe oder mittels Mikroskops vorgenommen werden. Die Zählung mit der Lupe ist dann am Platze, wenn nur sehr wenige Kolonien auf der Platte aufgegangen sind, also bei der Kontrolle von Trinkwasser und anderen bakteriologisch sehr reinen Wässern, die mikroskopische Zählung bei dichter Besäung der Platte mit Kolonien (etwa über 1500). Die Ergebnisse der mikroskopischen Plattenzählung fallen gemeinhin höher aus als die der Lupenzählung, ein konstantes Verhältnis zwischen den mit beiden Verfahren erhaltenen Zahlen besteht indessen nicht, man kann also nicht etwa durch Einführung eines empirischen Faktors die eine Zahl aus der andern berechnen. Da, wie oben schon auseinandergesetzt wurde, es gewöhnlich nicht darauf ankommt, den absoluten (maximalen) Keimgehalt eines Wassers zu kennen, sondern nur unter Einhaltung gleicher Bedingungen vergleichbare Zahlen zu erhalten, so genügt es, für gleiche oder untereinander Beziehung habende Aufgaben stets die gleiche Zählmethode anzuwenden und im Protokoll genau zu kennzeichnen.

Zählung mit der Lupe.

Der ursprüngliche, von Wolffhügel konstruierte Zählapparat besteht, wie die Figur 43 zeigt, aus einer auf einem geeigneten Holzgestell ruhenden Glastafel, auf welcher ein Liniennetz eingeätzt ist, dessen einzelne Felder (Maschen) die Größe von 1 qcm haben. Die 4 mittelsten Felder und die von hier aus nach den 4 Ecken der Glastafel verlaufenden Felderzeilen weisen noch eine Unterteilung in 9 kleine Felder auf. Die unter der Glastafel befindliche Fläche des Apparates ist möglichst homogen mit stumpfer schwarzer Farbe überzogen. Bei der von Mie angegebenen Modifikation des Apparates befindet sich die Einteilung auf der unteren schwarzen Fläche. Man legt nun die Petrischale, welche die Gelatine-

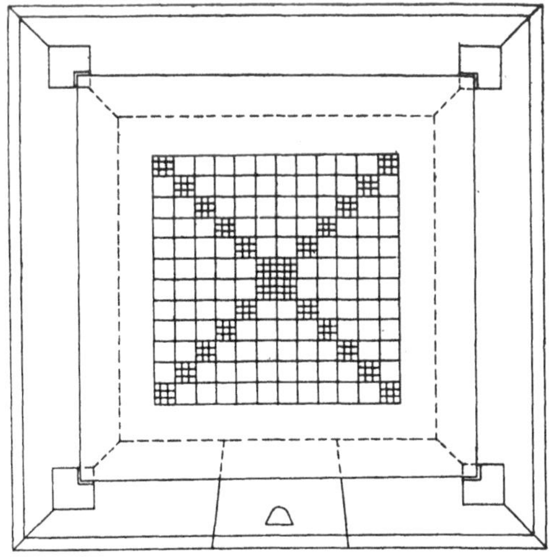

Fig. 43.

schicht mit den Bakterienkolonien enthält, gewöhnlich nach Entfernung des Deckels, so unter oder über das Liniennetz, daß letzteres dicht dem Boden der Schale anliegt, d. h., wenn sich z. B. das Liniennetz auf der Glastafel befindet mit dem Boden nach oben unter die Glastafel. Bei einem lichten Durchmesser der Schale von 9 cm kann man es dann so einrichten, daß gerade die mittelsten 4 unterteilten Quadrate und an jeder Ecke noch 2 unterteilte Quadrate innerhalb des Schalenrandes zu liegen kommen. Ist die Platte dicht besät, so genügt es, diese kreuzförmig angeordneten 12 Quadratzentimeter auszuzählen. Selbst wenn die Besäung mit Kolonien nicht in allen Teilen der Platte ganz gleichmäßig sein sollte, bekommt man auf diese Weise noch einen brauchbaren Mittelwert.

Eine Petrischale von 9 cm lichter Weite hat eine nutzbare Fläche von 63,6 qcm. Addiert man die in 12 Gesichtsfeldern gezählten Kolonien, so hat man daher diese Zahl mit 5,3 zu multiplizieren, um die Zahl der auf der ganzen Platte vorhandenen Kolonien zu erhalten.

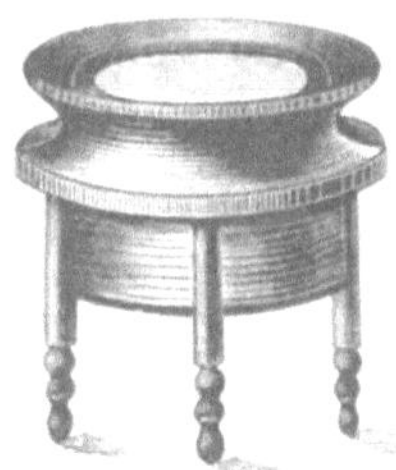

Fig. 44.

Beispiel: Gelatineplatte mit 0,1 ccm Wasser angelegt. Die Zählung ergab in den 12 Gesichtsfeldern folgende Zahlen von Kolonien:

21, 18, 17, 20, 24, 16, 19, 22, 17, 20, 23, 18, zusammen 235 Kolonien in 12 Quadraten, mithin $5{,}3 \times 235 = 1246$ auf der ganzen Platte.

Aus 1 ccm des untersuchten Wassers würden sich also rund 12000 Kolonien entwickelt haben. Sind weniger Kolonien (etwa bis 300) auf der Platte vorhanden, so zählt man besser die ganze Platte aus. Die Zählung erfolgt am bequemsten mit einer in der Hand gehaltenen etwa 6 cm im Durch-

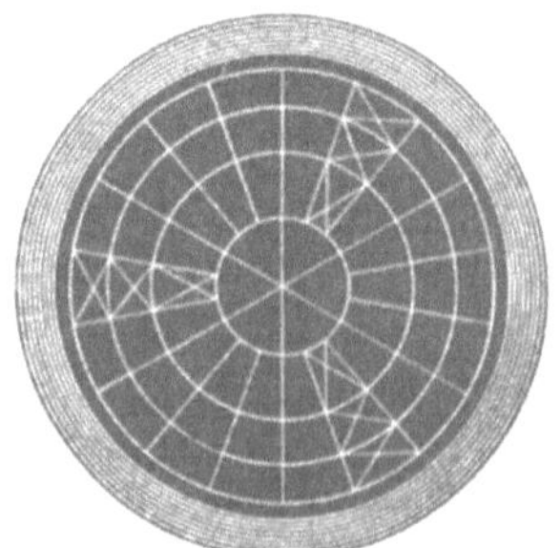

Fig. 45.

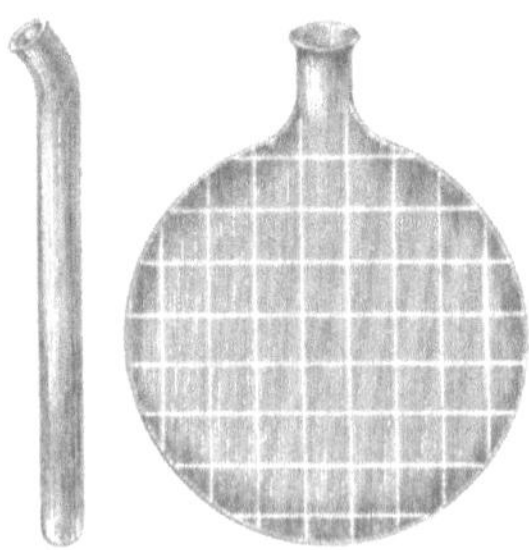

Fig. 46.

messer haltenden Lupe mit 2—3 maliger Vergrößerung, oder mit einer auf 3 Füßen ruhenden Lupe mit verstellbaren Linsen, welche man über die Zählplatte hinwegschiebt (Fig. 44).

Nicht unzweckmäßig sind auch die von Lafar angegebenen Zählplatten (Fig. 45), welche in Sektoren geteilt sind. Die Sektoren sind wieder in Felder von je 1 qcm unterteilt. Man zählt mindestens 3 nach verschiedenen Richtungen verlaufende Sektoren aus. Auch die von Rozsahegyi angegebenen Zählflaschen mit eingeätzter Quadratzentimeter-Teilung sind bisweilen mit Vorteil zu verwenden. (Vgl. Fig. 46.) Für die Auszählung von Rollröhrchenkulturen (S. 262) hat v. Esmarch einen besonderen Zählapparat angegeben.

Mikroskopische Zählung der Kolonien (165).

Dieselbe ist nur möglich bei verhältnismäßig dicht besäten Platten. Handelt es sich um relativ bakterienarme Wasser, so kann man ausnahmsweise größere Mengen als 1 ccm verimpfen (bis zu 5 ccm Wasser auf 1 Gelatineröhrchen). Doch vermeidet man ein solches Vorgehen möglichst. Die Zählung wird zuverlässig erst dann, wenn etwa mindestens 1500 Kolonien auf der Platte sich befinden, doch kann man auch nötigenfalls Platten mit einer Koloniezahl bis 500 abwärts mikroskopisch zählen. Vorbedingung für zuverlässige Resultate sind: sehr gleichmäßige Durchmischung von Wasser und verflüssigter Gelatine vor dem Gießen der Platte und Erstarren der Gelatine in einer völlig horizontal eingestellten Schale, d. h. in möglichst gleichmäßiger Schichtdicke.

Zur Vornahme der Zählung eignen sich nur solche Mikroskope, bei welchen man jede Stelle einer 9 ccm im Durchmesser haltenden Petrischale bequem unter das Objektiv bringen kann, d. h. entweder Mikroskope mit sehr großem Objekttisch oder mit nach hinten ausgebogenem Stativ (Fuß). Die Firma E. Leitz, Wetzlar, führt ein Stativ Nr. VI (Fig. 47), welches sich für diese Zwecke gut eignet und sehr billig ist. Auch das Stativ 8 von W. und H. Seibert in Wetzlar ist für diesen Zweck brauchbar oder das Stativ IX von Carl Zeiß in Jena.

Man benötigt eine etwa 60—100fache Vergrößerung, d. h. ein schwaches achromatisches Objektiv, kombiniert mit einem schwachen und einem stärkeren Okular.

Als Objektive eignen sich: Objektiv Nr. 3 von Leitz, Nr. II von Seibert, AA von Zeiß, dazu die Okulare I und IV von Leitz, 1 und 2 von Seibert und 2 und 4 von Zeiß.

Für sehr dicht besäte Platten wird das stärkere Okular benutzt, und zwar nachdem man auf die Blende desselben ein in 25 kleine Quadrate geteiltes Okularnetzmikrometer gelegt hat.

Zum Ausmessen der Größe des mikroskopischen Gesichtsfeldes ist schließlich noch ein Objektmikrometer notwendig von der

Art, daß auf ihm ein Zentimeter in Millimeter und davon ein Millimeter in Zehntel-Millimeter geteilt ist.

Es empfiehlt sich, wie bei der Lupenzählung, stets nur Petrischalen mit einem lichten Durchmesser von 90 mm zu benutzen. Für diese Schalengröße und für die ausgemessene Gesichtsfeldgröße kann man sich zweckmäßig ein für allemal eine Tabelle herstellen, welche die Berechnung der Keimzahlen ungemein erleichtert. Nach Neißer genügt es, bei Platten mit Koloniezahlen von 1500 und mehr 30 Gesichtsfelder auszuzählen. Man schiebt die Platte zunächst einmal von rechts nach links vorbei, am linken Rand der Schale mit der Musterung beginnend und jedesmal die Schale um etwa $^3/_4$ cm nach links fortrückend, so daß man in einem Schalendurchmesser 10 Gesichtsfelder zählt. Dann dreht man die Schale um ca. 60° und zählt 10 Gesichtsfelder von links nach rechts, dreht die Schale in der nämlichen Richtung noch einmal um ca. 60° und zählt die letzten 10 Gesichtsfelder wieder von rechts nach links. Auf diese Weise hat man die ganze Platte ziemlich gleichmäßig durchmustert und kann ein annähernd richtiges Zahlenergebnis bei der Ausrechnung erwarten. Das Auge ist jedesmal vor dem Verschieben der Platte vom Okular zu entfernen, um eine möglichst objektive Einstellung des Gesichtsfeldes zu ermöglichen.

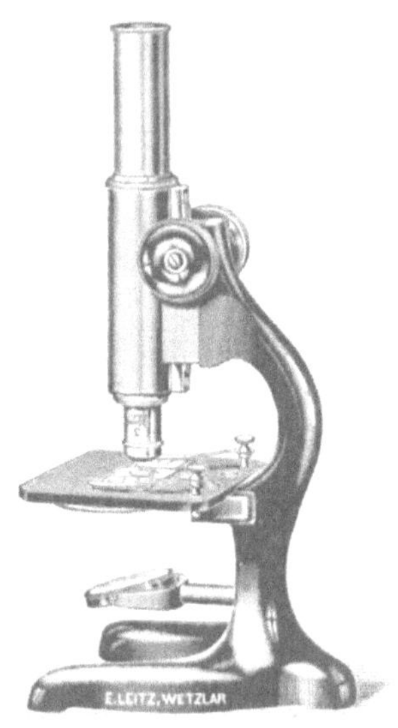

Fig 47.

Für Laboratorien, in denen sehr viel mikroskopische Plattenzählungen vorgenommen werden, kann man sich vorteilhaft eines Schlittenmikroskops mit beweglichem Objekttisch (Leitz) bedienen. Auf dem Objekttisch wird ein drehbarer Einsatz für die Petrischale angebracht, dessen Kreis von 60 zu 60° eine Marke trägt. Das Mikroskop wird durch eine Kurbel seitlich, einer Skala entlang, über den Objekttisch hinweggeführt, so daß man in regelmäßigen Abständen voneinander die Gesichtsfelder in einem Durchmesser der Schale einstellen kann.

Berechnung.

Ist s die Anzahl der in 30 mikroskopischen Gesichtsfeldern gezählten Kolonien, $\frac{s}{30}$ also die Anzahl der auf ein Gesichtsfeld entfallenden Kolonien, x die Gesamtanzahl der auf der Platte befindlichen Kolonien, r der Radius der Platte (bei Petrischalen von 90 mm Durchmesser also 45 mm) und ρ der Radius des mikroskopischen Gesichtsfeldes, wie ihn die Messung mit dem Objektmikrometer ergeben hat, so verhält sich die Anzahl der Kolonien in 1 mikroskopischen Gesichtsfeld zu der Gesamtanzahl der Kolonien auf der Platte wie die Fläche des mikroskopischen Gesichtsfeldes zu der Fläche der Platte, also

$$\frac{s}{30} : x = \varrho^2 \pi : r^2 \pi$$

d. h.

$$x \cdot \varrho^2 \pi = \frac{s}{30} \cdot r^2 \pi$$

oder

$$x = \frac{s}{30} \cdot \frac{r^2}{\varrho^2}$$

Der Ausdruck

$$\frac{r^2}{\varrho^2 \cdot 30}$$

ist nun aber für dieselbe Plattengröße und bei Benutzung der gleichen optischen Systeme ein konstanter Wert, den man sich ausrechnet. Setzt man nun für s die Werte 1—10 ein und multipliziert damit den Wert $\frac{r^2}{\varrho^2 \cdot 30}$, so erhält man x, d. h. die Gesamtzahl der auf der Platte vorhandenen Kolonien. Durch entsprechende Kommaverschiebung und Addition kann man auch für s-Werte, welche 10 übersteigen, die zugehörigen Zahlen leicht ermitteln.

In derselben Weise stellt man sich auch eine Tabelle für das Okularnetzmikrometer her, indem man sich mit Hilfe des Objektmikrometers die scheinbare Größe des Netzes (25 Quadrate) berechnet. Gezählt werden nur die innerhalb der 25 Quadrate im Gesichtsfeld liegenden Kolonien.

Die folgende Tabelle gilt für Platten von 90 mm lichtem Durchmesser und ist berechnet für ein Leitzsches Objektiv

Nr. 3, kombiniert mit den Okularen 1 und 4. In der 3. Kolonne sind die Zahlen angegeben bei Benutzung des Okularnetzes*).

Beispiel: Petrischale mit 0,2 ccm Flußwasser hergestellt. Es sind mikroskopisch gezählt worden mit Okular 1 und Objektiv 3:

Im 1. Durchmesser der Platte	Im 2. Durchmesser der Platte	Im 3. Durchmesser der Platte
3	4	1
2	2	3
4	3	5
1	3	0
5	2	2
3	1	1
2	3	4
0	3	3
3	2	2
1	4	3
24	27	24

In 30 Gesichtsfeldern also 75 Kolonien.

Mithin waren auf der Platte nach der folgenden Tabelle vorhanden:

2510
179
2689 Kolonien.

Berechnungstabelle für einen inneren Schalendurchmesser von 90 mm.

Anzahl der in 30 Gesichtsfeldern gezählten Kolonien	Anzahl der Kolonien auf der ganzen Platte		
	Okular 1, Objektiv 3 $2\,\rho = 2{,}74$ mm	Okular 4, Objektiv 3 $2\,\rho = 1{,}80$ mm	Okular 4, Objektiv 3, Okularnetz. 25 Quadrate bedecken 0,7569 qmm
1	35,963	83,333	280,089
2	71,926	166,666	560,178
3	107,889	249,999	840,267
4	143,852	333,332	1120,356
5	179,815	416,665	1400,445
6	215,778	499,998	1680,534
7	251,041	583,331	1960,723
8	287,704	666,664	2240,712
9	323,667	749,997	2520,801
10	359,630	833,330	2800,890

*) Diese Zahlen gelten nicht für alle Objektive Nr. 3 und Okulare Nr. 1 und 4 der Firma Leitz. Eine Kontrollmessung mit dem Objektmikrometer ist bei jedem neuen System vorauszuschicken.

Also würden aus 1 ccm des untersuchten Wassers sich entwickelt haben 13445 Kolonien. Diese Zahl kürzt man auf 13000 ab*).

Verbieten es äußere Umstände, die Zählung zur richtigen Zeit vorzunehmen, so müssen die Petrischalen unter Eiskühlung weiter aufbewahrt werden; bequemer ist es noch, falls eine spätere Identifizierung (Abimpfung) der gewachsenen Kolonien nicht notwendig ist, den Inhalt der Schalen durch einige Tropfen Formalin zu konservieren. Man kann dann geraume Zeit bis zur Zählung verstreichen lassen.

Unmittelbare mikroskopische Zählung der Bakterien.

Man hat auch, wie oben schon erwähnt, verschiedentlich versucht, die Bakterien unmittelbar zu zählen, und dafür verschiedene Methoden angewendet. So benutzte Winterberg (166) die Thoma-Zeißsche Zählkammer und zählte die Bakterien in ungefärbtem Zustand, Klein (167) und Hehewert (168), Winslow und Willcomb (169) färben die Bakterien erst und zählen sie dann. Diese Methoden sind nur anwendbar bei sehr bakterienreichen Flüssigkeiten (Aufschwemmungen von Bakterienreinkulturen, Abwässern u. dgl.). Die erhaltenen Werte sind durchwegs höher als die mit dem Kochschen Plattenverfahren erhaltenen, oft sogar um ein Vielfaches höher. Ist neben Bakterien noch viel Detritus vorhanden (Abwasser), so wird eine genaue Zählung sehr erschwert, ja oft unmöglich. Dazu kommt, daß durch den sehr großen Multiplikationsfaktor bei der Berechnung des Keimgehaltes auf 1 ccm Flüssigkeit die Ungenauigkeiten und Fehler der Zählung sehr ins Gewicht fallen. Die Methoden sind daher unserer Ansicht nach nur in seltenen Fällen anwendbar, und es mag genügen, auf sie hingewiesen zu haben.

γ) Annähernde Keimzählung mittels der Verdünnungsmethode.

Bevor R. Koch die durchsichtigen festen Nährboden einführte, war man für die quantitative Keimbestimmung auf Verdünnungs-

*) Man täuscht sich und anderen eine nicht bestehende Genauigkeit der quantitativen bakteriologischen Untersuchung vor, wenn man die berechneten Zahlen ungekürzt niederschreibt. Dreistellige Bakterienzahlen sollte man daher in der üblichen Weise stets auf volle Zehner, vierstellige auf volle Hunderte, fünfstellige auf volle Tausende usw. abrunden.

methoden angewiesen, wie sie von Nägeli (170), Miquel (171) und Fol und Dunant (172) angegeben worden sind.

Die Verdünnungsmethode, ursprünglich geschaffen als Methode zur Erzielung von Reinkulturen, kann durch Arbeiten mit bestimmten Impf- und Flüssigkeitsmengen quantitativ gestaltet werden.

Für die Verdünnungsmethoden sind nur bei jeder Temperatur flüssige Nährlösungen zu verwerten, und zwar solche, die völlig klar und durchsichtig sind, also in erster Linie Nährbouillon und Peptonwasser mit und ohne Zusätze, in zweiter Linie eiweißfreie Lösungen. Von den letzteren ist am brauchbarsten die von C. Fränkel modifizierte Uschinsky-Lösung, bestehend aus einer Lösung von 4 g Asparagin, 5 g Kochsalz, 6 g milchsaurem Ammoniak und 2 g Kaliumbiphosphat zu 1 Liter destilliertem Wasser. Man macht die Mischung leicht alkalisch und sterilisiert an drei aufeinanderfolgenden Tagen je $^1/_2$ Stunde im strömenden Dampf.

In dieser Lösung wachsen nicht alle Saprophyten. Sie kann daher nur für Ausnahmefälle empfohlen werden.

Für die Verdünnungsmethode werden die Nährlösungen zu je 9 ccm in sterile Reagenzgläser in der üblichen Weise gefüllt. Bei längerer Aufbewahrung der Röhrchen vor dem Gebrauch muß Sorge getragen werden, daß der Inhalt der Röhrchen durch Verdunstung keine Verminderung erfährt. Zur Herstellung der Verdünnungen braucht man ferner eine größere Anzahl steriler Pipetten mit je 1 ccm Inhalt. Unter Umständen ist für die Herstellung von Verdünnungen auch die Anwendung sterilisierter Tropfgläschen nach Ficker (173) zu empfehlen.

Am bequemsten läßt sich die Verdünnung bei Benutzung der in Fig. 48 dargestellten einfachen Vorrichtung ausführen.

Dieselbe besteht aus einem rechteckigen Holzklotz mit einer Anzahl von Bohrungen zur Aufnahme der Röhrchen mit je 9 ccm Nährlösung. Vor jedem Bohrloch befindet sich eine Klammer mit nach unten gerichtetem Beiß-Ende. Der Klotz wird so auf die Kante eines Tisches gestellt, daß diese Beiß-Enden den untern Rand der vorstehenden Tischplatte etwas überragen. Dadurch wird die ganze Vorrichtung gleichzeitig festgehalten. Nachdem man die Röhrchen in geeigneter Weise signiert hat (z. B. mit den Nummern 1—3), entfernt man von ihrer Öffnung den Wattepfropfen und klemmt ihn so in die zugehörige Klammer, daß sein unterer Teil, vor Infektion durch Berührung geschützt, frei in der Luft hängt. Der Rand des Röhrchens wird in der Bunsenflamme flambiert. Von dem zu untersuchenden, gut umgeschüttelten Wasser bringt man nun mittels steriler Pipette 1 ccm in das erste Röhrchen, stellt eine gleichmäßige Durchmischung her durch mehrmaliges vorsichtiges Neigen und Drehen des Röhrchens und bringt von dieser Mischung mit einer frischen sterilen Pipette wieder 1 ccm in das zweite Röhrchen. Nach Mischung wird aus dem zweiten Röhrchen abermals 1 ccm in das dritte Röhrchen über-

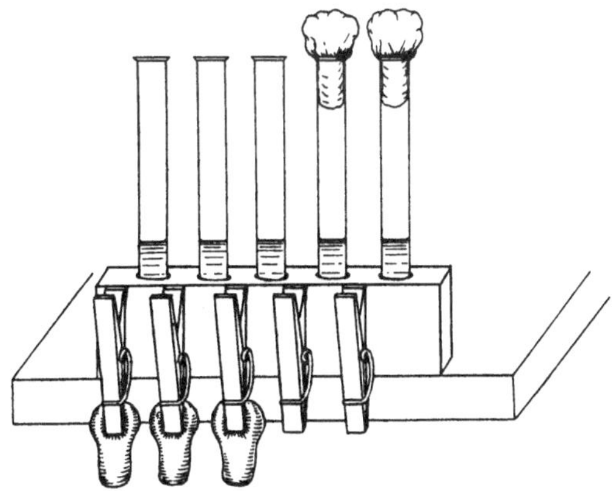

Fig. 48.

tragen und so fort. Nach Abschluß der Serie entnimmt man den Klammern die zugehörigen Wattestopfen, ohne ihre untere Hälfte zu berühren, brennt sie in der Flamme rasch ab und verschließt damit die Röhrchen, deren Öffnung noch einmal flambiert worden ist.

Hat man z. B. 5 Röhrchen in der angegebenen Weise behandelt, so enthält das erste Röhrchen 1 ccm, das zweite 0,1 ccm, das dritte 0,01 ccm, das vierte 0,001 ccm und das fünfte 0,0001 ccm des untersuchten Wassers. Überläßt man die Röhrchen bei geeigneter Temperatur nun sich selbst, so wird man nach 6 bis 48 Stunden gegebenenfalls einige Röhrchen getrübt finden. Angenommen, das untersuchte Wasser hätte im ccm ca. 1200 bei der gewählten Temperatur in dem betreffenden Nährboden wachsende

Bakterien enthalten, so würde man das 1. bis 4. Röhrchen nach einiger Zeit getrübt finden, während das fünfte wahrscheinlich klar geblieben wäre. Umgekehrt würde man aus einem solchen Befund schließen dürfen, daß das untersuchte Wasser im Kubikzentimeter mehr als 1000, aber weniger als 10000 Keime enthalten hat. Eine solche approximative Bestimmung genügt in vielen Fällen.

Bei geschicktem und sauberem Arbeiten kommen künstliche Infektionen des Röhrcheninhaltes fast nie vor. Die getrübten Röhrchen müssen eine zusammenhängende Reihe bilden. Ist ein zwischen zwei trüben Röhrchen stehendes Röhrchen klar geblieben, so spricht das entweder für mangelhafte Mischung zwischen Impfquantum und Nährlösung oder für eine künstliche Verunreinigung des auf das klare Röhrchen folgenden Röhrchens.

Arbeitet man nicht ambulant, sondern im Laboratorium, so kann man sich zweckmäßiger etwas größerer Flüssigkeitsmengen zur Herstellung der Verdünnungen bedienen, so daß eine noch gründlichere Mischung gewährleistet wird. Notwendig wird dies an und für sich bei der (allerdings ziemlich selten ausgeführten) bakteriologischen Untersuchung von Abwässern, deren z. T. an Detritus haftende Bakterienmengen sich nur durch kräftiges Schütteln einigermaßen gleichmäßig in der Flüssigkeit verteilen lassen.

Man wählt am besten Erlenmeyer-Kölbchen aus Jenaer Glas von je 100—150 ccm Inhalt*), beschickt sie mit je 50 (genauer 49,5) ccm Verdünnungsflüssigkeit (steriles Leitungswasser oder 0,7—0,8proz. sterile Kochsalzlösung) und stellt sich durch Übertragung von je 0,5 ccm von einem Kölbchen in das andere, nach dem Muster des folgenden Schemas (Fig. 49), fallende Konzentrationen her, von denen man jedesmal 1,0 und 0,1 ccm in Bouillonröhrchen oder dgl. überträgt. Auf diese Weise ist, wenn man mit der Verimpfung von 1 ccm

*) Statt der Erlenmeyerkölbchen können unter Umständen auch die von Soxhlet angegebenen Milchflaschen mit Gummischeibenverschlüssen benutzt werden, welche sich beim Erkalten der Flüssigkeit nach dem Sterilisieren durch den äußeren Luftdruck fest auf die Flaschenöffnung aufpressen, so daß ein Verdunsten des Inhalts nicht stattfinden kann. Die Firma Altmann läßt solche Flaschen auch aus Jenaer Glas herstellen.

der Originalflüssigkeit beginnt, jedes folgende Impfquantum der zehnte Teil des vorangegangenen, und man kann bei Anwendung von nur 4 Verdünnungskölbchen die Verdünnung schon auf $^1/_{1\,000\,000\,000}$ ccm (10^{-9}) treiben.

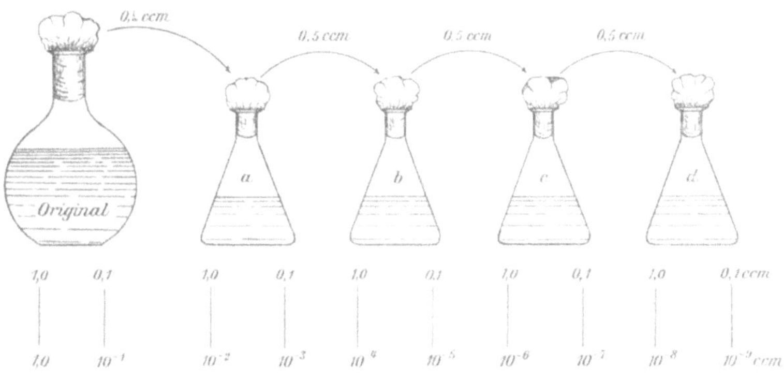

Fig. 49.

δ) „Thermophilentiter" nach Petruschky.

In Deutschland hat Petruschky (174) das Verdünnungsverfahren für die bakteriologische Wasseruntersuchung zuerst wieder eingebürgert durch Empfehlung der Feststellung des sogenannten „Thermophilentiters" und „Colititers" als Grundlage für die Aufstellung eines Verunreinigungs-Maßstabes von Wasserproben. Er stellt die mit fallenden Wassermengen beimpften Bouillonröhrchen 24 Stunden in den Brutschrank bei 37°, stellt die Grenze fest, bis zu welcher die Röhrchen trübe geworden sind, und bestimmt danach den „Thermophilentiter" des Wassers. Sind z. B. die Röhrchen mit 1,0, 0,1 und 0,01 getrübt, die folgenden aber klar geblieben, so hat das Wasser den „Thermophilentiter" 0,01. Dieser fällt nach Petruschky häufig mit dem „Colititer" zusammen, d. h. die Trübung ist durch das Vorhandensein von Bacterium coli hervorgerufen. Man darf aber nicht jede bei 37° in einem mit Wasser beschickten Bouillonröhrchen auftretende Trübung auf B. coli beziehen.

6. Die Bestimmung des B. coli im Wasser.

A. Bedeutung des Vorkommens des B. coli.

Der Streit über die Bedeutung des Befundes von B. coli im Wasser für dessen hygienische Beurteilung ist zwar noch nicht ganz entschieden, immerhin dürften doch diejenigen Autoren heute in der Minderzahl sein, welche die Lehre von der Ubiquität des typischen B. coli vertreten, d. h. behaupten, daß der Nachweis des B. coli in einer Wasserprobe ohne diagnostischen Wert sei. Es kann nicht die Aufgabe eines Leitfadens für die Ausführung von Methoden sein, auf die Gründe, welche für und gegen die Lehre von der Ubiquität des B. coli sprechen, ausführlich einzugehen. Es mag genügen, auf einige Arbeiten aus der umfangreichen Literatur, welche diese Frage bereits gezeitigt hat, hinzuweisen (175). Die Verfasser schließen sich jedenfalls der Ansicht derer an, welche in dem Auftreten des B. coli, falls man diesen Begriff etwas schärfer faßt, unter gewissen Umständen einen wertvollen Fingerzeig für die Verunreinigung eines Wassers mit menschlichen oder tierischen Auswurfstoffen sehen.

B. Charakteristik des B. coli.

Das normalerweise in jedem menschlichen und tierischen Darm vorkommende Bacterium coli ist ein Organismus mit z. T. konstanten, z. T. aber wechselnden bakteriologischen Merkmalen. Es ist daher von großer Wichtigkeit, jene Merkmale herauszuheben, welche für diesen Organismus bzw. für die Bakterien der Coligruppe im engeren Sinne bezeichnend sind, und welche als minder charakteristische betrachtet werden dürfen. Eine völlige Einigkeit ist zwar auch hierüber noch nicht erzielt, doch dürfte die folgende Charakterisierung den Anschauungen der Mehrzahl der Autoren entsprechen.

Das B. coli ist ein sporenloses, mäßig bewegliches Kurzstäbchen, welches in den üblichen Fleischwasserpeptonnährböden sowohl bei Zimmertemperatur wie bei 37° üppig wächst, auf der Oberfläche der Gelatineplatte weinblattähnliche, die Gelatine nicht verflüssigende Kolonien bildet. Es färbt sich nicht nach der Gramschen Methode. Es vergärt in peptonhaltigen Nährböden vorhandenen Traubenzucker und Milchzucker unter Gasbildung (hauptsächlich Wasserstoff und Kohlensäure) und Säurebildung (Milchsäure bzw. deren weitere Zersetzungsprodukte), so daß zuckerhaltige, mit Lackmus gefärbte Nährböden (Lackmusmolke, Nähragar nach Drigalski-Conradi, Barsiekowsche Nährlösung usw.) durch die Säuerung rote Färbung annehmen. Neutralrot wird reduziert zu einem gelben, grünlich fluoreszierenden Farbstoff. Auf Endos Fuchsin-Schwefligsäure-Agar bildet das B. coli rote Kolonien.

Es wächst auch bei Temperaturen über 37°, wenn auch meist weniger üppig, z. B. bei 41,5° (Vincent) und bei 46° (Eijkman), und vermag bei dieser Temperatur noch Traubenzucker zu vergären und Säure zu bilden.

Minder charakteristisch erscheint für das B. coli seine Fähigkeit, in Milchkulturen Gerinnung hervorzurufen und aus peptonhaltigen Nährböden Indol zu bilden. Zur Anstellung der Indolreaktion eignen sich Kulturen in Peptonwasser besser als in Nährbouillon. Anwesenheit von Zucker stört das Zustandekommen der Indol-Reaktion; bei anaerober Züchtung bildet B. coli kein Indol*). Von manchen wird auch die Beweglichkeit nicht als ein notwendiges Kriterium für das „typische" B. coli gehalten. Die Unbeweglichkeit ist allerdings bei dem echten B. coli meist nur eine vorübergehende und kann durch Übertragung auf andere Nährmedien und dgl. wieder beseitigt werden.

Auf alle diese hier angegebenen Eigenschaften oder einen größeren Teil derselben müssen die Bakterien, deren Identität mit dem B. coli man feststellen will, in Reinkultur geprüft werden, da die Gegenwart anderer Bakterien (Mischkultur) das Auftreten verschiedener Reaktionen stören oder verhindern kann.

Zum strengen Nachweis des B. coli ist daher seine Isolierung aus der ihn umgebenden Bakterienflora notwendig.

---

*) Die Prüfung auf Indol wird ausgeführt, indem man zu dem durch Bakterienwachstum stark getrübten Peptonwasser (10 ccm) 1 ccm einer 0,02 proz. Lösung von reinem Kaliumnitrit gibt und einige Tropfen konzentrierter Schwefelsäure nachfließen läßt. Ist Indol vorhanden, so tritt Rosa- bis Rotfärbung der Flüssigkeit ein (Nitrosoindolreaktion). *Mit Amylalkohol läßt* sich die rote Farbe ausschütteln. Auch andere Methoden sind für den Indolnachweis empfohlen worden (176).

C. Methoden des Nachweises des B. coli im Wasser.

Handelt es sich nur um den qualitativen Nachweis des B. coli, so kann man unter Umständen unmittelbar von der Gelatineplatte einzelne der verdächtig scheinenden oberflächlichen Kolonien (Weinblattform) in Traubenzuckeragar abstechen oder in ein mit Traubenzuckerbouillon gefülltes Gärungsröhrchen (gewöhnliche Form s. Figur 39 h, vereinfachte Form nach Dunbar s. Fig. 50) überimpfen und, falls nach einiger Zeit Gärung hervorgerufen wird, weiter auf B. coli untersuchen. In anderen Fällen und überall dort, wo man eine Vorstellung von der Menge bekommen will, in welcher ungefähr das B. coli sich in dem untersuchten Wasser findet, schlägt man den Weg über die Verdünnungsmethode (s. o.) ein, indem man den Inhalt der beiden letzten getrübten Röhrchen mit den weiter unten angegebenen kulturellen Hilfsmitteln usw. genauer auf das Vorhandensein von B. coli prüft.

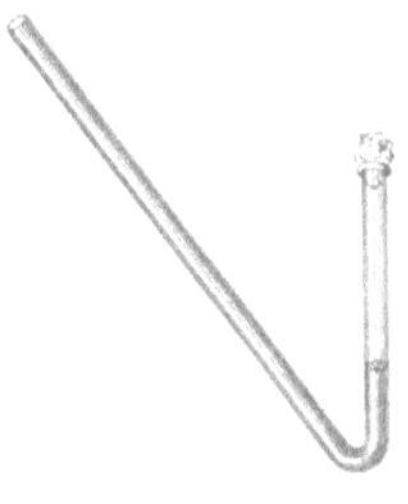

Fig. 50.

Die Untersuchung kann, wenn es sich um verunreinigte Wässer (Flußwasser u. dgl.) handelt, in der von Petruschky und Pusch beschriebenen oder einer diesem Verfahren ähnlichen Form begonnen werden. Bei der Prüfung reiner Wässer (Trinkwässer) genügt es aber nicht, einen Kubikzentimeter des betreffenden Wassers als Höchstmenge für die Untersuchung in Arbeit zu nehmen, sondern man muß Mengen von 5, 10, 20, 50, 100 ccm und mehr im ganzen auf das Vorhandensein von B. coli prüfen.

Man geht bei Mengen über 10 ccm Wasser grundsätzlich dann so vor, daß man dem Wasser etwa $^1/_8$—$^1/_{10}$ seines Volumens konzentrierte sterile Nährlösung zufügt und das zu untersuchende Wasser also zugleich benutzt, um die übliche Konzentration der Nährlösung herzustellen.

Eine solche konzentrierte Nährlösung nach Eijkman ist oben unter Peptonwasser (S. 258) angegeben, oder sie besteht nach Vincent aus

Pepton Witte . . .	50,0
Kochsalz	25,0
Dest. Wasser zu . .	100,0

Das zu untersuchende Wasser, soweit seine Menge 10 ccm übersteigt, wird in kleine sterile Erlenmeyerkölbchen oder größere sterile Gärungsröhrchen (zweckmäßig sind die Gärungskolben mit auswechselbarem Metallfuß, Fig. 51) eingefüllt und hier mit so viel konzentrierter steriler Nährlösung versetzt, daß die Mischung etwa einer 1 proz. Peptonlösung entspricht.

Bei dem Verfahren von Petruschky und Pusch wachsen alle im Wasser vorhandenen thermotoleranten (37°) Bakterien aus. Um nun von vornherein eine Auslese zu treffen, d. h. das B. coli zu begünstigen und die übrigen im Wasser vorhandenen Keime zurückzudrängen, hat man folgende Wege eingeschlagen.

a) Man kultiviert bei erhöhten Temperaturen, bei welchen zwar B. coli sich noch vermehrt, nicht aber die Mehrzahl der sonst im Wasser vorhandenen Bakterien.

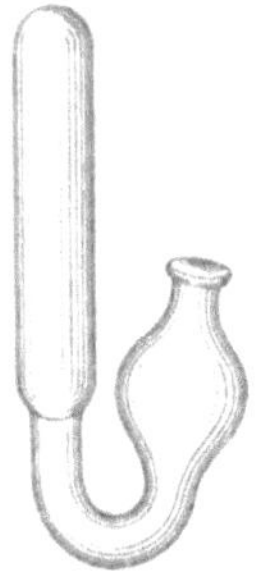

b) Man setzt den Nährböden Stoffe zu, welche entweder an und für sich oder wenigstens in den zugesetzten Mengen das B. coli nicht schädigen, wohl aber die Vermehrung der übrigen Wasserbakterien hindern oder abschwächen (Phenol, Kristallviolett, gallensaure Salze, Malachitgrün).

Fig. 51a.

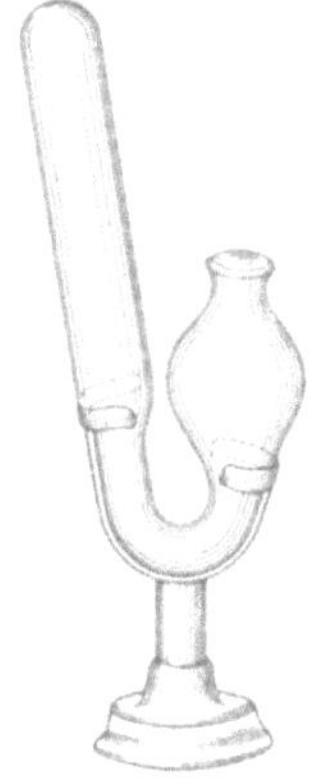

Fig. 51b.

c) Man kultiviert anaerob, um die zahlreichen aeroben Wasserbakterien auszuschalten (B. coli wächst auch anaerob).

d) Man kombiniert die Verfahren a—c.

Zu a) Das Kultivieren bei höherer Temperatur

hat vor einiger Zeit Eijkman (177) empfohlen, und die Nachprüfungen der von ihm empfohlenen Methode sind im allgemeinen für seine Methode günstig ausgefallen. Ein zwingender Beweis für die absolute Zuverlässigkeit einer Methode zum Nachweis des B. coli ist im übrigen aus naheliegenden Gründen schwer zu erbringen; man wird gewöhnlich mit einer indirekten Beweisführung oder einer günstig ausfallenden Wahrscheinlichkeitsrechnung zufrieden sein müssen.

Nach Eijkman gibt man zu dem auf B. coli zu untersuchenden Wasser etwa $^1/_8$ seines Volumens der oben angegebenen sterilen Peptonlösung. Diese Mischung wird in entsprechend große Gärkölbchen (Fig. 51) gefüllt und in einem auf 46° eingestellten Thermostaten untergebracht. Ist B. coli in dem Wasser vorhanden, so zeigt sich innerhalb 24—48 Stunden Gasbildung in dem Gärungskölbchen, dessen Inhalt sich im übrigen diffus trübt. Eijkman und auch andere Autoren, die seine Methode nachprüften (z. B. Christian) stellten nun empirisch fest, daß seiner ganzen Herkunft nach einwandfreies Wasser niemals bei 46° unter den geschilderten Verhältnissen Gasbildung zeigt, fäkal verunreinigtes Wasser aber stets. Daß diese Reaktion ausschließlich durch B. coli veranlaßt wird, hat übrigens Eijkman selbst nicht behauptet. Das B. coli des Kaltblüters vermag übrigens bei 46° Traubenzucker nicht zu vergären. Eine recht zweckmäßige Ergänzung der Eijkmanschen Methode ist von Bulír angegeben (s. unter Nährböden für die Isolierung des B. coli).

Nach Nowack (178) ist der positive Ausfall der Eijkmanschen Probe geknüpft an das Vorhandensein einer bestimmten Mindestmenge von Colibakterien. Impft man aus einer negativ ausgefallenen Gärungsprobe bei 46° auf eine Nährlösung über, kultiviert diese noch einmal bei 37° und setzt mit einem Quantum dieser Lösung die Eijkmansche Probe bei 46° noch einmal an, so bekommt man häufig nachträglich noch ein positives Ergebnis. („Sekundärer Eijkman.")

Zu b) Zurückdrängung der Wasserbakterien.

Hier sind zu nennen die in Frankreich viel angewendeten phenolhaltigen Nährböden, die Methoden, welche den v. Drigalski-Conradischen, die gallensalzhaltigen, die malachitgrünhaltigen Nährböden u. dgl. mehr benutzen.

Die Zusammensetzung von einigen dieser Nährböden soll unten angegeben werden.

Zu c) Kultivieren unter anaeroben Verhältnissen.

Da ein großer Teil der im Wasser vorkommenden Saprophyten streng aerob ist, das B. coli aber auch unter anaeroben Bedingungen, (wenn auch etwas weniger gut als aerob) gedeiht, so läßt sich durch Aufbewahrung der angelegten Kulturen usw. unter Sauerstoffabschluß (am bequemsten im Novyschen Apparat, Fig. 37) das B. coli mit Ausschluß der ihm vergesellschafteten aerob wachsenden Keime isolieren. Da die Methoden der anaeroben Züchtung aber alle verhältnismäßig unbequem sind, so hat man von diesem Hilfsmittel für die Isolierung des B. coli bisher verhältnismäßig wenig Gebrauch gemacht. Pakes (179) hat z. B. eine solche Methode (welche gleichzeitig erhöhte Züchtungstemperaturen anwendet) beschrieben.

Zu d) Kombinierte Verfahren.

Eine Kombination der Verfahren a und b stellt z. B. folgende Vorschrift (nach Vincent [180]) dar. In 5 Röhrchen, von welchen jedes 10 ccm der üblichen Peptonkochsalzlösung enthält, gibt man mittels einer sterilen Pipette, welche 20 Tropfen = 1 ccm liefert (oder mittels eines sterilisierten Tropfgläschens, dessen Tropfengröße bekannt ist), von dem zu untersuchenden Wasser 1, 2, 5, 10 und 20 Tropfen. In zwei andere größere Röhrchen, welche je 20 ccm Peptonwasser enthalten, gibt man 2 und 5 ccm des zu untersuchenden Wassers.

In 5 kleine sterilisierte Glaskölbchen füllt man nacheinander 20, 50, 100 und nötigenfalls 200 ccm des zu untersuchenden Wassers. Diesen Wassermengen fügt man so viel konzentriertes Peptonwasser hinzu (vgl. S. 278), daß eine Konzentration entsteht, welche der der übrigen Mischungen ungefähr entspricht.

Diesen Mischungen wird nun Karbolsäure zugefügt, indem man aus einer Pipette (welche etwa 30 Tropfen auf den ccm gibt) einen Tropfen einer 5 proz. Karbolsäurelösung zu je 2 ccm Mischung fließen läßt, also z. B. zu 50 ccm 25 Tropfen. Die signierten Röhrchen und Fläschchen werden nach Umschwenken in einen Brutschrank von 41,5 ^{0} C etwa 14 Stunden lang eingestellt.

Ist der Inhalt der Röhrchen bzw. Kölbchen ganz oder fast klar geblieben, so kann man annehmen, daß in den angewandten Wasserproben das B. coli nicht anwesend war, denn dieses trübt in dieser Zeit die Phenolbouillon sehr deutlich. Einige Saprophyten, wie B. subtilis, B. mesentericus u. a., vermögen allerdings in Phenolbouillon bei 41,5^0 auch zu wachsen. Aus diesem Grunde müssen die getrübten Röhrchen genauer auf B. coli untersucht werden. Man entnimmt unter Vermeidung der oberflächlichsten Schichten einen Tropfen oder eine

Platinöse der getrübten Phenolbouillon, überträgt diese Menge in gewöhnliche sterile Nährbouillon und läßt die Röhrchen bei gewöhnlicher Bruttemperatur (38°) stehen. Ist B. coli vorhanden, so ist seine Vermehrung nach 4—5 Stunden bereits so weit fortgeschritten, daß man im mikroskopischen Präparat seine Gestalt, seine Beweglichkeit und sein Verhalten zur Gramschen Färbung feststellen kann.

D. Nährböden für die Differenzierung und Isolierung des B. coli (mit Ausschluß der phenolhaltigen) zum Teil auch für die Typhusdiagnose zu benutzen.

a) Lackmusmolke (Petruschky) (181).

Zu einer Mischung von 1 Liter Magermilch und 1 Liter Wasser, die auf etwa 40° erwärmt war, wird vorsichtig so viel verdünnte Salzsäure gegeben, daß das Kasein koaguliert und ausfällt. Ein Überschuß an Säure ist zu vermeiden. Man filtriert den Niederschlag ab, neutralisiert das Filtrat genau mit Sodalösung, stellt dann die Mischung 1—2 Stunden in den kochenden Dampftopf, filtriert die trübe gewordene Flüssigkeit nochmals, kocht abermals auf und prüft bzw. korrigiert noch einmal die Reaktion, die neutral sein soll. Dann wird sterile Lackmustinktur bis zur violetten Färbung hinzugegeben.

Lackmusmolke guter Qualität läßt sich gewöhnlich nur bei einiger Übung herstellen. Im allgemeinen ist es daher vorzuziehen, dieselbe fertig zu kaufen. Die Firma C. A. F. Kahlbaum (Berlin SO.) stellt Lackmusmolke von sehr guter Beschaffenheit her und bringt sie mit Chloroform konserviert in Kiloflaschen in den Handel. Beim Sterilisieren der abgefüllten Röhrchen verflüchtigt sich das Chloroform.

b) Lackmusmilchzuckeragar (bzw. Gelatine) (Wurtz) (182).

Dieser Nährboden ist gewöhnliches Nähragar mit 1 % Milchzucker und Lackmus bzw. Azolitmin puriss.

Das Agar wird zunächst gegen Phenolphtalein als Indikator neutral gemacht, dann Milchzucker und neutrale Lackmus- oder besser Azolitminlösung zugegeben, bis der Nährboden eine ausgesprochen blaue Farbe hat. Nach dem Abfüllen in Röhrchen sterilisiert man die letzteren mit ihrem Inhalt an drei aufeinander folgenden Tagen je 15 Minuten im strömenden Dampf.

B. coli und die ihm verwandten Arten bilden auf diesem Nährboden rote Kolonien.

Mit diesem einfachen Nährboden kommt man häufig aus. Handelt es sich jedoch darum, die neben dem B. coli im Wasser vorhandenen Saprophyten im Wachstum zurückzudrängen, so sind die weiter unten beschriebenen Nährböden trotz ihrer komplizierteren Herstellungsweise vorzuziehen.

c) Nährboden nach v. Drigalski und Conradi (183).

Herstellung. (Berechnet auf 2 Liter.)

1. Bereitung des Agar.

3 Pfund fettfreies Pferdefleisch werden fein gehackt, mit 2 l Wasser übergossen und bis zum nächsten Tage stehen gelassen (im Eisschrank).

Das Fleischwasser wird sodann — am besten mit einer Fleischpresse — abgepreßt und nach Zusatz von

1% = 20,0 g Pepton. sicc. Witte
1% = 20,0 g Nutrose
0,5% = 10,0 g Kochsalz

1 Stunde lang gekocht.

Diese Brühe wird durch Leinwand filtriert und mit 3% = 60,0 g Agar (zerkleinertes Stangen-Agar) während drei Stunden im Dampftopf gekocht, darauf durch Sand (Rohrbecksches Sandfilter) oder Leinwand*) im Dampftopf filtriert.

2. Milchzucker-Lackmuslösung.

300,0 ccm (15%) Lackmuslösung von Kahlbaum-Berlin werden 10 Minuten lang gekocht, darauf 30,0 g (1,5%) Milchzucker hinzufügt und abermals 15 Minuten lang gekocht.

3. Mischung.

Die heiße Milchzucker-Lackmuslösung (2) wird zu der heißen Agarmasse (1) zugesetzt und die rot gewordene Mischung mit 10proz. Sodalösung bis zur schwach alkalischen Reaktion alkalisiert.

---

*) Bei Filtration durch Leinwand wird der Filtriertrichter zum Schutz gegen Verdünnung durch einfließendes Kondenswasser mit einem leichten übergreifenden Deckel bedeckt.

Die Alkalisierung geschieht am besten bei Tage mit dem in dem Nährboden enthaltenen Lackmus als Indikator. Die Farben prüfung gelingt leicht in dem schräg geneigten Kolbenhals gegen einen weißen Untergrund. Abends Alkalisierung mit Hilfe von Phenolphtaleinpapier.

Zu dem schwach alkalischen Nährboden werden 6,0 ccm einer sterilen warmen 10 proz. Sodalösung und 20,0 ccm einer frischen Lösung von 0,1 g Kristallviolett O chemisch rein — Höchst — in 100,0 Aq. dest. steril.*) hinzugefügt.

Der Nährboden wird in Mengen von etwa 200,0 ccm in Erlenmeyersche Kölbchen abgefüllt und kann so wochenlang aufbewahrt werden.

Die Doppelschalen für die Herstellung der Platten müssen einen Durchmesser von 18 bis 20 cm haben**). Gegossene Platten dürfen nicht aufbewahrt werden, die Platten müssen vielmehr stets frisch hergestellt werden.

Der Oberflächenausstrich geschieht mit Hilfe des sterilisierten v. Drigalskischen Glasspatels oder mittels der sterilisierten Platinöse.

Nach 20—24 Stunden langer Aufbewahrung bei 37° stellen sich die Kolonien des B. coli auf diesem Nährboden als 2 bis 6 mm im Durchmesser haltende, leuchtend rote, undurchsichtige rundliche Gebilde dar.

Schneller und bequemer herzustellen ist der

d) Nährboden nach Endo (184).

Zu einem Liter verflüssigten neutral reagierenden 3 proz. Nähragars setzt man 10 ccm 10 proz. Sodalösung, sodann 5 ccm einer kalt gesättigten alkoholischen filtrierten Fuchsinlösung, 10 g chemisch reinen Milchzuckers und 25 ccm einer frisch hergestellten 10 proz. Natriumsulfitlösung. Nach völliger Lösung des Gemisches wird der Nährboden zu je 15 ccm in Reagenzgläschen gefüllt und in diesen sterilisiert. In heißem Zustand ist der Nährboden rosa gefärbt, in kaltem, erstarrtem Zustand soll er fast farblos sein. Er ist vor Licht geschützt aufzubewahren. Färbt sich

*) Präparate anderer Fabriken sind nicht gleichartig verwendbar.

**) Für den Nachweis des B. coli können Petrischalen von gewöhnlichem Durchmesser verwendet werden.

der Inhalt der Röhrchen mit der Zeit rot, so ist frischer Nährboden herzustellen.

Als Platten werden Petrischalen von dem gewöhnlichen Durchmesser (9 cm) benutzt.

Auf diesem Nährboden wachsen die Kolonien des B. coli sehr gut und ungehindert mit leuchtend roter Farbe; die Entwicklung der Wasserbakterien wird nur in mäßigem Grade zurückgedrängt.

e) Neutralrotagar.

Nach Rothberger-Scheffler, Modifikation von Oldekop (185).

Man löst unter Erwärmen in 500 g destillierten Wassers 5 g Liebigschen Fleischextrakt, 2,5 g Kochsalz und 10 g Pepton, macht die Mischung mit Sodalösung schwach alkalisch, kocht 1 Stunde im Dampftopf und filtriert. Zum Filtrat setzt man 0,3% Stangenagar, löst dieses durch 1stündiges Erhitzen des Gemisches im Dampftopf, filtriert die heiße Lösung und gibt zu je 100 ccm des Filtrats 1 ccm einer frisch bereiteten konzentrierten Neutralrotlösung und 0,15 g Traubenzucker.

Die fertige Lösung wird zu je 5 ccm in Reagenzröhrchen abgefüllt, welche danach 1—1½ Stunde im Dampftopf sterilisiert werden.

B. coli ruft in dem Nährboden Gelbfärbung mit grüner Fluoreszenz hervor. Man benutzt diesen Nährboden lediglich zur Anlage von Stich- bzw. Schüttelkulturen.

f) Neutralrotmilchzuckergallensalzagar.*)

Nach Mac Conkey u. a. (186).

Man löst 20 g Agar in 1 Liter Wasser durch Erhitzen im Autoklaven, fügt nach der Lösung 20 g Pepton und 5 g Taurocholsaures Natrium hinzu, klärt die Mischung (nach Abkühlen auf etwa 50°) durch Zugabe eines Hühnereiweißes und folgendes Erhitzen im Dampftopf und filtriert. Dem filtrierten Agar werden 10 g Milchzucker und 5 ccm einer 1proz. wäßrigen frisch bereiteten Neutralrotlösung zugesetzt, die Mischung in Röhrchen gefüllt und an zwei aufeinander folgenden Tagen fünfzehn Minuten lang im Dampf sterilisiert.

---

*) Über diesen von amerikanischer Seite empfohlenen Nährboden stehen den Verfassern eigene nähere Erfahrungen nicht zu Gebote.

B. coli wächst auf diesem Nährboden in rötlichen Kolonien.

Durch das taurocholsaure Natrium wird die Entwicklung der übrigen Wasserkeime gehemmt.

g) Malachitgrünlösung nach Löffler (187).

Die von Löffler angegebene sog. Grünlösung II („Paratyphuslösung“) wird ebenfalls für die Auffindung der Colibakterien im Wasser empfohlen (Totsuka (188)), doch ist zu bemerken, daß die verschiedenen Colistämme sich dem Malachitgrün gegenüber ziemlich verschieden verhalten, d. h. oft stark im Wachstum gehemmt, oft gar nicht oder wenig beeinflußt werden. Aus diesem Grunde wird man u. E. die Brauchbarkeit des Malachitgrünverfahrens für den vorliegenden Zweck etwas skeptisch beurteilen müssen.

Die Lösung läßt sich schnell bereiten und besteht aus destilliertem Wasser mit folgenden Zusätzen:

1. Pepton, 2% = 20 ccm einer 10 proz. Lösung.
2. Milchzucker, 5% = 20 ccm einer 25 proz. Lösung.
3. Normalalkalilauge 1,5%.
4. Nutrose 1% = 10 ccm einer 10 proz. Lösung.
5. 0,2 proz. Lösung von Malachitgrün, kristallisiert, chem. rein, 1%.

Typhusbazillen lassen diese Lösung unverändert, B. coli ruft Gärung hervor (Gasentwicklung, schmutziggrüner Belag an den Wänden, Ausfällung der Nutrose, grüner Schaumring an der Oberfläche). Die Gasbildung ist im einfachen Reagenzglase erkennbar, so daß ein besonderes Gärungsröhrchen sich erübrigt. Dies ist ein Vorzug, welcher im besonderen für ambulante Untersuchungen ins Gewicht fällt. Die Bazillen des Paratyphus B und ihre Verwandten vergären die Lösung ebenfalls nicht, entfärben aber das Grün zu Gelb.

Nach Löffler wird die Grünlösung am besten aus den konzentrierten 10—20 proz. Vorratlösungen der einzelnen Stoffe hergestellt, derart, daß zunächst das Pepton und der Milchzucker vermischt, darauf die Kalilauge, nach dieser erst die Nutrose zugesetzt wird. Nachdem die Nutrose durch längeres Verweilen der Mischung im Dampftopfe gelöst ist, läßt man die Flüssigkeit in dem Kochkolben durch ruhiges Stehenlassen bei Zimmertemperatur sich klären und abkühlen (bis etwa 50°). Dann gießt man die klare Mischung von dem etwa entstandenen Bodensatz in einen sterilen Kolben über und fügt nun mittels steriler Pipette die erforderliche Menge von

0,2 proz. Malachitgrünlösung hinzu. Die Mischung wird schließlich in den gewünschten Mengen mittels steriler Pipetten in sterile Reagenzgläser oder Kölbchen eingefüllt. Ein nachträgliches Sterilisieren ist zu vermeiden.

h) Kombiniertes Verfahren nach Bulír.

Bulír (189) suchte neben der Vergärung des Traubenzuckers bei 46° gleichzeitig Säurebildung und Neutralrotreduktion festzustellen. Da letztere Reaktion aber durch das Vorhandensein von Traubenzucker gestört wird, so ersetzte er den Traubenzucker durch Mannit, welches ebenfalls vom B. coli vergoren wird.

Die Bereitung der Mannit-Bouillon wird wie folgt beschrieben: 1 kg feingehacktes Rindfleisch wird mit 2 Litern Wasser 24 Stunden mazeriert und dann durch Leinwand filtriert und ausgepreßt; zu 1 Liter des auf diese Weise gewonnenen Fleischwassers werden 25 g Pepton Witte, 15 g Kochsalz und 30 g Mannit hinzugefügt und weiter wie bei der Bereitung der gewöhnlichen Bouillon vorgegangen. Es wird mit Sodalösung neutralisiert. Diese Bouillon wird mit dem zu prüfenden Wasser in der Weise gemischt, daß auf 2 Volumen Wasser 1 Volumen Bouillon kommt, also z. B. auf 100 ccm Wasser 50 ccm Mannit-Bouillon. Zu dieser Mischung werden nun 2% einer sterilen wäßrigen 0,1 proz. Neutralrotlösung (also z. B. auf 150 ccm Mischung 3 ccm) zugefügt. Die Mischung wird in ein großes Gärungskölbchen oder in mehrere kleine Gährungsröhrchen gefüllt und im Thermostaten bei 46° (45,5—46°!) 12—24 Stunden lang aufbewahrt.

Bei Anwesenheit von B. coli ist der geschlossene Arm des Gärungsröhrchens dann teilweise mit Gas gefüllt, die Flüssigkeit diffus getrübt und ihre Farbe in eine gelbe, grünfluoreszierende verwandelt. Es werden nun mit einer Pipette 10 ccm der Flüssigkeit aus dem Gärungsröhrchen entnommen, in ein Reagenzglas geschüttet und hier mit 1 ccm alkalischer Lackmustinktur versetzt. (Die letztere wird bereitet, indem man zu 100 ccm Lackmustinktur Kahlbaum-Berlin 2 ccm Normalnatronlauge fügt.) War B. coli vorhanden, so schlägt die Farbe in Rot um (saure Reaktion).

Fällt eine von den bei dieser Methode vereinigten Reaktionen (Wachstum bei 46°, Gasbildung, Säurebildung, Neutralrotreduktion) negativ aus, so handelt es sich nach Bulír ganz gewiß nicht um echtes B. coli. Es steht natürlich nichts im Wege, den im Gärungsröhrchen verbliebenen Mannit-Bouillonrest noch weiter zu prüfen. (Mikroskopisches Bild, Gramfärbung usw.) Bei positivem Ausfall der 4 Reaktionen dürfte die Diagnose auf B. coli mit großer Sicherheit gestellt werden können.

Welche von den genannten Methoden am empfehlenswertesten ist, läßt sich zurzeit noch nicht sagen. Nach den Erfahrungen der Verfasser ist das Eijkmansche Verfahren in der Form, wie es Bulír empfohlen hat, recht brauchbar und bequem, unter der Voraussetzung, daß ein auf 46° eingestellter Thermostat zur Verfügung steht, im anderen Fall dürfte das einfache Verfahren von Petruschky und Pusch mit nachfolgender weiterer Untersuchung der getrübten Röhrchen am sichersten sein. Über die Brauchbarkeit der in Frankreich zum Nachweis des B. coli viel benutzten Phenolnährböden fehlen uns eigene nähere Erfahrungen.

Die Prüfung auf das Vorhandensein von echtem B. coli hat (wenigstens nach der Meinung der Mehrzahl der Autoren) nicht nur die Bedeutung, daß man über die Infektionsverdächtigkeit eines Wassers weit bessere Auskunft erhält als durch die bloße Keimzählung, es ist auch zulässig, die Prüfung an einer Wasserprobe vorzunehmen, die unter Beobachtung aller bakteriologischen Kautelen entnommen ist aber nicht sofort hat untersucht werden können, ja unter Umständen auch an eingesandten Proben. Das B. coli hält sich nämlich im Wasser einerseits lange, vermehrt sich andererseits aber bei niedriger Temperatur nicht, so daß auch eine quantitative Bestimmung des B. coli an solchen Proben unter Umständen möglich ist.

Nach Petruschky und Pusch (a. a. O.) findet eine Vermehrung der Colibazillen bei längerem Stehen in wenig verunreinigtem Wasser im Eisschrank nicht statt. Nach Barber (190) beginnt die Vermehrung des B. coli erst bei 10°, wächst schnell bis 37°, wo sie ihr Maximum erreicht, bleibt dann ungefähr konstant bis 45°, fällt dann und hört praktisch bei 49° auf.

E. Methoden zur Feststellung der „wahrscheinlichen“ Anwesenheit von B. coli.

Je schneller eine bakteriologische Wasseruntersuchung zu einem Ergebnis führt, welches erlaubt, ein Urteil über die hygienische

Beschaffenheit eines Wassers zu fällen, desto wertvoller ist sie für die Praxis. Das Resultat der Keimzählung kann im allgemeiner erst nach 48 Stunden erhalten werden, die Feststellung des „Thermophilentiters“ gelingt schneller; eine exakte Festellung, ob in einem Wasser typisches Bacterium coli vorhanden ist, nimmt aber nach den vorhergehenden Ausführungen gewöhnlich auch eine ziemliche Zeit in Anspruch nnd ist ferner fast ausnahmslos nur möglich bei Benutzung eines gut eingerichteten Laboratoriums. Leider sind wir aber sehr häufig genötigt, ambulante Untersuchungen auszuführen, bei welchen wir die Bequemlichkeit und das Rüstzeug des stationären Laboratoriums entbehren müssen.

Es hat sich daher, namentlich in England und Amerika, wo dem Nachweis des B. coli schon seit längerem eine größere Bedeutung beigemessen wird, als es in Deutschland noch zur Zeit der Fall ist, das Bedürfnis nach einfacheren Methoden herausgestellt, die es ermöglichen sollen, mit einiger Sicherheit ein Wasser als hygienisch verdächtig oder unverdächtig zu erkennen. Solche Methoden zur hygienischen Einschätzung eines Wassers auf bakteriologischem Wege bestehen hauptsächlich in einer Prüfung auf das mutmaßliche Vorhandensein des B. coli (**„Presumptive Test“ for B. coli der Engländer und Amerikaner**).

Die Verfasser stehen auf dem Standpunkt, daß solche approximativen Bestimmungen lediglich auf die bakteriologische Untersuchung von natürlichen Oberflächenwässern und Abwässern anwendbar sind, nicht aber auf die hygienische Beurteilung von Trinkwasser. Im letzteren Fall wird man immer, soweit es sich nicht lediglich um vorläufige orientierende Untersuchungen handelt, fordern müssen, daß der Nachweis des B. coli, wenn er versucht wird, unter Anwendung aller oder der nach Ansicht der Untersucher tauglichsten Methoden ausgeführt und der als B. coli angesprochene Organismus möglichst scharf charakterisiert wird.

Dagegen kann, wie gesagt, eine quantitative Bestimmung des B. coli bzw. der dem B. coli nahestehenden Bakterien mit vereinfachten Methoden, z. B. bei Untersuchungen über die Verunreinigung und Selbstreinigung der Gewässer, die Wirkungsweise von Abwasserreinigungsanlagen usw. berechtigt und von Wert sein.

In diesem Sinne kann bisweilen schon die Feststellung des „Thermophilentiters“ eines Wassers nach Petruschky und Pusch empfohlen werden, zumal wenn man mit ihm eine Prüfung auf das Vorhandensein von Keimen verbindet, welche bei 37° Traubenzucker vergären. Am bequemsten ist diese Prüfung ausführbar durch Anlegung von Stichkulturen in Traubenzuckeragar mit Material, welches den beiden oder den drei letzten getrübten Röhrchen einer „Thermophilentiterserie“ entnommen ist. Näher liegt es noch, für die Anlage der „Verdünnungen“ von vornherein die üblichen Gärungsröhrchen, welche Traubenzuckerbouillon enthalten, zu benutzen, doch sind diese, wenigstens bei ambulanten Untersuchungen, unbequem zu handhaben. Die von Durham angegebenen Gärungsröhrchen (Fig. 52) sind zwar leichter transportabel, aber auch nicht allzu bequem im Gebrauch. Da aber die Gasbildung aus Zuckerarten nicht nur dem B. col. zukommt (191), sondern eine weit verbreitete Eigenschaft unter den Bakterien ist, so ist es verständlich, daß man noch andere bequem festzustellende Kriterien für die Wahrscheinlichkeitsdiagnose des B. coli heranzuziehen gesucht hat.

Fig. 52.

Als solche hat man noch benutzt die absolute Menge des gebildeten Gases und das Mengen-Verhältnis, in welchem Kohlensäure und Wasserstoff zu einander in dem entwickelten Gasvolumen stehen (Smith). Das Gasvolumen soll bei Anwesenheit von B. coli 30—50% des Inhaltes des geschlossenen Schenkels des Gärungsröhrchens betragen. In dem Gasvolumen soll 1 Teil Kohlensäure auf 2 Teile Wasserstoff entfallen. Da man durch Zugabe von Kalilauge zum Gärungsröhrchen die Kohlensäure zur Absorption bringen, also die dadurch eintretende Reduktion des Gasvolumens bestimmen kann, ist der Anteil der Kohlensäure an dem Gesamt-Volumen des Gases verhältnismäßig leicht festzustellen. Aber auch diese Kennzeichen sind nicht immer charakteristisch für B. coli (192) und werden bei einer Mischkultur noch unsicherer.

Das gleiche gilt für die Säurebildung, welche man am einfachsten durch Beimpfung von Röhrchen feststellen kann, welche mit Petruschkyscher Lackmusmolke gefüllt sind, und von der Neutralrotreduktion (193), angestellt mit dem Rothberger-Schefflerschen Nährboden.

Immerhin kann man beispielsweise bei einer Flußuntersuchung auf annähernd genaue Resultate hinsichtlich des Nachweises von B. coli rechnen, wenn man folgendermaßen vorgeht.

Man stellt mit den entnommenen Wasserproben an Ort und Stelle den „Thermophilentiter" fest. Von den beiden letzten getrübten Röhrchen einer Serie macht man Abimpfungen:

1. in Traubenzuckeragar (Stichkultur in den nicht verflüssigten Nährboden oder Einimpfen in den 45° warmen, flüssigen Nährboden, Mischen, Erstarrenlassen, Aufbewahrung bei 37°)
2. in Lackmusmolke } (Aufbewahrung bei 37°).
3. in Neutralrotagar }
4. Prüfung des Originalröhrchens nach frühestens 48 Stunden auf Indol.

Fallen alle 4 Proben positiv aus (Zerreißung des Traubenzucker-Nährbodens durch Gasbildung (Fig. 39e), Rötung der Lackmusmolke, Reduktion und Fluoreszenz des Neutralrotagars, Indolbildung), so ist die Anwesenheit des B. coli ziemlich sicher anzunehmen. Auch bei negativem Ausfall der Indolprobe ist dieser Schluß nicht ungerechtfertigt. An Stelle von 2 und 3 ist auch die Prüfung mittels Bulírscher Mannitbouillon zulässig.

Von amerikanischer Seite (194) wird neuerdings als sicherster „Presumptive test" für B. coli die Milchzucker-Gallenmethode empfohlen. Frische sterilisierte Ochsengalle mit einem Zusatz von 1 % Milchzucker wird in Gärungsröhrchen mit fallenden Mengen (10,0, 1,0, 0,1 ccm) des zu untersuchenden Wassers versetzt und 72 Stunden bei 37,5° bebrütet. Alle Röhrchen, welche danach eine Gasbildung von mehr als 25 % des Inhalts des geschlossenen Schenkels des Gärungsröhrchens zeigen, werden als B. coli-haltig betrachtet.

7. Nachweis anderer Bakterienarten als Indikatoren der Verunreinigung.

Außer dem B. coli hat man auch noch andere Bakterienarten als Indikatoren der Verunreinigung eines Wassers benutzt, so z. B. den sog. Bacillus enteritidis sporogenes (Klein) und die Streptokokken (Houston). Die Methodik dieser Untersuchungen findet sich u. a. angegeben im 2. Bericht der „Royal Commission on Sewage Disposal“ (195). In Deutschland sind diese Verfahren bis jetzt fast gar nicht benutzt worden. Sie sind — im besonderen für die bakteriologische Untersuchung des Abwassers und des Flußwassers — wohl brauchbar, aber im allgemeinen doch, nach Ansicht der Verfasser, entbehrlich. Sie sollen daher hier nur ganz kurz behandelt werden.

A. Der B. enteritidis sporogenes (Klein)

findet sich sehr verbreitet im Darminhalt, Straßenschmutz, Kanaljauche usw. und ist ein sporenhaltiges, anaerob wachsendes Stäbchen. Angeblich soll er gelegentlich auch pathogene Eigenschaften entfalten können (Brechdurchfall). Unter anaeroben Bedingungen in steriler Milch kultiviert, verändert er diesen Nährboden in ziemlich charakteristischer Weise („Enteritidis change“). Nach etwa 24 stündiger Bebrütung bei 37° zeigt die Milchkultur nämlich die Zeichen einer lebhaften abgelaufenen Gasbildung und Zersetzung. Die Oberfläche ist bedeckt mit zähen weißlichen Massen abgeschiedenen koagulierten Kaseins, welche Gasblasen einschließen, darunter steht als fast farblose, dünne, klare oder nur leicht trübe Flüssigkeit die Molke, mit einigen Kaseinfäden durchsetzt. Die Molke reagiert deutlich sauer, und der ganze Inhalt des Röhrchens riecht stark nach Buttersäure. Die in der Flüssigkeit in mäßiger Menge vorhandenen Stäbchen sind in diesem Stadium gewöhnlich sporenfrei.

Die **Untersuchung** wird so vorgenommen, daß man nach der Methode von Petruschky und Pusch Verdünnungen des zu prüfenden (Ab-) Wassers in (zur Entfernung des Sauerstoffs frisch aufgekochten) Milchröhrchen anlegt. Die so geimpften Milchröhrchen werden dann zur Abtötung der vegetativen Bakterienformen 10 Minuten im Wasserbade bei 80° gehalten.

Dann bringt man die genau signierten Röhrchen — am besten nach Entfernung des Wattestopfens und Flambieren des Randes — in ein größeres, luftdicht verschließbares Glasgefäß von etwa 25 cm lichter Höhe (brauchbar sind z. B. Wecksche Konservengläser mit Glasdeckel und Gummidichtung), dessen Boden man vorher in einer Höhe von 6—7 cm mit einer innigen Mischung von Seesand und trockener Pyrogallussäure gefüllt hat. Man läßt nun durch ein seitlich eingeschobenes Trichterrohr, ohne die

Röhrchen zu benetzen, so viel 5 proz. Kalilauge zufließen, daß das Gemisch aus Sand und Pyrogallol gehörig durchfeuchtet wird. Das Gefäß wird sorgfältig geschlossen und in den Brutschrank von 37° gestellt. Der Sauerstoff im Innern des Gefäßes wird durch die alkalische Pyrogallollösung absorbiert. Nach 24 Stunden prüft man die Röhrchen auf die etwa eingetretene Zersetzung der Milch und kann den „Enteritidis-Titer“ feststellen. Derselbe deckt sich häufig mit dem „Coli-Titer“.

B. Streptokokken.

Zur Prüfung auf Streptokokken werden Verdünnungen des Wassers in Traubenzuckerbouillon angelegt, die Röhrchen 48 Stunden bei 37° aufbewahrt und der Inhalt der getrübten Röhrchen im hängenden Tropfen mikroskopisch auf das Vorhandensein von Streptokokken geprüft oder mittels der gebräuchlichen Isolationsmethoden weiter untersucht.

8. Der Nachweis pathogener Bakterien im Wasser.

Die Aufgabe, welche der Wasserbakteriologie in erster Linie gestellt zu sein scheint, die eigentlichen Krankheitserreger im Wasser aufzusuchen, ist nur in wenigen Fällen durchführbar. Man hat vorgeschlagen, die Pathogenität eines Wassers ganz allgemein unmittelbar durch den Tierversuch festzustellen (196), indem man die im Wasser vorhandenen, bei Blutwärme wachsenden Keime mittels Bouillonkultur anreicherte und die so gewonnene Bouillonkultur Tieren subkutan, intravenös und intraperitoneal injizierte. Diese „Pathogenitätsprüfung“ wird aber jetzt wohl, als in ihren Ergebnissen zu wenig eindeutig und zu unzuverlässig (197), von den Praktikern nur noch selten ausgeführt.

Da die für den Menschen hauptsächlich in Frage kommenden im Wasser gelegentlich sich findenden Krankheitserreger (Typhusbazillen und Choleravibrionen) bei unseren Versuchstieren auf dem Wege des Magendarmkanals Infektionen nicht hervorzurufen pflegen, *so bleibt als verhältnismäßig* aussichtsreichstes diagnostisches Mittel für diese Organismen immer noch der kulturelle Nachweis übrig. Nur bei einigen Infektionserregern, deren Nachweis im Wasser zu den selteneren Aufgaben gehört (z. B. bei dem Milzbrandbazillus) wird man des Tierversuches nicht entraten können.

Es mag an dieser Stelle gleich vorweg darauf hingewiesen werden, daß bei der Prüfung eines Trinkwassers, Flußwassers usw. auf pathogene Organismen bisweilen die Untersuchung des aus dem betreffenden Wasser abgesetzten Sedimentes (Brunnenschlamm, Schlamm aus Quellstuben, Flußschlamm usw.) aussichtsvoller ist als die Prüfung des Wassers selbst. Dies gilt namentlich für den Nachweis des Typhusbazillus und des Milzbrandbazillus, hat man doch schon für gewöhnliche Untersuchungen von Flüssen auf ihren Verunreinigungsgrad hin vorgeschlagen, lieber das abgesetzte Sediment als das darüberströmende Wasser der bakteriologischen Untersuchung zu unterwerfen (198).

A. Nachweis des Typhusbazillus im Wasser.

a) Allgemeine Bemerkungen.

Der Nachweis des Typhusbazillus spielt zurzeit praktisch eine weit geringere Rolle als der Nachweis des B. coli. Bei dem gegenwärtigen Stand unserer bakteriologischen Technik in bezug auf die Typhusdiagnose, bei den eigenartigen biologischen Eigenschaften des Typhusbazillus und den besonderen Verhältnissen, unter denen eine Infektion mit Typhusbazillen sich vollzieht und verläuft (lange Inkubationsdauer), muß auch heute noch der Grundsatz gelten: Ein negativer Ausfall der Untersuchung beweist nichts dagegen, daß der Typhusbazillus in dem untersuchten Wasser vorhanden ist oder vorhanden gewesen ist. Da ein positives Resultat aber stets geeignet ist, den Maßnahmen der Sanitätspolizei im gegebenen Fall eine sicherere Stütze und Richtung und ferner eine größere Berechtigung in den Augen des Publikums zu verleihen, so wird man sich der meist undankbaren Aufgabe nicht immer entziehen können, nach dem Vorhandensein von Typhusbazillen im Wasser zu suchen.

Ist der Typhusbazillus überhaupt in der entnommenen Wasser- oder Schlammprobe noch vorhanden, so stellen sich seiner Isolierung bekanntlich folgende Schwierigkeiten in den Weg:

1. die große Anzahl der gleichzeitig mit ihm gewöhnlich vorhandenen anderen Wasserkeime;

2. im besonderen die gleichzeitige Anwesenheit des B. coli in verhältnismäßig sehr großen Mengen und die Schwierigkeit, aus diesen zahlreichen Colibakterien die meist nur spärlichen Typhusbazillen herauszufinden. Die Schwierigkeit entsteht dadurch, daß das B. coli zwar sehr viel positive charakteristische kulturelle Reaktionen veranlaßt, der Typhusbazillus dagegen in dieser Beziehung sich fast durchgehends negativ verhält.

b) Eigenschaften der Bakterien der Coli-Typhus-Gruppe.

Im folgenden sind*) die Eigenschaften einiger zur Coli-Typhus-Gruppe gehöriger Bakterien zusammengestellt, welche häufiger im Wasser gefunden werden oder zum mindesten darin gefunden werden können. Außer dem B. coli und dem Typhusbazillus sind aufgeführt der B. paratyphi B, dessen Vorkommen im Wasser und Eis neuerdings mehrfach konstatiert wurde, der B. enteritidis (Gärtner) und der Dysenteriebazillus, der im Wasser zwar bisher kaum gefunden worden ist, welcher aber als Erreger der Ruhr leicht in die Wasserläufe geraten kann. Wegen typhusähnlicher Bazillen vgl. u. a. die Arbeiten von Kutscher und Meinicke und von Baumann (198a). Gemeinsam ist allen diesen Mikroorganismen die (Kurz-) Stäbchenform**) und die Nichtfärbbarkeit nach Gram, sowie die Eigenschaft der Nichtverflüssigung der Gelatine.

Wie aus der Tabelle (S. 296) ersichtlich, ist die kulturelle Differentialdiagnose zwischen B. coli und B. typhi leicht, schwieriger dagegen die Abgrenzung des Typhusbazillus gegen ihm näherstehende Arten (Paratyphus, B. enteritidis usw.). Als sicherstes differentialdiagnostisches Mittel wird immer die „Agglutinationsprobe mit dem spezifischen Serum“ anzustellen sein.

c) Die Agglutinationsprobe mit spezifischem Immunserum.

α) Allgemeine Bemerkungen.

Die von Gruber und Durham (199) entdeckte (später auch für andere Bakterien festgestellte) wichtige Tatsache, daß Blutserum von Tieren, welche mit Einspritzungen von Choleravibrionen oder Typhusbazillen behandelt sind, die Eigenschaft besitzt, bei Zusatz zu einer Aufschwemmung der genannten Bakterien diese

---

*) Soweit darüber ausreichende Angaben und Beobachtungen vorliegen.

**) Beim B. enteritidis mehr ovoide Form.

Eigenschaften des betreff. Bakteriums	B. coli	B paratyphi B (und Paratyphusgruppe der Fleischvergifter)
Beweglichkeit	mäßig groß, selten fehlend	lebhaft beweglich
Wachstum auf der Oberfläche der Gelatineplatte	durchscheinende oder opake, nicht verflüssigende häutchenförm. Kolonien	rundliche oder ovale Gebilde mit scharfen Rändern, nicht verflüssigend
Wachstum in Bouillon	kräftig, Bouillon wird völlig getrübt	gleichmäßige Trübung meist mit nachfolgender Häutchenbildung
Vergärt Traubenzucker	stark	stark
Säurebildung } aus Milchzucker	kräftig	schwach, vorübergehend
Gasbildung } aus Milchzucker	kräftig	nein
Vergärt Mannit	ja	ja
Verhalten in Lackmusmolke	Trübung und starke Rotfärbung	zunächst schwache Säurebildung und Trübung, nach einiger Zeit Alkalibildung (Blaufärbung)
Verhalten auf v. Drigalski-Conradischem Nährboden	mehrere mm große leuchtend rote undurchsichtige Kolonien	meist ziemlich saftige blaue Kolonien
Verhalten in und auf Malachitgrünnährböden	wächst gewöhnlich nicht bei geeigneter Konzentration des Malachitgrüns	wächst verhältnismäßig gut in milchglasartigen Kolonien mit gelblicher Verfärbung des Agars
Verhalten zu Neutralrotagar	Gelbfärbung mit grüner Fluoreszenz	Gelbfärbung mit Fluoreszenz
Wachstum auf Kartoffel	saftig gelblich	je nach der Reaktion wechselnd
Verhalten in Milch	bringt sie meist zur Gerinnung	keine Gerinnung, allmähliche Aufhellung
Indolbildung	bildet meist Indol	bildet kein Indol
Verhalten zu gallensauren Salzen	in geeigneter Konzentration wird Wachstum gefördert	Wachstum wird gefördert
Verhalten bei höheren Temperaturen	wächst noch bei 46°	—
Wird agglutiniert	durch Coliserum, aber nicht konstant	durch Paratyphusserum, Mitagglutination durch Typhusserum
Pathogen	wechselnd, für Meerschweinchen bei intraperitonealer Injektion	für eine Reihe von Tieren bei künstlicher Infektion; für den Menschen meist

B. enteritidis (Gärtner)	B. typhi	B. dysenteriae (Shiga-Kruse)
ziemlich beweglich	gut beweglich	unbeweglich
typhusähnlich	durchscheinend, weinblattartig, nicht verflüssigend	zart, durchsichtig, unregelmäßig begrenzt, nicht verflüssigend
starke Trübung, Häutchenbildung	gleichmäßige Trübung ohne Häutchenbildung	gleichmäßige Trübung ohne Häutchenbildung
ja	nein	nein
nein	nein	nein
nein	nein	nein
—	nur Säurebildung	nein
Trübung ohne Farbenänderung	ganz leichte Trübung, schwache Rotfärbung	leichte Trübung, geringe Rotfärbung, später Alkalibildung
bläuliche, wenig durchscheinende Kolonien	durchscheinende, tropfenähnliche blaue Kolonien	gleichmäßig runde tautropfenähnliche blaue Kolonien
wächst gut unter Entfärbung des Grünagars ins Gelbliche	nach 24 Stunden sandkorngroße helle Kolonien, später den Agar entfärbend	—
Gelbfärbung mit Fluoreszenz	Neutralrot wird nicht reduziert	Neutralrot wird nicht reduziert
wechselnd	dünn, weiß, fast unsichtbar	dünn, weiß, schwer sichtbar
Milch gerinnt nicht, wird aufgehellt	Milch gerinnt nicht	Milch gerinnt nicht
bildet kein Indol	bildet gewöhnl. kein Indol	bildet kein Indol
—	Wachstum wird gefördert	—
—	wächst bis 44°	—
durch spezifisches Serum, Mitagglutination durch Typhusserum	durch Typhusserum	durch Dysenterieserum
für eine Reihe von Tieren bei künstlicher Infektion; für den Menschen	für Meerschweinchen und Mäuse intraperitoneal; für den Menschen	für Tiere bei künstlicher Infektion, für den Menschen

auszufällen, und sie miteinander zu Haufen zu verkleben (zu „agglutinieren“), so daß sie in makroskopisch sichtbar werdenden Flocken unter Klarwerden der Aufschwemmung zu Boden sinken, wird auch in der Wasserbakteriologie zur schließlichen Identifizierung einer vermeintlich gefundenen, als Choleravibrionen oder Typhusbazillen (Paratyphusbazillen, Dysenteriebazillen usw.) angesprochenen Kolonie stets anzuwenden sein.

Zwar wirkt bereits das normale Blutserum von Menschen und Tieren in mäßigen Verdünnungen (etwa bis 1 : 30) agglutinierend auf verschiedene Bakterien ein, so z. B. auf B. typhi, B. dysenteriae, B. coli, V. cholerae, und zwar ist das Verhalten des Blutserums je nach der Tierart verschieden, d. h. alle Bakterien werden normalerweise durch die verschiedenen Tiersera in einer immer gleichbleibenden Stärkereihenfolge agglutiniert (Bürgi [200]). Verleibt man aber spezifische Bakterien dem menschlichen oder tierischen Körper ein, so bilden sich im Blut nach einiger Zeit „Agglutinine“, welche auch bei höheren Verdünnungen des Serums die entsprechenden Bakterienemulsionen ausflocken. Diese Wirkung ist eine spezifische, d. h. das Blutserum eines mit Choleravibrionen vorbehandelten Tieres agglutiniert lediglich Choleravibrionen, das Blutserum eines mit Typhusbazillen vorbehandelten Tieres nur Typhusbazillen. Dies gilt allerdings nur für hochwertige Sera in großer Verdünnung. Bei stärkeren Serumkonzentrationen kann auch eine Agglutination der nächsten Verwandten derjenigen Bakterienart, mit welcher die Vorbehandlung ausgeführt wurde, erfolgen („Gruppenagglutination“). Die Spezifität der Reaktion (bei größeren Serumverdünnungen) bedingt den hohen diagnostischen Wert der Agglutinationsprobe.

In der Wasserbakteriologie wird die Agglutinationsprobe hauptsächlich angewandt, um verdächtige Typhus- (oder Paratyphus-) und Cholerakolonien bzw. die aus ihnen gezüchteten Reinkulturen zu identifizieren. Auch der B. dysenteriae ist z. B. durch ein spezifisches Serum erkennbar. Dagegen ist die Feststellung des B. coli mittels der Agglutinationsprobe gewöhnlich nicht möglich, da bei diesem Bakterium die Agglutinationsverhältnisse anders liegen. Colistämme, welche kulturell durch nichts voneinander zu trennen sind, werden nämlich sehr häufig gar nicht durch das gleiche Serum agglutiniert. Auch die Anwendung sogenannter polyvalenter Sera führt hier nicht zum Ziel.

Zur sicheren Identifizierung der betreffenden Bakterienart werden folgende Verdünnungen hochwertiger Sera als erforderlich erachtet, damit die Mitagglutination verwandter Bakterien (z. B. B. paratyphi B, B. enteritidis Gärtner) ausgeschlossen ist:

1 : 10000 bei Typhus und Paratyphus B,
1 : 2000 bei Cholera asiatica,
1 : 500 bei Dysenterie.

Es möge hier ausdrücklich bemerkt werden, daß durch den Prozeß der Agglutination eine Abtötung der Bakterien nicht stattfindet. Agglutinationsproben, die mit lebenden pathogenen Mikroorganismen angestellt wurden, sind also vorsichtig zu handhaben und nach Benutzung sorgfältig zu desinfizieren.

β) Die Gewinnung des Immunserums.

Das für die vorliegenden Zwecke zu der Agglutinationsprobe zu benutzende Serum („Immunserum“) wird dadurch gewonnen, daß man in Zwischenräumen von etwa 1 Woche Kaninchen intraperitoneal oder intravenös (Randvene des Ohres) steigende Mengen von Aufschwemmungen einer Agarkultur (1—10 Ösen) der betreffenden Bakterienart einspritzt, nachdem dieselbe eine Stunde lang auf 60 ° C erwärmt war. 3 bis 5 Einspritzungen pflegen zu genügen. Etwa $1^1/_2$ Woche nach der letzten Injektion findet die Blutentnahme (kleine Blutmengen bis zu 10 ccm aus der Ohrvene, größere aus der Halsschlagader) statt. Aus dem Blut läßt man sich das Serum abscheiden, indem man das Blut 24 Stunden bei kühler Temperatur (10—15 °) stehen läßt, oder man zentrifugiert nach erfolgter Gerinnung das Serum ab.

Zur Konservierung setzt man dem Serum zweckmäßig 0,5 % Phenol zu. Man kann die Immunsera auch im Vakuum eintrocknen, in diesem Zustande vor Licht geschützt in zugeschmolzenen Röhrchen aufbewahren (Trockensera) und bei Bedarf durch Zugabe einer entsprechenden Menge sterilen destillierten Wassers sich das ursprüngliche Serum wieder herstellen. Im allgemeinen sind die mit Phenol konservierten Sera den Trockenseris aber vorzuziehen (201). Zur weiteren Verdünnung des Serums wird 0,8 proz. sterile Kochsalzlösung benutzt.

Agglutinierende Sera kann man auch käuflich beziehen. So werden z. B. Trockensera hergestellt vom Schweizer Serum- und Impf-Institut in Bern (Vertrieb in Deutschland durch J. D. Riedel, A.-G., Berlin N. 39). An amtliche bakteriologische Untersuchungsstellen wird Serum zu diagnostischen Zwecken unentgeltlich vom Kaiserlichen Gesundheitsamt und vom Kgl. Preuß. Institut für Infektionskrankheiten in Berlin abgegeben.

In bezug auf Einzelheiten der serodiagnostischen (bzw. bakteriodiagnostischen) Methoden muß auf die Spezialwerke verwiesen werden (202).

γ) **Die Ausführung der Agglutinationsprobe.**

Man prüft auf eingetretene Agglutination von Bakterien beim Zusammenbringen mit dem Immunserum sowohl mikroskopisch wie makroskopisch. Im ersteren Fall nimmt man mittels des ausgeglühten Platindrahtes ein wenig von der zu untersuchenden Kolonie oder Reinkultur und verreibt diese Bakterienmasse sorgfältig in einem Tröpfchen der Serumverdünnuug, welches man mit der ausgeglühten Platinöse auf ein sauberes Deckglas gebracht hat. Man stellt sich einen „hängenden Tropfen“ (Fig. 53a) her und untersucht mit schwacher Vergrößerung (ca. 60fach). Eintretende Agglutination macht sich bemerkbar dadurch, daß der Inhalt des Tröpfchens gleichsam zu einem unregelmäßigen Maschenwerk „gerinnt“ (Fig. 53b *). Eventuell kann man den Vorgang bei starker Vergrößerung (Immersion) kontrollieren.

Makroskopisch wird die Probe, wie unten beschrieben werden wird, im Reagenzglase vorgenommen.

In der Anlage 1 zu der Dienstanweisung für die zur Typhusbekämpfung eingerichteten Untersuchungsämter (203): „Anleitung für die bakteriologische Feststellung des Typhus“ wird unter Ziffer II B. 1 zur Bestimmung einer verdächtigen Kolonie oder Reinkultur folgendes Verfahren empfohlen:

a) Vorläufige Prüfung im hängenden Tropfen (in 0,8 proz. Kochsalzlösung) bei schwacher Vergrößerung. Es muß mit dem spezifischen, möglichst hochwertigen Serum in der Verdünnung von 1 : 100 sofort, spätestens aber während eines 20 Min. langen Verweilens (des Präparates) im Brutschrank bei 37° deutliche Häufchenbildung eintreten.

b) Bestimmung der Agglutinierbarkeit im Reagenzglase Mit dem Testserum werden durch Vermischen mit 0,8 proz.

*) Die Figur 53 ist halbschematisch gezeichnet.

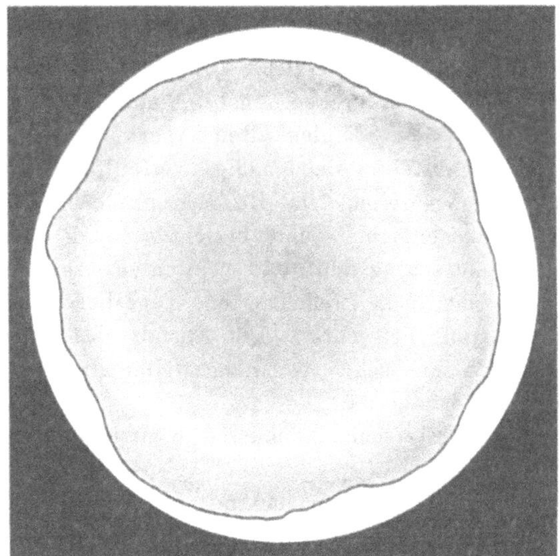

Fig. 53 a.

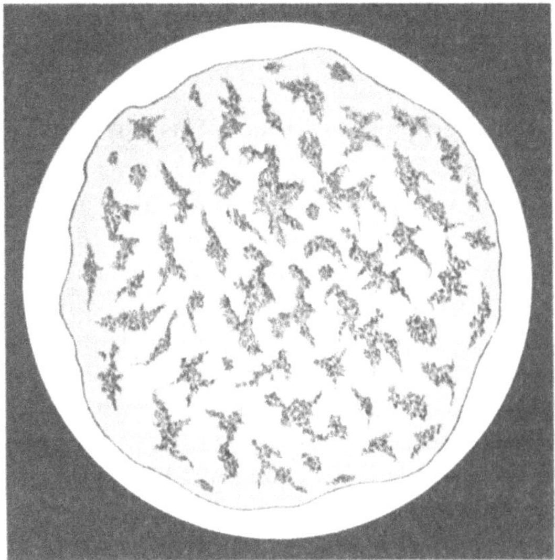

Fig. 53 b.

(behufs völliger Klärung zweimal durchgehärtete Filter filtrierter) Kochsalzlösung Verdünnungen im Verhältnis von 1 : 100, 1 : 500, 1 : 1000 und 1 : 2000 hergestellt. Von diesen Verdünnungen wird je 1 ccm in Reagenzröhrchen gegeben, und je eine Öse der zu prüfenden 10 bis 24 Stunden alten Agarkultur darin verrieben und durch Schütteln gleichmäßig verteilt. Nach spätestens dreistündigem Verweilen im Brutschrank bei 37° werden die Röhrchen herausgenommen und besichtigt, und zwar am besten so, daß man sie schräg hält und von unten nach oben mit dem von der Zimmerdecke reflektierten Tageslicht bei schwacher Lupenvergrößerung betrachtet. Der Ausfall des Versuchs ist nur dann als positiv anzusehen, wenn unzweifelhafte Häufchenbildung (Agglutination) erfolgt ist.

Bei jeder Untersuchung müssen Kontrollversuche angestellt werden, und zwar:

1. mit derselben Kultur und mit der Verdünnungsflüssigkeit;

2. mit einer bekannten Typhuskultur von gleichem Alter wie die zu untersuchende Kultur und mit dem Testserum. Fällt der Agglutinationsversuch mit einer Reinkultur negativ aus, so ist die Kultur zunächst durch wiederholte Übertragungen auf Agar fortzuzüchten und dann der Versuch zu wiederholen.

Praktische Reagenzglasgestelle für diese und ähnliche bakteriologische Reaktionen hat Woithe (203 a) angegeben.

d) Die bakterizide Reaktion („Pfeifferscher Versuch").

Unter Umständen, d. h. in Fällen, wo weder die Kulturmethoden noch die Agglutinationsprobe ein eindeutiges Ergebnis haben, muß noch eine bakterizide Reaktion, der „Pfeiffersche Versuch", zur Sicherstellung der Diagnose herangezogen werden. Das Prinzip dieses Tier-Versuches besteht darin, daß die zu prüfende Bakterienreinkultur, mit hochwertigem Immunserum (im vorliegenden Fall also Typhusimmunserum) gemischt, Meerschweinchen intraperitoneal eingespritzt wird. Tritt nach kurzer Zeit im Tierkörper Auflösung der Bakterien zu Körnchen ein, so handelt es sich um eine dem angewandten Serum entsprechende (homologe) Bakterienart (im vorliegenden Falle also um Typhusbazillen).

Im andern Fall bleiben die Bakterien unverändert in ihren Eigenschaften (Form, Beweglichkeit, Pathogenität).

In der erwähnten „Anleitung für die bakteriologische Feststellung des Typhus" wird folgende Vorschrift für die Anstellung des „Pfeifferschen Versuches" gegeben:

Pfeifferscher Versuch.

Das hierzu verwendete Serum muß möglichst hochwertig sein.

Zur Ausführung des Pfeifferschen Versuchs sind 4 Meerschweinchen von je 200 g Gewicht erforderlich.

Tier A erhält das fünffache Multiplum der Titerdosis*) des Serums.

Tier B erhält das zehnfache Multiplum der Titerdosis des Serums.

Tier C dient als Kontrolltier und erhält das fünfzigfache Multiplum der Titerdosis von normalem Serum derselben Tierart, von welcher das bei Tier A und B benutzte Serum stammt.

Sämtliche Tiere erhalten diese Serumdosen gemischt mit je einer Öse der zu untersuchenden, 18 Stunden bei 37° auf Agar gezüchteten Kultur in 1 ccm Fleischbrühe (nicht in Kochsalz- oder Peptonlösung) in die Bauchhöhle eingespritzt.

Tier D erhält nur $^1/_4$ Öse Kultur intraperitoneal, um zu erfahren, ob die Kultur für Meerschweinchen virulent ist.

Zur Injektion benutzt man eine Kanüle mit abgestumpfter Spitze. Die Injektion in die Bauchhöhle geschieht nach Durchschneidung der äußeren Haut; es kann dann mit Leichtigkeit die Kanüle in den Bauchraum eingestoßen werden. Die Entnahme des Peritonealexsudats zur mikroskopischen Untersuchung im hängenden Tropfen erfolgt vermittels Glaskapillaren gleichfalls an dieser Stelle. Die Betrachtung des Exsudats geschieht im hängenden Tropfen bei starker Vergrößerung (Immersion), und zwar 1 Stunde und 2 Stunden nach der Injektion.

Bei Tier A und B muß spätestens nach 2 Stunden typische Körnchenbildung bzw. Auflösung der Bazillen erfolgt sein, während bei Tier C und D eine große Menge lebhaft beweglicher und in

*) Titerdosis des Serums ist die kleinste Serumdosis, welche ein Meerschweinchen von ca 200 g Gewicht vor der tödlichen Wirkung einer injizierten Öse 18stündiger Agarkultur eines virulenten Typhusstammes schützt. Die „Titerstellung" des Serums ist mit Hilfe einer solchen Kultur vorzunehmen (vgl. auch unter Nachweis des Choleravibrio).

ihrer Form gut erhaltener Bazillen vorhanden sein muß. Damit ist die Diagnose gesichert.

e) Der Gang der Untersuchung auf Typhusbazillen im Wasser.

Bei einem Wasser, welches man auf das Vorhandensein von Infektionserregern untersuchen will, ist schon die Probeentnahme in einer den Verhältnissen Rechnung tragenden Weise vorzunehmen (s. Kapitel Probeentnahme S. 328). Die Untersuchung ist auch an eingesandten Proben zulässig.

Da neben den gewöhnlich nur in spärlicher Anzahl vorhandenen Infektionserregern meist große Mengen anderer saprophytischer Bakterien sich im Wasser finden, so muß das **Prinzip der Untersuchung** in folgenden Punkten bestehen:

1. Konzentration der im Wasser vorhandenen einzelnen Bakterien auf ein kleines Volumen.

2. Bakteriologische Untersuchung dieser konzentrierten Bakterienaufschwemmung unter tunlichster Zurückdrängung der neben den Infektionserregern vorhandenen Saprophyten.

Der ersten Forderung sucht man gerecht zu werden durch Hervorrufen von Niederschlägen in dem zu untersuchenden Wasser, durch welche die Bakterien mit zu Boden geschlagen werden. Die zweite Aufgabe sucht man zu erfüllen durch Benutzung von Nährböden, welchen Stoffe zugesetzt sind, welche die Saprophyten (am besten einschließlich des B. coli) am Wachstum hindern, dagegen das Wachstum des Typhusbazillus begünstigen, zum mindesten nicht erheblich schädigen. Die Anzahl der für den Nachweis des Typhusbazillus angegebenen Methoden und Nährböden ist eine so große (eine gute Zusammenstellung der Literatur geben E. und A. Kindborg, Zentralbl. f. Bakt., I. Abt., Orig., 46. Bd., 1908, S. 554) und ihre Bewertung seitens der verschiedenen Untersucher eine so wechselnde und z. T. widersprechende, daß es schwer ist, eine richtige Auswahl zu treffen. Auch werden fortwährend neue Verfahren bekannt gegeben und empfohlen, das beste Zeichen dafür, daß eine wirklich allen berechtigten Ansprüchen genügende Methode noch nicht gefunden ist. Im folgenden sollen nur wenige Verfahren geschildert werden, welche von den Verfassern selbst größtenteils praktisch erprobt worden sind.

α) Verfahren zur Konzentration der Bakterien im Wasser.

In der oben genannten Anlage 1 der Dienstanweisung wird das Verfahren von Vallet-Schüder (204) empfohlen:

Das zu untersuchende Wasser wird frisch in einen oder mehrere hohe Meßzylinder von je 2 l Rauminhalt gegossen. Zu je 2 Liter Wasser werden 20 ccm einer sterilisierten 7,75 proz. wäßrigen Lösung von Natriumhyposulfit (Natrium thiosulfuricum des Arzneibuches für das Deutsche Reich) hinzugefügt und gut gemischt. Darauf werden 20 ccm einer sterilisierten 10 proz. Lösung von Bleinitrat in Wasser hinzugesetzt. Der entstehende Niederschlag wird entweder durch Zentrifugieren oder durch Stehenlassen während 18 bis 24 Stunden und Abgießen der überstehenden Flüssigkeitsschicht gewonnen. Zu dem Bodensatz werden 14 ccm einer sterilisierten 100 proz. Lösung von Natriumhyposulfit (Natrium thiosulfuricum des Arzneibuches für das Deutsche Reich) in Wasser hinzugefügt, die Mischung wird gut geschüttelt und in ein steriles Röhrchen gegossen, bis sich die nicht löslichen Bestandteile zu Boden gesenkt haben. Von der klaren Lösung werden je 0,2 bis 0,5 ccm zu Platten verarbeitet.

Ficker (205) schlug als geeigneter folgendes Fällungsverfahren vor:

Man füllt 2 l des zu untersuchenden Wassers in einen hohen Zylinder, alkalisiert durch Zugabe von 8 ccm einer 10 proz. Sodalösung und setzt dann 7 ccm einer 10 proz. Eisensulfatlösung hinzu. Nach dem Umrühren der Mischung läßt man im Eisschrank absitzen, gießt nach 2—3 Stunden das überstehende Wasser von dem entstandenen Bodensatz ab, sammelt letzteren in sterilen Regenzgläsern und löst ihn dort durch Zugabe seines halben Volumens einer 25 proz. Lösung von neutralem weinsauren Kali und Umschütteln. Ein Teil des gelösten Niederschlages wird mit zwei Teilen steriler Bouillon verdünnt und auf Platten ausgestrichen. Schneller und besser läßt sich der Niederschlag noch durch Zentrifugieren abscheiden.*)

Müller (206) schlug zur Vereinfachung des Verfahrens die Fällung von 3 l Wasser mit 5 ccm Liquor ferri oxychlorati vor. Bei kalkhaltigen Wässern ist ein weiterer Zusatz nicht

*) Dieses Verfahren kann auch zum Nachweis vereinzelter Colibazillen dienen (205a).

nötig, kalkarme Wässer müssen alkalisch gemacht werden. Der Niederschlag bildet sich bereits in $^1/_2$ Stunde aus. Im übrigen: Verfahren wie bei Ficker. Weiteres über dieses Verfahren s. bei Nieter (207) sowie bei Ditthorn und Gildemeister (208). Nach letzteren soll der Eisenoxychloridniederschlag übrigens die Lebensfähigkeit der Typhusbazillen etwas beeinträchtigen.

Die Fällung mit 10proz. Alaunlösung schlagen vor Feistmantel (209) und Willson (210). Die biologische Ausfällung der Typhusbazillen mittels Immunserum ist von Schepilewsky, Windelbandt und Altschüler (211) vorgeschlagen worden, doch verspricht sie weniger Erfolg als die Ausfällung auf chemischem Wege.

β) **Verfahren zur Zurückhaltung der Saprophyten.**

Die zum Zurückhalten der außer dem Typhusbazillus im Wasser vorhandenen Keime benutzten Stoffe sind hauptsächlich:

Das Kristallviolett, das in dem v. Drigalski-Conradischen Agar vorhanden ist (vgl. Nährböden zum Nachweise des B. coli, S. 283);

das Koffein, das von Roth, Ficker und Hoffmann in die bakteriologische Praxis eingeführt wurde (212);

das von Löffler, Lentz und Tietz u. a. empfohlene Malachitgrün (213);

die Galle bzw. die gallensauren Salze, auf deren Brauchbarkeit für den Typhusnachweis in Deutschland Fischer, Conradi, Kayser und Meyerstein (214) zuerst hingewiesen haben.

Ganz neuerdings hat Conradi das Brillantgrün und die Pikrinsäure als sehr geeignete Mittel zum Zurückhalten der saprophytischen Keime empfohlen.

Der v. Drigalski-Conradische Nährboden wird immer noch, trotz seiner ziemlich umständlichen Herstellung, in großem Umfange für die Typhusdiagnose herangezogen. Man kann die aus dem Wasser erhaltenen Niederschläge nach Lösung, aber unter Umständen auch ungelöst mit dem Drigalski-Spatel auf mehrere große den Nähragar enthaltende Schalen von 18 cm Durchmesser ausstreichen, 20—24 Stunden bei 37° bebrüten und nach dieser Zeit die auf Typhus verdächtigen 1—3 mm im Durchmesser haltenden blauen, glasigen, tautropfenähnlichen Kolonien abstechen und mit der Agglutinationsprobe prüfen. Auf dem sonst auch ganz brauchbarem Endonährboden (215) werden die Wasserkeime weniger gut zurückgehalten. (Vgl. S. 284.)

Die Ficker-Hoffmannsche Methode (212) der Anreicherung der Typhusbazillen unter Anwendung von Koffein hat ihre Brauchbarkeit bereits in der Praxis gezeigt, indem mit ihr der Nachweis von Typhusbazillen im Wasser mehrmals gelungen ist (Jaksch und Rau, Strötzner). Dieselbe hat leider den Nachteil, daß sie verhältnismäßig umständlich ist. Es möge daher genügen, an dieser Stelle unter Namhaftmachung der Literatur empfehlend auf sie hingewiesen zu haben.

Die Benutzung des Malachitgrüns zur Zurückdrängung der Wasserkeime und im speziellen auch des B. coli ist eine Zeitlang sehr erschwert worden durch die ungleichmäßige Zusammensetzung dieses Farbstoffs, und sie stößt auch heute noch auf Schwierigkeiten, weil die einzelnen Stämme des B. coli sich ziemlich verschieden empfindlich gegen das Malachitgrün zeigen, so daß es nicht leicht ist, die optimale Konzentration des Farbstoffs im Nährboden jedesmal von vornherein zu finden. Immerhin steht die Methode zurzeit im Vordergrunde des Interesses, so daß es geboten scheint, auf sie etwas näher einzugehen. Die ziemlich umfangreiche Literatur, die bereits über diesen Nährboden entstanden ist, findet man zusammengestellt bei Schindler (216).

Zur Verwendung gekommen sind hauptsächlich folgende Malachitgrünsorten der Höchster Farbwerke: Malachitgrün 120 (sehr ungleichmäßig, weil dextrinhaltig), das Malachitgrün I und neuerdings das Malachitgrün cryst. chem. rein (Chlorzinkdoppelsalz), welches weit stärker hemmend auf B. coli wirkt als die beiden erstgenannten.

Eine unmittelbare Prüfung der auf Malachitgrünplatten gewachsenen Typhuskolonien (die übrigens als solche auch schwer zu erkennen sind) mittels der Agglutinationsprobe ist nicht möglich. Man muß daher, um diese ausführen zu können, zunächst eine Übertragung auf einen anderen Nährboden (z. B. v. Drigalski-Conradi oder dgl.) vornehmen (vgl. auch unten die Abschwemmung im Lentz-Tietzschen Verfahren).

Die Vorschrift, welche Lentz und Tietz für die Herstellung des Nährbodens und für die Ausführung ihrer „Anreicherungsmethode“ geben, lautet folgendermaßen:

$1^1/_2$ kg fettfreies Rindfleisch werden feingehackt und mit 2 l Wasser während 16 Stunden mazeriert. Das abgepreßte Fleischwasser wird

$^1/_2$ Stunde gekocht, filtriert und mit 3% Agar versetzt. Das Gemisch wird 3 Stunden gekocht. Alsdann werden nach vorheriger Lösung in $^1/_4$ l leicht angewärmten Wassers zugefügt: 1% Pepton, 0,5% Kochsalz und 1% Nutrose (diese kann auch fehlen), bis zum Lackmusneutralpunkt gegen Duplitest-Papier mit Sodalösung alkalisiert, 1 Stunde gekocht und durch Leinwand filtriert. Das nun fertige Agar reagiert wieder deutlich sauer; es wird jetzt auf kleine, 200—300 ccm haltende Kolben gefüllt, die, wenn sie aufbewahrt werden sollen, in gewöhnlicher Weise dreimal sterilisiert werden.

Vor dem Zusatz des Malachitgrün wird das heiße Agar gegen Duplitest-Papier geprüft und so weit mit steriler Sodalösung alkalisiert, daß der violette Streifen noch eben rot gefärbt wird, während der rote Streifen schon deutlich rotviolett erscheint.

Auf 100 ccm dieses (heißen) Agars wird alsdann 1 ccm einer Lösung des Malachitgrün I (Höchst) 1 : 60 Aq. dest. hinzugefügt, so daß das Agar den Farbstoff in der Konzentration 1 : 6000 enthält.

Bei dieser Konzentration werden B. coli stark, die Typhusbazillen nur schwach gehemmt. Letztere wachsen in 24 Stunden zu sandkorngroßen hellen Kolonien aus, die in 2—4 Tagen sich kräftig unter Gelbfärbung des Agars entwickeln.

Das nun fertige Agar wird sofort in Petrischalen in 2 mm dicker Schicht ausgegossen. Die Schalen werden gut getrocknet und können tagelang im Eisschrank aufbewahrt werden.

Mehrere Tropfen oder Ösen des zu untersuchenden Wassers oder besser des aus demselben stammenden Niederschlages (vgl. S. 305) werden auf einer Malachitgrün-Agarplatte mit dem Drigalski-Spatel ausgestrichen, sodann der Spatel unmittelbar weiter auf 2 große Drigalski-Conradische Platten von 20 cm Durchmesser übertragen. Nach 16—20stündigem Aufenthalt der Platten im Brutschrank bei 37° werden zunächst die Drigalskiplatten auf das Vorhandensein von Typhus- oder Paratyphuskolonien geprüft. Werden diese auf den Drigalskiplatten nicht gefunden, so werden die grünen Platten auf das Vorhandensein von Paratyphus B geprüft; dieses Bakterium bildet nach 16—20 Stunden (bei 37°) 2—3 mm im Durchmesser haltende, glasig durchscheinende, leicht milchig getrübte Kolonien, die den grünen Agar in ihrer Umgebung soeben leicht gelblich färben. Ergibt die Durchsicht der Drigalski- und Malachitgrünplatten ein Resultat, so ist eine weitere Verarbeitung der Grünplatten unnötig. Bei negativem Ausfall der ersten Plattendurchsicht jedoch bleiben die Grünplatten zunächst noch im Brutschrank. Nach 24stündigem Aufenthalt hierselbst werden sie mit ca. 8—10 ccm 0,85proz. Kochsalzlösung übergossen; sie bleiben dann etwa 2 Minuten ruhig stehen. Sodann wird die Flüssigkeit durch mehrmaliges Neigen und leichtes Schwenken der Platte hin- und herbewegt; hierbei lösen sich die lockeren Typhus- und Paratyphuskolonien auf und verteilen sich in der Flüssigkeit, während die dicken Colikolonien sich höchstens als Ganzes ablösen und alsbald wieder zu Boden sinken. Um letzteres herbeizuführen, wird die Platte auf eine Kante gestellt, so daß die Flüssigkeit bis dicht an den Rand der Schale steigt; nachdem dann die dicken Schollen sich zu Boden gesenkt haben, was in weniger als 1/2 Minute geschehen ist, werden von der Oberfläche der Aufschwemmung 1—3 Ösen abgenommen und auf eine v. Drigalski-Conradische Platte übertragen und mit dem Glasspatel auf dieser und einer zweiten blauen Platte verrieben. Besteht der Verdacht auf Paratyphus, so wendet man als 2. Platte besser eine Malachitgrünplatte an. Nach 16- bis 20stündigem Aufenthalt im Brutschrank werden die Platten durchmustert.

Von großem Einfluß für das Wachstum der Typhusbazillen auf Malachitgrünagar ist die Reaktion dieses Nährbodens. Nach Schindler (a. a. O.) sollte sie am besten eine schwachsaure oder lackmusneutrale sein.

Löffler (a. a. O.) empfiehlt neuerdings folgenden flüssigen Nährboden für die Typhusdiagnose („Grünlösung I, Typhuslösung"). (Vgl. auch S. 286).

Aus konzentrierten 10—20proz. Vorratslösungen der einzelnen Stoffe wird folgende Mischung hergestellt, derart, daß zunächst das Pepton, der Traubenzucker und der Milchzucker vermischt, darauf die Kalilauge, nach dieser erst die Nutrose und zuletzt die Grünlösung zugesetzt wird.

Destilliertes Wasser		= 40 ccm.
Darin gelöst:		
Pepton	2 %	= 20 ccm einer 10proz. Lösung,
Traubenzucker . .	1 %	= 10 ccm einer 10proz. Lösung,
Milchzucker . . .	5 %	= 20 ccm einer 25proz. Lösung,
Normalkalilauge. .	1,5 %	= 1,5 ccm,
Nutrose.	1 %	= 10 ccm einer 10proz. Lösung,
		= rund 100 ccm.

Nach 1/2 stündigem Kochen der Mischung wird zur heißen Lösung zugefügt:

0,2 proz. Lösung von Malachitgrün
cryst. chem. rein . . . . 1 % = 1 ccm.

Die Lösung wird in sterile Gläschen zu etwa je 5 ccm gefüllt.

Eingesäte Typhusbazillen lassen — bei Aufbewahrung der *infizierten Röhrchen* bei 37° — nach 16—20 Stunden die Flüssigkeit gerinnen. Über und neben dem Koagulum steht dann eine klare grüne Flüssigkeit. Colibakterien und Paratyphus B-Bazillen bringen zwar auch die Nutrose zum Ausfallen, aber da sie zu gleicher Zeit den Trauben- bzw. auch den Milchzucker unter lebhafter Gasentwicklung vergären, so bildet sich durch Zerreißen des Koagulums ein schmutziggrüner Belag an den Wandungen des Röhrchens und ein grüner Schaum an der Oberfläche der Flüssigkeit.

Die Galle bzw. die gallensauren Salze, von letzteren wenigstens das taurocholsaure Natrium haben die Eigenschaft, sowohl das Wachstum der Typhusbakterien wie das der Colibazillen zu begünstigen, dagegen hemmen sie die übrigen Saprophyten mehr oder minder stark in ihrer Entwicklung. Es hat sich nun als nicht unzweckmäßig herausgestellt, die gallenhaltigen Nährböden mit den Malachitgrünnährböden zu kombinieren, um die durch das Malachitgrün ebenfalls — wenn auch nicht in dem Maße wie die Colibazillen — geschwächten Typhusbazillen im Wachstum zu kräftigen.

Löffler (a. a. O.) empfiehlt daher zur Isolierung des Typhusbazillus einen Bouillonnutroseagar mit Zusatz von 3% Rindergalle und 1,9% einer 2proz. Lösung von Malachitgrün cryst. chem. rein.

Nach A. Müller (217) läßt sich die Galle vorteilhaft durch taurocholsaures Natrium ersetzen.

Die Herstellung des Löfflerschen Bouillonnutrosegallenagars soll folgendermaßen erfolgen:

Zu 5 l Bouillon (aus Rind- oder Pferdefleisch, 500 g auf 2 l Wasser) werden 150 g feinsten Stangenagars zugegeben und $^1/_2$ Stunde gekocht. Löst sich das Agar schlecht, so werden 35 ccm Normalsalzsäure zugefügt, die nach dem Auflösen des Agars sofort durch 35 ccm Normalalkalilauge neutralisiert werden. Darauf wird mit Natriumkarbonat für Lackmus neutralisiert. Nach dem Neutralisieren werden 25 ccm Normalsodalösung zugesetzt und die Flüssigkeit aufgekocht. Zu der kochendheißen Masse werden 500 ccm einer 10proz. wäßrigen Nutroselösung hinzugefügt. Nach nochmaligem Aufkochen wird die heiße Lösung in Halbliterflaschen gegossen und je zwei Stunden an zwei aufeinanderfolgenden Tagen im Dampfstrom gekocht. Es bildet sich in den Flaschen ein ziemlich fester Bodensatz, von dem das klare darüberstehende Nähragar abgegossen wird.

Zu 100 ccm des flüssig gemachten klaren Bouillonnutroseagars werden, nachdem es bis auf 50° abgekühlt ist, 3 ccm sterilisierte Rindergalle und 1,9 ccm einer 0,2proz. Lösung von Malachitgrün cryst. chem. rein hinzugegeben. Das Grünagar wird in Petrische Schälchen gegossen, die offen bleiben, bis es erstarrt und abgekühlt ist.

Auf diesem Nährboden werden Colibakterien im allgemeinen im Wachstum gehemmt. Dagegen wachsen die Kolonien der meisten Typhusstämme auf diesem Nährboden gut und bis zu einem gewissen Grade auch charakteristisch (makroskopisch durchscheinend, mikroskopisch gekörnt, häufig gefurcht, rundlich mit gekerbtem Rand). Die typhusverdächtigen Kolonien impft man in Röhrchen mit Grünlösung I (S 309) ab. Erfolgt in diesen für Typhus charakteristische Veränderung (s. o.), so handelt es sich wahrscheinlich um Typhus. Die aus den betreffenden Röhrchen gewonnenen Reinkulturen werden dann der quantitativen Agglutinationsprobe bzw. dem Pfeifferschen Versuch unterworfen.

Von den in der letzten Zeit für den Nachweis der Typhusbazillen hergestellten Nährböden werden in der Literatur empfohlen (218) der Padlewskysche Nährboden (219), welcher eine Kombination des Löfflerschen Malachitgrünagars mit dem Endoschen Nährboden darstellt, das Conradische Brillantgrünpikrinsäureagar (220), welches einen guten und billigen Ersatz des v. Drigalski-Conradischen Nährbodens bedeuten soll, und der von Löffler (221) angegebene Malachitgrün-Safranin-Reinblau-Nährboden.

Eigene Erfahrungen über diese Nährböden besitzen die Verfasser noch nicht.

γ) Reihenfolge der vorzunehmenden Operationen.

Einstweilen möchten wir als verhältnismäßig einfache und gleichzeitig aussichtsreichste Verfahren für die Isolierung von Typhusbazillen aus Wasser folgende empfehlen:

1. Ausfällen einer größeren Wassermenge nach dem Verfahren von Vallet-Schüder, Ficker oder Müller.

2. Ausstreichen des gelösten oder auch ungelösten Niederschlages auf Malachitgrünnutrosegallenagarplatten (Löffler, A. Müller).

	oder	
3a. Abstechen verdächtiger Kolonien in Röhrchen mit Löfflerscher Typhuslösung;		3b. Abschwemmen der Platten mit 0,8 proz. steriler Kochsalzlösung.
4a. Ausstreichen von dem Inhalt der nach 24 Stunden in einer für Typhus charakteristischen Weise veränderten Röhrchen auf gewöhnliche Agarplatten oder v. Drigalski-Conradische Agarplatten;		4b. Ausstreichen der Abschwemmung auf v. Drigalski-Conradische oder Endosche Agarplatten.

5. Prüfung der (verdächtigen) Kolonien mittels der orientierenden Agglutinationsprobe mit einer Serumverdünnung 1 : 100 im hängenden Tropfen.

6. Fällt die orientierende Agglutinationsprobe positiv aus, so ist von der betreffenden Kolonie eine Reinkultur auf Schrägagar herzustellen und diese der genauen Agglutinationsprobe mit höheren Serumverdünnungen zu unterziehen. Daneben wird die Reinkultur auf ihre für Typhus bezeichnenden kulturellen Eigenschaften geprüft und schließlich eventuell auch der Pfeiffersche Versuch für die Diagnose herangezogen.

Die etwaige Diagnostizierung anderer zur Typhusgruppe gehöriger pathogener Bakterien geschieht mit Hilfe der aus der Tabelle (S. 296. 297) zu entnehmenden kulturellen Merkmale und unter Anwendung der entsprechenden spezifischen Immunsera (Agglutinationsprobe).

B. Nachweis des Choleravibrio im Wasser.

a) Allgemeine Bemerkungen.

Dieser Nachweis ist leichter und sicherer zu erbringen als der Nachweis der Typhusbazillen, hat daher auch eine größere praktische Bedeutung.

Ähnlich wie dem Typhusbazillus stehen zwar auch dem Choleravibrio eine Reihe von Vibrionen scheinbar verwandtschaftlich nahe, wenigstens was seine Morphologie und seine kulturellen Eigenschaften betrifft; aber da für den Choleravibrio ein wirkliches Anreicherungsverfahren existiert, so läßt er sich bequemer biologisch (d. h. durch die Agglutinationsprobe und den Pfeifferschen Versuch) von choleraähnlichen Vibrionen trennen.

Eine gute Literaturzusammenstellung betreffend choleraähnliche Vibrionen usw. findet man bei C. Prausnitz (222).

b) Eigenschaften des Choleravibrio.

Die Choleravibrionen sind gekrümmte, etwa 2 μ lange Stäbchen, mit einer endständigen Geißel versehen, die eine rasche Beweglichkeit zeigen („Mückenschwarm"), sich nach der Gramschen Methode nicht färben, sehr sauerstoffbedürftig sind (Schottelius, Buchner, Gruber u. a.) und am besten bei Brüttemperatur wachsen. Der Choleravibrio liebt alkalische Nährböden, verflüssigt die Gelatine und wächst auf ihr in ziemlich charakteristischen, rundlichen, bei mikroskopischer Betrachtung grobgranulierten („wie mit Glassplittern bestreuten") Kolonien.

Die Kolonien auf der Agarplatte bestehen aus weißen, glänzenden, durchscheinenden, ein wenig erhabenen, runden, leicht irisierenden Auflagerungen. Die Agarkulturen zeigen keine Phosphoreszenz.

In Bouillon tritt diffuse Trübung ein und meist Häutchenbildung an der Oberfläche, desgleichen in Peptonkochsalzlösung. Hier bildet er reichlich Indol und reduziert zugleich die stets in dem Nährboden vorhandenen Spuren von Nitrat zu Nitrit, so daß auf Zusatz von Schwefelsäure, ohne besondere Zugabe von Kaliumnitritlösung (vgl. S. 277) Rotfärbung der Kultur eintritt („Nitrosoindolreaktion", „Cholerarotreaktion"). Diese Indolreaktion fehlt fast niemals, wenigstens in Reinkulturen.

Der Choleravibrio ist bei intraperitonealer Injektion sehr pathogen für Meerschweinchen. Durch Vorbehandlung eines Tieres mit abgetöteten Choleravibrionen erlangt dessen Blutserum die Eigenschaft, bereits in starker Verdünnung die Choleravibrionen in vitro zu agglutinieren.

Die Agglutinationsprobe ist heute neben dem Pfeifferschen Versuch das wichtigste differentialdiagnostische Hilfsmittel bei der Choleradiagnose. Sie ist eine spezifische Reaktion.

Da das Aufsuchen einzelner Choleravibrionen im Wasser wenig Aussicht auf Erfolg bietet, benutzt man das Sauerstoffbedürfnis des Choleravibrio, um ihn in der verdächtigen Wasserprobe „anzureichern". (Heim [222a].)

c) Vorschriften für Gang und Methoden der Untersuchung.

In der Anlage 2 zur Anweisung zur Bekämpfung der Cholera (223) wird folgende Anleitung für die bakteriologische Feststellung der Cholera gegeben (nur das für die Wasseruntersuchung in Betracht kommende ist im folgenden zusammengestellt).

α) Anreicherungsverfahren.

Mindestens 1 l des zu untersuchenden Wassers wird mit 1 Kölbchen (100 ccm) der Pepton-Stammlösung (vgl. S. 258) versetzt und gründlich durchgeschüttelt, dann in Kölbchen zu je 100 ccm verteilt und nach 8- und 12stündigem Verweilen im Brutschranke bei 37° in der Weise untersucht, daß mit Tröpfchen, welche aus der obersten Schicht entnommen sind, mikroskopische Präparate und von demjenigen Kölbchen, an dessen Oberfläche nach Ausweis des mikroskopischen Präparats die meisten Vibrionen vorhanden sind, Gelatine- und Agarplatten angelegt und weiter untersucht werden. Zur Prüfung der Reinkulturen Agglutinations- und Pfeifferscher Versuch.

β) Mikroskopische Untersuchung

eines hängenden Tropfens, anzulegen mit Peptonlösung, sofort und nach halbstündigem Verweilen im Brutschrank bei 37° frisch und im gefärbten Präparate zu untersuchen.

γ) Gelatineplatten.

Menge der Aussaat 1 Öse, zu den Verdünnungen je 3 Ösen. Zwei Serien zu je 3 Platten sind anzulegen, nach 18stündigem Verweilen im Brutschranke bei 22° bei schwacher Vergrößerung zu untersuchen, Klatsch- eventuell Ausstrichpräparate und Reinkulturen herzustellen.

δ) Agarplatten. *)

Menge der Aussaat 1 Öse, mit welcher die Oberflächen von 3 Platten nacheinander bestrichen werden. Zur größeren Sicherheit ist diese Aussaat doppelt anzulegen. Es kann auch statt dessen so verfahren werden, daß 1 Öse des Aussaatmaterials in 5 ccm Fleischbrühe verteilt und hiervon je 1 Öse auf je 1 Platte übertragen wird; in diesem Falle genügen 3 Platten. Nach 12- bis 18stündigem Verweilen im Brutschranke bei 37° ist zu untersuchen wie bei β.

ε) Agglutinationsversuch.

a) Im hängenden Tropfen bei schwacher Vergrößerung. Es ist die untere Verdünnung des Serums (s. u.) mit 0,8proz. (behufs völliger Klärung zweimal durch gehärtete Filter filtrierter) Kochsalzlösung zu benutzen, bei welcher die Testkultur augenblicklich

*) Die Agarplatten müssen, ehe sie geimpft werden, ½ Stunde bei 37° im Brutschranke mit der Fläche nach unten offen gehalten werden.

zur Haufenbildung gebracht wird, und im zweiten Tropfen das Fünffache dieser Dosis*).

Es muß mit dem spezifischen Serum in diesen beiden Konzentrationen sofort, spätestens aber während der nächsten 20 Minuten, nach Aufbewahrung im Brutschranke bei 37° deutliche Häufchenbildung eintreten. Zur Kontrolle ist von den zu prüfenden Bakterien ein hängender Tropfen mit einer zehnmal so starken Konzentration von normalem Serum derselben Tierart, von welcher das Testserum stammt, herzustellen und zu untersuchen. Bei diesem Untersuchungsverfahren ist zu berücksichtigen, daß es Vibrionenarten gibt, welche sich im hängenden Tropfen so schwer verreiben lassen, daß leicht Häufchenbildung vorgetäuscht wird.

b) Quantitative Bestimmung der Agglutinierbarkeit. Mit dem Testserum werden durch Vermischen mit 0,8% (behufs völliger Klärung zweimal durch gehärtete Filter filtrierter) Kochsalzlösung Verdünnungen im Verhältnisse von 1:50, 1:100, 1:500, 1:1000 und 1:2000 hergestellt. Von diesen Verdünnungen wird je 1 ccm in Reagenzröhrchen gefüllt und je 1 Öse der zu prüfenden Agarkultur darin verrieben und durch Schütteln gleichmäßig verteilt. Nach einstündigem Verweilen im Brutschranke von 37° werden die Röhrchen herausgenommen und besichtigt, und zwar am besten so, daß man sie schräg hält und von unten nach oben mit dem von der Zimmerdecke zurückgeworfenen Tageslichte bei schwacher Lupenvergrößerung betrachtet. Der Ausfall des Versuchs ist nur dann als beweisend anzusehen, wenn unzweifelhafte Haufenbildung (Agglutination) in einer regelrechten Stufenfolge bis annähernd zur Grenze des Titers erfolgt ist.

Bei jeder Untersuchung müssen Kontrollversuche angestellt werden, und zwar:

1. mit der verdächtigen Kultur und mit normalem Serum derselben Tierart, aber in zehnfach stärkerer Konzentration;
2. mit derselben Kultur und mit der Verdünnungsflüssigkeit;

---

*) Kaninchenserum muß mindestens einen Agglutinationstiter von 1:2000, Pferdeserum einen solchen von 1:5000 haben. Die für die vorläufige Agglutinationsprobe in Frage kommenden Konzentrationen werden auf den Röhrchen bei der Abgabe von seiten des Instituts für Infektionskrankheiten vermerkt.

Falls Trockenserum benutzt wird, ist dieses für jeden Tag der Untersuchung aus neuen Röhrchen zu entnehmen.

3. mit einer bekannten Cholerakultur von gleichem Alter wie die zu untersuchende Kultur, und mit dem Testserum.

Bei Anstellung der Agglutinationsproben mit sehr jungen, wenige Stunden alten, frisch aus dem Körper gezüchteten Cholerakulturen tritt in der 0,8proz. Kochsalzlösung auch ohne Zusatz von spezifischem Serum unter Umständen eine sogenannte Pseudo-Agglutination ein. In solchen Fällen ist die Probe mit der Kultur zu wiederholen, nachdem sie im ganzen mindestens 15 Stunden bei 37⁰ gestanden hatte.

ζ) Pfeifferscher Versuch.

Für die Anstellung des Pfeifferschen Versuchs ist Kaninchenserum zu benutzen. Die in folgendem gemachten Zahlenangaben beziehen sich nur auf dieses Serum. Dasselbe muß möglichst hochwertig sein, mindestens sollen 0,0002 g des Serums genügen, um bei Injektion von einer Mischung einer Öse (1 Öse = 2 mg) einer 18stündigen Choleraagarkultur von konstanter Virulenz und 1 ccm Nährbouillon die Cholerabakterien innerhalb 1 Stunde in der Bauchhöhle des Meerschweinchens zur Auflösung unter Körnchenbildung zu bringen, d. h. das Serum muß mindestens einen Titer von 1 : 5000 haben.

Zur Ausführung des Pfeifferschen Versuchs sind 4 Meerschweinchen von je 200 g Gewicht erforderlich.

Tier A erhält das Fünffache der Titerdosis, also 1 mg von einem Serum mit Titer 1 : 5000.

Tier B erhält das Zehnfache der Titerdosis, also 2 mg von einem Serum mit Titer 1 : 5000.

Tier C dient als Kontrolltier und erhält das 50fache der Titerdosis, also 10 mg vom normalen Serum derselben Tierart, von welcher das bei Tier A und B benutzte Serum stammt.

Sämtliche Tiere erhalten diese Serumdosen gemischt mit je einer Öse der zu untersuchenden, 18 Stunden bei 37⁰ auf Agar gezüchteten Kultur in 1 ccm Fleischbrühe (nicht in Kochsalz- oder Peptonlösung) in die Bauchhöhle eingespritzt.

Tier D erhält nur 1 Öse der zu untersuchenden Kultur in die Bauchhöhle zum Nachweis, ob die Kultur für Meerschweinchen virulent ist.

Zur Einspritzung benutzt man eine Hohlnadel mit abgestumpfter Spitze. Die Einspritzung in die Bauchhöhle geschieht nach Durchschneidung der äußeren Haut; es kann dann mit Leichtigkeit die Hohlnadel in den Bauchraum eingestoßen werden. Die Entnahme der Peritonealflüssigkeit zur mikroskopischen Untersuchung im hängenden Tropfen erfolgt vermittels Haarröhrchen gleichfalls an dieser Stelle. Die Betrachtung der Flüssigkeit geschieht im hängenden Tropfen bei starker Vergrößerung (Immersion) und zwar sofort nach der Einspritzung, 20 Minuten und 1 Stunde nach derselben.

Bei Tier A und B muß nach 20 Minuten, spätestens nach 1 Stunde, typische Körnchenbildung oder Auflösung der Vibrionen erfolgt sein, während bei Tier C und D eine große Menge lebhaft beweglicher oder in ihrer Form gut erhaltener Vibrionen vorhanden sein muß. Damit ist die Diagnose gesichert.

Nach Zlatogoroff (224) können während einer Choleraepidemie im Wasser außer typischen Choleravibrionen auch atypische Choleravibrionen vorhanden sein, welche gewisse biologische Eigenschaften (z. B. ihr Agglutinationsvermögen) vorübergehend einbüßen und sich in eine saprophytische Abart verwandeln. Nach diesem Autor spricht also bei einem aus dem Wasser isolierten choleraverdächtigen Vibrio das Fehlen von Agglutination beim Einbringen in hochwertiges Choleraserum noch nicht gegen die Choleranatur dieses Vibrio. Eine Bestätigung dieser Angaben von anderer Seite steht noch aus.

d) Neuer Nährboden für die Züchtung des Choleravibrio nach Dieudonné.

Als elektiver Nährboden für die Isolierung von Choleravibrionen ist in neuester Zeit von Dieudonné (225) das Blutalkaliagar empfohlen worden, da ja der Choleravibrio eine stark alkalische Reaktion des Nährbodens liebt. Auf solchem Nährboden (mit 0,6 % freiem Alkali) wächst der V. cholerae sehr üppig, das die Isolierung erschwerende B. coli dagegen nicht oder nur sehr schwach.

Die Zubereitung geschieht folgendermaßen (Huntemüller):

Das in einem sterilen Gefäß, in dem sich Glasperlen befinden, aufgefangene Rinderblut wird durch etwa ½ stündiges Schütteln defibriniert und nach Zusatz einer gleichen Menge Normal-Kalilauge eine halbe Stunde im strömenden Dampf sterilisiert. Diese Blutalkalilösung ist fast unbegrenzt haltbar und kann bei Bedarf dem neutralen Nähragar im Verhältnis von

3 : 7 zugesetzt werden. Die Nährlösung wird dann zu Platten ausgegossen, die eine halbe Stunde bei 60° abgetrocknet werden. Die Platten dürfen erst nach frühestens 24 Stunden in Gebrauch genommen werden. Es entwickelt sich nämlich aus der Blutlösung eine ziemlich große Menge von Ammoniak, das auch den Choleravibrio in seinem Wachstum und seiner Virulenz schädigt. Erst nach 24 stündigem Stehen bei Zimmertemperatur ist dies genügend verflüchtigt. Die auswachsenden Cholerakolonien sind groß, kreisrund, im durchfallenden Licht glashell, im auffallenden Licht grau, mit glattem Rand.

Hachla und Holobut (226) sowie Laubenheimer (227) haben die Brauchbarkeit dieses Nährbodens bestätigt. Letzterer fand indessen, daß Form und Färbbarkeit der auf diesem Nährboden gewachsenen Choleravibrionen verändert und ihre leichte Agglutinierbarkeit etwas beeinträchtigt wird. Neufeld und Woithe empfehlen in Anlehnung an den Dieudonnéschen Blutalkaliagar zur Isolierung der Choleravibrionen ein stark alkalisiertes Peptonwasser (227 a).

C. Nachweis von Milzbrandbazillen im Wasser.

Dieser Nachweis kann erforderlich werden bei Verunreinigung eines Wassers durch Abwässer von Gerbereien, welche milzbrandhaltige Häute verarbeitet haben. Zum Nachweis kann auch das Sediment aus dem Wasser (Flußschlamm, Brunnenschlamm) benutzt werden. Da die Milzbrandbazillen bzw. ihre Sporen gewöhnlich auch nur in verhältnismäßig spärlicher Anzahl im Wasser vorhanden sein werden, so empfiehlt sich auf jeden Fall eine Einengung der Flüssigkeit oder eine Ausfällung derselben. Die erstere wird am einfachsten dadurch erzielt, daß man das zu untersuchende Wasser durch ein Bakterienfilter schickt, z. B. durch einen Porzellantrichter mit eingelassener poröser Filterplatte (Fig. 54), ein Pukallfilter oder dgl., und den auf dem Filter abgesetzten Rückstand durch Abkratzen und Abschwemmen mit steriler physiologischer Kochsalzlösung gewinnt. Zum Ausfällen kann eines der beim Nachweis der Typhusbazillen genannten Verfahren dienen. Da die Sporen des Milzbrandbazillus — und in der Form von Sporen wird dieser Organismus gewöhnlich im Wasser und Schlamm vorhanden sein — gegen höhere Temperaturen ziemlich widerstandsfähig sind, so kann man einen großen Teil der ihn begleitenden Saprophyten usw. ausschalten, indem man die Aufschwemmung des Wasserrückstandes oder des Schlammes $^1/_4$ bis $^1/_2$ Stunde lang im Wasserbade auf 60—70° erhitzt. Diese Aufschwemmung kann nun eventuell zunächst, nach Zusatz gleicher Teile von Nährbouillon, im Brutschrank bei 37° angereichert werden.

Von den so vorbehandelten Aufschwemmuugen (bzw. von der Anreicherungsflüssigkeit) sind Gelatineplatten und Agarplatten anzufertigen und auf denselben aufkeimende charakteristische oberflächlich liegende Kolonien (Lockenbildung am Rande der Kolonien auf der Gelatineplatte und Agarplatte, langsame Verflüssigung der Gelatine) auf Schrägagarröhrchen abzustechen und näher zu untersuchen.

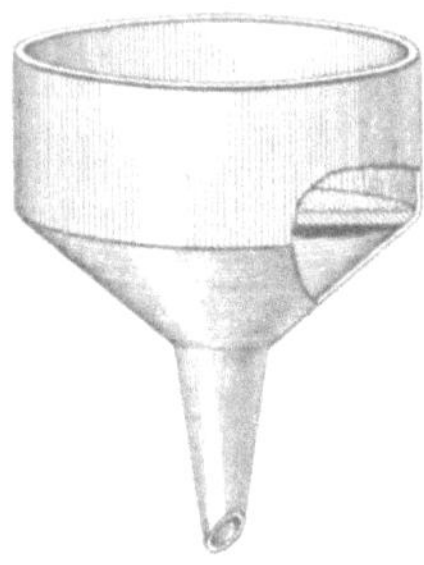

Fig. 54.

Die mikroskopische Prüfung einer Reinkultur von Milzbrandbazillen zeigt unbewegliche, kräftige Stäbchen mit abgerundeten Ecken (im ungefärbten Präparat), meist hintereinander gelagert (so daß Fäden gebildet werden), welche sich nach der Gramschen Methode gut färben. Bei Kulturen, die älter sind als 2 Tage, findet man in den Stäbchen die eiförmigen, stark lichtbrechenden Sporen. Auch Kapseln lassen sich im gefärbten Präparate darstellen.

Neben den mikroskopischen und kulturellen Methoden ist ferner stets von vornherein der Tierversuch heranzuziehen. Am einfachsten werden kleine Mengen der verdächtigen Aufschwemmung weißen Mäusen oder Meerschweinchen unter die Haut gespritzt. Erfolgt der Tod des Versuchstieres, so sind Blut und Organsäfte mikroskopisch (Gramsche Färbung) und kulturell auf das Vorhandensein von Milzbrandbazillen zu prüfen.

Der Tierversuch vermag am ehesten die Entscheidung herbeizuführen darüber, ob es sich um echten Milzbrandbazillus handelt oder etwa um dem Milzbrand morphologisch nahestehende Boden- und Wasserbakterien (B. anthracoides [228 a]).

Die Serodiagnostik des Milzbrandes kommt praktisch nicht in Frage.

D. Der Nachweis von Proteus-Arten
(Proteus vulgaris, mirabilis usw.),

welche gelegentlich als Krankheitserreger angesprochen worden sind (Weilsche Krankheit u. a.), im Wasser spielt einstweilen keine Rolle in der Praxis der bakteriologischen Wasseruntersuchung, da der Proteus („Bacterium vulgare") ein allgemein verbreiteter Saprophyt ist. Sein reichliches Vorkommen deutet immerhin auf in der Nähe sich abspielende „Fäulnisprozesse".

Die Proteusarten sind schlanke, dünne, sehr lebhaft bewegliche, nach Gram sich bald gut, bald weniger gut färbende, die Gelatine stark verflüssigende Stäbchen, welche die Bouillon unter Bodensatzbildung stark trüben und zuckerfreie Bouillon unter stinkender Fäulnis (Schwefelwasserstoff- und Indolbildung) zersetzen. Das B. vulgare vergärt Trauben- und Rohrzucker unter Gasbildung. Es ist fakultativ anaerob.

E. Nachweis anderer pathogener Bakterien.

Soll gelegentlich einmal der Nachweis anderer pathogener Bakterien (z. B. der Tuberkelbazillen [228]) im Wasser oder Abwasser geführt werden, so ist nach den allgemeinen bakteriologischen Methoden zu verfahren.

9. Die Benutzung farbstoffbildender Bakterien zur Filterprüfung und die damit zusammenhängenden Methoden.

Zur Prüfung von natürlichen und künstlichen Filtern auf ihre Durchgängigkeit für Keime benutzt man mit Vorliebe farbstoffbildende Bakterien, da dieselben im Filtrat verhältnismäßig leicht wieder erkennbar sind. Bakterien mit anderen sinnfälligen Eigenschaften (Leuchtbakterien, Bakterien mit spezifischen Geruch [229]) sind u. W. zu diesem Zweck bisher praktisch mit Erfolg nicht verwendet worden.

A. Die gebräuchlichsten farbstoffbildenden Bakterien.

Unter den farbstoffbildenden Bakterien sind es hauptsächlich wieder zwei Arten, welche Verwendung finden, das Bacterium prodigiosum (Bac. prodigiosus) und das seinerzeit von Fränkel und Piefke (230) benutzte Bacterium violaceum. In vereinzelten Fällen ist auch der Bac. pyocyaneus benutzt worden.

a) Bacterium prodigiosum.

Die kurzen, lebhaft beweglichen Stäbchen bilden einen roten (siegellackfarbenen) Farbstoff und wachsen auf den üblichen Nährböden aerob besser als anaerob. Wichtig ist, daß der rote Farbstoff (231) nur bei Luftzutritt gebildet wird. Bei höheren Züchtungstemperaturen (37°) wird die Farbstoffbildung mangelhaft. Gelatine wird verflüssigt, so daß die Kolonien tellerartig einsinken. Die tiefliegenden Kolonien werden erst rot, wenn sie infolge der Verflüssigung des Nährbodens unmittelbare Berührung mit der Luft erhalten, oder wenn man sie mittels einer dünnen sterilen Platinnadel ansticht. Auf Agar-Agar ist die Farbstoffbildung der oberflächlich gelegenen Kolonien gewöhnlich kräftiger als bei den entsprechenden Kolonien auf der Gelatineplatte. Ebenso wird auf Kartoffelnährböden gewöhnlich der Farbstoff besser gebildet. Doch kommen auch Stämme mit wechselnder oder dürftiger Farbstoffbildung vor. Zusatz von Magnesiumsulfat zum Nährboden soll die Intensität der Farbstoffbildung steigern. Der Farbstoff ist wasserunlöslich, löslich dagegen in Alkohol. Durch Alkalien geht die Farbe ins Gelbe, durch Säuren ins Violettrote über.

b) Bacterium violaceum.

Das Bacterium violaceum bildet einen blauvioletten Farbstoff und ist ein schlankes bewegliches Stäbchen, welches auf der Gelatineplatte verhältnismäßig langsam zu anfänglich gelblichen, später violetten, meist rundlichen Kolonien heranwächst. Die Verflüssigung der Gelatine erfolgt gewöhnlich nur mäßig schnell. Auf Agar-Agar bilden sich ebenfalls blauviolette Kolonien, desgl. auf Kartoffel. Der Farbstoff (Janthin) ist ebenfalls wasserunlöslich, löslich in Alkohol. Alkalien verwandeln den Farbstoff in Grün. Besondere Vorzüge des B. violaceum vor dem B. prodigiosum für die Zwecke der Filterprüfung sind den Verf. nicht bekannt. Tatächlich ist auch zu den meisten der bisher ausgeführten Filterprüfungen das für den Menschen nicht pathogene B. prodigiosum herangezogen worden. Dem B. prodigiosum sehr nahe verwandt ist u. a. das B. kiliense.

B. Ausführung der Versuche. (232)

a) Allgemeine Bemerkungen.

Die Versuche werden so ausgeführt, daß man Massenkulturen des B. prodigiosus auf großen Agarplatten bei 22° anlegt und nach kräftigem Anwachen der Kolonien die ganze Bakterienmasse mit sterilem Wasser oder steriler 0,8 proz. Kochsalzlösung abschwemmt. Mit dieser so gewonnenen Aufschwemmung, deren Gehalt an Prodigiosuskeimen man durch Plattenkultur oder mittels des Verdünnungsverfahrens feststellen kann, infiziert man bei Durchlässigkeitsprüfungen das Rohwasser oder diejenige Stelle (Graben, Fluß, Senkgrube oder dgl.), über deren etwaige Kommunikation mit dem Brunnen man Aufklärung haben möchte. Beispiele für die Art der Anwendung findet man in den angeführten Arbeiten (232) beschrieben. Von Wichtigkeit ist, daß man die Bakterien auch wirklich in eine zum Brunnen hingerichtete Wasserströmung bringt. Bei künstlichen Filtern ergiebt sich das von selbst, bei natürlichen Bodenfiltern muß man die Bakterien oberhalb des betreffenden Brunnens in den Grundwasserstrom eintreten lassen und durch genügendes Absenken des Versuchsbrunnens oder andere Maßnahmen für das nötige Grundwassergefälle sorgen.

b) Vorversuche mit gelösten Stoffen.

Um über Richtung und Schnelligkeit der Wasserströmung in dem natürlichen Bodenfilter Aufschluß zu bekommen, schickt man zweckmäßig einen Versuch mit gelösten chemischen Substanzen vorauf. Es wird dazu benutzt das Einschütten von Kochsalz (Viehsalz) in großen Mengen (233) in entsprechender Entfernung von dem zu prüfenden Brunnen in das Grundwasser, die betr. Grube usw. und darauf folgende Untersuchung des Brunnenwassers in bestimmten Zeitintervallen mittels Chlortitration oder durch Bestimmung des elektrischen Leitvermögens auf die erfolgte Einwanderung des Kochsalzes. Statt Kochsalz sind auch Lithiumsalze empfohlen worden (Frankland), deren Vorhandensein im Wasser dann später spektroskopisch nachzuweisen ist. Statt des Kochsalzes kann auch alkalische Fluoreszeinlösung (besser das Natriumsalz des Fluoreszeins, das Uranin II), Ultramarinblau, Methyleosin usw. benutzt werden (234), doch sind die damit erhaltenen Ergebnisse anscheinend weniger sicher, weil des Fluoreszein z. T. vom Boden festgehalten wird bzw. langsamer wieder erscheint, als der tatsächlichen Grundwasserströmung entspricht. Das Fluoreszein ist löslich in Alkalien, das Uranin ist löslich in Wasser. Hat man es mit sauren Grundwässern zu tun, so denke man daran, daß Fluoreszein nur in alkalischer Lösung seine Aufgabe erfüllen kann. Man wählt in solchen Fällen besser saure Anilinfarbstoffe (234 a).

Das Fluoreszein bzw. sein Natriumsalz ist angeblich noch in Verdünnungen von 1 : 4000000000 Wasser erkennbar, doch müssen zu seinem Nachweis dann besondere Kunstgriffe angewandt werden. Nach Mayrhofer (zitiert nach Ohlmüller) geht man folgendermaßen vor. Zu 5 Litern des auf Fluoreszein zu prüfenden Wassers fügt man 5 g feingeschlämmte Tierkohle und schüttelt damit mehrmals kräftig durch. Nach zwei Tagen hat sich die Kohle abgesetzt. Das überstehende Wasser wird abgehebert, die Kohle auf ein Filter gebracht, bei 100° getrocknet und mit schwach ammoniakalischem Alkohol ausgewaschen. Nach Konzentration des Alkohols auf dem Wasserbade ist die Fluoreszenz meist schon erkennbar, sie wird auch bei höheren Verdünnungsgraden deutlich, wenn man im dunklen Raum ein konvergierendes Lichtbündel hindurchfallen läßt. Bei letzterem Verfahren ist es allerdings notwendig, eine Kontrollprobe ohne Fluoreszein auszuführen, da der Alkohol aus der Kohle Stoffe aufnimmt, welche das Lichtbündel leicht grau erscheinen lassen. Trillat prüft ein Wasser auf geringe Uraninmengen mit Hilfe seines Fluoroskops, welches sehr einfach aus zwei etwa 1,20 m langen, unten mit ebenem Boden versehenen Glaszylindern von ca. 2 cm lichter Weite besteht die ringsum mit glänzendem schwarzen Papier beklebt sind. Die Zylinder werden senkrecht nebeneinander aufgestellt und in den einen gewöhnliches, in den anderen dagegen das auf Uraninfarbstoff zu untersuchende Wasser bis etwa 1 cm vom oberen Rande entfernt gefüllt und sodann durch Betrachtung von oben die Farbe beider Flüssigkeiten miteinander verglichen. Ist Uranin vorhanden, so zeigt sich die charakteristische grünliche Farbe. Bei etwaigen Trübungen müssen sämtliche Proben zunächst filtriert werden, doch hält das Filter leicht Spuren von Uranin zurück.

Beim Arbeiten mit diesen Farbstoffen ist insofern große Vorsicht geboten als der Farbstoff durch die geringste Unachtsamkeit überallhin verschleppt wird. Soll mittels dieser Farbstoffe die Verteilung von Abwässern oder dgl. in einem Fluß verfolgt werden, so muß man zur Beobachtung mit seinem Fahrzeug (Schiff, Nachen) dem mit Uranin gefärbten Wasser entgegenfahren, da man auch hier sonst den Farbstoff stromab mittels des Fahrzeuges verschleppen würde.

Schließlich benutzt man auch eine Kombination des Fluoreszeins mit einem stark nach Teer bzw. Leuchtgas riechenden Stoff: „Saprol zur Grubenprüfung“ (H. Nördlinger, Flörsheim). Die Anwendung des Kochsalzes (Viehsalzes) erscheint uns für den vorliegenden Fall indessen für gewöhnlich das zweckmäßigste zu sein. Man gebraucht davon natürlich meist erhebliche Mengen (z. B. 25—50 kg). Das Viehsalz wird entweder in Substanz oder in konzentrierter wäßriger Lösung eingeschüttet.

c) Methodik.

Nach dem Ausfall dieses orientierenden Versuches richtet man sich mit den Entnahmezeiten für das Wasser (Filtrat) behufs Prüfung auf B. prodigiosum ein.

Es muß darauf aufmerksam gemacht werden, daß bei solchen Versuchen die größte Sauberkeit im bakteriologischen Sinn herrschen muß, um vor Trugschlüssen bewahrt zu bleiben. Die Herstellung und das Einschütten der Prodigiosus-Aufschwemmungen einerseits und die Entnahme und Verarbeitung der Wasserproben andererseits hat sowohl von verschiedenen Personen als auch in getrennten Laboratorien zu geschehen, sonst ist eine Verschleppung der Prodigiosuskeime kaum auszuschließen, ferner ist das zu untersuchende Wasser vorher darauf zu prüfen, ob es nicht schon von Haus aus farbstoffbildende Bakterien enthält.

Die Wasserproben werden am besten auf mehreren Gelatine- und Agarplatten verarbeitet, welche bei 20—22° aufbewahrt werden Schreiber (a. a. O. [232], S. 109) wählte die Verdünnungsmethode und benutzte als Kulturmedien Röhrchen mit Nährbouillon, in welche quadratisch geschnittene Kartoffelstücke so weit eingetaucht lagen, daß sie zur Hälfte aus der Bouillon herausragten. Während Bitter bei Versuchen an künstlichen Filtern eine relative quantitative Bestimmung der dem Rohwasser zugesetzten und im Filtrat wieder erscheinenden Prodigiosuskeime für durchführbar hält, stehen andere Autoren (Schreiber, Friedberger, Hilgermann), denen sich die Verfasser anschließen, auf dem

Standpunkt, daß der Bac. prodigiosus nur in qualitativer Beziehung sichere Ergebnisse liefert. Nach Hilgermann (235) verliert der B. prodigiosus nach mehrstündigem Aufenthalt in bakterienreichem Rohwasser (Flußwasser) die Fähigkeit, Farbstoff zu bilden, ist also nachher auf den Platten schwer als solcher zu erkennen. Friedberger konnte bei seinen Versuchen die hemmende Wirkung anderer Bakterienarten auf das B. prodigiosum ebenfalls konstatieren.

Spitta und A. Müller (236) konnten außerdem feststellen, daß in dem Filtrat eines Filters, dessen Rohwasser mit B. prodigiosus infiziert war, sich nach ihrer Methode der Plattenkultur (Sprühverfahren) bedeutend mehr Prodigiosuskeime nachweisen ließen als nach der bisher gewöhnlich benutzten üblichen Gußplattenmethode. Also auch nach dieser Richtung hin scheinen Schwierigkeiten für eine exakte zahlenmäßige Bestimmung des B. prodigiosum zu bestehen.

Für den Hygieniker ist diese Frage von großer Wichtigkeit — und deshalb ist sie im vorstehenden etwas ausführlicher behandelt worden —, weil die tatsächlich vorhandene Wirkung künstlicher und natürlicher Bodenfilter, welche in epidemiologischer Beziehung von erheblicher Bedeutung ist, auf dem geschilderten Wege allgemein geprüft zu werden pflegt.

V. Die Probenentnahme.

1. Allgemeine Regeln.

Für die maßgebende Beurteilung eines Wassers ist vor allem die Erzielung einer Durchschnittsprobe erforderlich, welche zufällige Verunreinigungen und namentlich solche, welche durch die Art der Entnahme bedingt sein können, ausschließt. Die zu treffenden Maßnahmen werden nach der Örtlichkeit und insbesondere nach der Zugänglichkeit des Wassers einzurichten sein.

Die einfachste Art der Beschaffung eines Wassers zu Genuß- und Gebrauchszwecken ist die Benutzung einer Quelle, d. h. desjenigen Grundwassers, welches auf natürlichem Wege zutage tritt. In diesen Fällen kann die von Natur aus vorhandene Austrittsstelle erhalten sein, oder sie ist durch Einfassung (Ummauerung und dergl.) zu einem größeren Behälter umgestaltet, oder das Wasser ist durch Einlegung eines Rohres oder einer Rinne zum Ausfluß an einem bestimmten Punkte gezwungen. Bei den erstgenannten Formen von Quellen wird zu berücksichtigen sein, daß man sowohl Verunreinigungen, welche die Oberfläche des Wassers bedecken, wie schwimmende Teile von Blättern, Pollenkörner, Algen, Staub, vermeidet, als auch ein Aufrühren des Schlammes, der durch Ablagerungen organischer oder anorganischer Natur gebildet ist, tunlichst verhütet. Das Vorhandensein eines Ausflußrohres schließt solche Befürchtungen (namentlich hinsichtlich der Oberflächenbeschaffenheit des Wassers) nicht immer vollkommen aus; jedoch ist die direkte Füllung des Entnahmegefäßes zulässig, da man hierdurch gewiß eine Probe des Wassers erlangen wird, wie solches zur Verwendung kommt.

Soll Quellwasser bakteriologisch untersucht werden, so empfiehlt es sich — namentlich wenn die Untersuchung in einer

Keimzählung bestehen soll — die Probeentnahme tunlichst erst nach ordnungsmäßiger Fassung der Quelle auszuführen, da sonst ein verwertbares Ergebnis gewöhnlich nicht zu erwarten ist. Soll das Quellwasser dagegen nur auf das etwaige Vorhandensein von B. coli geprüft werden, so ist meist die Entnahme des Wassers an der ungefaßten Quelle unter den obengenannten Vorsichtsmaßregeln zulässig.

Sobald das Grundwasser nicht freiwillig zutage tritt, sondern erst durch Pumpvorrichtungen gehoben werden muß, ist ein mindestens 10 Minuten langes Abpumpen der Entnahme vorauszuschicken, um das in den Röhren stagnierende Wasser zu beseitigen und eine Spülung derselben zu bewerkstelligen.

Doch ist bei flachen wasserarmen Kesselbrunnen das Abpumpen nicht so weit zu treiben, daß der abgesetzte Brunnenschlamm aufgewirbelt und mit herausbefördert wird.

Die Probe für die chemische Wasseruntersuchung kann aus dem Ablaufrohr der Pumpe entnommen werden, die Probe für die bakteriologische Untersuchung wird dagegen bei Kesselbrunnen zweckmäßiger unmittelbar aus dem Brunnenkessel mittels besonderer Entnahmeapparate entnommen. Man halte sich stets gegenwärtig, daß eine bakteriologische Untersuchung des Brunnenwassers auf die Anzahl der im Wasser enthaltenen Bakterien nur einen Sinn hat, wenn der betreffende Brunnen andauernd und mit gleichmäßiger Beanspruchung im Betriebe ist. Solche Verhältnisse finden sich fast nur bei den Brunnen zentraler Wasserversorgungsanlagen; bei Einzelbrunnen muß im allgemeinen von einer quantitativen bakteriologischen Untersuchung abgeraten werden, wenn dieselben nicht sehr gleichmäßig mindestens 1—2 Stunden hindurch abgepumpt worden sind. Auch hier dürfte die Untersuchung auf das B. coli im allgemeinen bessere Anhaltspunkte liefern als die Keimzählung.

Wie das Brunnenwasser wird man auch das Wasser, welches mittels eines Rohrnetzes zur Benutzung übergeben wird, sei es, daß es aus einer Quelle kommt oder als Oberflächenwasser durch eine Reinigungsvorrichtung zum Gebrauche geeignet gemacht worden ist, immer nur an einer vielgebrauchten Zapfstelle entnehmen, nachdem man mindestens 10 Minuten lang hat ablaufen lassen.

Artesisch zutage tretendes Wasser kann unmittelbar für die Untersuchung aufgefangen werden.

Eine Ausnahme von der Regel des längeren Abfließenlassens vor der Probeentnahme ist nur dann geboten, wenn der bestimmte Verdacht der Infektion eines Brunnen- oder Leitungswassers mit pathogenen Bakterien (z. B. Typhus) vorliegt. In solchem Fall, wenn also mittels der bakteriologischen Untersuchung auf spezifische Keime gefahndet werden soll, muß das erste ablaufende Wasserquantum aufgefangen werden. Bei Brunnen, Quellstuben und Wasserleitungsreservoiren kann man aber hier unter Umständen noch besser Proben des Sedimentes (Brunnenschlamm usw.) für die Untersuchung benutzen als das fließende Wasser.

Besondere Vorsichtsmaßregeln erfordert auch die Entnahme aus Flüssen, Teichen und Seen. Wie bei der offenen Quelle wird man Annäherung an die Oberfläche oder den Grund vermeiden. Es mag die Frage auftreten, soll man seichte oder tiefe Stellen wählen, oder soll man den Mittelweg beschreiten, soll man sich an die Mitte oder den Rand des Gewässers halten. Hier bieten sich aus den verschiedensten Ursachen unüberwindliche Schwierigkeiten für die Erzielung einer Durchschnittsprobe, so daß man zur Entnahme mehrerer, oft sogar vieler Proben genötigt sein wird. Jedenfalls wird man immer die Untersuchung auf Stellen oberhalb und unterhalb der vermuteten Verunreinigungen ausdehnen, um zu verwertbaren Vergleichszahlen zu gelangen.

Bei Gewässern ohne oder nur mit geringer Bewegung, welche eine Beimengung salzhaltigen Wassers vermuten lassen, wird man nicht nur an den seichten, sondern auch an den tiefen Stellen, und an letzteren stets auch vom Grunde Proben schöpfen, da diese Verunreinigung infolge ihres höheren spezifischen Gewichtes das Bestreben hat, tiefer gelegene Stellen aufzusuchen. Die Diffusion kann diese Erscheinung nicht immer vollständig ausgleichen; dieselbe bleibt manchmal sogar bei relativ starker Strömung noch auf verhältnismäßig lange Strecken des Wasser laufes bestehen. Zu große Annäherung an den Uferrand ist zu widerraten, falls dieselbe nicht aus besonderen Gründen erwünscht erscheint.

2. Ausführung der Probeentnahme für die chemische Untersuchung.

Am zweckmäßigsten füllt man die Wasserprobe für die chemische Untersuchung in eine Glasflasche mit eingeriebenem

Glasstöpsel, welcher während des Transportes mit einem Lübbert-Schneiderschen Flaschenverschluß (vgl. Fig. 16a) festgehalten wird. Eine Reihe solcher viereckiger, ca. $1^1/_2$ Liter fassender Flaschen in einem mit Filz ausgekleideten metallenen Transportkasten zeigt Fig. 55*). Diese gläsernen Gefäße sind solchen aus Steingut oder Ton gefertigten immer vorzuziehen, weil man sich bei der Durchsichtigkeit derselben von der Rein-

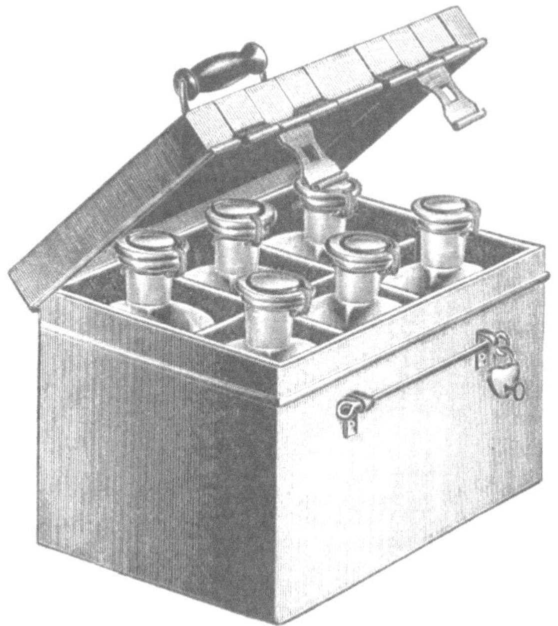

Fig. 55.

heit der inneren Oberfläche jederzeit überzeugen kann. Vor dem Gebrauch ist eine solche Flasche mittels gewöhnlichen Wassers, nach Umständen durch die Verwendung von Schwefelsäure vollkommen zu reinigen und hierauf mit destilliertem Wasser so lange nachzuspülen, bis man sich überzeugt hat, daß jede Spur des Reinigungsmittels (namentlich der Säure) beseitigt ist.

*) Die Einsätze in diesen Kästen sind herausnehmbar oder können durch solche mit kleineren Abteilungen z. B. für Flaschen zur Sauerstoffbestimmung ersetzt werden.

Bei der Probenentnahme darf die definitive Füllung mit dem zu prüfenden Wasser erst erfolgen, nachdem man mit demselben das Gefäß mehrmals unter kräftigem Umschütteln ausgespült hat.

A. Tauchapparate.

Das Schöpfen von Proben aus Oberflächen-Gewässern, oder Kesselbrunnen die mit einer Pumpe nicht versehen sind, erheischt

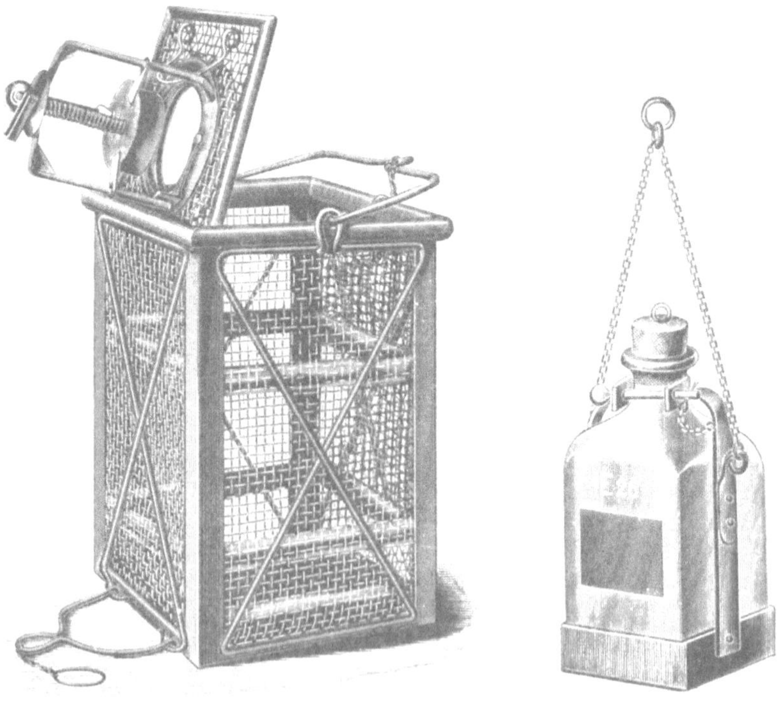

Fig. 56. Fig. 57.

eine Vorrichtung, welche die Entnahme in jeder beliebigen Tiefe ermöglicht. Dieser Forderung entspricht der von Heyroth konstruierte, in nebenstehender Skizze dargestellte Entnahmekorb. (Fig. 56). Derselbe ist aus einem Drahtgeflecht hergestellt, welches zur besseren Haltbarkeit durch Metall-Leisten und -Stäbe verstärkt ist. Im Boden ist eine Bleiplatte eingelassen, um ein rasches Untersinken des Instrumentes zu bewerkstelligen. Das

Innere des Korbes, welches die Entnahmeflasche aufnimmt, ist deren Größe angepaßt und zu ihrem Schutz in entsprechender Weise mit Gummibelag ausgestattet. Am Deckel befindet sich ein Federventil zum Verschluß des Flaschenmundes. Der mit der Flasche (ohne Stöpsel) beschickte Korb wird mittels einer in halbe Meter eingeteilten Leine bis zur gewünschten Wassertiefe eingesenkt, hierauf wird durch Anziehen einer zweiten am Ventil befindlichen Leine dieses geöffnet. Das große Gewicht des Instrumentes ermöglicht auch Tiefenmessungen bei noch mäßig starker Strömung unbeschadet des Inhalts der bereits gefüllten Flasche. In der Regel wird man sich jedoch besser vorher über die Tiefe des Gewässers vergewissern und sich hiernach bei der Entnahme richten.

Da der Transport dieses Korbes bei ambulanten Untersuchungen bisweilen beschwerlich fällt, derselbe auch nicht leicht verpackt werden kann, hat Spitta eine vereinfachte zusammenlegbare Konstruktion (Bleiplatte mit umlegbarem Bügel) angegeben (Fig. 57) bei welchem ebenfalls das Öffnen der Flasche durch Zug an einer besonderen Schnur erfolgen muß, die Flasche während des Heraufziehens aber geöffnet bleibt. In den meisten Fällen ist aber die im Flaschenhalse stattfindende Zumischung von Wasser aus den oberen Wasserschichten beim Heraufziehen des Korbes ohne Belang.

B. Pumpvorrichtungen.

Soll **Wasser** zur chemischen Untersuchung **aus engen Bohrlöchern,** welche keine eigene Pumpvorrichtung besitzen, entnommen werden, so ist die Anwendung einer kleinen transportablen Handpumpe unerläßlich. Man läßt in das Bohrrohr (Beobachtungsrohr, Brunnenrohr) einen entsprechend langen, sauberen, gründlich gespülten Gummischlauch herunter, dessen unteres Ende ein etwa 25 cm langes Stück dickwandigen Glas- oder Nickelrohres trägt. Der Glasstopfen der Flasche, welche zur Aufnahme des Wassers dienen soll, wird mit einem sauberen, doppelt durchbohrten Kautschukstopfen vertauscht, in dessen Bohrungen Messingröhrchen mit Schlauchansatz stecken, das eine etwa 12, das andere etwa 6 cm lang. Das längere ist oberhalb des Stopfens rechtwinklig abgebogen. Über dieses wird das aus dem Bohrrohr herausragende Ende des Gummischlauches gezogen, auf das kürzere Röhrchen wird ebenfalls ein dickwandiger, etwa 1 m langer Gummischlauch gut schließend gesteckt. Das freie Ende dieses Schlauches wird mit einer gut ziehenden Handpumpe in Verbindung gebracht. Da die Erfahrung gezeigt hat, daß die Ventile an solchen kleinen Pumpen nicht zuverlässig arbeiten, haben Imhoff und Spitta (237) für den genannten Zweck eine kleine Pumpe konstruiert, bei welcher die Ventile durch einen automatisch gesteuerten Zweiwegehahn ersetzt sind. (Fig. 58.)

Fig. 58.

Mit dieser Pumpe pumpt man die Luft aus der Entnahmeflasche heraus. Steht der Spiegel des zu entnehmenden Wassers nicht zu tief unter Terrain, so strömt das Wasser beim Evakuieren der Flasche von selbst in diese ein.

Bei **Oberflächenwasseruntersuchungen**, bei welchen Querschnittsproben erwünscht sind, ist es oft sehr zweckmäßig, eine gewöhnliche Saugpumpe zur Wasserentnahme an der äußeren Bordwand des Schiffes zu befestigen, deren Saugerohr $^1/_2$—1 m unter den Oberflächenwasserspiegel reicht. Auch die von Salomon (238) für Längsfahrten empfohlene Art der Wasserentnahme kann bei der Untersuchung von Oberflächenwässern von einem Fahrzeuge aus gute Dienste leisten.

Die oben geschilderte Art der Probeentnahme mittels Handpumpe ist natürlich auch bei der Untersuchung von Oberflächenwasser anwendbar, namentlich wenn Misch- und Durchschnittsproben gewonnen werden sollen.

Anhang: Wasserstandsmessung in Bohrlöchern und Brunnen.

Als Apparat zur Messung des Standes des Wasserspiegels in Bohrlöchern bedient man sich zweckmäßig des **Rangschen Brunnenmessers** (Fig. 59), einer Kombination des Pettenkoferschen Schälchenapparates mit einer akustischen Signalvorrichtung. Der Apparat ist hohl und am oberen Ende als Pfeife ausgebildet.

Er wird mittels Karabinerhakens an einem in Zentimeter geteilten aufgerollten Meßband befestigt und der Abstand des unteren Randes vom 0-Punkt des Meßbandes aus gemessen. Nun läßt man den Apparat in das

Brunnenrohr hinunter. Sobald der Apparat in das Wasser eintaucht, wird die in ihm enthaltene Luft komprimiert und durch die Pfeife herausgedrückt. Durch die Resonanz des Brunnenrohres ist der Pfiff deutlich vernehmbar. Man liest nun die Zentimeterzahl am Bandmaß in Höhe des oberen Randes des Brunnenrohres ab, zieht den Apparat in die Höhe und konstatiert, wie viele der je 1 cm voneinander entfernt stehenden Schälchen sich mit Wasser gefüllt haben. Angenommen, die Entfernung des unteren Randes des Apparates vom Nullpunkt der Meßlinie hätte 22 cm betragen, 7 Schälchen wären mit Wasser gefüllt gewesen, und an der Meßleine wären oben 4,30 m abgelesen worden, so hätte das Wasser im Brunnen 22 + 430 — 7 = 4,45 m unter Terrain gestanden.

Die **Menge des für die chem. Untersuchung entnommenen Wassers** sollte nicht unter $1^1/_2$ Liter betragen.

Fig. 59.

3. Ausführung der Probeentnahme für die bakteriologische Untersuchung. *)

A. Entnahme größerer Wassermengen.

Soll Wasser für die bakteriologische Untersuchung entnommen werden, so müssen die zur Aufnahme dienenden Gefäße steril oder so oft mit dem zu untersuchenden Wasser ausgespült sein, daß fremde Keime der Glaswand nicht mehr anhaften. Im allgemeinen wird man sicherer gehen, wenn man die zur Entnahme dienenden Flaschen, nach gründlicher Reinigung und Ausspülen mit destilliertem Wasser, durch $^1/_2$ stündigen Aufenthalt bei 160^0 im Sterilisierschrank (der Schrank muß nach dem Hineinstellen der Flaschen langsam angeheizt werden, um das Zerspringen der Flaschen zu vermeiden) oder auch im Dampftopf keimfrei macht, den ebenfalls sterilisierten Glasstopfen nach dem Erkalten der Flaschen so aufsetzt, daß eine Berührung (Infektion) des eigentlichen Verschlußzapfens nicht erfolgt, und an Ort und Stelle mit dem zu untersuchenden Wasser noch einmal ausspült. Einzelne Praktiker behaupten dagegen, daß ein dreimaliges Ausspülen der nicht besonders sterilisierten Flasche genüge.

---

*) Aus Zweckmäßigkeitsgründen vor der Probeentnahme für die biologische Untersuchung (S. 349) beschrieben.

In dem vorliegenden Fall entnimmt man die Probe für die chemische und bakteriologische Untersuchung in ein und demselben Gefäß. Die bakteriologische quantitative Untersuchung muß dann, da eine künstliche Kühlhaltung der großen Flaschen durch Eis gewöhnlich nicht durchführbar sein wird, möglichst sofort eingeleitet werden, wenigstens in der wärmeren Jahreszeit, um einer Vermehrung der Wasserkeime zuvorzukommen. Prüft man auf B. coli, so ist eine so große Eile nicht vonnöten. Immerhin ist auch diese Untersuchung nicht zu lange hinauszuschieben.

B. Entnahme kleiner Wassermengen.

Meist wird es aber für zweckmäßiger erachtet, die bakteriologische Probe für sich zu entnehmen, namentlich bei der bakteriologischen Untersuchung von Oberflächenwässern (Untersuchung auf Flußverunreinigung und dgl.). Die hier für die Aussaat gebrauchte Wassermenge ist so klein (0,1—1 ccm), daß man die Dimensionen der Entnahmegefäße in sehr beschränkten bequemen Maßen halten kann und gleichzeitig die Möglichkeit hat, die entnommenen Proben der konservierenden Wirkung der Eiskühlung auszusetzen.

Auch für die quantitative bakteriologische Untersuchung des Trinkwassers genügen kleine Wassermengen. Zur Feststellung des Gehaltes an B. coli müssen allerdings gewöhnlich größere Mengen (200—500 ccm) entnommen werden. Es ist dies auch möglich bei Anwendung eines größeren Modells des gleich zu beschreibenden Entnahmeapparates und entsprechend größerer Entnahmegläser. Für diese letzteren Fälle (Prüfung von Trinkwasser auf den Gehalt von B. coli) kann aber häufig die Entnahme des Wassers in sterilisierten Halbliterflaschen bequemer sein.

Der zur Entnahme kleiner Wassermengen zur bakteriologischen Untersuchung am meisten gebräuchliche Apparat ist der Entnahmeapparat (auch kurz „Abschlagapparat“ genannt) nach **Sclavo-Czaplewski.** Eine vergleichende Zusammenstellung dieses Apparates mit ähnlichen Systemen findet sich bei Schumacher (239).

Der Apparat (Fig. 60) besteht aus einem durchlochten, konkav vertieften metallenen Amboß mit darangehängtem Senkgewicht. Durch das zentrale Loch des Ambosses läuft eine gewachste Schnur von mehreren Metern Länge (oder eine dünne Kette), welche auf einer

Rolle bequem aufgewickelt werden kann. Die Schnur durchfährt außerdem noch ein längliches, an der Schnur leicht hin und her gleitendes Fallgewicht. 5—8 cm lange und etwa 1,5 cm im Durchmesser haltende, evakuierte und bei 160° sterilisierte Gläschen, deren langer Hals nach unten umgebogen und mit seinem zugeschmolzenen Ende noch einmal in der Horizontalebene ösenförmig gekrümmt ist, dienen als Aufnahmegefäße für das Wasser. Sie werden, wie es die Figur zeigt, in einer Klammer so an dem Stiel des Ambosses befestigt, daß das zugeschmolzene Ende des Halses horizontal, sich um die Schnur herumschlingend, auf dem Amboß liegt. Man hält das Fallgewicht mit der einen Hand fest und läßt den mit dem Gläschen armierten Apparat bis zur gewünschten Tiefe unter den Wasserspiegel herunter. Dann läßt man das Fallgewicht los. Es saust, durch die Schnur zwangsläufig geführt, herunter und zerschmettert auf dem Amboß die zugeschmolzene Spitze des Röhrchens. Da dasselbe (am besten halb) evakuiert ist, strömt eine entsprechende Menge Wasser ein. Beim Heraufziehen kann wegen des engen Querschnittes des Halses Wasser aus den oberen Schichten nicht zutreten. Um das Wasser mittels einer Pipette aus dem halb mit Wasser gefüllten Gläschen entnehmen zu können, erhitzt man den obersten Teil (Hals) desselben in der Spiritus- oder Gasflamme einige Sekunden. Sodann bringt man von außen mittels eines großen, eben in Wasser getauchten eisernen Nagels (oder dgl.) ein Tröpfchen kühlen Wassers an die erhitzte Stelle. Unter momentaner Verdampfung des Tröpfchens bekommt das Gläschen an der Stelle einen Riß, so daß durch einen leichten Schlag mit dem Nagel sich der Hals des Gläschens abschlagen läßt. Nunmehr ist die Öffnung im Gläschen so weit, daß man bequem mit der Wasserpipette eingehen kann. Man sorge dafür, daß das Wasser im Gläschen bei dieser Prozedur nicht selbst erwärmt wird. Sind die Gläschen (bei zu stark evakuierten Röhrchen) zu hoch gefüllt, so entferne man vor dem Erhitzen einen Teil des Inhalts durch Ausschleudern mit der Hand.

Fig. 60.

Anhang: Feststellung der Keimfreiheit von Grundwasser (Rohrbrunnendesinfektion).

Handelt es sich bei den Vorarbeiten für ein neues Grundwasserwerk größerer oder kleinerer Art darum, festzustellen, ob das erbohrte Grundwasser von Haus aus keimfrei ist, so müssen der bakteriologischen Probeentnahme besondere Vorarbeiten vorausgehen. Bekanntlich werden seitens des mit den Vorarbeiten betrauten Hydrologen auf dem für die Wasserentnahme bestimmten Terrain und in seiner Umgebung eine Reihe von Bohrlöchern abgeteuft, um Richtung und Gefälle des Grundwasserstromes zu bestimmen. An einer Stelle pflegt auch ein sogenannter Pumpversuch angestellt zu werden, um zu erfahren, bei welcher Größe der Wasserentnahme ein Beharrungszustand in der Absenkung des Grundwasserspiegels eintritt. Zur Anstellung eines solchen tage- und nächtelang fortgesetzten Pumpversuches ist Maschinenkraft (durch Lokomobile betriebene Zentrifugalpumpe) nicht wohl entbehrlich. Kann man die bakteriologische Probeentnahme auf die Zeit dieses Pumpversuchs verlegen, so erübrigen sich häufig weitere besondere Maßnahmen; denn durch das dauernde Abpumpen des Wassers sind vielfach alle akzessorischen (aus dem Boden, dem Bohrrohr, der Pumpe usw. stammenden) Keime mechanisch fortgewaschen, so daß man bei keimfreiem Grundwasser auch wirklich sterile Platten erhält. Weitere Maßnahmen sind indessen geboten, wenn eine genügende Säuberung der Röhren und des Pumpenkopfes auf diese Weise augenscheinlich nicht erreicht wird, d. h. die erhaltenen Keimzahlen trotz der vermuteten Sterilität des Grundwassers auch bei fortgesetztem Abpumpen des Wassers sich auf einer gewissen Höhe halten. Es muß dann vor Ausführung der bakteriologischen Untersuchung die **Desinfektion des Bohrrohres** vorgenommen und das Wasser mittels desinfizierter Handpumpe gehoben werden.

Drei Methoden sind dabei anwendbar: die Desinfektion nach C. Fränkel (240) mittels Karbolsäure (oder Kresolseifenlösung), die Desinfektion mittels Dampf nach M. Neißer (241) oder die Desinfektion durch Chlorkalklösung, die nach Angabe Dunbars (242) sich am besten bewährt hat (abgesehen davon, daß durch sie die Pumpenventile angegriffen werden).

Nach Fränkel legt man den vom Rohre abgeschraubten Pumpenkopf 2 Stunden lang in 2 proz. wässerige Karbolsäurelösung (oder 5 proz. Kresolseifenlösung) und reinigt das Rohr selbst zuerst gründlich mechanisch mit einer langgestielten Bürste. Darauf werden in das Rohr größere Mengen (ca. 10 Liter) einer 5 proz. Lösung einer Mischung von roher Karbolsäure und Schwefelsäure gegossen. Die eingegossene Flüssigkeit versinkt gewöhnlich rasch, und der ursprüngliche Wasserstand stellt sich bald wieder her. Man setzt nun den Pumpenkopf wieder auf, „pumpt den Brunnen an“, d. h. hebt vermittelst des Pumpenventils den Inhalt bis in die Pumpe und überläßt das Ganze bis zum nächsten Tage sich selbst. Dann wird kräftig abgepumpt, bis das ausfließende Wasser völlig klar fließt, mit wässeriger Eisenchloridlösung keine Phenolreaktion (S. 189) mehr gibt und jeden Geruch verloren hat. Dann erst werden die Gelatineplatten angelegt.

Für die Desinfektion **nach Neißer** wird man gewöhnlich auf den Dampf der Lokomobile angewiesen sein, doch ist auch z. B. der Dampf eines Bierdruckreinigungsapparates oder dgl. ausreichend. Der Dampf, dessen Spannung zweckmäßig mehrere (2—3) Atmosphären beträgt, wird vermittelst eines dampfdichten Schlauches, eventuell in Verbindung mit einem langen eisernen Rohr (Gasrohr), in das Brunnenrohr 3—4 Stunden lang eingeleitet und dann, am besten mittelst eines Ejektors, das Wasser so lange abgepumpt, bis es die normale Temperatur des Grundwassers wieder erreicht hat. Am besten sind für die Desinfektion nur frisch angelegte Bohrlöcher zu benutzen. Weniger geeignet zum Abpumpen des heißen Wassers ist eine Handpumpe (die im übrigen vorher nach Fränkel desinfiziert sein muß), da Stempeldichtung usw. durch das heiße Wasser angegriffen werden.

Benutzt man **Chlorkalk** zur Desinfektion, so werden die Pumpen, wie oben geschildert, abgeschraubt, in ihre einzelnen Teile zerlegt und diese gründlich mit 5 proz. Kresolseifenlösung abgebürstet. In das Brunnenrohr wird dann eine 50 proz. Chlorkalkaufschwemmung eingeschüttet, und zwar so viel, daß im Rohr etwa eine 1,5 proz. Chlorkalklösung entsteht. Dann wird die Pumpe wieder aufgesetzt und „angepumpt“, bis die Chlorkalklösung das Ventil berührt, das Ganze bis zum nächsten Tage sich selbst überlassen und dann so lange (mehrere Stunden) lang abgepumpt, bis Chlor weder durch den Geruch noch durch die chemische Reaktion (Zugabe von Kaliumjodidstärkekleister zum Wasser nach schwachem Ansäuern mit Salzsäure, S. 77) nachzuweisen ist.

Bei allen diesen Untersuchungen ist darauf zu achten, daß das abgepumpte Wasser vermittels wasserdichter Rinnen möglichst weit von dem Brunnen fortgeleitet wird. Die Gelatineplatten sind an einem staubfreien Ort anzulegen und aufzubewahren. Für solche Fälle eignen sich wegen ihres guten Schutzes gegen nachträgliche Verunreinigung besonders die Zählflaschen nach Rozsahegyi (vgl. Fig. 46).

C. Transport der für die bakteriologische Untersuchung entnommenen Proben und Verarbeitung der Proben.

In den seltensten Fällen wird man in der Lage sein, die Platten sofort nach der Entnahme der Wasserprobe an Ort und Stelle anzulegen. Gewöhnlich wird man vielmehr dazu einen geschützten Raum aufsuchen müssen, der unter Umständen weit entfernt liegt, oder man wird erst eine Reihe verschiedener Proben entnehmen wollen, um sie nachher gemeinsam zu verarbeiten. Für diese Fälle ist es von größter praktischer Wichtigkeit, einen bequemen **Transportkasten** zu besitzen, in welchem die entnommenen Proben eine Zeitlang (bis zu einigen Stunden) unter Eiskühlung und vor Infektion geschützt aufbewahrt und transportiert werden können. Die Verf. empfehlen dringend, die entnommenen Wasserproben für die bakteriologische Untersuchung lieber mit Eis gekühlt 2—3 Stunden aufzubewahren und von ihnen dann an einem geeigneten geschützten Ort lege artis und in aller Ruhe Gelatineplatten in guter Ausführung anzulegen, als mit den primitivsten Hilfsmitteln und unter den oft erschwerendsten Umständen an Ort und Stelle, womöglich unter freiem Himmel, mangelhafte Kulturplatten herzustellen. Vor allem, wenn die Platten mikroskopisch gezählt werden sollen, kommt es auf exakte saubere Arbeit bei der Herstellung der Gußplatten an.

Fast jeder, der viel Wasseruntersuchungen auszuführen hat, stellt sich sein Instrumentarium für die ambulante Untersuchung so zusammen, wie es ihm praktisch dünkt. Wenn daher im folgenden bestimmte **Einrichtungen für die ambulante bakterio-**

logische Wasseruntersuchung beschrieben werden, so soll das nicht heißen, daß andere Zusammenstellungen minder praktisch sind. Jedenfalls hat sich die im folgenden zu schildernde Apparatur in sehr zahlreichen Fällen den Verf. bestens bewährt.

Die sterilen Petrischalen stehen, wie aus Fig. 61 zu ersehen ist, in einer hohen Kupferbüchse inmitten einer **Metalltrommel**, deren Deckel mittels Gummidichtung wasserdicht beim Zumachen schließt. Der ringförmige Raum um die Kupferbüchse ist durch ein metallenes Reagenzglasgestell eingenommen, das auf acht Füßen ruht, und in welchem Gelatineröhrchen, Bouillonröhrchen, Röhrchen mit steriler physiol. Kochsalzlösung oder dgl. zur Herstellung von Verdünnungen bequem aufrecht stehend Platz finden. Im unteren äußeren Teil der Trommel bleibt reichlich Raum, um nötigenfalls Eis zur Kühlung einzufüllen. Das Einfüllen des Eises geschieht durch die beiden im Reagenzglasgestell ausgesparten Fallschächte. Am Boden der Trommel kann zweckmäßig ein kleiner Hahn zum Ablassen des Schmelzwassers eingelötet werden. Die ganze Trommel ist von einem Filzmantel und einem Segeltuchüberzug umgeben, so daß ein zu schnelles Schmelzen des Eises verhindert wird. Ein Handgriff aus Leder ermöglicht einen leichten Transport. Die sterilisierten, in Kupferblechbüchsen befindlichen Wasserpipetten können nötigenfalls ebenfalls in der Trommel untergebracht werden, finden aber auch in jeder Tasche Platz.

Fig. 61.

Notwendig für die Ausrüstung ist ferner ein kleines **Wasserbad** in handlicher Form. Das in Figur 62 dargestellte, von Kolkwitz angegebene zusammenschiebbare Modell genügt allen praktischen Anforderungen und läßt sich bequem in der Tasche tragen. Man

Fig. 62.

füllt das in ihm befindliche Reagenzglasgestell mit Gelatineröhrchen und fügt auch ein kurzes Thermometer bei. Das untere Bassin wird mit reinem Spiritus gefüllt.

Will man Verdünnungen herstellen, so ist auch die Benutzung des oben (Fig. 48) beschriebenen einfachen **Holzklammerblocks** empfehlenswert.

Trommel, Wasserpipetten, Wasserbad und Holzklammern läßt man an der Stelle zurück (z. B. im Gasthaus oder dgl.), wo man später in Ruhe die Gelatineplatten anfertigen will. Für die eigentliche Probeentnahme nimmt man nur einen handlichen **Entnahmekasten** mit an Ort und Stelle (Fig. 63).

Derselbe, nach außen mit Filz gut isoliert und mit Segeltuchüberzug versehen, enthält in der Mitte einen herausziehbaren rechteckigen metallenen Einsatzkasten, welcher durch eine durch Schraubdeckel verschlossene Öffnung mit zerkleinertem Eis be-

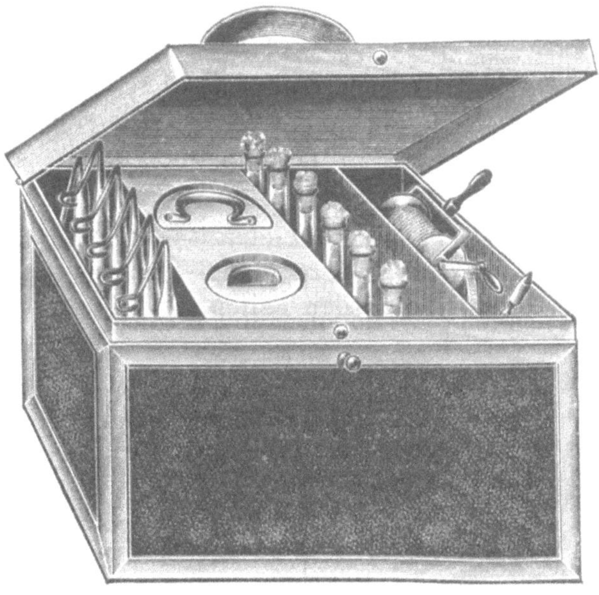

Fig. 63.

schickt werden kann. Rechts und links an den Führungswänden des Einsatzkastens befinden sich federnde, mit fortlaufenden eingestanzten Nummern versehene Klammern zur Aufnahme von sterilen Abschlagröhrchen oder leeren sterilen Reagenzgläsern. In einem seitlichen Abteil befindet sich der Sclavo-Czaplewskische Abschlagapparat, sowie eine Dosenlibelle und drei einzelne Nivellierschrauben mit breitem Fuß, auf welchen beim späteren Gießen der Platten der mit Eis gefüllte Einsatzkasten als Plattengießapparat horizontal gelagert werden kann.

Ist eine Wasserprobe entnommen, so wird das entsprechende Abschlagröhrchen — nachdem man eventuell die Öffnung der Halsspitze durch einen Tropfen Siegellack geschlossen hat — in eine Klammer eingeklemmt und die an der Klammer stehende

Nummer im Notizbuch bei der entsprechenden Probe vermerkt usf. Auf diese Weise lassen sich 12 Abschlagröhrchen oder mehr unter Eiskühlung bequem transportieren. Der Kasten wiegt mit Gläsern, Abschlagapparat und Eis gefüllt etwa $6^1/_2$ kg.

Nach Rückkehr in das Standquartier wird zur Herstellung der Platten geschritten. Dabei dient, wie oben erwähnt, der mit Eis gefüllte Einsatzkasten als **Plattengießapparat**.

Sonstige Zusammenstellungen von Apparaten für die amlutante bakteriologische Wasseruntersuchung sind von Heim, Hilgermann, Proskauer u. a. angegeben.

D. Apparate zur einwandfreien Entnahme von Wasserproben, in denen die gelösten Gase bestimmt werden sollen.

Besondere Schwierigkeiten entstehen, wenn Wasserproben entnommen werden sollen zur Bestimmung der in ihnen enthaltenen freien Gase, im besonderen des freien Sauerstoffs. Läßt man ein mit Sauerstoff nicht gesättigtes Wasser ohne weiteres in die Entnahmeflaschen (man benutzt dazu gewöhnlich ca. 300 ccm fassende enghalsige Flaschen, deren gesamter Inhalt nach der Winklerschen Methode untersucht wird (vgl. S. 56) einströmen, so nimmt es aus der sich ihm im Strudel beimengenden Luft begierig Sauerstoff auf, und das Ergebnis der Analyse ist ein nicht den Tatsachen entsprechendes. Man muß also **das zu untersuchende Wasser** längere Zeit **durch die zur Entnahme dienende Flasche hindurchpumpen**, damit sich das Wasser in der Flasche mehrmals erneuert. Dann wird man schließlich in der Flasche ein Wasser mit dem ursprünglichen natürlichen Gasgehalt haben. Da das Durchspülen mit einer Pumpe umständlich und zeitraubend ist (dasselbe wird nur bei der Entnahme von Wasserproben aus Rohrbrunnen und dgl. nicht zu umgehen sein und dann zweckmäßig wie S. 331 geschildert ausgeführt werden), haben **Spitta und Imhoff** (237) einen **Apparat** konstruiert, bei welchem das Auswaschen der Flaschen automatisch geschieht. Der Apparat entnimmt ferner gleichzeitig selbsttätig eine Probe für die gewöhnliche chemische und eine Probe für die bakteriologische Untersuchung des Wassers.

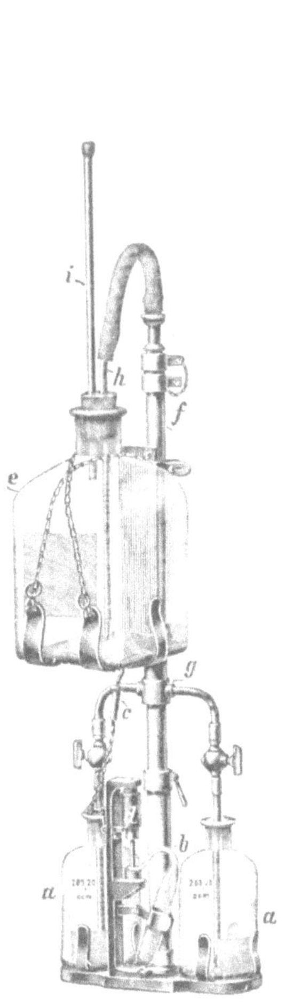

Fig. 64.

a, e Entnahmeflaschen; b Abschlaggläschen; d Hammer mit Auslösungskette c; g-f-h Steigleitung mit Rückschlagventil; i Luftauslaß.

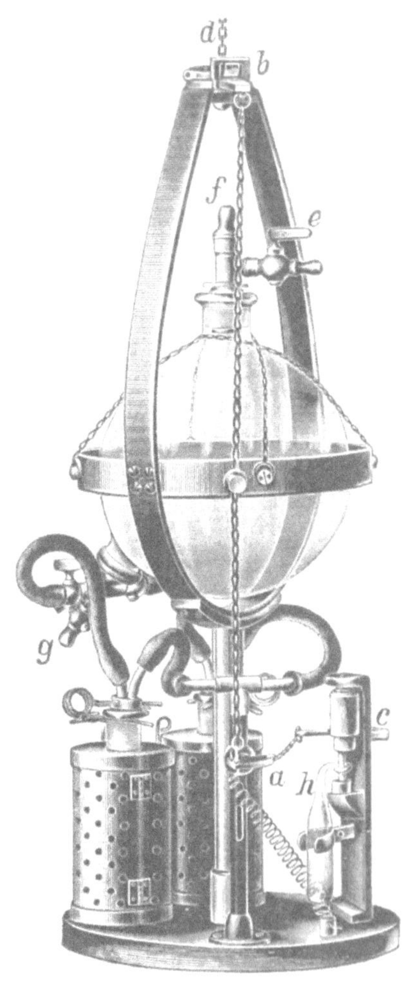

Fig. 65.

a Einlaßhahn; b Öffnungskette; c Auslösung des Hammers; d Haltekette, zugleich Führung für das Abschlaggewicht; e Lufteinlaß bei Entleerung; f Rückschlagventil mit Luftauslaß; g Wasserauslaß; h Abschlagröhrchen.

Der Apparat wird in zwei Formen konstruiert, als bequemer zusammenlegbarer, an einem „Ausziehstock“ (vgl. S. 350) zu befestigender **Reiseapparat** (Fig. 64) **und** als **größeres Modell,** im speziellen zur Entnahme von Wasserproben für die chemische, gasometrische und bakteriologische Bestimmung aus beliebigen Wassertiefen (Fig. 65). Der letztere Apparat wird an einem dünnen Seil versenkt.

Ein einfacher Apparat nach ähnlichem Prinzip ist später von **Behre und Thimme** (243) beschrieben worden. Mit demselben werden nur Proben für die Sauerstoffbestimmung und die übliche chemische Untersuchung entnommen.

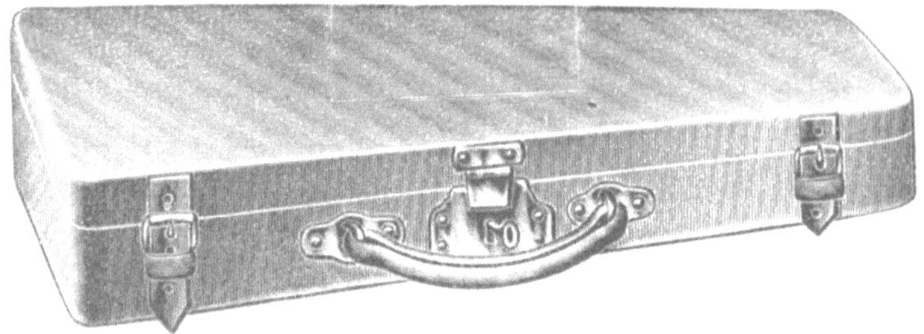

Fig. 66.

Bei den genannten Apparaten durchströmt, infolge besonderer Anordnung der Gefäße, das Wasser beim Eintauchen des Apparates durch eigene Druckkraft die zur Aufnahme der „Sauerstoffproben“ dienenden Flaschen (beim Reiseapparat sind diese Flaschen offen) und sammelt sich in einem größeren Gefäß (Flasche oder kugelförmiger Behälter) als Probe für die chemische Untersuchung (im üblichen Sinn) an. Beim Reiseapparat wird durch den Auftrieb dieses größeren Gefäßes automatisch und beim größeren Modell durch ein besonderes Fallgewicht in der gewünschten Tiefe die Entnahme der bakteriologischen Probe in Gang gesetzt*), so daß die drei Proben gleichzeitig aus dem nämlichen Wasser stammen, also wirklich miteinander verglichen werden können, was bekanntlich bei der sonst üblichen getrennten Probeentnahme nacheinander streng ge-

*) Das größere Modell ist ein vollständig geschlossenes System. Das Fallgewicht öffnet erst die Einströmungsöffnung für das Wasser, wenn der Apparat in die gewünschte Tiefe heruntergelassen ist.

nommen nicht zulässig ist. Der Reiseapparat ist in einem Transportbehälter (Fig. 66) bequem in der Hand zu tragen. Das Gewicht des Behälters einschließlich Apparat, aber ohne Flaschen, beträgt etwa $4^1/_2$ kg.

E. Apparate zur Entnahme von Wasserproben bei sehr starker Strömung.

Bei Flüssen mit sehr starker Strömung kann man sich mit Vorteil der an festen Stangen befestigten Entnahmeapparate nach **Ohlmüller-Heise** (Fig. 67) oder **Mayrhofer** (Fig. 68) bedienen. Letzterer Apparat gestattet gleichzeitig die Entnahme einer bakteriologischen Probe.

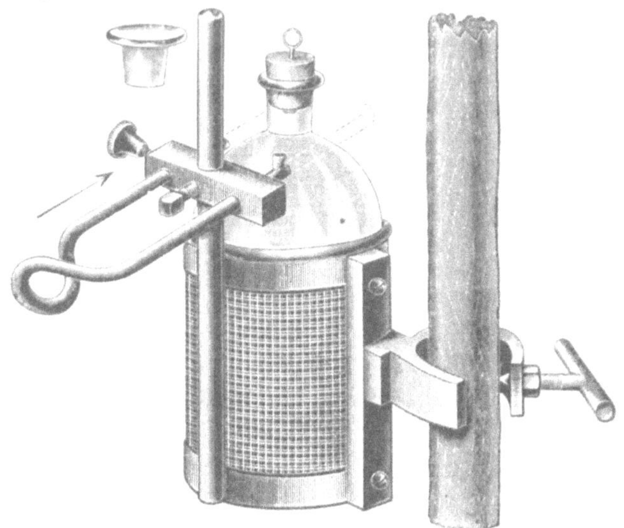

Fig. 67.

F. Die Probeentnahme von Abwässern.

Besonderer Erwähnung bedarf noch die Probeentnahme von Abwässern. Dieselbe ist insofern besonders schwierig, weil die Beschaffenheit und Konzentration der Abwässer ständig zu wechseln pflegt. Hier besagt gewöhnlich eine einmalig entnommene Probe gar nichts. Will man ein leidlich zuverlässiges Bild der Abwasserzusammensetzung bekommen, so muß man etwa stündlich von 6 Uhr morgens bis 8 Uhr abends und dann etwa 2—3 stündlich bis 5 Uhr morgens Proben entnehmen und dieselben entweder für sich untersuchen oder in entsprechenden Mengen zu einer Mischprobe vereinigen. Auch die Frage, ob und welche Sink- und Schwimmstoffe man bei der Probeentnahme mitnehmen soll, macht Schwierigkeiten.

Man wird die Stelle der Probeentnahme tunlichst da zu wählen haben, wo eine gründliche Durchmischung der Abwässer und eine möglichst weitgehende Zerreibung der groben Schwimmstoffe (z. B. frischer Fäkalien) stattgefunden hat. Die Sinkstoffe werden dann allerdings durch die Analyse nicht mehr gefaßt.

Fig. 68.

Sollen **Abwasserreinigungsanlagen** auf ihre Wirksamkeit hin kontrolliert werden, so muß besonderes Gewicht darauf gelegt werden, daß man auch annähernd „korrespondierende“ Proben erhält, d. h. es muß die Durchlaufszeit des Abwassers durch die Anlage in Rechnung gestellt und die Probeentnahme von „Rohwasser“ und „gereinigtem Abwasser“ danach eingerichtet werden. Die Erfahrung hat allerdings gezeigt, daß auch dieses Hilfsmittel nur beschränkten Wert hat, da z. B. in Klärbecken die einzelnen Wasserteilchen in den verschiedenen Höhenschichten sich mit wechselnder Geschwindigkeit bewegen.

Es möge hier noch einmal daran erinnert werden, daß **Abwässer** mit vorwiegend organischen Bestandteilen bei der Aufbewahrung einer so schnellen Zersetzung zu unterliegen pflegen, daß für die spätere Bestimmung der Oxydierbarkeit, des organischen Kohlenstoffs, der organischen Stickstoffverbindungen und des

Ammoniaks ihre **Konservierung** durch Zugabe von Schwefelsäure in gemessenen Mengen durchaus notwendig ist. Für die übrigen Untersuchungen empfiehlt sich Zugabe von etwa 2 ccm Chloroform auf 1—2 Liter Abwasser mit nachfolgendem kurzen Durchschütteln.

G. Die Probeentnahme von Flußwässern.

Die Forderung, bei Flußwasseruntersuchungen ebenfalls die Stromgeschwindigkeit bei der Probeentnahme oberhalb und unterhalb der Quelle der Verunreinigung mit in Rechnung zu ziehen, läßt sich wohl manchmal, aber meistens aus mehreren Gründen nicht erfüllen. Wenn der in Frage kommende verunreinigende Zufluß einigermaßen gleichmäßig dem Flusse zugeht, so ist der Fehler, welcher durch Außerachtlassung dieser Vorsicht entsteht, im allgemeinen auch unbedeutend, im andern Fall können die Analysen allerdings unter Umständen fehlerhafte Resultate geben. Bei Flußuntersuchungen ist stets die Wasserführung zur Zeit der Probeentnahme (Pegelstand) zu berücksichtigen und zu vermerken.

H. Apparate zur Messung des elektrischen Leitvermögens von Wässern.

Die Messung des elektrischen Leitvermögens ist eine Methode, welche sich nicht nur empfiehlt, weil sie schnell auszuführen ist und daher in wenigen Minuten über den Gehalt eines Wassers an Elektrolyten (vgl. S. 24) orientiert, sondern weil sie sich auch in bequemster Weise ambulant benutzen läßt. Für diese ambulanten Zwecke hat die Firma Richard Bosse & Co., Berlin SO 36, nach den Angaben Pleißners (244) einen sehr kompendiösen transportablen Untersuchungskasten konstruiert (Fig. 69). Derselbe ist gegen Witterungseinflüsse geschützt, und die in ihm untergebrachten Apparate (im besonderen das Induktorium und die Meßbrücke) zeichnen sich durch geschickte Anordnung und verhältnismäßig große Widerstandsfähigkeit aus. Als „Widerstandsgefäß“ ist dem Apparat die Pleißnersche Tauchelektrode (Fig. 70) beigegeben*).

*) Der fertig montierte Kasten aus geöltem Teakholz, mit Elementen, Walzenbrücke, Differentialunterbrecher, Tauchelektrode, Vergleichswiderständen, Telephon usw. nebst Berechnungstabellen kostet 300 M. Sein Gewicht beträgt etwa 9 kg.

Sie besteht aus einer weiten, unten offenen und oben mit einem Kautschukstopfen verschlossenen Glasröhre a. In diese Glasröhre ist eine zweite engere Glasröhre b derartig eingeschmolzen, daß sie den Hohlraum c abtrennt, in den sie mit ihrem zugeschmolzenen Teile hineinragt. Der Hohlraum c füllt sich beim Eintauchen des Apparates mit der zu messenden

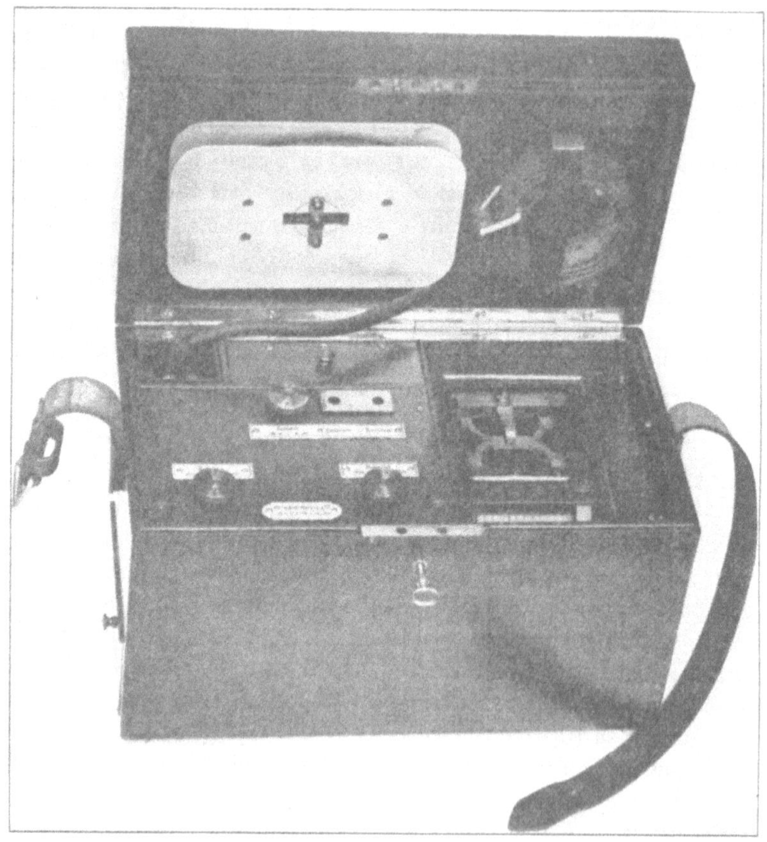

Fig. 69.

Flüssigkeit, wobei die Luft aus den Löchern bei d entweicht. Ungefähr in halber Höhe des Hohlraums c sind in die Innenwand des äußeren Glasrohrs und in die Außenwand des inneren Glasrohrs, einander gegenüber, zwei Zylinder aus feinmaschigem Platindrahtnetz so eingeschmolzen, daß die einzelnen Drähte der Netze zur Hälfte in die Glasmasse eingebettet sind. Als Elektroden stehen sich also zwei ineinander gestellte Drahtnetzzylinder aus Platin gegenüber. Beide Drahtnetzzylinder sind durch starke Platindrähte mit mehrdrähtigen Leitungsschnüren von $^5/_4$ m Länge verbunden. Für die meisten Messungen in natürlichen Wässern, die einen spezifischen Widerstand von weniger als 2000 Ohm haben, empfiehlt es sich, die Platinnetze schwach platiniert zu verwenden. Die Tauchelektrode hat eine Widerstandskapazität (vgl. S. 26) von ungefähr 0,05.

Mit der Methode der Bestimmung des elektrischen Leitvermögens läßt sich sehr schnell eine Veränderung des Salzgehalts eines Flußwassers durch Zuflüsse aller Art feststellen oder eine vorläufige Entscheidung darüber treffen, ob eine Beeinflussung von Brunnen durch das Wasser eines in der Nähe fließenden Flusses stattfindet. Auch bei den Versuchen mit gelösten Stoffen (Kochsalz), welche man der Filterprüfung mittels farbstoffbildender Bakterien vorauszuschicken pflegt (vgl. S. 322), ist das Verfahren sehr brauchbar.

Die Messung des elektrischen Leitvermögens von Wässern kann auch automatisch durch selbstregistrierende Apparate erfolgen. Näheres hierüber findet sich in den Arbeiten von Spitta und Pleißner (18).

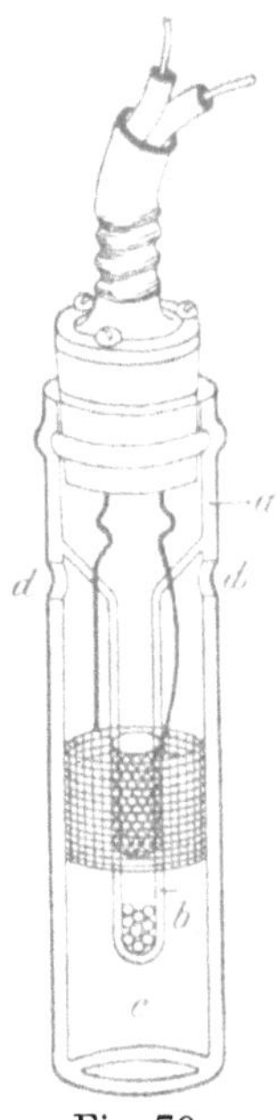

Fig. 70.

4. Ausführung der Probeentnahme für die biologische Untersuchung.

A. Instrumentarium im allgemeinen.

Das Instrumentarium, welches für die Probeentnahme des Wassers für die biologische Untersuchung notwendig ist, zeichnet sich durch verhältnismäßige Einfachheit aus. Es ist zusammenhängend von Kolkwitz (245) beschrieben worden. Da sich die biologische Untersuchung auf drei Objekte erstreckt, nämlich erstens auf das im Wasser treibende Material (Plankton), zweitens auf die am Ufer festsitzenden Organismen und drittens auf das Sediment (Schlamm), so müssen auch die Apparate nach diesen drei Richtungen hin ausgebildet sein.

Wir führen nur die wichtigsten an.

Als allgemeines Instrument ist zu nennen:

Der **Ausziehstock** (Fig. 71), im zusammengeschobenen Zustand etwa 30—70 cm lang, besteht aus ineinander eingepaßten Messingröhren mit Führungsschienen und Arretierung. Die äußerste Röhre ist mit gefirnißter Schnur bewickelt und mit einem Holzknopf versehen, um das Halten zu erleichtern.

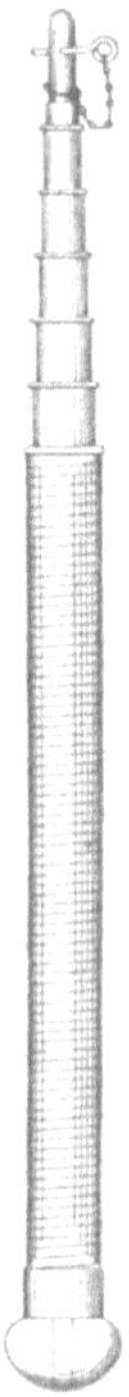

Die innerste, dünnste Röhre trägt an ihrer 3 cm langen, mit einem Loch versehenen Spitze einen Stift an einem Messingkettchen. An diese Spitze werden mit Hilfe des Stiftes eine Reihe von Entnahmeapparaten bequem befestigt. Im ausgezogenen Zustand ist der Stock von verschiedener Länge, je nach den Abmessungen der äußeren Röhre und nach der Anzahl der ineinandergeschobenen Glieder. Eine Gesamtlänge von 2 m dürfte für die meisten Zwecke ausreichen.

Der etwa 500 g wiegende Stock wird zweckmäßig in einem Segeltuchfutteral transportiert.

Fig. 71.

B. Entnahme von Plankton.

Zur Entnahme des im Wasser treibenden Materials wird an den Ausziehstock das **Planktonnetz** (Fig. 72) befestigt. Die Planktonnetze werden in verschiedener Größe und mit verschiedener Maschenweite hergestellt. Das filtrierende Material ist Seidenstoff (Müllergaze Nr. 16—20), die gewöhnliche Größe (Länge) etwa 35 cm, die gewöhnliche Maschenweite $^1/_{20}$ mm. Das Netz endigt unten in einem Eimerchen aus Messing. Das Eimerchen hat ein nach abwärts gerichtetes Abflußröhrchen, an welchem ein mit einem Quetschhahn verschlossenes Stückchen Kautschuckschlauch befestigt ist.

Das Netz wird entweder mittels des am Netzringe befindlichen seitlichen Ansatzes am Ausziehstock oder mittels des Ringes, welcher die drei Aufhängeschnüre vereinigt, an einer gewachsten Schnur befestigt. Vor jeder Untersuchung eines Wassers ist das Netz mit planktonfreiem Wasser (Leitungswasser) oder mit dem zu untersuchenden Wasser selbst bei abgenommenem Quetschhahn gut durchzuspülen, um fremdartige Bestandteile auszuwaschen Dann wird der Quetschahn aufgesetzt und das Netz, je nach dem Planktongehalt des zu untersuchenden Wassers, kürzere oder längere Zeit durch das Wasser hin und her bewegt, entweder von rechts nach links und umgekehrt oder von oben nach unten (an der Schnur). Da die Planktonorganismen je nach Lichtbedürfnis sich in verschiedenen Tiefenzonen des (ruhenden oder nur schwach bewegten) Wassers aufhalten, so ergeben die „Vertikalfänge" in solchen Fällen bessere Durchschnittsergebnisse als die „Horizontalfänge". Will man die Quantität des im Wasser vorhandenen Planktons (annähernd) ermitteln, so empfiehlt, wie schon erwähnt, Kolkwitz, als einfachste Methode, das Wasser mit einem Litermaß zu schöpfen und 50 Liter durch das Netz hindurchzugießen. (Vgl. S. 204) Zwecks Entleerung des Fanges läßt man das letzte Wasser aus dem Netz unter leichtem Schütteln herauslaufen, so daß eine konzentrierte Planktonaufschwemmung schließlich lediglich im Eimerchen verbleibt. Man hält nun ein geöffnetes Planktongläschen*) unter die Öffnung des Gummischlauches, öffnet den Quetschhahn und läßt die Suspension in das Gläschen einfließen. Eventuell kann man mit einigen Kubikzentimetern reinen Wassers nachspülen. Wegen weiterer Behandlung der Proben vgl. S. 203 u. 206.

Fig. 72.

C. Erbeutung festsitzenden Materials.

Zur Erbeutung am Ufer (Steinen, Pfählen usw.) festsitzender Organismen dient der sog. „**Pfahlkratzer**" (Fig. 73), welchen man ebenfalls am Ausziehstock befestigt. Mit der scharfen Metallschneide am Vorderrande des aus sog. Kongreßstoff gefertigten Netzbeutels wird das Material so abgeschabt, daß es in den Beutel fällt.

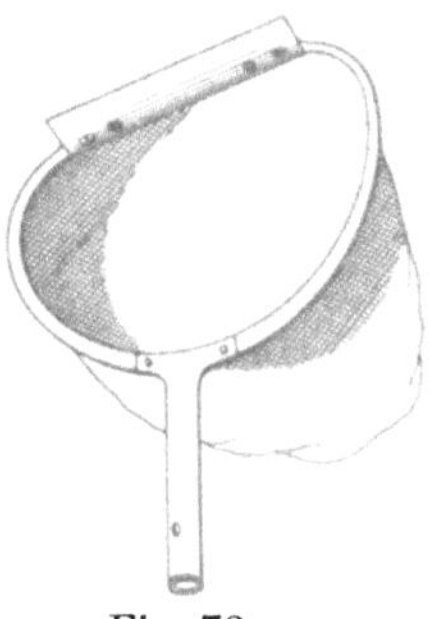
Fig. 73.

*) Kleine Glaszylinder mit planem Boden, von 14 cm Länge und 1,5 cm Durchmesser, mit Korkstopfen verschlossen.

D. Entnahme von Grund-(Schlamm-)Proben.

Zur Entnahme von Grund-(Bodenschlamm-)Proben sind mehrere Instrumente gebräuchlich. Bei flachen Gewässern genügt vielfach der einfache kleine **Schlammbecher** (Fig. 74), welchen man an

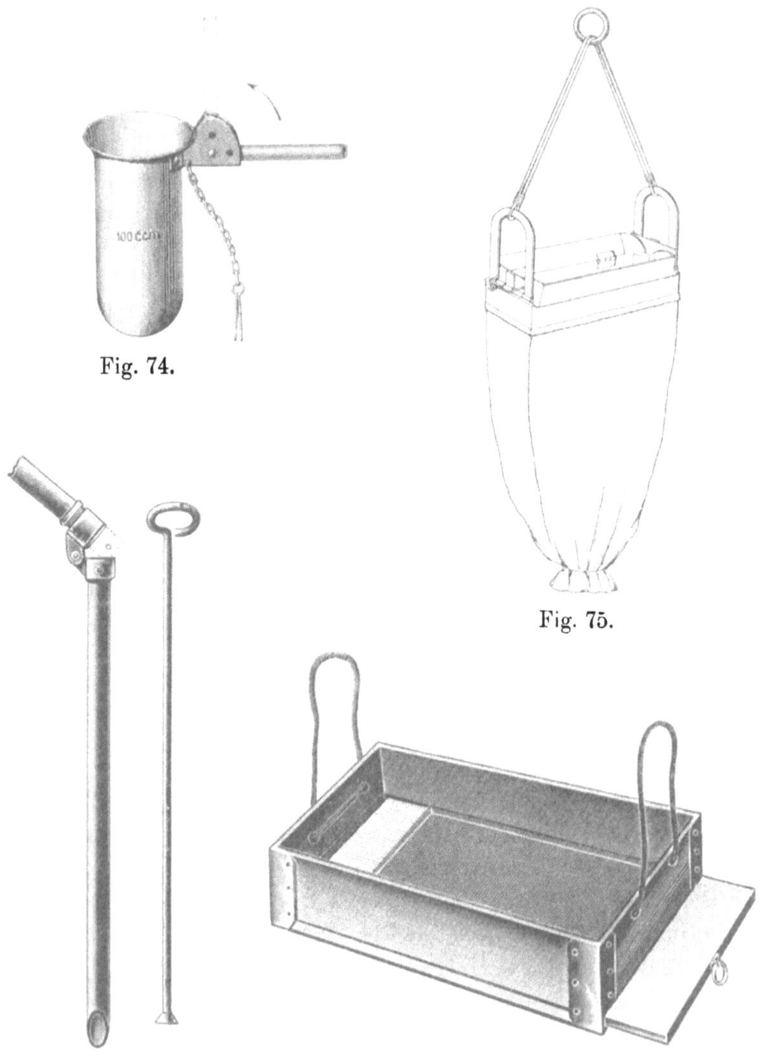

Fig. 74.

Fig. 75.

Fig. 77.

Fig. 76.

dem Ausziehstock befestigt. Bei tieferen Gewässern muß die **Dretsche** (das Scharrnetz) zur Anwendung gelangen. Fig. 75 zeigt eine viereckige, zusammenklappbare Dretsche, welche leicht verpackt und transportiert werden kann.

Der mit der Dretsche heraufgeholte Fluß- oder Seeboden bzw. Schlamm muß auf die in ihm enthaltenen Organismen durchmustert werden. Zu diesem Zweck entleert man den Inhalt der Dretsche, soweit er nicht aus groben Steinen u. dgl. besteht, in ein flaches Schlammsieb (Fig. 76). Dasselbe enthält zwei auswechselbare Drahtsiebböden von 1,0 und 0,5 mm Maschenweite. An den am Sieb befestigten Griffen wird das Sieb bis zu halber Höhe in das Wasser getaucht und durch Auf- und Niederschwenken alle Schlamm- und Erdpartikelchen abgeschwemmt. Es bleibt dann auf dem Netz nur das gröbere Material zurück, d. s. Schnecken, Schlammwürmer u. dgl. (falls nicht der Schlamm „azoisch“ ist) und sonstige Bestandteile fremdartiger Natur. Will man sich über die Schichtung eines Fluß- oder Seebodens oder dgl. orientieren, so benutzt man am besten den **Schlammstecher** (Fig. 77). Es besteht derselbe aus einem Messingrohr mit abgeschrägtem geschärften Ende, welches durch Anschrauben von weiteren Rohrstücken beliebig verlängert werden kann. Man sticht mit dem Instrument einen Boden- oder Schlammzylinder heraus (falls die Konsistenz des Schlammes dies erlaubt) und entleert den Schlammzylinder aus dem Rohr sodann mit Hilfe eines ladestockähnlichen Drückers unmittelbar in einen entsprechend weiten Glaszylinder. Man kann dann bequem Art und Dicke der einzelnen Schichten beurteilen. Das Instrument ist aber wegen seines erheblichen Gewichts unbequem zu handhaben.

5. Die bei der Probeentnahme zu beachtenden sonstigen Gesichtspunkte.

Gleichzeitig mit der Probeentnahme ist auch einigen anderen Momenten Aufmerksamkeit zu schenken. Es sind **Ort** und **Zeit** sowie **besondere Umstände** bei der Probeentnahme sorgfältig zu vermerken und die **Temperatur** des entnommenen Wassers **sogleich** sorgfältig zu messen (vgl. S. 20), eventuell auch der **Barometerstand** festzustellen. Dann sind tunlichst eine **Anzahl von Untersuchungen**, so auf Durchsichtigkeit, Farbe, Geruch, Geschmack

Reaktion, Ammoniak, salpetrige Säure, Salpetersäure, freie Kohlensäure und Sauerstoff, eventuell auch auf Eisen, Mangan und Härte **an Ort und Stelle** auszuführen (246).

Proben, in welchen die Oxydierbarkeit mittels Kaliumpermanganat bestimmt werden soll, sind zweckentsprechend zu **konservieren** (vgl. S. 194).

Die Einzelheiten über die Ausführung dieser Bestimmungen sind im vorhergehenden ausführlich mitgeteilt worden.

A. Berücksichtigung der örtlichen Verhältnisse.

Um die Ursachen und Wege der Verunreinigung von Wässern zu erforschen, muß eine sorgfältige Prüfung der örtlichen Verhältnisse der Probeentnahme vorausgeschickt werden. In dieser Hinsicht kommen in Betracht die Nachbarschaft von Ortschaften und deren Einrichtungen zur Entfernung der Abfallstoffe und Fäkalien, Fabriken und deren Beseitigung der Abwässer, Bergwerke hinsichtlich der Beschaffenheit ihrer Stollenwässer. Der Inhalt einer durchlässigen Düngergrube oder eines undichten Siels, die Nähe schlecht gepflasterter Viehställe oder von Ablagerungsstätten des Unrats kann beträchtliche Verunreinigungen des Grundwassers im Gefolge haben. Es wird ferner in manchen Fällen die Art des Landwirtschaftsbetriebes zu berücksichtigen sein, ob vorwiegend Acker-, Wiesen- oder Waldkultur vorhanden ist, ob Stalldünger oder sogenannter künstlicher Dünger (Kainit, Phosphorit, Thomasschlacke u. dgl,) zur Verwendung kommen, insofern die Gestaltung des Niederschlagsgebietes das Abschwemmen verunreinigender Stoffe begünstigt.

Nicht unbeachtet darf die Beschaffenheit des Bodens bleiben.

Ausgedehnte Flächen von Moor- oder Torfablagerungen verleihen dem Wasser bestimmte Eigenschaften indem es daraus mitunter gegelöste Huminsubstanzen aufnimmt, welche ihm eine gelbliche bis bräunliche Farbe verleihen. Für die Zusammensetzung des Wassers ist überhaupt die Art der geologischen Formation maßgebend, indem dasselbe infolge seiner lösenden Kraft und durch die chemische Einwirkung bereits vorhandener Stoffe Bestandteile des Bodens in sich aufnimmt. In sehr anschaulicher Weise kommen diese Vorgänge in der folgenden Tabelle nach E. Reichardt zum Ausdruck.

1 Liter Wasser enthält mg								
bei Quellwasser aus der Formation des	Abdampf-rückstand	Salpetersäure N_2O_5	Chlor (Cl)	Schwefelsäure (SO_3)	Kalk (CaO)	Magnesia (MgO)	Die darin vorhandenen organischen Stoffe verbrauchten mg Sauerstoff
Granits . . . . . a	24	—	3,3	3,9	9,7	2,5	0,8
b	70	—	1,2	3,4	30,8	9,1	0,2
c	210	—	Spur	10,3	44,8	21,0	0,2
Melaphyrs	160	—	8,4	17,1	61,6	22,5	0,9
Basalts	150	—	Spur	3,4	31,6	28,0	0,1
Tonsteinporphyrs . . .	25	—	—	3,4	5,6	1,8	0,4
Tonschiefers . . . a	120	—	2,5	24,0	50,4	7,3	—
b	60	—	8,8	1,7	2,8	3,6	0,9
c	70	Spur	2,0	5,0	5,6	1,8	0,8
d	180	Spur	10,6	10,0	44,0	10,8	1,0
bunten Sandsteins . . a	225	9	4,2	8,8	73,0	48,0	0,7
b	300	4	3,2	3,4	95,2	7,2	0,5
c	190	Spur	8,9	27,5	39,2	28,0	0,2
d	90	—	7,5	—	10,0	3,6	0,1
Muschelkalkes . . .	325	0,2	3,7	13,7	129,0	29,0	0,4
dolomitischen Kalkes .	418	2,3	Spur	34,0	140,0	65,0	0,3
bei einer Gipsquelle .	2365	Spur	16,1	1108,3	766,0	122,5	Spur

Von größter Bedeutung für die Filtrationskraft eines natürlichen Bodens ist seine Korngröße u. a. m. Wegen etwa notwendig werdender Untersuchungen des Bodens in dieser Beziehung muß auf Spezialwerke verwiesen werden (247).

Handelt es sich um die Wasserversorgung durch Brunnen, so ist die genaue Besichtigung und Prüfung der lokalen Verhältnisse besonders wichtig, ja unumgänglich. Eine solche Besichtigung kann Mißstände aufdecken, die jede weitere Untersuchung mittels physikalischer, chemischer und bakteriologischer Methoden entbehrlich machen (vgl. auch Kapitel VI, Abschnitt 3), denn es muß als Grundsatz aufgestellt werden, daß eine durch den Augenschein bewiesene zweifellose Möglichkeit der Infektion eines Brunnenwassers, so lange sie nicht beseitigt werden kann, genügt, um einen Brunnen als Trinkwasserspender zu beanstanden.

Die Möglichkeit der Infektion wird gegeben durch mangelhaften Schutz des Grundwassers an der Entnahmestelle von oben (unzureichende Abdeckung des Brunnenschachtes, Mangel geeigneter Abwässerableitung aus der Umgebung des Brunnens) oder von der

Seite her (in der Nähe liegende undichte Senkgruben u. dgl., wasserdurchlässige Schachtwände).

Durch Brunnenordnungen sind in verschiedenen Gegenden Deutschlands und stellenweise auch im Ausland die Grundsätze festgelegt, nach welchen Brunnen in hygienisch einwandfreier Weise zu bauen und zu pflegen sind, und nach welchen sie überwacht werden sollen. Als Beispiele nennen wir die Brunnenordnungen von Hamburg und der Bezirke Lothringen, Unter-Elsaß und Ober-Elsaß (247a). So zweckmäßig derartige Brunnenordnungen sind, sollte man es trotzdem vermeiden, die Brunnen zu sehr nach der Schablone zu beurteilen, vielmehr wird man besser von Fall zu Fall eine Entscheidung treffen. So wird man z. B. bei einem zur zentralen Wasserversorgung dienenden Brunnen sehr hohe Anforderungen hinsichtlich des Schutzes seines Wassers gegen Infektion stellen; diese Anforderungen können dagegen bis zu einem gewissen Grade heruntergesetzt werden dort, wo es sich um die Wasserversorgung durch Einzelbrunnen handelt. Von diesen ist wieder ein zum öffentlichen Gebrauch bestimmter Gemeindebrunnen kritischer zu beurteilen als ein Brunnen, der zur Versorgung der Bewohner eines einzelnen Hauses dient. — Die Erfahrung lehrt, daß die Infektion der Kesselbrunnen vorwiegend durch Eindringen von Schmutzwässern unmittelbar in die Schachtöffnung oder die oberen Teile eines undichten Schachtes erfolgt, in zweiter Linie erfolgt die Infektion der Brunnenwässer häufig von der Seite her durch einen mangelhaft filtrierenden Boden. Das mittelbare Eindringen von Krankheitskeimen von der Bodenoberfläche her in senkrechter Richtung in den Grundwasserstrom und damit in den Brunnen spielt praktisch eine geringere Rolle, wenigstens bei feinkörnigem Boden und nicht zu hohem Grundwasserstande. Immerhin sollte, wenn der Grundwasserträger nicht von Natur aus durch eine undurchlässige Schicht (Ton usw.) überdeckt ist oder das Grundwasser nicht sehr tief steht, die nächste Umgebung des Brunnens künstlich durch Aufbringen von Lehmschlag oder dgl. wasserundurchlässig gemacht werden.

Von großer hygienischer Bedeutung ist die Beanspruchung eines Brunnens und seine Ergiebigkeit. Liefert z. B. der Wasserträger nur wenig Wasser, so kann der Wasserspiegel im Brunnen schon bei mäßiger Wasserentnahme so stark abgesenkt werden, daß eine starke Saugwirkung in der Depressionszone auf das Wasser in dem benachbarten Untergrund ausgeübt wird. Dieser Umstand kann eine ausreichende natürliche Filtration des zuströmenden Grundwassers verhindern und dem Übertritt pathogener Keime in das Wasser des Brunnens gegebenenfalls Vorschub leisten. Brunnen mit reichlichem Wasserzufluß oder geringer Beanspruchung sind in dieser Beziehung minder gefährdet.

Nicht außer acht lassen sollte man stets bei der Begutachtung von Einzelbrunnen, zumal auf dem Lande, daß die Herstellung „hygienischer Musterbrunnen" gewöhnlich aus Mangel an Geldmitteln gar nicht möglich ist, und daß man häufig, um überhaupt einen hygienischen Fortschritt zu erzielen, die Anforderungen auf das unbedingt nötige niedrigste Maß wird zurückschrauben müssen.

Bei der Beurteilung von Quellen ist besonders dem Speisungsgebiet derselben Aufmerksamkeit zu schenken (geologische Verhältnisse, Bewaldung, Ödland, Ackerland) und der Konstruktion der Quellfassungen. Vgl. hierzu die ausgezeichnete Monographie von Gärtner (234).

Was die Verunreinigung von Flüssen betrifft, so darf ungeachtet der Ursache derselben der Charakter solcher Wasserläufe nicht ohne Berücksichtigung bleiben, da dieser für den Grad der Selbstreinigung bestimmend ist. Es würde zu weit führen, im vorliegenden Werke des näheren auf das Schicksal fremder Stoffe im Flußwasser einzugehen; es sei vielmehr nur erwähnt, daß außer der Tätigkeit der niederen Pflanzenwelt (Algen, Pilze und Bakterien im engeren Sinne) auch höhere pflanzliche Vegetationen an den Ufern und seichten Stellen von Bedeutung sind, und daß das Maß der Strömungsgeschwindigkeit eine hervorragende Rolle bei diesem tatsächlich bestehenden Vorgange spielt, dessen Zustandekommen im einzelnen noch nicht völlig bekannt ist. Abgesehen von diesen verwickelten Verhältnissen wird man bei der Probeentnahme schon auf die Bewegung des Wassers Bedacht nehmen müssen, da je nach dem Grade derselben eine innigere oder geringere Vermischung mit den jeweilig verunreinigenden Stoffen und eventuell eine Sedimentierung des unlöslichen Anteils derselben zustande kommt, nnd weiterhin die Sauerstoffaufnahme des Wassers davon abhängig ist. Es kommen hier die von Natur aus bestehenden *Bedingungen* für die Fortbewegung des Flußwassers in Betracht, wie beispielsweise die Abflachung des Geländes und dementsprechende Windung und Schlängelung des Flußlaufes. Nicht minder wichtig sind die von Menschenhand geschaffenen Behinderungen der Strömung in Form von Wehren und anderen Stauvorrichtungen. Der Vergleich von Proben ober- und unterhalb solcher Anlagen bietet oft einen sehr lehrreichen Einblick in die obwaltenden Verhältnisse.

In Fällen, wo die Menge der zugeführten Unratstoffe als bekannt vorausgesetzt werden darf, wird hinsichtlich des Grades der Verunreinigung bzw. hinsichtlich der Verminderung derselben auf natürlichem Wege (Selbstreinigung) ein klares Bild erzielt, wenn man die relativen Zahlen der Analyse in absolute Werte übersetzen kann. Dies setzt allerdings eine annähernd sichere Kenntnis der Flußwassermenge zur Zeit der Probeentnahme voraus. Es kann nicht Aufgabe des hygienischen Beurteilers sein, in dieser Hinsicht eigene Ermittelungen anzustellen; vielmehr wird sich derselbe zur Erreichung seines Ziels mit den diesbezüglichen Behörden (Flußbauämtern) oder anderen technischen Sachverständigen ins Benehmen setzen müssen.

Das gleiche gilt von den Messungen zur Feststellung der Ergiebigkeit eines Grundwaserstroms oder einer Quelle sowie von Abwassermengen. Gute Anleitung zur Hydrometrie gibt das kleine Werk von W. Müller (248).

B. Berücksichtigung meteorologischer Verhältnisse.

In vielen Fällen ist es angezeigt, gewissen meteorologischen Verhältnissen Beachtung zu schenken. Lufttemperatur und eventuell auch der Luftdruck sind, wie schon erwähnt, häufig zu vermerken. Bei flachen Oberflächengewässern oder bei solchen von geringer Strömung und insbesondere in der Nähe des Meeres (an den Mündungsstellen von Flüssen) sind die Stärke und die Richtung des Windes beeinflussend für die Zusammensetzung des Wassers. Auch die Menge der Niederschläge, welche der Untersuchung vorangegangen sind, kann von besonderer Bedeutung sein. Im allgemeinen wird man große, plötzliche Regenmengen und anhaltende Trockenheit zu umgehen suchen, falls nicht zur Zeit eines dieser Zustände die Untersuchung gerade wünschenswert erscheint (Quellen). Denn es ist eine bekannte Erfahrung, daß zutage liegende Wasserflächen nach starken Regengüssen mehr organische Substanzen und Bakterien führen, welche von den umliegenden Ländereien zugeschwemmt werden, und andrerseits bei geringer Niederschlagsmenge mehr durch Grundwasser und Quellen versorgt werden, welche je nach der geologischen Formation eine Bereicherung an anorganischen Bestandteilen bedingen. Bisweilen ist auch das innerhalb des Bodens sich bewegende Wasser derartigen Veränderungen durch atmosphärische Niederschläge unterworfen.

C. Die Vorbereitung auf die Probeentnahme.

Die Entnahme von Wasserproben unter gleichzeitiger Berücksichtigung aller in Frage kommender Verhältnisse und Nebenumstände stellt häufig verhältnismäßig hohe Anforderungen an die Umsicht und das Gedächtnis des Untersuchers. Dabei muß die Probeentnahme oft unter widrigen Verhältnissen ausgeführt werden, welche ein ruhiges Überlegen an Ort und Stelle erschweren.

Es kann daher nur dringend empfohlen werden, sich nach Möglichkeit schon vorher einen Operationsplan zurecht zu legen, vor allem aber sich ein Schema zum Einzeichnen aller notwendigen Daten herzustellen. Auf diese Weise wird am ehesten dem Unterlassen wichtiger Beobachtungen und dem Vergessen von Notizen vorgebeugt über Befunde, welche nachträglich meist gar nicht mehr oder nur mit großer Mühe zu beschaffen sind.

VI. Die Beurteilung der Untersuchungsergebnisse.

Ein Bild über die Beschaffenheit eines Wassers (Trinkwassers, Nutzwassers) wird man sich nur durch eine eingehende Untersuchung desselben verschaffen können. Die Möglichkeit, hieran Schlüsse über dessen Verwendbarkeit und Zulässigkeit zu verschiedenen Zwecken zu knüpfen, ist nur hierdurch gegeben; jedoch ist die Bildung eines zutreffenden Urteils aus solchen Anhaltspunkten allein in mancher Hinsicht mit Schwierigkeiten verbunden. Die Veränderungen des Wassers, welche durch geologische Ursachen bedingt sind, und diejenigen, welche durch physikalische Einwirkungen hervorgerufen werden, sind sehr verschiedene. Beide sind an die Örtlichkeit gebunden, und schon aus diesem Grunde wird es nicht angehen, bestimmte Regeln für die Beurteilung aufzustellen. Man hat allerdings versucht, Grenzwerte anzugeben; doch sind solche Zahlen nur als ungefähre Anhaltspunkte für die durchschnittliche Wasserbeschaffenheit verwertbar*). Wir erinnern nur an die verschiedenartige Zusammensetzung, welche Reichardt bei Wässern verschiedenen Ursprunges nachgewiesen hat (vgl. S. 355); die chemische Zusammensetzung, für sich betrachtet, kann nicht immer genügen, das Wasser zu verwerfen oder gutzuheißen. Es müssen vielmehr hierbei, wie schon angedeutet, noch andere Verhältnisse insbesondere berücksichtigt werden. Gerade dieser Umstand vermag dem Untersuchungsergebnis unabhängig von dessen Ausdruck in Gewicht oder Zahl die richtige Bedeutung zu verleihen und dasselbe in untrügerischer Weise zu beleuchten. Sehr häufig wird man in der Lage sein, die richtige Ansicht auf dem Wege des Vergleichs zu gewinnen. Man wird beispielsweise aus der Beschaffenheit eines Quell- oder Brunnenwassers nicht auf die Zusammensetzung des Grundwassers in dieser Gegend schließen, sondern man wird infolge der durch den Augen-

*) Nur in diesem Sinne sind sie auch im folgenden zu verstehen.

schein gewonnenen Überzeugung nach etwaigen Verunreinigungen fahnden und sich durch Prüfung von Wässern in der Umgebung, welche in dieser Beziehung einwandsfrei sind, überzeugen, inwieweit die gehegte Vermutung zutreffend ist. Ebenso wäre es irrig, aus einer Analyse auf die Verunreinigung eines Flusses oder eines anderen zutage liegenden Gewässers zu schließen; auch hier ist auf deren Ursache Bedacht zu nehmen, und nur der Unterschied in der Zusammensetzung des Wassers an einem Punkt, wo deren Einwirkung ausgeschlossen ist, gegenüber einem solchen, wo eine vollständige Vermischung des zugeführten Unrates erwartet werden darf, wird den Grad der stattgehabten Verunreinigung erst richtig würdigen lassen. Es ist hierauf schon bei der Schilderung der Maßregeln für die Probeentnahme aufmerksam gemacht worden; und diese können nicht genügend betont werden, um voreilige Schlüsse zu verhüten.

Von geringerem Belang für die Beurteilung des Wassers ist die Art seiner Verwendung. Wir müssen zwar einen Unterschied machen zwischen Trink- und Nutzwasser, und namentlich an letzteres werden von industrieller Seite gewisse Anforderungen gestellt, welche für die gedeihliche Entwicklung der betreffenden Gewerbezweige entschieden zu berücksichtigen sind. Dagegen müssen wir vom hygienischen Standpunkt von dem Wasser, welches im Haushalt oder in der nächsten Umgebung unserer Wohnung Verwendung findet, den gleichen Grad von Güte und Reinheit verlangen wie für das Trinkwasser, insofern nicht zwingende Gründe (Unmöglichkeit der Beschaffung des nötigen Bedarfes) eine solche Forderung vereiteln. Es mag noch darauf hingewiesen werden, daß die letztgenannte Art der Benutzung eines verunreinigten Wassers Schädigungen unserer Gesundheit ebenso wie der Genuß desselben im Gefolge haben kann. Mit solchem Wasser bringen wir Stoffe in unsere nächste Nähe, deren Zersetzungsfähigkeit zur Herbeiführung unhygienischer Zustände geeignet ist; anderseits ist die Möglichkeit gegeben, daß etwaige Krankheitserreger, welche das Wasser mit sich führt, oder welche durch andere Umstände bei oder in unseren Wohnstätten eine Verbreitung gefunden haben, gerade hierdurch günstige Bedingungen für eine gedeihliche Weiterentwicklung finden, so daß man unter Umständen die Entstehung von Krankheiten auf die Beschaffenheit des Wassers mittelbar zurückführen darf.

Aus diesen Gründen hielten wir es für zweckdienlich, eine Scheidung zwischen Genuß- und Gebrauchswasser bei der Besprechung der Beurteilung desselben nicht eintreten zu lassen. An geeigneter Stelle wird auch auf die einschlägigen Punkte der Abwasserbeurteilung aufmerksam zu machen sein.

1. Beurteilung auf Grund der physikalischen Untersuchung.

Die erste Anforderung, die wir an das Wasser als Genuß- und Nahrungsmittel stellen, besteht darin, daß es frei von jeglichem Geruch und fremdartigen Geschmack ist und einen sichtlich erkennbaren Grad von Reinheit, Klarheit und Farblosigkeit besitzt. Ein Wasser, welches diese Eigenschaften nicht hat, wird instinktiv als Getränk zurückgewiesen; es wirkt ekelerregend, und hierdurch beeinträchtigt es die Gesundheit, selbst wenn eine unmittelbar schädigende Wirkung derjenigen Stoffe auszuschließen ist, welche eine solche Beschaffenheit hervorrufen. Da das Wasser zur Stillung des Durstes in erster Linie als Genußmittel aufzufassen ist, so muß es auch so geartet sein, daß wir bei dem Trinken desselben einen Genuß empfinden. Wegen der Geschmacksveränderung durch Salze vgl. (13) S. 333.

Für das Gebrauchswasser kommt der Geschmack nicht in Betracht, mehr schon der Geruch. Wenn auch letzterer in Fällen, wo das Wasser erhitzt wird wie beim Kochen, vollständig sich verflüchtigen kann, so ist dessen Vorhandensein doch nach Umständen widerlich unter Berücksichtigung seiner Entstehungsursache. Insofern die Anwesenheit beider Eigenschaften auf Stoffe zurückgeführt werden kann, welche durch die chemische Analyse nachzuweisen sind, ist auf deren Besprechung dort näher eingegangen worden.

Für gewisse Zwecke ist die Reinheit des Wassers von besonderem Belang. Die Beseitigung von Unsauberkeit kann nur mit einem reinen Element erfolgen. Wäschereien und Bleichereien können trübes oder gefärbtes Wasser nicht verwenden; schwimmende Bestandteile in demselben oder gelöste färbende Stoffe, wie beispielsweise Huminstoffe oder Eisenverbindungen, lassen den gewünschten Erfolg nicht erzielen.

Daß das Wasser bei der Herstellung von Getränken u. dgl. wie bei der Bier-, Wein-, Essigbereitung vollkommen tadellos sein muß in dieser Hinsicht, liegt auf der Hand.

Eine besondere Annehmlichkeit beim Genusse des Wassers bietet eine geeignete Temperatur. Wir schätzen an dem erfrischenden Trunk aus der Quelle die kühlende Wirkung und sind unbefriedigt, wenn wir den Durst mit wärmerem Wasser löschen müssen. Es ist schwierig, diesem Verlangen immer gerecht zu werden, und dies wird nur dann der Fall sein, wenn das Wasser unbeeinflußt von der Außentemperatur diejenige einer tieferen Bodenschicht führt, aus welcher es kommt. Man beobachtet eine solche Eigenschaft nur bei den Tief- oder Gesteinsquellen, sowie dem tief liegenden Grundwasser überhaupt. Je nach der Mächtigkeit der darüber stehenden Erdschichte oder dem direkten Zutritt der Außentemperatur, wie bei den zutage liegenden Gewässern, unterliegt die Temperatur des Wassers kleineren oder größeren Schwankungen; zur kalten oder warmen Jahreszeit wird sie eine entsprechend niedrige oder zu hohe sein. Einen Einblick in diese Verhältnisse geben uns z. B. die von Reichardt angestellten Untersuchungen; derselbe ermittelte folgende Unterschiede:

	höchste Temperatur	niedrigste
Quelle	10,8 (am 27. Aug.)	9,5 (am 26. Mai.)
Flußwasser . . .	18,9 (- 30. Juli)	1,4 (- 1. Jan.)
Pumpbrunnen . .	11,0 (- 2. Okt.)	5,4 (- 28. Febr.)

Die wünschenswerten Grenzen der Temperatur eines Trinkwassers liegen zwischen + 8 und + 12°; weiter herunterzugehen ist nicht ratsam, da kälteres Wasser Verdauungsstörungen zu erzeugen geeignet ist; dagegen läßt ein Überschreiten der Grenze nach oben den Geschmack fade und nicht mehr erfrischend erscheinen. Grundwasser, welches tiefer als 15—30 m unter Terrain steht, pflegt gleichmäßig die mittlere*) Jahrestemperatur des betreffenden Ortes aufzuweisen. Wenn geeignete Temperaturen nicht von Natur aus gegeben sind, so wird die Einhaltung derselben auf künstlichem Wege anzustreben sein. So wird man das durch Filtration gereinigte Flußwasser durch Aufbewahrung in geeigneten Reservoirs vor dem Einfluß der Wärme oder Kälte der Außenluft zu schützen suchen, nach Umständen auch dessen Temperatur vor dem Genusse durch längeres Stehenlassen im Trinkgefäß oder durch Einlegen von Eis, welches aus einwandsfreiem Wasser hergestellt ist, entsprechend regeln.

*) Die mittlere Jahrestemperarur beträgt z. B. für Berlin + 9,0° C.

Die Ermittelungen des spezifischen Gewichts und der elektrischen Leitfähigkeit des Wassers dienen nur als Unterstützung der chemischen Untersuchung, ebenso interessiert der Gasgehalt des Wassers mehr vom chemischen Standpunkt aus. Über die hygienische Bedeutung der Radioaktivität der Wässer sind die Meinungen noch sehr geteilt.

2. Beurteilung auf Grund der chemischen Untersuchung.

Ebenso wie es nicht angängig ist, für die physikalische Beschaffenheit des Wassers unabänderliche Regeln aufzustellen, so können auch die Ergebnisse der chemischen Untersuchung nur vergleichsweise betrachtet die Unterlagen für eine richtige Beurteilung des Wassers bilden. Sieht man von der Bestimmung der Härte, des Eisens, des Mangans und des Bleies zunächst einmal ab, so erstrebt die chemische Analyse vorwiegend nicht die Menge etwa unbequemer oder schädlicher Bestandteile zu ermitteln, sondern der hauptsächlichste Zweck derselben liegt darin, die Ursachen der Veränderungen des Wassers aufzuklären, welche demselben auf seinen vielverschlungenen Wegen zuteil geworden sind, um auf Grund dieser Erfahrungen einen Rückschluß auf die Art etwaiger Verunreinigung und die Größe der hierdurch bedingten Gefahren zu ziehen. Zumeist werden uns die verunreinigenden Stoffe nicht in der ursprünglichen Form entgegentreten, sondern wir werden sie in dem Auftreten der durch die Zersetzungsvorgänge entstehenden einfachen Stoffe wiedererkennen. Es ist daher angezeigt, dieselben, soweit sie bei der chemischen Prüfung des Wassers in Frage kommen, einzeln zu besprechen und hierbei auf ihren Ursprung sowie auf die etwaigen Nachteile ihres jeweiligen Vorhandenseins näher einzugehen.

Der suspendierten Bestandteile ist schon insofern gedacht worden, als ihre Abwesenheit die Klarheit des Wassers bedingt. In einem für den Genuß bestimmten Wasser dürfen solche nie in dem Maße vorhanden sein, daß sie eine erkennbare Trübung verursachen, gleichviel welcher Art sie sind; denn das Getränk wird hierdurch unansehnlich und unappetitlich. Für manche gewerbliche Zwecke ist ihr Vorhandensein ebenfalls störend, wie bereits angedeutet worden ist.

Die Reaktion eines Wassers ist hauptsächlich von Bedeutung in gesundheitstechnischer Beziehung, da saure Wässer Metalle, Mörtel usw. angreifen. Gewöhnlich reagieren die natürlichen Wässer neutral, ja durch ihren Gehalt an Bikarbonaten der Erdalkalien vermögen sie sogar häufig nicht unerhebliche Mengen von Säure zu binden („Säurebindungsvermögen" der Flußwässer). Sauer reagierende Wässer sind solche, welche viel freie Kohlensäure, Huminsäuren und dgl. enthalten. Zu letzteren gehören die Wässer aus Torf- und Moorgegenden.

Der Rückstand, welcher das Gewicht der gelösten, bei 110^0 getrockneten Stoffe zum Ausdruck bringt, ist beachtenswert, da er die Summe aller nichtflüchtigen chemischen Bestandteile darstellt. Für das Trinkwasser war man geneigt, als äußerste Grenze 500 mg für das Liter aufzustellen; es ist jedoch nicht angängig, diese Zahl als eine Norm zu betrachten, da nicht ausgeschlossen werden kann, daß geologische Verhältnisse ein Übersteigen derselben bei einem nicht verunreinigten Wasser bedingen können. Für Dampfkesselbetriebe ist ein niedriger Rückstand immer angezeigt, da je nach der Verdampfung der Wassermenge deren gelöste Bestandteile für die Bildung von Kesselstein von Belang sind, dessen Entstehung zu Unzuträglichkeiten und selbst Gefahren im Betriebe führt. Weniger kommt in gewerblicher Beziehung die Herabsetzung der Lösungsfähigkeit des Wassers in Betracht; doch soll diese hierbei erwähnt werden.

Wie wir oben gezeigt haben, bietet das Gewicht des Glühverlustes des Rückstandes keine sicheren Anhaltspunkte für die Menge des organischen Anteils der gelösten Stoffe. Immerhin werden beträchtliche Gewichtsdifferenzen zu berücksichtigen sein und für eine starke derartige Verunreinigung sprechen. Diese Bestimmung trägt mehr einen qualitativen als quantitativen Charakter an sich.

Bestimmtere Anhaltspunkte über die Mengen organischer Stoffe werden gewonnen durch den Sauerstoffverbrauch, welchen man zu deren Oxydation benötigt, wobei das Kaliumpermanganat als Sauerstoffträger benutzt wird. Es unterliegt keinem Zweifel, daß diese Methode für die Wasseruntersuchung wertvoll ist; jedoch ist naheliegend, daß ihre Ergebnisse den wirklichen Verhältnissen nicht entsprechen können. Die Verschiedenartigkeit der vielen hier in Frage kommenden Stoffe, deren Zusammensetzung vielfach überhaupt nicht bekannt ist, läßt ein in allen Fällen gleichwertiges Resultat nicht erwarten. Es kommt noch hinzu, daß die organische Materie häufig eine äußerst unbeständige ist.

Durch interessante Versuche hat K. B. Lehmann die verschiedenartige Einwirkung des vom Kaliumpermanganat sich abspaltenden Sauerstoffs auf organische Stoffe dargetan. Hiernach werden von der theoretisch nötigen Sauerstoffmenge verbraucht:

	Weinsäure Proz.	Traubenzucker Proz.	Rohrzucker Proz.	Benzoesäure Proz.	Phenol Proz.	Leucin Proz.
bei 10 Minuten langem Kochen	95,6	61,0	55,1	3,7	73,5	11,4
bei 5 Minuten langem Kochen	75	42,7	53,8	2,1	41,1	10,8

Es liegt auf der Hand, daß bei dem ungleichmäßigen Verhalten von Körpern, deren Zusammensetzung bekannt ist, gegenüber dem Kaliumpermanganat um so mehr Fehler in der Beurteilung anderer näher nicht definierbarer Stoffe unvermeidlich sind. Dennoch dürfen wir den Wert dieser Methode nicht unterschätzen. Von dem Standpunkte ausgehend, daß in einer Untersuchungsreihe die Fehlerquelle stets die gleiche sein wird, vorausgesetzt, daß die Versuchsbedingungen dieselben sind, werden die Ergebnisse untereinander vergleichbar und bieten dann jedenfalls wertvolle Anhaltspunkte für die Beurteilung. Reine Wasser haben in der Regel eine niedere Oxydierbarkeit, etwa bis 2,0 mg Sauerstoff für den Liter. Es mag andererseits ausdrücklich darauf hingewiesen werden, daß vielfach der Erhöhung der Oxydierbarkeit (Kaliumpermanganatverbrauch) eines Wassers eine hygienische Bedeutung beigemessen wird, welche nicht gerechtfertigt ist. Muß man z. B. ein Wasser durch Holzröhren leiten oder handelt es sich um ein Wasser aus einem Kesselbrunnen mit Holzwandungen, so pflegt die Oxydierbarkeit des Wassers erhöht zu sein. Diese Tatsache an sich braucht aber irgend eine hygienische Bedeutung nicht zu besitzen.

Es ist jedenfalls bei höheren Befunden häufig anzunehmen, daß eine stetige oder direkte Verunreinigung des Wassers durch organische Stoffe besteht, oder daß der Weg zu einer vollkommenen Mineralisierung derselben ein zu kurzer oder nicht geeigneter ist. Sind solche Wässer zum Genusse bestimmt, so sind sie zunächst argwöhnisch zu betrachten, und die nächste Aufgabe der Untersuchung wird darauf zu richten sein, die Ursache der etwaigen Verunreinigung aufzuklären. Dies gilt indes nur für gewisse Fälle. Anders liegt die Sache bei Wässern aus moorigem Untergrund oder mit hohem Eisengehalt. Hier ist ein hoher Sauerstoffverbrauch nichts Ungewöhnliches und durchaus unbedenklich.

Der Gehalt eines Wassers an freiem Sauerstoff ist zunächst überall dort von Bedeutung, wo es sich um Angriffe des Wassers auf Metalle (z. B. bleierne und eiserne Röhren) handelt. Auch für die Enteisenung des Wassers ist die Menge des dem Wasser zugeführten Sauerstoffs für den Effekt der Enteisenungsanlage nicht gleichgültig. Der Sauerstoffgehalt von Oberflächenwassern ist von großer Wichtigkeit hinsichtlich der in ihm lebenden Fische, da ein starkes Heruntergehen desselben, wie solches z. B. durch übermäßige Einleitung von städtischen und industriellen Abwässern (z. B. Zuckerfabriken) hervorgerufen wird, zum „Aussticken“ der Fische führen kann.

Für die Beurteilung von Flußverunreinigungen von großer Bedeutung ist die Feststellung der „Sauerstoffzehrung“ der eine bestimmte Zeit hindurch (am besten 48 oder 72 Stunden) bei einer bestimmten Temperatur (am bequemsten etwa 20°) gehaltenen Wasserproben. Diese Methode übertrifft häufig an Feinheit alle übrigen mit chemischen Hilfsmitteln ausgeführten wasseranalytischen Bestimmungen. Sie hat ferner den Vorzug, daß bei ihr nur diejenigen organischen Stoffe mittelbar bestimmt werden, welche unter natürlichen Verhältnissen, d. h. auf biologischem Wege, der Oxydation anheimfallen.

Die Chlorverbindungen im Wasser, welche meistens als Natriumsalz, seltener als Kalium-, Calcium- oder Magnesiumsalz in die Erscheinung treten, sind entweder rein anorganischen Ursprungs, oder sie gelangen als Bestandteil von Abwässern organischer Art zum Wasser. Für die Beurteilung des Genußwassers muß den letzteren vorwiegend eine Bedeutung beigemessen werden. Die Ausscheidungsprodukte des menschlichen und tierischen Körpers, insbesondere der Harn, sowie die Abwässer des Haushaltes sind reich an Chlornatrium. Ein Erwachsener scheidet täglich mit seinem Harn etwa 10—15 g Chlornatrium aus. Treten solche Stoffe mehr oder minder unmittelbar zum Trinkwasser, so müssen wir hierin entschieden eine Benachteiligung der Qualität desselben erblicken. Die Chloride an sich haben zwar in den Mengen, in welchen sie bei solchen Fällen aufgefunden werden, keine gesundheitsschädigende Wirkung; jedoch ihre Abstammung gibt zu Bedenken vom hygienischen und ästhetischen Standpunkt aus Anlaß. Dagegen muß den Chlorverbindungen, welche nachgewiesenermaßen aus dem unbelebten Reiche sich herleiten lassen, nur insofern eine Bedeutung zugesprochen werden, als hierdurch der Geschmack des Wassers und seine Brauchbarkeit für andere Zwecke beeinflußt werden kann. Ein gewisser Chlorgehalt ist jedem Wasser eigen; jedoch pflegt derselbe im allgemeinen 30 mg im Liter nicht zu übersteigen, vorausgesetzt, daß sein Vorhandensein nicht auf die Auslaugung in der Natur vorkommender Salze zurückzuführen ist. Das natürliche Grundwasser verschiedener Gegenden ist in dieser Beziehung häufig sehr verschieden zusammengesetzt.

Die Schwefelsäure ist im Wasser meistens an Calcium gebunden und kommt in dieser Verbindung (Gips) aus der geologischen Formation, welche das Wasser durchwandert. In diesem Sinne ist ihre Ermittelung verwertbar. Manche Stollenwässer, wie solche aus Braunkohlenbergwerken, sind oft reich an Schwefelsäure. Freie Schwefelsäure wird ferner zuweilen in Moorwässern gefunden.

Der Schwefelwasserstoff ist häufig das Produkt von Fäulnis; so tritt er auf bei starken Verunreinigungen durch organische Stoffe und bietet dann für gewisse niedere Pilze, insbesondere für Beggiatoen, günstige Ernährungsbedingungen. Die Beggiatoen vermögen den Schwefel des Ernährungsmaterials in sich aufzustapeln, und ihn zu Schwefelsäure zu oxydieren. Unser Geruchsorgan ist für Schwefelwasserstoff äußerst empfindlich; schon aus diesem Grunde ist ein Wasser, das mit demselben behaftet ist, zum Genusse nicht geeignet, zumal wenn seine Gegenwart einen Fingerzeig für eine bedenkliche Verunreinigung bietet. — Schwefelwasserstoff wird aber auch in vielen Tiefbrunnen der norddeutschen Ebene meist bei gleichzeitigem höheren Eisengehalt des Wassers beobachtet; seine Entstehung ist hier auf andere Ursachen zurückzuführen und sein Vorkommen in solchen Fällen daher gewöhnlich ohne Bedeutung. Am häufigsten bildet sich bei der Einwirkung von Kohlensäure auf im Boden befindliches Schwefeleisen (Schwefelkies) Schwefelwasserstoff.

Freie Kohlensäure verleiht dem Wasscr einen angenehmen Geschmack, wiewohl nicht ausgeschlossen ist, daß auch Wässer dieser vorzüglichen Eigenschaft sich erfreuen, in welchen die Kohlensäure nur in gebundener Form vorhanden ist (Wolffhügel). In dem erstgenannten Zustande wird sie nur gefunden, wenn sich ihr keine Gelegenheit zu weiterer Bindung an Calcium- oder Magnesiumkarbonat oder kohlensaures Eisenoxydul bietet; deshalb beobachten wir sie namentlich in Gegenden bzw. Formationen, welche arm an diesen Mineralien sind, d. h. in weichen Wässern. Der gebundenen Kohlensäure (Hydrokarbonat) ist zunächst insofern bisweilen eine gewisse Aufmerksamkeit zuzuwenden, als sie nach Umständen schon bei Zimmertemperatur und längerem Stehen des Wassers entweicht, wobei die unlöslichen Monokarbonate ausfallen und dem Wasser eine unansehnliche Beschaffenheit verleihen.

Die Monokarbonate der Erdalkalien sind, wie gesagt, fast unlöslich im Wasser und daher ohne besondere praktische Bedeutung. Die Monokarbonate der Alkalien kommen fast nur in Mineralwässern und Abwässern vor, die auf diese Weise eine alkalische Reaktion erlangen können. Monokarbonate und freie Kohlensäure schließen sich gegenseitig aus.

Die Bedeutung des Gehaltes des Wassers an freier Kohlensäure und Hydrokarbonat liegt ebenso sehr auf der technischen wie auf der sanitären Seite. Freie Kohlensäure wirkt auf Metalle und Mörtelmaterial zerstörend ein; kommt kohlensäurehaltiges Wasser mit Blei (Bleiröhren) in Berührung, so kann es zu einer sanitär sehr bedenklichen Aufnahme von Blei in das Wasser kommen. Die Untersuchungen haben gezeigt, daß freie Kohlensäure die Löslichkeit des Bleies vermehrt, gebundene Kohlensäure (Hydrokarbonat) sie verringert. Die freie Kohlensäure kann durch besondere Maßnahmen chemisch gebunden und dadurch unschädlich gemacht werden.

Eine Rolle spielt der Nachweis von Ammoniak, salpetriger Säure und Salpetersäure, insofern diese Stoffe gewöhnlich Produkte der Zersetzung verunreinigender, stickstoffhaltiger Substanzen sind. Das Vorkommen von Ammoniak und salpetriger Säure deutet meist darauf hin, daß der Weg im Boden zur vollständigen Oxydation solcher Stoffe ein ungenügender war, oder daß diese in einer Menge zugeführt wurden, welche durch die physikalischen und chemischen Vorgänge im Boden nicht mehr bewältigt werden kann. Findet sich Salpetersäure in größerer Menge, so liegt die Gefahr nahe, daß dieser Zustand früher oder später eintritt, da die Leistungsfähigkeit dieser Vorgänge im Boden mit dessen Übersättigung abnimmt. Das Eintreten eines solchen Zustandes wird namentlich da zu erwarten sein, wo sich neben Salpetersäure salpetrige Säure und Ammoniak finden.

Spuren von Ammoniak werden nicht allzu selten in hygienisch unbedenklichen Wässern gefunden; in eisenhaltigen Tiefbrunnenwässern trifft man sogar häufig ganz erhebliche Mengen (bis über 1 mg im Liter) Ammoniak an, ohne daß diesem Befund eine besondere Bedeutung in hygienischer Beziehung beigelegt werden kann, denn es verdankt gewöhnlich seine Entstehung in diesen Fällen der reduzierenden Wirkung, welche der Schwefelwasserstoff der eisenhaltigen Grundwässer (s. o.) auf die vorhandenen Nitrate ausübt (248 a).

Auch in Moorwassern wird Ammoniak gefunden, ohne daß Verunreinigungen des Wassers vorzuliegen brauchen. In die offenen Wasserläufe gelangt Ammoniak bisweilen durch industrielle Abwässer (z. B. Wasser aus Gasanstalten).

In allen anderen Fällen sind nennenswerte Mengen von Ammoniak als Zeichen einer stattgehabten Verunreinigung mit stickstoffhaltigen organischen Stoffen anzusehen, das gilt vor allem dann, wenn sich das Ammoniak als Albuminoid-Ammoniak nachweisen läßt (vgl. unten bei Abwasser).

Das Vorkommen von salpetriger Säure im Trinkwasser ist fast immer bedenklich, da sie eine so labile Verbindung ist, daß ihre Anwesenheit gewöhnlich auf eine frische oder naheliegende Verunreinigung hindeutet. Spuren werden allerdings öfter einmal gefunden bei gleichzeitiger Anwesenheit von Ammoniak oder Salpetersäure. Sie verschwinden meist sehr schnell durch Oxydation, falls genügend Sauerstoff vorhanden ist.

Salpetersäure kommt auch in reinen Trinkwässern in nicht unerheblichen Mengen vor, sei es, daß das Wasser unmittelbar aus dem Boden stammt, und die gefundene Salpetersäure die letzte Oxydationsstufe des ursprünglich vorhanden gewesenen Ammoniaks darstellt (Wasser von Brunnen in nicht jungfräulichem Boden), oder daß auf künstlichem Wege, z. B. bei der Belüftung eines Grundwassers zum Zwecke der Enteisenung, die Oxydation des seinem Ursprung nach harmlosen Ammoniaks zu Salpetersäure stattgefunden hat. Die Bedeutung größerer Mengen von Salpetersäure ist oben schon gekennzeichnet worden.

Als eine bemerkenswerte Verunreinigung ist die Phosphorsäure aufzufassen; in reinen Wässern kommt sie so gut wie gar nicht vor, dagegen findet man sie immer in Kanalwässern, in welche sie namentlich durch den Harn gelangt, da ja der Erwachsene in 24 Stunden etwa 2,5 g P_2O_5 mit diesem ausscheidet. Durch den Boden wird die Phosphorsäure begierig absorbiert, so daß ihr Auftreten für eine ungenügende absorbierende Wirkung des Bodens spricht.

Der Gehalt an Calcium und Magnesium verleiht dem Wasser die Härte. Diese Eigenschaft kommt, von außergewöhnlichen Härtegraden abgesehen, für den Genuß weniger in Betracht; dagegen ist sie von einschneidender Bedeutung bei dem Wasser, welches dem Hausgebrauche oder industriellen Zwecken dienen soll. Man hat die Beobachtung gemacht, daß ein stärkeres Vorhandensein dieser beiden Bestandteile das Weichkochen von Hülsenfrüchten und die Herstellung von aromatischen Getränken wie Tee und Kaffee erschwert. Am meisten störend wirkt ihre Anwesenheit bei allen Reinigungsarten, bei welchen Seife benutzt wird. Wie schon oben bei der Bestimmung der Härte gezeigt worden ist, bilden die Erdalkalien mit den in der Seife befindlichen Fettsäuren unlösliche Verbindungen. Bei der Benutzung harten Wassers zu Waschzwecken geht ein Teil der Fettsäuren unausgenutzt verloren. Hier ist das weichste Wasser stets das beste; eine Härte bis zu 20 deutschen Graden dürfte in dieser Hinsicht indessen zu besonderen Mißständen nicht führen. Manche Grundwässer (z. B. in Thüringen) haben eine erheblich höhere Härte. Zwanzig Härtegrade vernichten im Kubikmeter Wasser 2,4 kg Seife (Klut).

Nicht gleichgültig ist es, wodurch die Härte bedingt wird: durch Kalk- oder Magnesiasalze, durch Karbonate oder mineralsaure Salze (Sulfate, Chloride).

In den natürlich vorkommenden Wässern bildet das Magnesium gewöhnlich nur einen Bruchteil der Menge, in welcher das Calcium vorhanden ist. Oberflächenwässer können indessen durch die Abwässer mancher Industrien, im besondern die Abwässer der Kaliindustrie, mit Magnesiasalzen derartig angereichert werden, daß erhebliche Mißstände entstehen.

Die Verbindungen, welche die Seife mit der Magnesia eingeht, sind übrigens in hauswirtschaftlicher Beziehung viel lästiger als die entstehenden unlöslichen Kalkseifen.

Die Karbonate der Erdalkalien bedingen die sog. „vorübergehende Härte“ eines Wassers. Diese Härte läßt sich zum großen Teil durch Erhitzen des Wassers beseitigen, wird also minder unangenehm empfunden. Die durch Mineralsäuren bedingte Härte (Gips, Calciumchlorid usw.) bildet die sogenannte „bleibende Härte“ und ist gar nicht oder nur durch chemische Mittel herabzusetzen.

Auch als Dampfkesselspeisewasser ist zu hartes Wasser zu vermeiden, da es zu Kesselsteinbildung Veranlassung gibt; hierbei ist namentlich die schwefelsaure Verbindung des Calciums gefürchtet; unter dem hohen Druck des Dampfes kristallisiert der Gips als Anhydrit aus und haftet in dieser Form, verschiedene andere unlöslich gewordene Salze einschließend, so fest an der Kesselwandung als Kesselstein an, daß er nur durch Klopfen beseitigt werden kann. Seine Entfernung ist zeitraubend, führt zu unnötigen Kosten und Störungen im Betriebe. Es ist ferner die Möglichkeit von Explosionen gegeben, wenn die Entfernung nicht rechtzeitig geschieht.

Durch Wasser mit hoher Karbonathärte werden allmählich die Röhren der Wasserleitungen zugesetzt (Inkrustation).

Für gewisse Industriezweige (z. B. manche Brauereien, Zuckerfabriken, Gerbereien, Porzellanfabriken und dgl.) ist hartes Wasser ungeeignet.

Die Alkalimetalle verdienen für die Beurteilung der natürlichen Wässer nur insofern eine gewisse Beachtung, als ihre Verbindung mit dem Chlor, im besonderen das Chlornatrium, uns unter Umständen einen Fingerzeig für eine stattgehabte Verunreinigung geben kann. Da Kalisalze im allgemeinen vom Boden energisch zurückgehalten werden, so ist ihr Auftreten im Wasser noch ein deutlicherer Beweis für die Übersättigung des Bodens mit diesen Salzen als das Auftreten von Natriumverbindungen. In den meisten Fällen ist die (ziemlich mühsame) Bestimmung der Alkalimetalle entbehrlich und kann bis zu einem gewissen Grade durch die leicht auszuführende Bestimmung der Chloride ersetzt werden. Bisweilen (vgl. die Bestimmung der Kohlensäure) erscheint es wünschenswert, sämtliche Metalle im Wasser quantitativ zu bestimmen, um auf dem Wege der Berechnung bestimmte andere Stoffe festzustellen. In diesem Fall muß natürlich auch die Menge des Kaliums und Natriums ermittelt werden. Von den übrigen natürlicherweise im Wasser vorkommenden Stoffen beanspruchen Kieselsäure und Tonerde nur geringes hygienisches Interesse, umsomehr aber Eisen und Mangan.

Im Grundwasser findet sich das Eisen in Mengen bis zu 30 mg im Liter und mehr, und zwar hauptsächlich als Oxydulbikarbonat, bisweilen auch an Huminsäuren oder Schwefelsäure gebunden. Unmittelbar füı die Gesundheit ohne Bedeutung, geben solche Eisenmengen zu großen Störungen in gesundheitstechnischer Beziehung Veranlassung (Ausfallen als Eisenoxydhydrat, Wucherung von Eisenbakterien im Leitungsnetz und dgl.) und wirken schließlich auch mittelbar antihygienisch, insofern sie das Wasser unansehnlich machen, ihm einen schlechten Geschmack verleihen und so von seinem Genuß abschrecken.

Wasser, in welchem das Eisen als Oxyd ausfällt, ist auch zum Reinigen der Wäsche und zur Benützung in gewissen gewerblichen Betrieben (z. B. Bleichereien, Färbereien) völlig ungeeignet, da die mit ihm behandelten Gegenstände einen gelblichen Farbenton annehmen oder fleckig werden.

Durch bestimmte Enteisenungsverfahren kann das Eisen meist in befriedigender Weise entfernt werden, doch lassen sich nicht alle eisenhaltigen Wässer gleich leicht enteisenen. Durch die Enteisenung sollte der Eisengehalt, soweit das Wasser größerer zentraler Wasserversorgungsanlagen in Frage kommt, tunlichst bis auf 0,1 mg Eisen (Fe) im Liter heruntergedrückt werden. Bei Einzelbrunnen und kleinen Wasserleitungen ist eine künstliche Enteisenung im allgemeinen erst angezeigt, wenn das Wasser mehr als 1 mg Eisen im Liter enthält.

Was für das Eisen gesagt worden ist, gilt im großen und ganzen auch für das Mangan, doch läßt sich dasselbe gewöhnlich schwerer aus dem Wasser abscheiden als das Eisen.

Von den anderen gelegentlich in das Wasser hineingeratenden Metallen ist das Blei seiner giftigen Eigenschaften wegen am wichtigsten. Die Menge von Blei im Wasser, welche zu einer Vergiftung notwendig ist, läßt sich schwer scharf angeben, da die Bleivergiftung ja fast ausschließlich in der chronischen Form auftritt, und das Blei akkumulierende Wirkungen entfaltet. Wahrscheinlich genügen schon 0,3—0,5 mg Blei (Pb) im Liter, um bei längerem Genuß des Wassers eine Vergiftung herbeizuführen. Für die Lösung des Bleies im Wasser ist von großer Bedeutung der Gehalt desselben an Sauerstoff, Kohlensäure (S. 369) und vermutlich auch gewissen Salzen. Vergiftungen durch im Wasser enthaltenes Kupfer, Zink oder Zinn spielen praktisch eine nur geringe oder gar keine Rolle. Auch das Arsen und andere Gifte sind selten im Wasser vorhanden, gelangen indessen gelegentlich durch industrielle Abwässer in dasselbe.

Die Beurteilung von Trink- und Nutzwässern auf Grund der physikalischen und chemischen Analyse allein und ohne vorhergegangene gründliche Besichtigung der örtlichen Verhältnisse ist nur in Ausnahmefällen zulässig.

Die bisherigen Ausführungen sind im wesentlichen im Hinblick auf die Beurteilung des Wassers (Trink- und Nutzwasser) gemacht worden. Sie gelten indessen großenteils auch hinsichtlich der Abwässer, gibt doch gerade zur Beurteilung der letzteren die chemische Analyse uns die hauptsächlichen Handhaben. Indessen mögen einige Ergänzungen des Gesagten doch noch angebracht sein.

Bei den Abwässern pflegen die grobsinnlich wahrnehmbaren äußeren Eigenschaften weit stärker ausgeprägt zu sein als beim Trink- und Nutzwasser. Art und Intensität der Trübung, Farbe und Geruch sind gewöhnlich in charakteristischer Weise vorhanden und fordern eine genaue Registrierung. Die Trübung ist gewöhnlich vergesellschaftet mit einem deutlichen Bodensatz, dessen physikalische Beschaffenheit, Menge und Farbe der Beachtung bedarf. Während eine quantitative Bestimmung der suspendierten Stoffe bzw. der Sinkstoffe beim Trink- und Nutzwasser gewöhnlich schon deswegen auf Schwierigkeiten stößt, weil diese Stoffe in zu geringer Menge vorhanden sind, ist diese Aufgabe beim Abwasser meist leichter zu lösen, wenigstens wenn suspendierte und abgesetzte Stoffe gemeinsam durch Abfiltrieren oder Ausschleudern bestimmt werden, und doch ist eine Trennung der in der Schwebe bleibenden und der sich absetzenden Stoffe dort von praktischer Bedeutung, wo es sich um die Beurteilung mechanisch wirkender Kläranlagen handelt. Es ist hier nicht immer ganz einfach, den nach Lage der Verhältnisse richtigsten Weg der Analyse einzuschlagen. An die für die Probeentnahme von Abwässern wichtigen Gesichtspunkte (s. Probeentnahme) sei hier nochmals erinnert. Man möge sich bei der Abwasseruntersuchung stets bewußt bleiben, daß wir hier mehr, wie sonst bei der Wasseranalyse, dem Zufall ausgeliefert sind, namentlich wo es sich um industrielle Abwässer handelt, und daß eine Verallgemeinerung der erhaltenen Untersuchungsergebnisse, d. h. ein Rückschluß aus ihnen auf die durchschnittliche Beschaffenheit eines Abwassers hier gewöhnlich weit weniger angebracht ist als bei der Analyse von Trink- und Nutzwässern.

Von Wichtigkeit ist stets die Feststellung der Reaktion.

Sehen wir im übrigen von Abwässern mit vorwiegend anorganischen Bestandteilen ab, deren Untersuchungsmethodik der Methode der Trinkwasseruntersuchung verhältnismäßig nahe steht, so werden die bei der Untersuchung von Abwässern sonst in Frage kommenden chemischen Stoffe hauptsächlich durch ihren Gehalt an Kohlenstoff, Stickstoff und Schwefel charakterisiert.

Die Bestimmung des organischen Kohlenstoffs im Wasser verdient mehr ausgeführt zu werden, als es zurzeit üblich ist, wenn auch die Mängel, welche den zur Verfügung stehenden Methoden anhaften, zutage liegen. Jedenfalls erhält man auf diesem Wege immerhin noch einen verhältnismäßig klareren Einblick in die komplizierte Beschaffenheit eines Schmutzwassers mit vorwiegend organischen Bestandteilen als durch die mit Vorliebe — weil bequemer — ausgeführte Bestimmung der Oxydierbarkeit mittels Kaliumpermanganats. Vor allem dort, wo auch industrielle Abwässer in Frage kommen, kann diese letztere Methode zu absonderlichen, nicht verwertbaren Ergebnissen führen. Bei städtischen Abwässern ist sie dagegen wohl zulässig. Hier kann sogar die vergleichende Untersuchung des ungereinigten und des gereinigten Abwassers hinsichtlich seines Kaliumpermanganatverbrauchs Auskunft darüber geben, ob durch den Reinigungsprozeß die Fäulnisfähigkeit des Abwassers aufgehoben ist, da nach den von Dunbar und Thumm gemachten Erfahrungen (vgl. S. 75) biologisch gereinigte Abwässer nicht mehr faulen, wenn ihre Oxydierbarkeit, verglichen mit der des Rohwassers, um 60—65 % oder mehr herabgesetzt worden ist. Als Zersetzungsprodukte eiweißartiger Körper finden wir den Stickstoff und den Schwefel in den organischen Abwässern wieder. Als Ammoniak findet sich der Stickstoff im frischen Abwasser in reichlicher Menge und stammt bei städtischen

Abwässern dann hauptsächlich aus dem zersetzten Harnstoff des Sielinhalts. Da im frischen Abwasser die Reduktionsprozesse vorwalten, so finden wir die salpetrige Säure und die Salpetersäure hier selten. Ein anderes Bild dagegen ergibt die Untersuchung, wenn das Abwasser behufs Reinigung natürliche (Rieselfelder) oder künstliche biologische Anlagen (intermittierende Bodenfilter, Kontaktbeete, Tropfkörper) durchlaufen hat. Hier ist die Menge der gebildeten höheren Oxydationsstufen des Stickstoffs (Nitrite und vor allem Nitrate) gewöhnlich ein brauchbarer Maßstab für den erzielten Reinheitsgrad. Auch der Gehalt an gelöstem Sauerstoff, der im frischen Abwässer Null zu sein pflegt, kann bei den biologisch gereinigten Wässern schon wieder für die Beurteilung herangezogen werden, wennschon die Anwesenheit von salpetriger Säure seine Bestimmung hier oft erschwert.

Von praktischer Bedeutung für die Kontrolle von Abwasserreinigungsanlagen ist ferner die vergleichsweise Bestimmung des organischen Stickstoffs und des Albuminoidstickstoffs im Rohwasser und gereinigten Wasser, ferner die Bestimmung der Fäulnisfähigkeit bzw. der Schwefelwasserstoffbildung bei längerer Aufbewahrung der Proben.

An Versuchen, die Beziehungen zwischen zulässiger Abwassermenge und Abwasserbeschaffenheit einerseits und Vorfluter andererseits in eine Formel zu bringen, hat es zwar nicht gefehlt. So will Rideal einen Abwasserabfluß dann nicht beanstanden, sobald die Sauerstofführung des Vorfluters zum mindesten ausreicht, um die organischen Substanzen des Abwassers zu oxydieren. Nitrat- und Nitritsauerstoff wird hierbei zugunsten des Abwassers in Rechnung gestellt. Er hat daraufhin eine besondere Formel konstruiert, und auch andere Autoren, wie Adeney und Phelps (249) haben sich mit ähnlichen Überlegungen befaßt; aber trotzdem läßt sich die Frage, wieweit ein Abwasser gereinigt sein muß, damit seine Ableitung in ein Oberflächengewässer ohne Bedenken geschehen kann, zurzeit nicht generell entscheiden und wird sich auch in Zukunft nicht generell beantworten lassen, sondern sie muß jedesmal von Fall zu Fall, unter Abwägung aller in Betracht kommenden Verhältnisse, erwogen werden. Die physikalische und chemische Untersuchung des Abwassers und Flußwassers kann hier eben nur einen Teil der Fundamente bilden, auf welchem das durch praktische Erfahrung geschärfte Urteil des Begutachters sich aufbauen muß.

Bei der Untersuchung industrieller Abwässer spielt häufig die Bestimmung bestimmter chemischer Stoffe eine Rolle, welche je nach der in Frage kommenden Industrie wechseln und als Abfallprodukte in den Abwässern erscheinen. Die Untersuchung auf diese Stoffe hat nach den gewöhnlichen Regeln der analytischen Chemie zu erfolgen.

Auch für die Beurteilung von Abwässern ist die physikalische und chemische Untersuchung allein, ohne Ergänzung durch Besichtigung der Verhältnisse an Ort und Stelle, gewöhnlich nicht ausreichend.

3. Beurteilung auf Grund der bakteriologischen Untersuchung*).

Großen Schwierigkeiten begegnet durchwegs eine richtige Deutung des bakteriologischen Untersuchungsbefundes.

Der bakteriologischen Untersuchung werden gewöhnlich nur Trink- und Nutzwasser unterworfen, während die eigentlichen Abwässer seltener, z. B. zur Feststellung des Effektes gewisser Abwasserreinigungsverfahren, bakteriologisch geprüft zu werden pflegen. Handelt es sich um die Untersuchung eines Brunnens oder einer Quelle, so ist niemals zu vergessen, daß die Begutachtung hier stets in erster Linie auf der Feststellung der örtlichen Verhältnisse der Wasserentnahmestelle und ihrer Umgebung fußen muß, und daß eine sachgemäße Inspektion, eventuell verbunden mit hydrologischen und geologischen Beobachtungen, unter Umständen die bakteriologische Untersuchung überflüssig macht. Auf diesen Punkt ist schon oben (S. 355) einmal hingewiesen worden. Solche Fälle liegen z. B. vor, wenn es sich um einen Tiefbrunnen handelt, welcher in feinkörnigem Boden auf einem Gelände niedergebracht ist, welches von menschlichen Ansiedelungen gänzlich oder fast ganz frei ist.

Was die im Betriebe befindlichen Einzelbrunnen anlangt, so hat sich ein großer Teil der Hygieniker hier grundsätzlich gegen eine quantitative bakteriologische Untersuchung des Wassers erklärt, d. h. gegen eine Feststellung der Zahl der aus einem Kubikzentimeter des geschöpften Wassers auf der Gelatineplatte zur Entwicklung kommenden Bakterienkolonien; denn der Grad der Mangelhaftigkeit eines Brunnens steht erfahrungsgemäß

*) Vgl. Fußnote zu S. 333.

keineswegs immer in einem entsprechenden Verhältnis zu dem Keimgehalt seines Wassers. Es ist dieser Standpunkt zweifellos in allen denjenigen Fällen berechtigt, in welchen wir die natürliche Filtration des in einen Brunnen eintretenden Wassers sich nicht mit einer solchen Konstanz und Gleichmäßigkeit vollziehen lassen können, wie wir es bei der künstlichen Sandfiltration in der Hand haben, und das wird in der überwiegenden Mehrzahl der Fälle zutreffen, da ein Einzelbrunnen ja gewöhnlich intermittierend betrieben und in wechselndem Maße quantitativ in Anspruch genommen wird. Bei den dauernd und gleichmäßig im Betriebe befindlichen Brunnen, welche eine zentrale Wasserversorgungsanlage speisen, sind die Aussichten, durch die quantitative bakteriologische Untersuchung des Wassers ein richtiges Bild zu erhalten, besser. Jedenfalls liegt kein Grund vor, die bakteriologische Untersuchung eines Brunnenwassers von vornherein in jedem Falle abzulehnen, zumal die lokale Besichtigung sich in der Praxis gar nicht immer in der gewünschten Weise ausführen läßt. Es will uns daher scheinen, als ob Sendtner das Richtige getroffen hat, wenn er sagt: „Es beruht auf einer Verkennung der Tatsachen und hieße das Kind mit dem Bade ausschütten, wollte man behaupten, daß die Okularinspektion alles leiste, was wir brauchen. Vor Übertreibung in dieser Richtung hat man sich ebenso zu hüten wie vor Überschätzung des Wertes der chemischen oder bakteriologischen Prüfung".

Selbst dann aber, wenn die bakteriologische Untersuchung eines Brunnenwassers zu Recht geschieht, kann eine bestimmte Grenzzahl für den zulässigen Bakteriengehalt eines Brunnenwassers nicht angegeben werden. Denn es beruht auf einer irrtümlichen Auffassung, wenn, wie vielfach, die Meinung vertreten wird, daß die in den „Grundsätzen für die Reinigung von Oberflächenwasser durch Sandfiltration" (159) vertretene Forderung: „Ein befriedigendes Filtrat soll beim Verlassen des Filters in der Regel nicht mehr als ungefähr 100 Keime im Kubik-Zentimeter enthalten," auch ohne weiteres auf Brunnenwässer übertragen werden kann. Die Verhältnisse liegen bei der künstlichen Sandfiltration anders als bei der natürlichen Filtration durch den gewachsenen Boden. Man kann nur sagen, daß der in einem Brunnenwasser bei öfterer bakteriologischer Untersuchung unter gleichen äußeren Bedingungen gefundene Keimgehalt möglichst niedrig und möglichst konstant sein soll. Verdächtig sind alle großen Schwankungen im Keimgehalt. Daß Wasser nach längerem Stehen, oder nach Berührung mit Bakterienvegetationen (z. B. in Brunnenschächten, geschlossenen, längere Zeit nicht gereinigten Filtern u. a. m.) sehr bakterienreich sein kann, ohne daß dieser Umstand das Wasser infektionsverdächtig zu machen braucht, bedarf kaum besonderer Betonung. Auch in diesen Fällen verbürgt nur eine längere praktische Erfahrung die Abgabe eines zutreffenden Urteils. Handelt es sich um Neuanlagen von Brunnen, im besonderen für zentrale Wasserversorgungsanlagen, so ist es wichtig, sich durch sachgemäße Untersuchung von der Keimfreiheit des betreffenden Grundwassers zu überzeugen (siehe S. 336).

Was wir von der bakteriologischen quantitativen Brunnenwasseruntersuchung sagten, dürfen wir nicht ohne weiteres auf die Quellwässer übertragen. Bei ihnen hat — zumal wenn sie gefaßt sind — die Keimzählung einen nicht zu unterschätzenden Wert. Womöglich ist eine solche Keimzählung öfter auszuführen und die Ergebnisse der Untersuchung an trockenen und an Regentagen miteinander zu vergleichen. Ein starkes Anschwellen der Keimzahl im Quellwasser nach stärkeren atmosphärischen Niederschlägen legt stets den Verdacht nahe, daß dem Quellwasser mangelhaft filtriertes Oberflächenwasser zuströmt. Eine nach dem Regen auftretende schon makroskopisch sichtbare Trübung des Quellwassers läßt das gleiche vermuten und macht die bakteriologische Untersuchung häufig überflüssig.

Zur fortlaufenden Kontrolle von zentralen Wasserversorgungen, deren Anlage und Betrieb genau bekannt ist, eignet sich die quantitative bakteriologische Untersuchung wohl. Namentlich gilt dies für die Kontrolle von künstlichen Sandfilterwerken. Hier hat sich die Festsetzung der oben bereits genannten Grenzzahl von 100 Keimen im Kubikzentimeter Wasser im allgemeinen praktisch bewährt, und wenn auch gelegentliche Überschreitungen dieser Grenzzahl bedeutungslos sind, so ist das dauernde Auftreten beträchtlich höherer Keimzahlen im Filtrat gemeinhin doch als eine Störung des Filterbetriebes anzusehen. Voraussetzung ist natürlich, daß man sich hinsichtlich des benutzten Nährbodens, der Aufbewahrungsdauer der Kulturplatten und der Aufbewahrungstemperatur genau an die gegebenen Vorschriften hält.

Gute Dienste leistet die quantitative bakteriologische Wasseruntersuchung bei dem Studium der Verunreinigung und Selbstreinigung von Oberflächenwasser jeder Art. Die Keimzahl ist hier das feinste Reagens auf Verschmutzung, das wir kennen, und wenn auch gelegentlich akzidentelle Umstände die Brauchbarkeit einer erhaltenen Keimzahl für unsere Beurteilung in Frage stellen, so vermag dies doch nicht den Wert der Methode an sich für den genannten Fall zu erschüttern.

Daß die quantitative bakteriologische Wasseruntersuchung ferner überall dort mit Vorteil herangezogen wird, wo es gilt, sich über die bakterienvernichtende oder bakterienzurückhaltende Wirkung eines Wasserreinigungsverfahrens zu unterrichten (Sterilisation des Wassers durch physikalische und chemische Einflüsse, Prüfung von Kleinfiltern und dgl.), liegt ohne weiteres auf der Hand.

Neben der quantitativen bakteriologischen Untersuchung beginnt sich nun seit einiger Zeit auch die qualitative bzw. die qualitativ-quantitative bakteriologische Untersuchung ihren Platz zu erobern.

Daß der Nachweis des typischen B. coli im Wasser eine gewisse diagnostische Bedeutung besitzt, wird heutzutage wohl nur noch von wenigen Hygienikern bestritten; jedenfalls sprechen die sehr ausgedehnten Untersuchungen und Beobachtungen, welche man hauptsächlich in England, Amerika und Frankreich nach dieser Richtung hin angestellt hat, welche aber auch in Deutschland von einer Reihe von Autoren nachgeprüft und bestätigt werden konnten, dafür, daß das B. coli, sofern man es nur scharf genug charakterisiert, für die Beurteilung des Wassers ein wichtiges Moment abgibt, namentlich bei Berücksichtigung quantitativer Unterschiede. Diese Bedeutung hat das B. coli nicht nur für die Beurteilung der Infektionsverdächtigkeit von Brunnenwässern, Quellwässern und Oberflächenwässern, sondern auch für die Kontrolle von Sandfilteranlagen. Die Bedeutung dieser Methode, die Verdächtigkeit oder Unverdächtigkeit eines Wassers festzustellen, liegt z. T. auch darin, daß die Ergebnisse der Untersuchung, wenigstens die vorläufigen Ergebnisse, erheblich früher erhalten werden können als durch die übliche Zählung der Kolonien auf Gelatineplatten, und daß unter gewissen Umständen es sogar zulässig erscheint, die Untersuchuug auch an eingesandten Wasserproben vorzunehmen. Wenn die Menge der gefundenen Colibazillen sich auch vielfach proportional den allgemeinen Bakterienzahlen verhält, so kommen doch auch Fälle vor, wo das B. coli bei sonst auffällig niedrigen Keimzahlen angetroffen wird (Hilgermann [175]). Diese Tatsache spricht demnach ebenfalls dafür, daß die allgemeine Bakterienzahl eines Wassers nicht immer ein Maßstab für seine Infektionsverdächtigkeit oder Unverdächtigkeit ist.

Die Methode des Nachweises des B. coli muß schon deswegen bis zu einem gewissen Grade quantitativ ausgestaltet werden, weil bei beliebiger Steigerung der für die Untersuchung benutzten Wassermenge, sich wohl schließlich fast in jedem Wasser vereinzelte Exemplare von B. coli finden lassen würden. Andererseits ist es natürlich auch hier wieder mißlich, Grenzzahlen aufzustellen. Immerhin mögen die folgenden, von Whipple aufgestellten Zahlen einen ungefähren Anhaltspunkt dafür bieten, in welcher Weise von einer Reihe von Autoren ein Wasser, je nach dem Ausfall der Untersuchung auf B. coli, hygienisch bewertet wird.

Der genannte Autor belegt ein Wasser mit folgenden Qualitäten:

wenn der Nachweis des B. coli erst gelingt in ccm	
100	gesundes Wasser
10	genügend gesundes Wasser
1	fragliches Wasser
0,1	wahrscheinlich ungesundes Wasser
0,01	ungesundes Wasser.

Wir wollen uns auf eine Kritik dieser Zahlen nicht einlassen, aber unsere vorläufige Ansicht doch dahin formulieren, daß im allgemeinen der regelmäßige Nachweis des typischen B. coli in 1 ccm Wasser dasselbe als mindestens infektionsverdächtig erscheinen läßt.

Im übrigen ist die Frage nach der diagnostischen Bedeutung des B. coli, in Deutschland wenigstens, immer noch im Fluß, so daß eine endgültige Stellungnahme dazu noch nicht wohl möglich ist.

Für gewisse Aufgaben, z. B. die Feststellung der Infektiosität und Selbstreinigung von Oberflächenwässern genügt häufig schon die Bestimmung der Menge der bei 37° wachsenden (bzw. auch der bei dieser Temperatur Traubenzucker vergärenden) Keime, denn die eigentlichen Wasserbakterien wachsen im allgemeinen nicht bei 37°. Die Methode der Feststellung des sog. „Thermophilentiters“ nach Petruschky und Pusch wird man in solchen Fällen häufig mit Vorteil heranziehen können.

Was schließlich den unmittelbaren Nachweis von Krankheitserregern im Wasser anlangt, so müssen wir auch heute noch den Standpunkt vertreten, daß seine praktische Bedeutung eine verhältnismäßig geringe ist; dies gilt — trotz aller Verfeinerungen der Methodik — aus bereits oben dargelegten Gründen vor allem für den Nachweis des Typhusbazillus, weniger für den Nachweis des Vibrio Cholerae asiaticae u. a. Wenn wir uns hiermit der Ansicht wohl fast aller Hygieniker anschließen, so soll indessen damit nicht gesagt sein, daß es unrationell wäre, überhaupt den Versuch des Nachweises zu führen; im Gegenteil. Nur soll man sich immer bewußt bleiben, daß vom Standpunkt des Hygienikers aus der Nachweis der Infektionsmöglichkeit und Infektionsverdächtigkeit eines Wassers praktisch bedeutungsvoller ist als der Nachweis einer wirklich stattgehabten Infektion, und daß ein positiver Nachweis von Infektionserregern zwar eine sehr erwünschte Sicherung eines ausgesprochenen Verdachtes bedeutet, ein negativer Ausfall der Untersuchung aber nicht beweist, daß eine Infektion tatsächlich nicht stattgefunden hat.

Gewisse Abwässer (z. B. aus Krankenanstalten und dgl.) sind vom bakteriologischen Standpunkt aus unter Umständen besonders kritisch zu beurteilen.

4. Beurteilung auf Grund der mikroskopisch-biologischen Untersuchung.

Die mikroskopisch-biologische Wasseruntersuchung verlangt zu ihrer vollendeten Ausführung, wie oben schon ausdrücklich hervorgehoben ist, eine ganz besondere, nur durch lange Übung und Erfahrung erreichbare Kenntnis der mannigfachen Formen der Organismen und ihrer zahlreichen Varietäten.

Aber auch der nicht spezialistisch Vorgeschulte wird versuchen, mit Hilfe einiger besonders charakteristischer Leitorganismen einen Einblick in die biologischen Verhältnisse, soweit sie minder komplizierter Natur sind, zu gewinnen; denn die Vorteile, welche die Beobachtung des Tier- und Pflanzenlebens sowohl als auch des im Wasser vorhandenen „Pseudoplanktons“ und des aus dem Wasser sich abscheidenden Sedimentes bietet, sind so große (vgl. S. 200), daß man dieser Hilfsmittel nicht gern wird entraten mögen.

Bei der Untersuchuug von Brunnen- und Quellwässern vermag häufig schon die unmittelbare mikroskopische Untersuchung des Sedimentes der entnommenen Wasserprobe wertvolle Aufschlüsse zu geben. In dieser Beziehung gilt folgendes:

Die Befunde der mikroskopischen Untersuchung sind je nach ihrem Wesen verschieden zu beurteilen. Häufen sich anorganische, schwimmende Bestandteile wie Ton, Lehm, Eisenoxydhydrat und dgl., so machen sie das Wasser unansehnlich. Pflanzliche Reste, sei es, daß sie auf natürlichem Wege (Pollenkörner, Blätter usw.) oder durch Menschenhand (Abfälle aus Holzschleifereien usw.) in das Wasser gelangt sind, verbinden mit dem sichtbaren Nachteil einer Verunreinigung den Mißstand, daß sie früher oder später in Zersetzung übergehen. Aus gleichem Grunde sind Reste kleiner Tiere (Insekten) ebenfalls strenger zu beurteilen, wenn dieselben häufiger gefunden werden. Solches Wasser ist unappetitlich.

Woll-Baumwoll-Zellulosefasern, Haare und dgl. gelangen hin und wieder aus Gewerbebetrieben (Gerbereien, Tuchwalken, Zellstoffabriken usw.) oder mit dem Waschwasser zu dem Trink- oder Gebrauchswasser. Solche Verunreinigungen, welche vermöge ihrer Abstammung auch weiteren Unrat mit sich führen können, schließen die Benutzung des Wassers aus, wenn es sich nicht um zufällige Einzelbefunde handelt. Das gleiche gilt in noch höherem Grade von Stoffen, die den Küchen- und sonstigen Hausabwässern angehören wie Stärkekörner, Kaffeegrund, Waschblau, Kohleteilchen, oder fäkalen Ursprungs sind wie Muskelfasern usw. In letzter Hinsicht sind auch die Eier von den im Darme wohnenden Parasiten oder von solchen, welche vom Tier auf den Menschen übertragen werden können, besonders bedenkenerregend.

Die Hauptbedeutung des Nachweises dieser Stoffe liegt darin, daß sie Zeugnis abgeben für einen ungenügenden Schutz der Wasserentnahmestelle gegen äußere Verunreinigung. Wo derartige Stoffe hingelangen können, vermögen gelegentlich auch die Erreger von Infektionskrankheiten einzuwandern und die Gesundheit der Konsumenten des Wassers ernstlich zu gefährden.

Die Aufgabe der eigentlichen biologischen Wasser- und Abwasseruntersuchung besteht vornehmlich darin, den

Einfluß verunreinigender städtischer nnd industrieller Abflüsse auf die in Frage kommende Vorflut festzustellen und den Effekt von (hauptsächlich biologisch wirkenden) Abwasserreinigungsanlagen zu prüfen.

Hier läßt schon die Begehung des Vorfluters und die Besichtigung seiner Ufer usw. ohne Heranziehung stärkerer optischer oder komplizierter sonstiger Hilfsmittel häufig manches Bemerkenswerte erkennen. Der Vorzug der biologischen Untersuchung liegt immer darin, daß man durch sie auch nachträglich eine zeitweilig stattgehabte starke Verschmutzung der Vorflut an der veränderten Flora und Fauna erkennen kann.

Einige Pflanzen und Tiere sind sehr empfindlich gegen solche Verunreinigungen, andere gedeihen gut unter ihrem Einfluß (Abwasserorganismen). Die zahlreichen Beispiele, welche wir oben, geordnet nach dem System der Poly-, Meso- und Oligosaprobien, gegeben haben, illustrieren am besten das eben Gesagte. Aber man darf nicht vergessen, daß nicht nur die Anwesenheit bestimmter Organismen bedeutsam sein kann, sondern auch die Abwesenheit von Organismen, welche sich sonst in nicht verunreinigten Gewässern normalerweise finden. Bewegliche empfindlichere Tiere, z. B. gewisse Schnecken, Krebse, Insektenlarven, fliehen vor der hereinbrechenden Verunreinigung, oder, falls sie als festsitzende Organismen (z. B. Dreissensia polymorpha) dazu nicht imstande sind, sterben sie ab (klaffende Schalen).

Von schon makroskopisch oder mit der Lupe erkennbaren, stärkere Verunreinigungen organischer Art kennzeichnenden, häufig vorkommenden Organismen seien hier noch einmal als besonders wichtig genannt: Sphaerotilus natans (im strömenden Wasser an Mühlrädern, Wehren), Beggiatoa alba, Euglena viridis, Vorticellen, Leptomitus lacteus (im strömenden Wasser), Carchesium Lachmanni, Tubifex tubifex. Bei der Begehung des Vorfluters ist die Ausdehnung dieser „Abwässerorganismenzone" festzustellen.

Für organische Verunreinigungen mittleren Grades sind u. a. die schwarzgrünen Oszillatoriapolster und folgende Tiere charakteristisch: Asellus aquaticus, Chironomus plumosus und Nephelis vulgaris; verhältnismäßig reines Wasser bevorzugen im allgemeinen von Pflanzen Cladophora glomerata und die Wassermoose, von Tieren die schon genannte Dreissensia polymorpha, gewisse Crustaceen (Gammarus, Cyklops, Bosmina) und gewisse Insektenlarven (Perla, Phryganidenlarve).

Soll der etwa schädigende Einfluß bestimmter Abwässer festgestellt werden (z. B. bestimmter Fabrikabwässer), so sind oberhalb und unterhalb der Einlaufstelle der Abwässer Ufer, Steine (untere Seite betrachten!), Pfähle u. dgl. nach den genannten Organismen abzusuchen. Besonders gute Anhaltspunkte, ob die fraglichen Abwässer giftig gewirkt haben, bieten die Schneckenarten; nur ist daran zu erinnern, daß manche von ihnen, z. B. Sphaerium corneum und Limnaea auricularia gegen organische bzw. manche chemische Abwässer recht resistent sind, während andere, z. B. Limnaea stagnalis, Dreissensia polymorpha wenig Widerstand zu leisten pflegen. Vergleichbar sind indessen immer nur Aufenthaltsorte von völlig gleicher Beschaffenheit (Steine, Sandboden u. dgl.).

Wichtig ist auch das Verhalten der Fische (250) und die Beobachtung ihrer Brut. Fische können natürlich bestenfalls nur in Wasser von mittlerer Verunreinigung gedeihen, zeichnen sich aber im übrigen durch sehr wechselnde Empfindlichkeit aus. So sind z. B. die Karausche (Carassius carassius), der Karpfen (Cyprinus carpio) und der Stichling (Gasterosteus aculeatus) verhältnismäßig unempfindlich, empfindlicher schon Hecht (Esox lucius) und Zander (Lucioperca sandra), und ziemlich stark empfindlich Barsch (Perca fluviatilis) und Forelle (Trutta fario)

Gesunde Fische machen beim Aufstöbern schnelle fliehende Bewegungen, dagegen sind durch Abwässer geschädigte Fische häufig wie gelähmt, auch zeigen sie bisweilen einen auffallend hell gefärbten Rücken.

Handelt es sich um Fischsterben, bedingt durch eine Infektionskrankheit, so beschränkt sich das Sterben meist auf ganz bestimmte Arten von Fischen. Fischsterben, welche dagegen durch schädliche Abwässer hervorgerufen sind, erstrecken sich gewöhnlich auf alle Arten von in dem betreffenden Gewässer vorkommenden Fischen.

Das Mikroskop muß hauptsächlich zur Bestimmung der Planktonorganismen herangezogen werden*):

*) Daß man dabei nicht vergißt, auf etwa im Wasser treibende makroskopisch sichtbare leblose Schmutzstoffe wie Fäkalteile, Papier,

Beachtenswert sind hierbei neben anderem die Menge und Art des treibenden Detritus (Muskelfasern u. dgl.) und die etwa vorhandenen Flagellaten, Ciliaten und Rädertiere, unter welchen sich viele typische „Bakterienfresser" befinden. Es ist daher nicht selten, daß man das Wasser sehr reich an diesen Organismen, aber verhältnismäßig arm an Bakterien findet. Wegen der bakterienvernichtenden Tätigkeit der Protozoen vgl. u. a. Schepilewsky (154a).

Wegen der Bedeutung sonstiger Organismen sei auf die zusammengestellten Beispiele hingewiesen.

Die Untersuchungen des Schlammes sollen in erster Linie feststellen, ob er ein reiches oder geringes Tierleben beherbergt, oder ob er frei von Tiervegetation („azoisch") ist. Letzterer Zustand findet sich häufig unterhalb des Einflusses schädlicher Fabrikabwässer.

Zum Schluß möge noch betont werden, daß die Untersuchungsergebnisse verschiedener Untersucher miteinander nicht ohne weiteres verglichen werden dürfen. Es gilt dies vor allem für die chemische und bakteriologische Untersuchung von Vorflutern, wo von manchen Gutachtern schon geringen Differenzen der Befunde eine ursächliche Bedeutung beigemessen wird. Solche Differenzen können aber, wenn mehrere Analytiker an der Untersuchung eines Flußlaufes beteiligt sind, schon durch geringe Unterschiede in der angewandten Methodik bedingt sein. Läßt sich das Zusammenarbeiten mehrerer Untersucher an ein und demselben Untersuchungsobjekt (Fluß, Abwasserreinigungsanlage usw.) nicht umgehen, so muß die anzuwendende Methodik bis in die Details vorher vereinbart werden. Die bakteriologische Untersuchung ist in solchen Fällen nur mit Nährböden gleicher Provenienz auszuführen, d. h. mit solchen, welche von einem Präparator aus den gleichen Materialien nach ganz bestimmter Methode hergestellt sind.

Vorschriften für die anzuwendenden Methoden der Wasseruntersuchung geben die „Vereinbarungen zur einheitlichen Untersuchung und Beurteilung von Nahrungs- und Genußmitteln sowie Gebrauchsgegenständen für das Deutsche Reich" (19), Heft II, S. 143 ff.

Gemüsereste, sowie auf Flocken und Büschel von Abwasserpilzen usw. zu achten, ist wohl selbstverständlich.

Da diese Vereinbarungen aber seit dem Jahre 1899 nicht neubearbeitet worden sind, so sind die in ihnen enthaltenen Angaben z. T. veraltet. Neueren Datums (Chicago 1905) ist der amerikanische „Report of Committee on Standard Methods of Water Analysis to the Laboratory Section of the American Public Health Association".

Was die Beurteilung zentraler Wasserversorgungen anlangt, so möge nicht unterlassen werden, auf die vom Bundesrat unter dem 16. Juni 1906 gegebene „Anleitung für die Einrichtung, den Betrieb und die Überwachung öffentlicher Wasserversorgungsanlagen, welche nicht ausschließlich technischen Zwecken dienen" (251), hinzuweisen.

Internationale Atomgewichte 1909 (Auswahl)
(bezogen auf Sauerstoff = 16).

Name	Zeichen	Atom-Gewicht	Name	Zeichen	Atom-Gewicht
Aluminium	Al	27,1	Mangan	Mn	54,93
Arsen	As	75,0	Molybdän	Mo	96,0
Baryum	Ba	137,37	Natrium	Na	23,00
Blei	Pb	207,10	Phosphor	P	31,0
Calcium	Ca	40,09	Platin	Pt	195,0
Chlor	Cl	35,46	Sauerstoff	O	16,00
Chrom	Cr	52,1	Schwefel	S	32,07
Eisen	Fe	55,85	Silber	Ag	107,88
Jod	J	126,92	Silicium	Si	28,3
Kalium	K	39,10	Stickstoff	N	14,01
Kobalt	Co	58,97	Uran	U	238,5
Kohlenstoff	C	12,00	Wasserstoff	H	1,008
Kupfer	Cu	63,57	Zink	Zn	65,37
Lithium	Li	7,00	Zinn	Sn	119,0
Magnesium	Mg	24,32			

Literatur.*)

1. Report of Commitee on Standard Methods of Water Analysis. The Journal of infect. diseases. Supplement Nr. I, p. 16 (1905).
2. Aufseß, Die physikalischen Eigenschaften der Seen. Braunschweig 1905. Kolkwitz, Bie Farbe der Seen und Meere. Deutsche Vierteljahrsschr. f. öff. Ges.-Pflege **42**, (1910).
3. Kolkwitz, Entnahme- und Beobachtungsinstrumente für biologische Wasseruntersuchungen. Mitteilungen aus der Kgl. Prüfungsanstalt f. Wasserversorgung und Abwässerbeseitiguug, Heft 9, S. 111 (1907).
4. van den Broeck et Rahir, Tholométre, nouvel appareil pratique, destiné à mesurer le degré de transparence des eaux. La technique sanitaire 1908, p. **44**.
5. J. König, Bestimmung des Trübungsgrades und der Farbentiefe von Flüssigkeiten sowie des Gehaltes gefärbter Lösungen mittels des Diaphanometers. Zeitschrift f. Untersuch. d. Nahr. u. Genußmittel **7**, 129 (1904).
6. Kißkalt, Eine neue Methode zur Bestimmung der sichtbaren Verunreinigung von Fluß- und Abwasser. Hygien. Rundschau **1904**, S. 1036.
7. Hazen, Amer. Chem. Journ. **14**, p. 278 (1892) und Standard Methods, p. 21.
8. U. S. Geol. Survey, Div. of Hydrography. Zirkular Nr. 8, 1902.
9. Baur, Spektroskopie und Kolorimetrie. Handbuch der angewandten physikalischen Chemie, Bd. 5, Leipzig 1907.
10. G. u. H. Krueß, Kolorimetrie und quantitative Spektralanalyse. Hamburg und Leipzig (Leopold Voß), 2. Aufl., 1909.
11. H. Krueß, Kolorimeter mit Lummer-Brodhunschem Prismenpaar. Zeitschrift für anorgan. Chemie 1893, S. 325.
12. Lummer u. Brodhun, Ersatz des Photometerfettflecks durch eine rein optische Vorrichtung und photometrische Untersuchungen. Zeitschrift f. Instrumentenkunde 1889, S. 23 u. 41.

*) Eine Reihe von Arbeiten aus der allerjüngsten Zeit ist zwar in das Literaturverzeichnis zwecks Orientierung des Lesers mit aufgenommen worden, diese Arbeiten konnten indessen im Text gar nicht oder nur unvollständig hinsichtlich ihres Inhalts bezw. kritisch berücksichtigt werden.

13. Ohlmüller, Fränkel, Gaffky, Gutachten des Reichs-Gesundheitsrates über den Einfluß der Ableitung von Abwässern aus Chlorkaliumfabriken auf die Schunter, Oker und Aller. Arb. aus d. Kais. Ges.-Amt **25**, 259 (1907).

Aßmann, Grenzwerte über den Geschmack verunreinigten Wassers. Inaug.-Dissert., Würzburg 1905.

14. Handbuch der Nautischen Instrumente. 2. Aufl., Berlin 1890, S. 174.

15. Whipple, The Microscopy of Drinking-Water. Sec. edit. New York, John Wiley and Sons, 1908, p. 55.

16. Winkler, Cl. Lehrbuch d. technischen Gasanalyse. 3. Aufl., Freiberg 1901.

17. Kohlrausch u. Holborn, Das Leitvermögen der Elektrolyte. Leipzig 1898.

18. Literatur über Leitfähigkeitsbestimmungen im Wasser s. Pleißner, Eine neue Tauchelektrode. Arbeiten aus dem Kais. Ges.-Amt **28**, 444 (1908); Spitta u. Pleißner, Neue Hilfsmittel für die hygien. Beurteilung und Kontrolle von Wässern, ebenda **30**, 463 (1909); Pleißner, Über die Messung und Registrierung des elektrischen Leitvermögens usw., ebenda **30**, 483 (1909); ferner Stooff, Über die elektrische Leitfähigkeit natürlicher Wässer. Ges.-Ing. 1909, S. 75.

19. Engler u. Sieveking, Zur Kenntnis der Radioaktivität der Mineralquellen und deren Sedimente. Zeitschrift f. anorg. Chemie **53**, 1, (1907); Kohlrausch und Nagelschmidt, Die physikalischen Grundlagen der Radium-Emanationstherapie, III. Teil. Zeitschrift f. physikal. und diätet. Therapie, 12. Bd., 10. Heft, 1909; Sommer, Emanation und Emanationstherapie. München 1908.

20. Lunge, Chemisch-technische Untersuchungsmethoden. I. Bd. 5. Aufl., Berlin 1904, allgemeiner Teil, und Abderhalden, Handbuch der biochemischen Arbeitsmethoden, 1. Bd., allgemeiner Teil (Kempf, Allgemeine chemische Laboratoriumstechnik), S. 1—282. Berlin 1909.

21. Glaser, Indikatoren der Acidimetrie und Alkalimetrie. Wiesbaden (Kreidel), 1901.

22. Paul, Ohlmüller, Heise, Auerbach, Untersuchung über die Beschaffenheit des zur Versorgung der Haupt- und Residenzstadt Dessau benutzten Wassers usw. Arb. aus d. Kais. Ges.-Amt **23**, 333 (1906).

23. Klut, Die Bedeutung der freien Kohlensäure im Wasserversorgungswesen. Ges.-Ing. 1907, S. 517.

24. Vereinbarungen zur einheitlichen Untersuchung und Beurteilung von Nahrungs- und Genußmitteln usw., Heft II, Berlin 1899, S. 160.

25. *Noll*, *Über die Bestimmung* freier vom Wasser gelöster Kohlensäure. Ges.-Ing. 1908, S. 485.

Guth, Beitrag zur Bestimmung der Kohlensäure im Wasser. Ebenda, 1908, S. 737.

26. Fresenius, Über die Bestimmung der Kohlensäure in Mineralwässern und in kohlensauren Salzen. Zeitschrift f. anal. Chemie **2**, 49 u. 341; derselbe, Anleit. zur quantitat. chem. Analyse. 2. Bd., 6. Aufl., Braunschweig 1905, S. 191.
27. Trillich, Über Kohlensäurebestimmung im Trinkwasser. Zeitschrift f. angew. Chemie 1889, S. 337; Emmerich u. Trillich, Anleitung zu hygien. Untersuchungen. 3. Aufl., München 1902, S. 121; Noll, Beitrag zur Bestimmung der Härte sowie der freien, halbgebundenen und gebundenen Kohlensäure in Wässern. Zeitschrift f. angew. Chemie 1908, S. 640. Vgl. auch Vensterberg, Über eine titrimetrische Bestimmung der Kohlensäure. Zeitschr. f. physikal. Chemie **70**, 551 (1910).
28. Seyler, Notes on water analysis. Chemical News, Vol. LXX, 1894, p. 104, 112, 140; referiert von Grünhut in der Zeitschrift f. analyt. Chemie, 39. Jahrg. (1900), S. 731.
29. Tiemann u. Preuße, Über die quantitative Bestimmung des in Wasser gelösten Sauerstoffs. Berichte der Deutsch. Chem. Ges. **12**, 1768 (1879).
30. Pettersson, Methode zur volumetrischen Bestimmung der im Wassers gelösten Gase. Berichte der Deutsch. Chem. Ges. **22**, 1434 (1889).
31. Hoppe-Seyler, Apparat zur Gewinnung der im Wasser absorbierten Gase durch Kombination der Quecksilberluftpumpe mit der Entwickelung durch Auskochen. Zeitschr. f. analyt. Chem. **31**, 367.
32. K. B. Lehmann, Die Methoden der praktischen Hygiene. 2. Aufl. Wiesbaden 1901, S. 228.
33. F. C. G. Müller, Apparat zur Bestimmung der Wassergase. Zeitschr. f. angew. Chem. 1899, S. 253.
34. K. Knauthe, Das Süßwasser. Neudamm 1907. S. 129 u. f.
35. Cronheim, Beiträge zur Sauerstoffbestimmung im Wasser. Zeitschr. f. angew. Chem. 1907, S. 1939, und Korschun, Über die Bestimmung des Sauerstoffs im Wasser usw. Arch. f. Hyg. **61**, 324 (1907).
36. Winkler, Die Bestimmung des im Wasser gelösten Sauerstoffs und die Löslichkeit des Sauerstoffs im Wasser. Ber. d. Deutsch. Chem. Ges. **21**, 2843 (1888) und **22**, 1764 (1889).
37. Chlopin, Untersuchungen über die Genauigkeit des Winklerschen Verfahrens usw. Arch. f. Hyg. **27**, 18 (1897); derselbe, Weitere Untersuchungen über die Methoden zur Bestimmung des im Wasser gelösten Sauerstoffes. Ebenda **32**, 294 (1898).
38. Noll, Modifikation der Sauerstoffbestimmung im Wasser nach W. Winkler, Zeitschr. f. angew. Chem. 1905, S 1767.

39. Vgl. auch Rideal u. Stewart, Bestimmung des gelösten Sauerstoffs in Wässern bei Gegenwart von Nitriten und organ. Substanzen. Analyst **26**, 141 (1901). Ref. Zeitschr. f. Untersuch. der Nahr. und Genußmittel 1902, S. 137.

40. K. B. Lehmann, a. a. O. (32).

41. Romyn, Apparat zur Bestimmung des in Wasser gelösten Sauerstoffs. Zeitschr. f. angew. Chem. 1897, S. 658.

42. Thresh, A new Method of Estimating the Oxygen Dissolved in Water. Chem. News **61**, 57 (1890).
Classen, Ausgewählte Methoden der analyt. Chem. Braunschweig 1903, 2. Bd., S. 50.

43. Hofer, Über eine einfache Methode zur Schätzung des Sauerstoffgehalts im Wasser. Allgem. Fischerei-Ztg. 1902, S. 408.

44. Journal of the Society of chemical Industry 1901, p. 20, 1071. Korschun, Über die Bestimmung des Sauerstoffs im Wasser. Arch. f. Hyg. **61**, 324 (1907).

44a Frankforter, Walker and Wilhoit, Colorimetric Determination of dissolved Oxygen in water. Journ. Amer. Chem. Soc. **31**, 35 (1909).

45. Kaiser, Zur Bestimmung des in Wasser gelösten Sauerstoffs. Chem.-Ztg. **27**, 663 (1903).

46. Mutschler, Bestimmung des Sauerstoffs im Wasser. Zeitschr. f. Untersuch. der Nahr.- und Genußmittel **2**, 481 (1899.)

47. Annuaire de l'observat. de Montsouris 1894, p. 310. Zit. nach Classen.

48. Pettersson u. Sondén, Über das Absorptionsvermögen des Wassers für die atmosphärischen Gase. Ber. d. Deutsch. Chem. Ges. **22**, 1444 (1889).

49. Winkler, „Trink- und Brauchwasser" in Lunges Chemisch-technischen Untersuchungsmethoden. 5. Aufl., Berlin (Julius Springer), **1**, 820 u. 822 (1904).

50. Spitta, Untersuchungen über die Verunreinigung und Selbstreinigung der Flüsse. Arch. f. Hyg. **38**, 233 (1900).

51. Große-Bohle, Untersuchungen über den Sauerstoffgehalt des Rheinwassers. Mitteilungen aus der Kgl. Prüfungsanstalt für Wasserversorgung und Abwässerbeseitigung. 7. Heft (1906), S. 174.

52. Dost, Die Löslichkeit des Luftsauerstoffs im Wasser. Ebenda, S. 168. Große-Bohle, a. a. O., S. 172.

53. Spitta, a. a. O.; Kißkalt, Zeitschrift f. Hyg. u. Infekt.-Krankheiten **53**, S. 356; Brezina, ebenda, S. 481; Korschun, Arch. f. Hyg. **61**, 324; Preu, Inaug.-Dissert., Erlangen 1904; Lévy bei Baucher, Analyse chimique et bacteriologique des eaux potables et minerales. Paris 1904, p. 117; Ohlmüller, Arb. aus d. Kais. Ges.-Amt **20**, 258 (1903); Brezina, Wien. klin. Wochenschr. 1908, S. 1525 u. a.

54. Auerbach, Der Zustand des Schwefelwasserstoffs in Mineralquellen. Zeitschr. f. physikal. Chem. **49**, 217 (1904), und Balneolog. Ztg. **15**, 73 (1904).
55. D.R.P. Nr. 1886 (1877) und E. Fischer, Bildung von Methylenblau als Reaktion auf Schwefelwasserstoff. Ber. d. Deutsch. Chem. Ges. **16**, 2234.
56. Weldert u. Röhlich, Die Bestimmung der Fäulnisfähigkeit biologisch gereinigter Abwässer. Mitteilungen aus der Kgl. Prüfungsanstalt für Wasserversorgung, 10. Heft (1908), S. 26; s. auch Fendler u. Stüber, Ges.-Ing. 1909, S. 333; Kammann u. Korn, ebenda, 1909, S. 521.
57. Fresenius, Quant. Chem. Analyse, 6. Aufl., **1**, 502.
58. Winkler, Bestimmung kleiner Mengen Schwefelwasserstoff in natürlichen Wässern. Zeitschr. f. anal. Chem. 1901, S. 772.
59. Johnson, Copeland and Kimberly, The relative applicability of current methods for the determination of putrescibility in sewage effluents. The Journal of inf. diseases. Suppl. Nr. 2, 1906, p. 80.
60. Spitta u. Weldert, Indikatoren für die Beurteilung biologisch gereinigter Abwässer. Mitteilungen aus d. Kgl. Prüfungsanstalt f. Wasserversorgung, 6. Heft (1906), S. 160.
61. Phelps u. Winslow, On the use of Methylene Blue in Testing Sewage Effluents. Journal of inf. dis. (1907), Suppl. Nr. **3**, p. **1**.
62. Seligmann, Über die Prüfung gereinigter Abwässer auf ihre Zersetzungsfähigkeit. Zeitschr. f. Hyg. u. Inf.-Krankh. **56**, 371 (1907).
63. Korn u. Kammann, Der Hamburger Test auf Fäulnisfähigkeit. Ges.-Ing. 1907, S. 165.
64. Dunbar u. Thumm, Beitrag zum derzeitigen Stande der Abwasserreinigungsfrage. München und Berlin 1902, S. 18.
65. Ohlmüller, Über die Einwirkung des Ozons auf Bakterien. Arb. aus dem Kais. Ges.-Amt **8**, 229 (1893); Ohlmüller u. Prall, Die Behandlung des Trinkwassers mit Ozon, ebendas. **18**, 417 (1902); Pflanz, Die Verwendung des Ozons zur Verbesserung des Oberflächenwassers und zu sonstigen hygienischen Zwecken, Vierteljahrsschr. f. ger. Med. **26**, Suppl. II, 141 (1903); Schreiber, Zur Beurteilung des Ozonverfahrens für die Sterilisation des Trinkwassers. Mitteilungen aus der Kgl. Prüfungsanstalt f. Wasserversorgung usw., 6. Heft (1906), S. 60. Daske, Die Reinigung des Trinkwassers durch Ozon. Deutsche Vierteljahrschr. f. öffentl. Ges.-Pfl. **41**, 1 (1909).
66. Ladenburg u. Quasig. Quantitative Bestimmung des Ozons. Ber. d. Deutsch. Chem. Ges. **34**, 1184.
67. Brunck, Zur technischen Ozonbestimmung. Zeitschr. f. angew. Chem. 1903, S. 894.

68. Schumacher, Die Desinfektion von Krankenhausgruben mit besonderer Berücksichtigung des Chlorkalkes und ihre Kontrolle. Ges.-Ing. 1905, S. 361, 377 u. 393.
69. R. Wagner, Beiträge zur Chlorometrie. Dingl. polytechn. Journal **154**, 146 und **176**, 131. Vgl. auch Arzneibuch f. das Deutsche Reich, 4. Ausgabe, Berlin 1900, S. 65 (Calcaria chlorata).
70. Schultz, Modifizierte Chlorbestimmung für die Abwasserdesinfektion mittels Chlorkalk. Zeitschr. f. angew. Chem. 1903, S. 833.
71. Reichel, Die Trinkwasserdesinfektion durch Wasserstoffsuperoxyd. Zeitschr. f. Hyg. u. Infekt.-Krankh. **61**, 49 (1908).
72. Vgl. Näheres bei Kimberly and Hommon, The practical advantages of the Gooch crucible in the determination ot the total and volatile suspended matter in sewage. The Journal of Infect. Diseases. Supplement Nr. 2, 1906, p. 123.
73. Dost, Die Volumenbestimmung der ungelösten Abwasserbestandteile und ihr Wert für die Beurteilung der Wirkung von Abwasserreinigungsanlagen. Mitteil. aus der Kgl. Prüfungsanstalt für Wasserversorgung usw., 8. Heft (1907), S. 203.
74. Rubner: Das städtische Sielwasser und seine Beziehung zur Flußverunreinigung. Arch. f. Hyg. **46**, 31 (1903).
75. Fowler, Evans, Oddie, Some applications of the „clarification test“ to sewage and effluents. Journ. Soc. Chem. Ind. 1908, p. 205.
76. Standard Methods of Water analysis, a. a. O., p. 67.
77. Winkler, Bestimmung des Chlors in natürlichen Wässern. Zeitschr. f. analyt. Chem. 1901, S. 596.
78. Standard Methods, a. a. O., p. 68.
79. Shut and Charlton, The Volhard Method for the Determination of chlorine in potable Waters. Chem. News **94**, 258 (1906).
80. Rothmund u. Burgstaller, Über die Genauigkeit der Chlorbestimmung nach Volhard. Zeitschr. f. anorgan. Chem. **63**, 330 (1909).
81. Hartleb, Bestimmung der Schwefelsäure in Trinkwässern. Pharm. Ztg. **46**, 501; Rossi, Eyperimentaluntersuchungen bezüglich der Methode von Hartleb zur raschen Bestimmung der Sulfate im Trinkwasser. Ref. in Chem. Zentralbl. 1902, II, 1272; Winkler, Über die Bestimmung der Schwefelsäure in natürlichen Wässern. Zeitschr. f. anal. Chem. 1901, S. 465; Komarowski, Zur volumetrischen Bestimmung beliebiger Mengen Schwefelsäure in natürlichen Wässern. Chem.-Ztg. **31**, 498; Bruhns, Zur Bestimmung kleiner Mengen von Schwefelsäure, namentlich in Wässern. Zeitschr. f. analyt. Chem. 1906, S. 573.
81a. Holliger, Zur titrimetrischen Bestimmung der Schwefelsäure nach der Baryumchromatmethode. Zeitschr. f. analyt. Chemie **49**, 84 (1910).

82. Hundeshagen, Analytische Studien über die Phosphordodekamolybdänsäure, die Bedingungen ihrer Bildung und ihrer Abscheidung als Ammoniumsalz. Zeitschr. f. analyt. Chem. 1889, S. 141.
83. Woodmann and Cayvan, The determination of phosphates in potable waters. The Journal of the American Chem. Soc., Vol. XXIII, 1901, p. 96.
84. Winkler, Die Bestimmung des Ammoniaks, der Salpeter- und salpetrigen Säure in den natürlichen Wässern. Chem.-Ztg. **23**, 454 und „Trink- und Brauchwasser“ in Lunges Chemisch-techn. Untersuchungsmethoden, 5. Aufl., Berlin 1904, **1**, 802.
85. Standard Methods, p. 34.
86. Winkler, Bestimmung des Albuminoid- und Proteid-Ammoniaks. Zeitschr. f analyt. Chem. 1902, S. 290.
87. Riegler, Über eine sehr empfindliche Reaktion auf Nitrite wie auch über die quantitative Bestimmung derselben auf kolorimetrischem Wege. Zeitschr. f. anal. Chem. 1897, S. 377.
88. Lunge, Zur Nachweisung von kleinen Mengen von salpetriger Säure. Zeitschr. f. angew. Chem. 1889 S. 666.
89. Erdmann, Über Trinkwasserprüfung mittels Amido-naphthol-K-säure. Zeitschr. f. angew. Chem. 1900, S. 33.
90. Mennicke, Zum Nachweis von salpetriger Säure in Wasser mit Amido-naphthol-K-Säure nach H. Erdmann. Zeitschr. f. angew. Chem. 1900, S. 235 u. 711.
91. Lunge und Lwoff, Nachweisung und Bestimmung sehr kleiner Mengen von Stickstoffsäuren. Zeitschr. f. angew. Chem. 1894, S. 345.
92. Klut, Nachweis und Bestimmung der Salpetersäure im Wasser und Abwasser. Mitteilungen aus der Kgl. Prüfungsanstalt für Wasserversorgung, 10. Heft (1908), S. 1.
93. Große-Bohle, Prüfung und Beurteilung des Reinheitszustandes der Gewässer. Zeitschr. f. Unters. d. Nahrungs- und Genußmittel **12**, 53 (1906).
94. Winkler, Über das Verhalten der Salpeter- und salpetrigen Säure zur Brucinschwefelsäure. Zeitschr. f. angew. Chem. 1902, S. 170; Lunge, Über die Brucinreaktion auf salpetrige und Salpetersäure. Ebenda, S. 241.
95. K. B. Lehmann, Die Methoden der praktischen Hygiene, 2. Aufl., Wiesbaden 1901, S. 208.
96. Classen, Ausgewählte Methoden der analytischen Chem. **2**, S. 135. Braunschweig 1903.
97. Pfyl, Ein neues einfaches Verfahren zur Bestimmung der Salpetersäure bei Gegenwart von organischer Substanz. Zeitschr. f. Unters. d. Nahr.- und Genußmittel **10**, 101 (1905).

98. Noll, Bestimmung der Salpetersäure auf kolorimetrischem Wege. Zeitschr. f. angew. Chem. 1901, S. 1317.
99. Busch, Bestimmung der Salpetersäure im Wasser. Zeitschr. f. Unters. d. Nahr.- u. Genußmittel **9**, 464 (1905); vgl. auch Ber. d. Deutsch. Chem. Ges. **39**, II, 1401 (1906); vgl. dazu die Arbeiten von Franzen u. Löhmann, Journ. f. prakt. Chem. **79**, 330 (1909) und von Hes, Busch, Pooth, Paal und Ganghofer, Zeitschr. f. analyt. Chem. **48**, 81, 368, 375, 545 (1909).
100. Rideal, Sewage and the bacterial purification of sewage. 3. ed., London 1906, p. 45; Standard Methods, Chicago 1905, p. 38; Kimberly and Roberts, A Method for the direct determination of organic nitrogen by the Kjeldahl Process. Journal of infect. diseas., Suppl. Nr. 2, 1906, p. 109.
101. Korschun, Über eine Methode zur Bestimmung geringer Stickstoffmengen und die Verwendung dieser Methode für die Untersuchung der Verunreinigung des Wassers durch organische Substanzen. Archiv f. Hyg. **62**, 92 (1907); vgl. auch ebenda S. 83: Rubner, Elementaranalytische Bestimmung des Stickstoffs im Wasser.
102. Jodlbauer, Die Bestimmung des Stickstoffs in Nitraten nach der Kjeldahlschen Methode. Chem. Zentralblatt 1886, S. 433.
103. Farnsteiner, Buttenberg, Korn, Leitfaden für die chemische Untersuchung von Abwasser. München und Berlin (Oldenbourg) 1902, S. 63; Dost und Hilgermann, Taschenbuch für die chemische Untersuchung von Wasser und Abwasser. Jena (Gustav Fischer) 1908, S. 46—47.
104. Royal Commission on sewage disposal. Report to the commission on Methods of chemical analysis as applied to sewage and sewage effluents by Dr. G. Mc Gowan, Mr. R. B. Floris, and Mr. R. S. Finlow. 4. Report., Suppl. IV, 1904.
105. König, J., Bestimmung des organischen Kohlenstoffs im Wasser. Zeitschr. f. Unters. d. Nahr.- und Genußmittel 1901, S. 193.
106. Scholz, Eine Methode zur Bestimmung des Kohlenstoffs organischer Substanzen auf nassem Wege und deren Anwendung auf den Harn. Zentralblatt f. innere Medizin 1897, S. 353 und 377. Vgl. auch Popowsky, Eine Methode zur Bestimmung von kleinsten Mengen Kohlenstoff, insbesondere des Kohlenstoffs der organischen Substanzen im Wasser. Arch. f. Hyg. **65**, 1 (1908).
107. Dennstedt, Anleitung zur vereinfachten Elementaranalyse, 2. Aufl. Hamburg, Otto Meißners Verlag, 1906.
107a. Renker, Über Bestimmungsmethoden der Cellulose. Zeitschr. f. ang. Chemie **23**, 193 (1910).
108. Schreiber, Über den Fettreichtum der Abwässer und das Verhalten des Fettes im Boden der RieselfelderBerlins. Arch. f. Hyg. **45**, 295 (1902).

109. Klut, Über vergleichende Härtebestimmungen im Wasser. Mitteilungen aus der Kgl. Prüfungsanstalt für Wasserversorgung 1908, 10 Heft, S. 75.
110. Pfeiffer, Kritische Studien über Untersuchung und Reinigung des Kesselspeisewassers. Zeitschr. f. angew. Chem. 1902, S. 193.
111. Knöfler, Zur volumetrischen Bestimmung der Erdalkalien und der gebundenen Schwefelsäure. Annalen d. Chem. **230**, 345 (1885). Nawiasky und Korschun, Über die Bestimmung der Härte des Wassers. Arch. f. Hyg. **61**, 352 (1907).
112. Klut, Über den qualitativen Nachweis von Eisen im Wasser. Leipzig, F. Leinweber 1907, und Mitteilungen aus der Kgl. Prüfungsanstalt für Wasserversorgung, 8. Heft, 1907, S. 99.
113. Schreiber, Die chemische Untersuchung von Trinkwasser an der Entnahmestelle. Zeitschr. f. Medizinalbeamte 1908, S. 6.
114. Klut, Die quantitative Eisenbestimmung im Wasser. Mitteilungen aus der Kgl. Prüfungsanstalt f. Wasserversorg., 12 Heft, 1909, S. 174.
115. J. König, Die kolorimetrische Bestimmung des Ammoniaks, der salpetrigen Säure und des Eisens im Wasser. Chem.-Ztg. **21**, 599 (1897).
116. Standard Methods 1905, S. 46.
117. Marshall, The detection and estimation of minute quantities of manganese. Chem. News, Vol. 83, 1901, p. 76; v. Knorre, Über eine neue Methode zur Manganbestimmung. Zeitschr. f. angew. Chem. 1901, S. 1149; Baumert und Holdefleiß, Nachweis und Bestimmung des Mangans im Trinkwasser. Zeitschr. f. Untersuch. d. Nahrungs- und Genußmittel 1904, S. 177; Croner, Über eine Methode, geringe Mengen Mangan neben Eisen im Grundwasser nachzuweisen. Ges.-Ing. 1905, S. 197; Prescher, Zur Bestimmung des Mangans im Trinkwasser. Pharmazeut. Zentralhalle 1906, S. 799; Noll, Manganbestimmung im Trinkwasser. Zeitschr. f. angew. Chem. 1907, S. 490; Weston, The determination of manganese in water. Journ. of the Americ. Chem. Soc. 1907, Vol. 29, p. 1074; Ernyel, Bestimmung des Mangans in Trinkwässern. Chem.-Ztg. 1908, S. 41.
118. Lührig und Becker, Bestimmung des Mangans im Trinkwasser. Pharmazeut. Zentralhalle 1907, S. 137.
119. Klut, Nachweis und Bestimmung von Mangan im Trinkwasser. Mitteilungen aus der Kgl. Prüfungsanstalt f. Wasserversorgung, 12 Heft, 1909, S. 183; vgl. auch Pinchbeck, The detection and determination of lead in drinking water. Pharm. Journ. 1909, II, p. 663.
120. Klut, Untersuchung des Wassers an Ort und Stelle. Berlin 1908, J. Springer, S. 112.

121. Frerichs. Ein einfaches Verfahren zum Nachweis und zur quantitativen Bestimmung von Blei und anderen Schwermetallen im Wasser. Apotheker-Ztg. **17**, 884 (1902).

122. Hanne, Die kolorimetrische Bestimmung des Bleies im Trinkwasser. Ges.-Ing. 1908, S. 461.

123. Kuehn, Über den Nachweis und die Bestimmung kleinster Mengen Blei im Wasser. Arbeiten aus dem Kaiserl. Gesundheitsamte **23**, 389 (1906).

124. Preußen, Ministerialerlaß, betr. die Gesichtspunkte für Beschaffung eines brauchbaren, hygienisch einwandfreien Wassers. Vom 23. April 1907. Ministerialblatt f. Medizinalangelegenheiten 1907, S. 158.

125. A. Classen, Quantitative Analyse durch Elektrolyse, 4. Aufl., Berlin, J. Springer, 1897.

126. Phelps, The determination of small quantities of copper in water. Journ. of the Americ. Chem. Soc. **28**, 368 (1906). Vgl. auch Forbes and Pratt, Notes in Regard to the determination of copper in water. The Journal of infect. diseas., Supplem. Nr. 2, 1906, p. 205.

127. K. B. Lehmann, Einige Beiträge zur Bestimmung und hygienischen Bedeutung des Zinks. Archiv f. Hyg. **28**, 291 (1897).

127a. Schryver, Some investigations on the toxycology of tin with special reference to the metallic contamination of canned foods. Journ. of Hyg. **IX**, 253 (1909).

128. Maaßen, Die biologische Methode Gosios zum Nachweis des Arsens und die Bildung organischer Arsen-, Selen- und Tellurverbindungen durch Schimmelpilze und Bakterien. Arb. aus dem Kais. Ges.-Amt **18**, 475 (1902).

129. Rubner und v. Buchka, Gutachten des Reichsgesundheitsrates über die Ableitung zyanhaltiger Abwässer der Zuckerraffinerie zu Dessau in die Elbe. Arb. aus d. Kais. Ges.-Amt, **28**, 338 (1908).

130. Messinger und Vortmann, Maßanalytische Bestimmung der Phenole. Ber. d. Deutsch. Chem. Ges. **23**, 2753; Keppler, Über die maßanalytische Bestimmung der Kresole usw. mit Brom. Archiv f. Hyg. **18**, 51 (1893).

131. Kerp und Wöhler, Zur Kenntnis der gebundenen schwefligen Säuren. V. Abhandlung: Über Sulfitzellulose-Ablauge und furfurolschweflige Säure. Arb. aus dem Kais. Ges.-Amt **32**, 120 (1909).

132. Proskauer und Thiesing, Bericht über die Versuche, welche in der Kläranlage Carolinenhöhe usw. bisher angestellt wurden. Vierteljahrsschr. f. gerichtl. Medizin 1901, Supplem., S. 219; Gage and Adams, The collection and preservation of samples of sewage for analysis. Journ. of inf. dis., Suppl. Nr. 2, 1906, S. 139.

133. *Hintz und Gruenhut*, Besondere Grundsätze für die Darstellung der chemischen Analysenergebnisse. Deutsches Bäderbuch, bearbeitet

unter Mitwirkung d. Kais. Gesundh.-Amtes, Leipzig 1907, J. J. Weber, Seite L.

134. Kirchner und Blochmann, Die mikroskopische Pflanzen- und Tierwelt des Süßwassers. 2 Teile. 2. Aufl. Hamburg, Gräfe & Sillem, 1891, 1895; Apstein, Das Süßwasserplankton. Kiel und Leipzig 1896; Mez, Mikroskopische Wasseranalyse. Berlin (Springer) 1898; Schoenichen-Kalberlah, B. Eyferths Einfachste Lebensformen des Tier- und Pflanzenreiches. 4. Aufl., Braunschweig (Göritz) 1909; Senft, Mikroskopische Untersuchung des Wassers. Wien 1905; Whipple, The Microscopy of Drinking-Water. Sec. edit., New-York 1908; Knauthe, Das Süßwasser. Neudamm 1907; Lampert, Das Leben der Binnengewässer. 2. Aufl., Leipzig 1910; Hentschel, Das Leben des Süßwassers. München 1908 (E. Reinhardt); Brauer, Süßwasserfauna Deutschlands. Jena 1909, Gustav Fischer; Steuer, Planktonkunde. Leipzig (Teubner) 1910.

135. Kolkwitz und Marsson, Grundsätze für die biologische Beurteilung des Wassers nach seiner Flora und Fauna. Mitteilungen d. Kgl. Prüfungsanstalt f. Wasserversorgung und Abwässerbeseitigung, 1. Heft, 1902, S. 33.

136. Lauterborn, Die sapropelische Lebewelt. Zool. Anzeiger 1901, S. 50.

137. Marsson, Die Abwasser-Flora und -Fauna einiger Kläranlagen bei Berlin und ihre Bedeutung für die Reinigung städtischer Abwässer. Mitteil. d. Kgl. Prüfungsanst. 4. Heft, 1904, S. 125.

138. Kolkwitz, Entnahme- und Beobachtungsinstrumente für biologische Wasseruntersuchungen. Mitteilungen aus der Kgl. Prüfungsanstalt f. Wasserversorgung, 9. Heft, 1907, S. 111.

139. Kolkwitz (und Marsson), Beiträge zur biologischen Wasserbeurteilung: a) Trinkwasseruntersuchung. Mitteilungen aus der Kgl. Prüfungsanstalt für Wasserversorgung, 1. Heft, 1902, S. 23.

140. Handhabung des Mikroskops s. u. a. bei Hager-Mez, Das Mikroskop und seine Anwendung. 9. Aufl., Berlin (Springer) 1904.

141. Volk, Die bei der Hamburgischen Elbuntersuchung angewandten Methoden der quantitativen Ermittelung des Planktons. Jahrbuch der Hamburgischen Wissenschaftlichen Anstalten **18**, 2. Beiheft, 1901, S. 141.

142. Kolkwitz und Marsson, Ökologie der pflanzlichen Saprobien. Ber. d. Deutsch. Botanisch. Ges. **26a**, 505 (1908).

143. Dieselben, Ökologie der tierischen Saprobien. Internationale Revue der gesamten Hydrobiologie und Hydrographie **2**, 126 (1909.)

144. Ficker, Über Lebensdauer und Absterben von pathogenen Keimen. Zeitschr. f. Hyg. **29**, 1 (1899).

145. Fischer, A., Vorlesungen über Bakterien. 2. Aufl., Jena 1903.

146. Lehmann-Neumann, Atlas und Grundriß der Bakteriologie. 3. Aufl., München 1904.

147. Günther, C., Einführung in das Studium der Bakteriologie. 6. Aufl., Leipzig 1906.

148. Heim, Lehrbuch der Bakteriologie. 2. Aufl., Stuttgart 1898.

149. Abel und Ficker, Über einfache Hilfsmittel zur Ausführung bakteriologischer Untersuchungen. 2. Aufl., Würzburg 1909. — Abel, Bakteriologisches Taschenbuch. 13. Aufl., Würzburg 1909.

150. Tiemann-Gärtners Handbuch der Untersuchung und Beurteilung der Wässer. 4. Aufl., Braunschweig 1895.

151. Frankland, Micro-Organisms in water. London 1894.

152. Savage, The bacteriological examination of water supplies. London 1906.

153. Prescott and Winslow. Elements of water bacteriology. Sec. ed., New York 1908.

154. Miquel et Cambier, Traité de Bactériologie pure et appliquée. Paris 1902.

154a. Schepilewsky, Über den Prozeß der Selbstreinigung der natürlichen Wässer nach ihrer künstlichen Infizierung durch Bakterien. Arch. f. Hyg. **72**, 73 (1910). 154 b Rubner, Beitrag zur Lehre von den Wasserbakterien. Arch. f. Hyg. **11**, 365 (1890).

155. Hehewerth, Die mikroskopische Zählungsmethode der Bakterien von Alex. Klein und einige Anwendungen derselben. Arch. f. Hyg. **39**, 321 (1901); Winslow, The Number of bacteria in sewage and sewage effluents pp. The Journal of infect. diseases, Supplement Nr. 1, 1905, p. 209; Winterberg, Zur Methodik der Bakterienzählung. Zeitschr. f. Hyg. **29**, 75 (1898).

156. Wolffhügel u. Riedel, Die Vermehrung der Bakterien im Wasser. Arbeiten aus dem Kais. Ges.-Amt **1**, 455 (1886).

157. Schultz, Zur Frage der Bereitung einiger Nährsubstrate. Zentralbl. f. Bakt., I. Abt. **10**, 52 (1891).

Hesse, Beiträge zur Herstellung von Nährböden und zur Bakterienzüchtung. Zeitschr. f. Hyg. u. Inf.-Krankh. **46**, 1 (1904).

158. van der Heide, Gelatinöse Lösungen und Verflüssigungspunkt der Nährgelatine. Arch. f. Hyg. **31**, 82 (1897).

159. Anlage zu § 4 der Grundsätze für die Reinigung von Oberflächenwasser durch Sandfiltration. Veröffentl. des Kais. Ges.-Amts 1899, S. 108.

160. Hilgermann, Ein neuer Filtrationsapparat. Klin. Jahrb. **19**, 301 (1908). Vgl. auch Babucke, Zur schnellen Filtration des Nähragars. Zentralbl. f. Bakt., I. Abt., Orig. **40**, 607 (1906).

161. Hesse u. Niedner, Die Methodik der bakteriologischen Wasseruntersuchung usw. Zeitschr. f. Hyg. **29**, 454 (1898): **42**, 179 (1903);

53, 259 (1906). Vgl. auch den Vortrag von Hesse auf der 79. Versammlung Deutscher Naturforscher und Ärzte, Dresden 1907.

162. Paul Müller, Über die Verwendung des von Hesse und Niedner empfohlenen Nährbodens bei der bakteriologischen Wasseruntersuchung. Arch. f. Hyg. **38**, 350 (1900).

Fr. Prall, Beitrag zur Kenntnis der Nährböden für die Bestimmung der Keimzahl im Wasser. Arb. aus dem Kais. Ges.-Amt **18**, 436 (1902). (Daselbst ist ein großer Teil der früheren Arbeiten zitiert.)

163. Korn, Wert verschiedener Nährböden für die bakteriol. Wasseruntersuchung. Dissert. Königsberg 1898; Gage u. Phelps, Untersuchungen von Nährböden zur quantitativen Schätzung von Bakterien im Wasser und Abwässern. Zentralbl. f. Bakt., I. Abt., Orig. **32**, 920 (1902); Dejonc, Vergleichende Bestimmungen des Keimgehaltes des Wässers. Dissert. Straßburg 1904.

164. Ruata, Quantitative Analyse bei der bakteriologischen Diagnose der Wässer. Z. f. Bakt., II. Abt., **11**, 220 (1904); Clauditz, Ein Beitrag zur quantitativen bakteriologischen Wasseruntersuchung. Hyg. Rundschau 1904, S. 675; Spitta u. A. Müller, Beiträge zur Frage des Wachstums und der quantitativen Bestimmung von Bakterien an der Oberfläche von Nährböden. Arb. aus dem Kais. Ges.-Amt **33**, 145 (1909).

165. M. Neißer, Die mikroskopische Plattenzählung und ihre spezielle Anwendung auf die Zählung von Wasserplatten. Zeitschr. f. Hyg. **20**, 119 (1895).

166. Winterberg, a. a. O. (155).

167. Klein, Eine neue mikroskopische Zählungsmethode der Bakterien. Zentralbl. f. Bakt., I. Abt., Orig. **27**, 834 (1900).

168. Hehewerth, a. a. O. (155).

169. Winslow and Willcomb, Tests for a method for the direct microscopic enumeration of bacteria. Journal of inf. dis. (1905), Suppl. Nr. I, p. 273.

170. Naegeli u. Schwendener, Das Mikroskop. 2. Aufl. 1877, S. 645.

171. Miquel, Annuaire de l'Observatoire de Montsouris pour 1880, p. 492.

172. Fol et Dunant, Archive des sciences phys. et nat. de Genève. T. VI et IX.

173. Ficker u. Hoffmann, Weiteres über den Nachweis von Typhusbazillen. Arch. f. Hyg. **49**, 237 (1904).

174. Petruschky u. Pusch, Bacterium coli als Indikator für Fäkalverunreinigung von Wässern. Zeitschr. f. Hyg. **43**, 304 (1903).

175. Freudenreich, Über den Nachweis des Bacillus coli communis im Wasser und dessen Bedeutung. Zentralbl. f. Bakt., 1. Abt. **18**, 102 (1895).

Weißenfeld, Der Befund des Bacterium coli im Wasser usw. Zeitschr. f. Hyg. **35**, 78 (1900).

Jordan, The Significance of Bacillus coli in drinking water. Journal of Hyg., Vol. II (1902), p. 321.

Meusburger u. Rambousek, Beitrag zum bakteriologischen Nachweise von Trinkwasserverunreinigungen anläßlich infektiöser Erkrankungen. Zentralbl. f. Bakt., I. Abt., Orig. **32**, 476 (1902).

Petruschky u. Pusch, a. a. O. (174).

Wolf, Die Einwirkung verunreinigter Flüsse auf das im Ufergebiet derselben sich bewegende Grundwasser. Arb. aus den Kgl. Hyg. Instituten zu Dresden **1**, 291 (1903).

Christian, Zum Nachweis fäkaler Verunreinigung von Trinkwasser. Arch. f. Hyg. **54**, 386 (1905).

Gautié, Sur la determination quantitative du Colibacille dans les eaux d'alimentation. Annales de l'Institut Pasteur, T. XIX (1905), p. 124.

Hagemann, Zur Coli-Frage bei der Beurteilung der Wasserverunreinigung. Vierteljahrsschr. f. ger. Medizin usw. **29**, 424 (1905).

Kaiser, Über die Bedeutung des Bacterium coli im Brunnenwasser. Arch. f. Hyg. **52**, 121 (1905).

Vincent, Sur la signification du „Bacillus coli" dans les eaux potables. Annales de l'Institut Pasteur, T. XIX (1905), p. 233.

Brazzola, Significato dei batteri termofili usw. Ref. Zentralbl. f. Bakt., II. Abt. **16**, 582 (1906).

Brezina, Die Donau vom Leopoldsberge bis Preßburg usw. Zeitschr. f. Hyg. **53**, 369 (1906).

Kißkalt, Die Verunreinigung der Lahn und der Wieseck usw. Zeitschr. f. Hyg. **53**, 305 (1906).

Thomann, Die Bedeutung des Befundes von Bacterium coli in Trinkwasser. Ref. Zeitschr. f. Untersuch. der Nahrungs- und Genußmittel **11**, 420 (1906).

Lange, Vergleichende Studien über Bacterium coli commune und verwandte Bakterien. Arb. aus den Kgl. Hyg. Instituten zu Dresden **2**, 29 (1907).

Savage, The Bacteriological Examination of Surface Wells. Journal of Hyg., Vol. VII (1907), p. 477.

Thomann, Zum Nachweis des Bacterium coli commune im Wasser vermittels der Eijkmanschen Methode. Hyg. Rundschau 1907, S. 857.

Kruse, Beiträge zur Hygiene des Wassers. Zeitschr. f. Hyg. **59**, 9 (1908).

Hilgermann, Der Wert des Bacillus coli-Befundes zur Beurteilung der Reinheit eines Wassers. Klin. Jahrb. **22**, 315 (1909).

176. Sicre, Sur la recherche de l'indol dans les cultures microbiennes à l'aide des nouveaux réactifs. Compt. rend. soc. biol., T. 67 (1909), p. 76.

177. Eijkman, Die Gärungsprobe bei 46° als Hilfsmittel bei der Trinkwasseruntersuchung. Zentralbl. f. Bakt., I. Abt. Orig. **37**, 742 (1904).

178. Nowack, Untersuchungen über die Zuverlässigkeit der Eijkmanschen Probe. Mitteil. aus d. Kgl. Prüfungsanstalt für Wasserversorgung, 9. Heft (1907), S. 197.

179. Pakes, The application of Bacteriology to Public Health. Public Health, Vol. XII (1900), p. 385.

180. Vincent, La détermination bactériologique et le dosage du Bacillus Coli dans l'eau de Boisson. L'Hygiène générale et appliquée 1909, p. 74.

181. Petruschky, Bakterio-chemische Untersuchungen. Zentralbl. f. Bakt. **6**, 625 usw. (1889).

182. Wurtz, Note sur deux caractères différentiels entre le bacille d'Eberth et le Bacterium coli commune. Compt. rend. hebd. des séances de la Société de la biologie, T. XXX (1891), p. 828.

183. v. Drigalski u. Conradi, Über ein Verfahren zum Nachweis der Typhusbazillen. Zeitschr. f. Hyg. **39**, 283 (1902). Die im Text gegegebene Vorschrift ist entnommen der Anleitung für die bakteriologische Feststellung des Typhus, bearbeitet im Kais. Ges.-Amt. Vgl. Deutsches Reich. Maßnahmen zur Bekämpfung des Typhus, Berlin 1904.

184. Endo, Über ein Verfahren zum Nachweis der Typhusbazillen. Zentralbl. f. Bakt., I. Abt. Orig. **35**, 109 (1904).

185. Oldekop, Eine Modifikation des Rothberger-Schefflerschen Neutralrot-Nährbodens. Zentralbl. f. Bakt., I. Abt. Orig. **35**, 120 (1904).

186. Mac Conkey, Lactose-Fermenting Bacteria in Faeces. Journal of Hygiene, Vol 5 (1905), p. 333.

187. Löffler, Zum Nachweise und zur Differentialdiagnose der Typhusbazillen mittels der Malachitgrünnährböden. Deutsche Med. Wochenschr. 1907, S. 1581.

188. Totsuka. Über den Nachweis des Bacterium coli in den Wässern und über den Wert dieses Nachweises für die hygienische Beurteilung. Inaug.-Dissert., Greifswald 1908.

189. Bulír, Bedeutung und Nachweis des Bacterium coli im Wasser und eine neue Modifikation der Eijkmanschen Methode. Arch. f. Hyg. **62**, 1 (1907).

190. Barber, Multiplication of Bacillus coli. Journal of inf. diseases, Vol. V (1908), p. 379.

191. Winslow and Hunnewell, A Study of the distribution of the Colon Bacillus of Escherich and of the Sewage Streptococci of Houston in polluted and unpolluted waters. Journal of Medical Research, Vol. VIII (1902), p. 502.

192. Fuller and Ferguson, Concerning tests for B. coli communis in water. The Journal of inf. dis. Suppl. Nr. I (1905), p. 142.

193. Irons, Neutral Red in the Routine Examination of Water. Journal of Hygiene, Vol. II (1902), p. 314.

Braun, Le rouge neutre et le diagnostic rapide de la souillure des eaux de boisson par le colibacille. Bulletin de l'Institut Pasteur, T. IV (1906), p. 561.

194. Jackson, The use of lactose-bile Medium in Water analysis. Journ. of inf. dis., Suppl. Nr. 3 (1907), p. 30.

195. Houston, Report on some of the Chief Methods used in the Bacteriological Examination of Sewage and Effluents. Second Report of Royal Sewage Commission. London 1902. p. 135.

196. Blachstein, Contribution a l'étude microbique de l'eau. Annales de l'Institut Pasteur, Vol. VII (1893), p. 689. Levy und Bruns, Zur Hygiene des Wassers. Arch. f. Hyg. **36**, 178 (1899).

197. Savage, The Pathogenicity of B. coli in Relation to the Bacteriological Examination of Water. Journal of Hygiene, Vol. III (1903), p. 388.

198. Savage, Bacteriological Examination of Tidal Mud as an Index of Pollution of the River. Journal of Hygiene, Vol. V (1905), p. 146.

198a. Kutscher und Meinicke, Vergleichende Untersuchungen über Paratyphusbakterien usw. Zeitschr. f. Hyg. **52**, 301 (1906); Baumann, Beitrag znr Kenntnis der typhusähnlichen Bazillen. Arbeit. aus dem Kais. Ges.-Amt **29**, 372 (1908).

199. Gruber u. Durham, Eine neue Methode zur raschen Erkennung des Choleravibrios und des Typhusbazillus. Münch. Med. Wochenschr. 1896, S. 285.

200. Buergi, Über Bakterienagglutination durch normale Sera. Arch. f. Hyg. **62**, 239 (1907).

201. Händel u. Hüne, Konservierung agglutinierender Sera. Arbeit. aus dem Kais. Ges.-Amt **29**, 382 (1908).

202. Kolle u. Hetsch, Die experimentelle Bakteriologie und die Infektionskrankheiten. Berlin-Wien (Urban und Schwarzenberg), 2. Aufl. 1908.

Müller, P. Th., Technik der serodiagnostischen Methoden. 3. Aufl., Jena 1910 (Gustav Fischer).

Paltauf, Die Agglutination. In Kolle-Wassermann, Handbuch der pathogenen Mikroorganismen **4**, 645—783 (1904).

203. *Besondere* Beilage zu den „Veröffentlichungen des Kais. Ges.-Amtes" 1904, S. 1275.

203a. Woithe, Über eine neue Art von Reagensglasgestellen für bakteriologische Zwecke. Arb. aus d. Kais. Gesundheitsamt **33**, 283 (1910).

204. Schüder, Zum Nachweis der Typhusbakterien im Wasser. Zeitschr. f. Hyg. **42**, 317 (1903).

205. Ficker, Über den Nachweis von Typhusbazillen im Wasser durch Fällung mit Eisensulfat. Hyg. Rundschau 1904, S. 7.

205a. Federolf, Über den Nachweis des Bakterium coli im Wasser durch die Fällungsmethode. Arch. f. Hyg. **70**, 311 (1909).

206. Müller, O., Über den Nachweis von Typhusbazillen im Trinkwasser mittels chemischer Fällungsmethoden, insbesondere durch Fällung mit Eisenoxychlorid. Zeitschr. f. Hyg. **51**, 1 (1905).

207. Nieter, Über den Nachweis von Typhusbazillen im Trinkwasser durch Fällung mit Eisenoxychlorid. Hyg. Rundschau 1906, S. 57.

208. Ditthorn u. Gildemeister, Eine Anreicherungsmethode für den Nachweis von Typhusbazillen im Trinkwasser bei der chemischen Fällung mit Eisenoxychlorid. Hyg. Rundschau 1906, S. 1376.

209. Feistmantel, Trinkwasser und Infektionskrankheiten. Leipzig 1904.

210, Willson, The isolation of B. typhosus from infected water, with Notes on a new Process. Journal of Hyg., Vol. V (1905), p. 429.

211. Schepilewsky, Über den Nachweis der Typhusbakterien im Wasser nach der Methode von Dr. A. W. Windelbandt. Zentralbl. f. Bakt., I. Abt, Orig. **33**, 394 (1903).

Altschüler, Eine Typhusanreicherungsmethode. Ebenda, S. 741.

212. Roth, Versuche über die Einwirkung des Koffeins auf das Bacterium typhi und coli. Hyg. Rundschau 1903, S. 489.

Ficker u. Hoffmann, Über neue Methoden des Nachweises von Typhusbazillen. Hyg. Rundschau 1904, S. 1.

Dieselben, Weiteres über den Nachweis von Typhusbazillen. Arch. f. Hyg. **49**, 229 (1904).

Kloumann, Beitrag zur Frage der Wirkung des Koffeins auf Typhus- und Colibakterien. Zentralbl. f. Bakt., I. Abt., Orig. **36**, 312 (1904).

Gaehtgens, Über die Erhöhung der Leistungsfähigkeit des Endoschen Fuchsinagars durch den Zusatz von Koffein. Zentralbl. f. Bakt., I. Abt., Orig. **39**, 634 (1905).

Lubenau, Das Koffeinanreicherungsverfahren zum Typhusnachweis im Stuhl. Arch. f. Hyg. **61**, 232 (1907).

Derselbe, Weiteres über das Koffeinanreicherungsverfahren zum Nachweise von Typhusbakterien in Stuhl und Wasser. Hyg. Rundschau 1907, S. 1023.

213. Löffler, Demonstration eines neuen Verfahrens zum kulturellen Nachweise der Typhusbazillen in Faezes, Wasser, Erde. Deutsche Med. Wochenschr., Vereinsbeilage **1903**, S. 286.

Derselbe, Zum Nachweis und zur Differentialdiagnose der Typhusbazillen. Ebenda **1907**, S. 1581.

Lentz u. Tietz, Eine Anreicherungsmethode für Typhus- und Paratyphusbazillen. Münch. Med. Wochenschr. **1903**, S. 2139.

Dieselben, Weitere Mitteilungen über die Anreicherungsmethode für Typhus- und Paratyphusbazillen mittels einer Vorkultur auf Malachitgrünagar. Klin. Jahrb. **14**, 494 (1905).

214. Fischer, Über die Wirkung der Galle auf Typhus- und Milzbrandbazillen. Inaug.-Dissert., Bonn **1894**.

Conradi, Ein Verfahren zum Nachweis der Typhuserreger im Blut. Deutsche Med. Wochenschr. **1906**, S. 58.

Kayser, Über die einfache Gallenröhre als Anreicherungsmittel und die Bakteriologie des Blutes bei Typhus sowie Paratyphus. Münch. Med. Wochenschr. **1906**, S. 823.

Meyerstein, Über Typhusanreicherung und zur Frühdiagnose des Typhus. Münch. Med. Wochenschrift **1906**, S. 1864 u. 2148.

Ditthorn u. Gildemeister, a. a. O.

Pies, Untersuchungen über die Wachstumsgeschwindigkeit der Typhusbazillen in Galle, Arch. f. Hyg. **62**, 107 (1907).

215. Clauditz. Untersuchungen über die Brauchbarkeit des von Endo empfohlenen Fuchsinagars zur Typhusdiagnose. Hyg. Rundschau **1904**, S. 718.

216. Schindler, Über Malachitgrünnährböden. Zeitschr. f. Hyg. **63**, 91, (1909).

217. A. Müller, Über die Brauchbarkeit des Natrium taurocholicum als Zusatz zum Löfflerschen Malachitgrünagar. Arbeit. aus dem Kais. Ges.-Amt **33**, 443 (1910).

218. Grimm, Über den praktischen Wert einiger neuer Typhusnährböden. Hyg. Rundschau **1909**, S. 813; Padlewsky, ebenda S. 1388; Megele, Erfahrungen mit dem neuen Malachitgrünagar Padlewskys usw. Zentralbl. f. Bakt., 1. Abt. Orig. **52**, 616 (1909).

219. Padlewsky, Eine neue Anwendungsmethode des Malachitgrünagars zum Nachweis von Bazillen der Typhusgruppe. Zentralbl. f. Bakt., 1. Abt., Orig. **47**, 540 (1908).

220. Conradi, Ein Verfahren zum Nachweis spärlicher Typhusbazillen. Zentralbl. f. Bakt., Beilage zur I. Abt., Ref. **42**, 47 (1908). Kathe und Blasius, Vergleichende Untersuchungen über die Leistungsfähigkeit älterer und neuerer Typhusnährböden. Zentralbl. f. Bakt., 1. Abt. Orig. **52**, 586 (1909).

221. Löffler, Ein neues Verfahren zum Nachweise und zur Differentialdiagnose der Typhusbakterien mittels Malachitgrün-Safranin-Reinblau-Nährböden. Deutsche Med. Wochenschr. 1909, S. 1297.

222. Prausnitz, C., Zum gegenwärtigen Stand der Choleradiagnose unter besonderer Berücksichtigung derjenigen Vibrionen, deren Unterscheidung vom Choleravibrio Schwierigkeiten bereitet. Zeitschr. f. Hyg. **43**, 239 (1903).

222a. Heim, Zur Technik des Nachweises der Choleravibrioneu. Zentralbl. f. Bakt. **12**, 353 (1892).

223. Anweisung zur Bekämpfung der Cholera. Festgestellt in der Sitzung des Bundesrats vom 28. Jan. 1904 und 21. März 1907. Amtliche Ausgaben. Berlin (Julius Springer), 1905 und 1907.

224. Zlatogoroff, Zur Frage der Diagnostik der Choleravibrionen. Zentralbl. f. Bakt., I. Abt., Orig. **48**, 684 (1909).

225. Dieudonné, Blutalkaliagar, ein Elektivnährboden für Choleravibrionen. Zentralbl.. f. Bakt., I. Abt., Orig. **50**, 107 (1909).

Huntemüller, Der Dieudonnésche Blut-Alkali-Agar. Ebenda S. 109.

226. Hachla u. Holobut, Beitrag zur Frage elektiver Nährböden für Choleravibrionen. Zentralbl. f. Bakt., I. Abt., Orig. **52**, 299 (1909).

227. Laubenheimer, Der Dieudonnèsche Blutalkaliagar als Elektivnährboden für Choleravibrionen. Ebenda, S. 294.

227a. Neufeld u. Woithe, Über elektive Choleranährböden, insbesondere den Dieudonnéschen Agar. Arb. aus d. Kais. Ges.-Amt **33**, 605 (1910).

228. Musehold, Über die Widerstandsfähigkeit der mit dem Lungenauswurf herausbeförderten Tuberkelbazillen in Abwässern, im Flußwasser und im kultivierten Boden. Arbeit. aus dem Kais. Ges.-Amt **17**, 56 (1900).

228a. Joseph, The bacillus anthracoides in Water-Supplies. Journ. of the Royal Inst. of Publ. Health **17**, 95 (1909).

229. Maaßen, Fruchtätherbildende Bakterien. Arbeit. aus dem Kais. Ges.-Amt **15**, 500 (1898).

230. Fränkel u. Piefke, Versuche über die Leistungen der Sandfiltration. Zeitschr. f. Hyg. **8**, **1** (1890).

231. Kuntze, Ein Beitrag zur Kenntnis der Bedingungen der Farbstoffbildung des Bac. prodigiosus. Zeitschr. f. Hyg. **34**, 169 (1900); und Weitere Beiträge zur Farbstoffbildung des Bac. prodigiosus. Zentralbl. f. Bakt., I. Abt., Orig. **44**, 299 (1907).

Kraft, Beiträge zur Biologie des Bacterium prodigiosum und zum chemischen Verhalten seines Pigmentes. Inaug.-Dissert., Würzburg 1902.

Bertarelli, Untersuchungen und Beobachtungen über die Biologie und Pathogenität des Bacillus prodigiosus. Zentralblatt f. Bakt., I. Abt., Orig. **34**, 312 (1903).

232. Abba, Orlandi u. Rondelli, Über die Filtrationskraft des Bodens und die Fortschwemmung von Bakterien durch das Grundwasser. Zeitschr. f. Hyg. **31**, 66 (1899).

Kabrhel, Experimentelle Studien über die Sandfiltration. Arch. f. Hyg. **22**, 323 (1895).

Pfuhl, Untersuchungen über den Keimgehalt des Grundwassers in der mittelrheinischen Ebene. Zeitschr. f. Hyg. **32**, 118 (1899).

Bitter, Rapport sur l'efficacité du „Jewell-Filter". Alexandrie 1903

Gotschlich, Rapport sur les expériences faites avec le „Jewell-Filter" à l'Alexandrie etc. Municipalité d'Alexandrie.

Schreiber, Bericht über Versuche an einer Versuchsanlage der Jewell-Export-Filter-Kompagnie. Mitteilungen aus der Kgl. Prüfungsanstalt für Wasserversorgung, 6. Heft (1906), S. 88.

Busch, Über das Verhalten einer Bazillenwolke im fließenden Wasser. Zentralbl. f. Bakt., II. Abt. **16**, 119 (1906).

Friedberger, Versuche über die Verwendbarkeit der amerikanischen Schnellfiltration für die Königsberger Wasserversorgung. Zeitschr. f. Hyg. **61**, 355 (1908).

Bitter u. Gotschlich, Über Anwendung chemischer Füllungsmittel bei der Sandfiltration, mit besonderer Berücksichtigung der amerikanischen Schnellfilter. Zeitschr. f. Hyg. **59**, 379 (1908).

Prausnitz, Über „natürliche Filtration" des Bodens. Zeitschr. f. Hyg. **59**, 161 (1908).

Ditthorn u. Luerssen, Untersuchungen über die Durchlässigkeit des Bodens für Bakterien. Ges.-Ing. 1909, S. 681.

233. Beck u. Ohlmüller, Die Typhusepidemie in Detmold im Herbst 1904. Arbeit. aus dem Kais. Ges.-Amt **24**, 138 (1906).

234. Trillat, Essai sur l'emploi des matières colorantes. Annales de l'Institut Pasteur, T. 13 (1899), p. 444; Gärtner, Die Quellen in ihren Beziehungen zum Grundwasser und zum Typhus. Jena 1902, S. 45.

Ohlmüller, Gutachten des Reichsgesundheitsrates über die Einleitung des Mainzer Kanalwassers einschließlich der Fäkalien in den Rhein. Arbeit. aus dem Kais. Ges.-Amt **20**, 287 (1904).

Bienstock, Die Bekämpfung des Typhus in Paris. Hyg. Rundschau 1903, S. 105.

van den Broeck, L'étude des eaux courantes souterraines par l'emploi des matières colorantes (fluorescéine). Société Belge de Géologie. Bruxelles. Avril 1904.

Thresh, The detection of pollution in underground waters. The Engin. Record 1907 p. 267.

Mc. Crae and Stock, Some experiments with Fluorescein as an Agent for the detection of Pollution of Wells. Journ. of Hyg., Vol. VII (1907), p. 182.

234a. Cornu, Über den Nachweis unterirdischer Wasserläufe in Kohlengruben und bei der Höhlenforschung. Zeitschr. f. prakt. Geol. **17**, 144 (1909).

235. Hilgermann, Über die Verwendung des Bacillus prodigiosus als Indikator bei Wasseruntersuchungen. Archiv f. Hyg. **59**, 150 (1907).

236. Spitta u. A. Müller, a. a. O. (164).

237. Spitta u. Imhoff, Apparate zur Entnahme von Wasserproben. Mitteilungen aus der Kgl. Prüfungsanstalt für Wasserversorgung, 6. Heft (1906), S. 84.

238. Salomon, Über bakteriologische, chemische und physikalische Rheinwasseruntersuchungen. Vierteljahrsschr. f. ger. Med. u. öff. San.-W. 3. Folge, Suppl. **21**, 25, (1901).

239. Schumacher, Probeentnahmeapparate für Flußuntersuchungen mit besonderer Berücksichtigung der im Hamburger Hygienischen Institut in Anwendung befindlichen. Ges.-Ing. 1904, S. 418, 434 und 454.

240. Fränkel, Untersuchungen über Brunnendesinfektion und den Keimgehalt des Grundwassers. Zeitschr. f. Hyg. **6**, 23 (1889).

241. Neißer, Dampf-Desinfektion und Sterilisation von Brunnen und Bohrlöchern. Zeitschr. f. Hyg. **20**, 301 (1895).

242. Dunbar, Zum derzeitigen Stande der Wasserversorgungsverhältnisse im Hamburgischen Staatsgebiete. Deutsche Vierteljahrsschr. f. öff. Ges.-Pflege **37**, 537 [565] (1905).

243) Behre u. Thimme, Apparat zur Entnahme von Wasserproben. Mitteilungen aus der Königlichen Prüfungsanstalt f. Wasserversorgung, 9. Heft (1907), 145.

244. Pleißner, Handlicher tragbarer Apparat zur Messung des elektrischen Leitvermögens von Wässern, Abwässern und Salzlösungen an Ort und Stelle. Wasser und Abwasser **2**, 249 (1910).

245. Kolkwitz, a. a. O. (3).

246. Klut, Untersuchung des Wassers an Ort und Stelle. Berlin (Verlag von Julius Springer) 1908.

247. Frühling, Anleitung zur Ausführung der wichtigsten Bestimmungen bei der Bodenuntersuchung. 2. Aufl., Braunschweig (Vieweg & Sohn) 1904; Wahnschaffe, Anleitung zur wissenschaftlichen Bodenuntersuchung. 2. Aufl. Berlin 1903.

247a. Veröffentl. des Kais. Ges.-Amtes 1903, S. 940; 1905, S. 741, 1075 und 1099; 1906, S. 899.

248. W. Müller, Praktische Anleitung zur Wassermessung. Hannover (Jäneke 1903).

248a. Klut, Beitrag zur Frage der Entstehung von Ammoniak in eisen- und manganhaltigen Tiefenwässern. Mitt. aus d. Kgl. Prüfungsanst. f. Wasservers. **12**, 225 (1909); Noll, desgl., Zeitschr. f. angew. Chem. 1910, S. 107.

249. Phelps, Die Bewertung einer Analyse von Abwasser und des Abflusses eines Oxydationskörpers. Contributions from the sanitary research laboratory and sewage experiment station of the Massachusetts institute of Technology. The Technology Quaterly, Vol. 28, Nr. 1, March 1905 and Nr. 2, June 1905, p. 40—59, 123—141. Nach Referat im Ges.-Ing. 1908, S. 351; s. auch Thompson, Standards of purification for sewage effluents. Journ. of the Royal Inst. of Publ. Health **18**, 37 (1910) u. a.

250 Weigelt, Unsere natürlichen Fischgewässer, wies ie sein sollten, und wie sie geworden sind. Berlin 1900 (Verlag des Deutschen Fischerei-Vereins).

251. „Anleitung für die Einrichtung, den Betrieb und die Überwachung öffentlicher Wasserversorgungsanlagen, welche nicht ausschließlich technischen Zwecken dienen.“ Veröffentl. des Kais. Ges.-Amtes 1906, S. 777.

Namenregister.

Anmerkung: Auf denjenigen Seiten, welche durch Ziffern in Kursivschrift kenntlich gemacht sind, ist der Autor selbst nicht namentlich angegeben, sondern nur die Zahl, welche auf seine im Literaturverzeichnis aufgeführte Veröffentlichung hinweist.

Sachregister.

Druckfehlerberichtigung.

Es ist zu lesen:

S. 53, 21. Zeile von oben, statt (18) und (20a): **(22)**.
S. 57, 11. Zeile von unten, statt (27a): **(35)**.
S. 133, 13. Zeile von unten, statt (59a und 83): **(74** und **101)**.

Es ist einzufügen:

S. 30, letzte Zeile, hinter „Literatur“: **(19)**.
S. 77, 11. Zeile von unten, hinter „Bestimmung“: **(69)**.
S. 144, letzte Zeile, hinter „umständlich“: **(107 a)**.

Erklärung der Figuren auf den Tafeln I—VII.

Tafel I.

1. Muskelfaser. 2. Rattenhaar. 3a. Ei von Ascaris lumbricoides. 3b. Ei von Anchylostoma duodenale (vgl. V, 7). 4. Wollfaser. 5. Stärkekorn von Pisum sativum. 6. Stärkekorn von Solanum tuberosum. 7. Papierfaser. 8. Nadelholzfaser. 9. Waschblau. 10. Sandkorn. 11. Kohlestückchen (Steinkohle). 12. Kohlensaurer Kalk. 13. Schwefeleisen. 14. Eisenhydroxyd. 15. Detritus. 16. Kaffeegrund.

Tafel II.

1. Spirillum Undula. 2. Gallionella ferruginea. 3. Sphaerotilus natans (vgl. VI, 14). 4. Cladothrix dichotoma. 5. Crenothrix polyspora. 6. Beggiatoa alba. 7. Oscillatoria limosa. 8. Melosira varians. 9. Synura Uvella. 10. Clathrocystis aeruginosa. 11. Euglena viridis. 12. Leptomitus lacteus. 13. Mucor. 14. Fusarium aquaeductuum.

Tafel III.

1. Dinobryon Sertularia. 2. Ceratium hirundinella. 3. Fragilaria crotonensis. 4. Asterionella formosa. 5. Synedra acus. 6. Navicula cryptocephala. 7. Gomphonema olivaceum. 8. Eudorina elegans. 9. Pediastrum boryanum. 10. Stigeoclonium tenue.

Tafel IV.

1. Raphidiophrys pallida. 2. Amoeba proteus. 3. Arcella vulgaris. 4. Difflugia pyriformis. 5. Schwamm-Nadel. 6. Anthophysa vegetans. 7. Bodo globosus. 8. Coleps hirtus. 9. Glaucoma scintillans. 10. Paramaecium caudatum. 11. Vorticella microstoma. 12. Polyarthra platyptera.

Tafel V.

1. Stentor polymorphus. 2a. Epistylis galea. 2b. Carchesium lachmanni. 3. Rotifer vulgaris. 4. Anuraea aculeata. 5. Synchaeta pectinata. 6. Brachionus pala. 7. Anchylostoma duodenale, Larve (vgl. I, 3b). 8. Tripyla setifera. 9. Nauplius. 10. Cyclops viridis (Weibchen). 11. Bosmina coregoni. 12. Daphnia longispina.

Tafel VI.

1. Limnaea stagnalis. 1a. Paludina vivipara. 2. Dreissensia polymorpha. 3. Perla-Larve. 3a. Phryganea grandis-Larve. 4. Chironomus-Larve. 5. Gammarus pulex. 6. Asellus aquaticus. 7. Nephelis. 8. Tubifex rivulosum. 9. Phragmites communis. 10. Potamogeton crispus. 11. Elodea canadensis. 12. Amblystegium riparium. 13. Cladophora glomerata. 14. Sphaerotilus natans (vgl. II. 3).

Tafel VII.

Kulturplatte, aus 0,1 ccm eines bakterienreichen Wassers hergestellt.

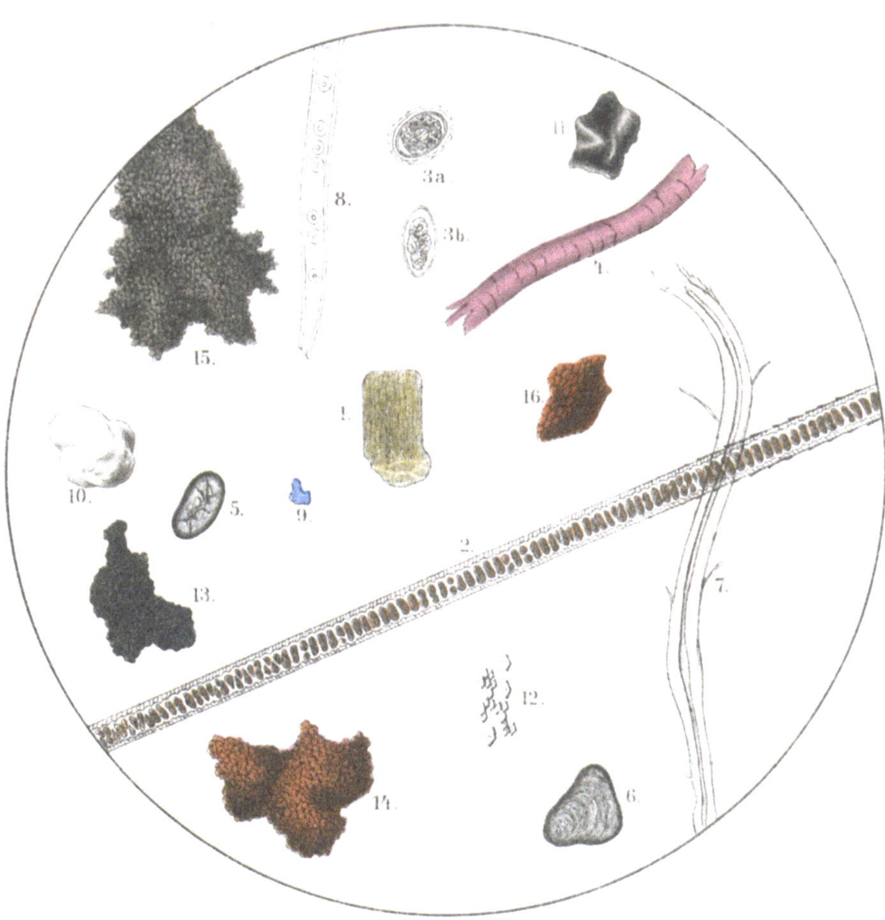

Vergröfs. 240 fach.

Verlag von Julius Springer in Berlin.

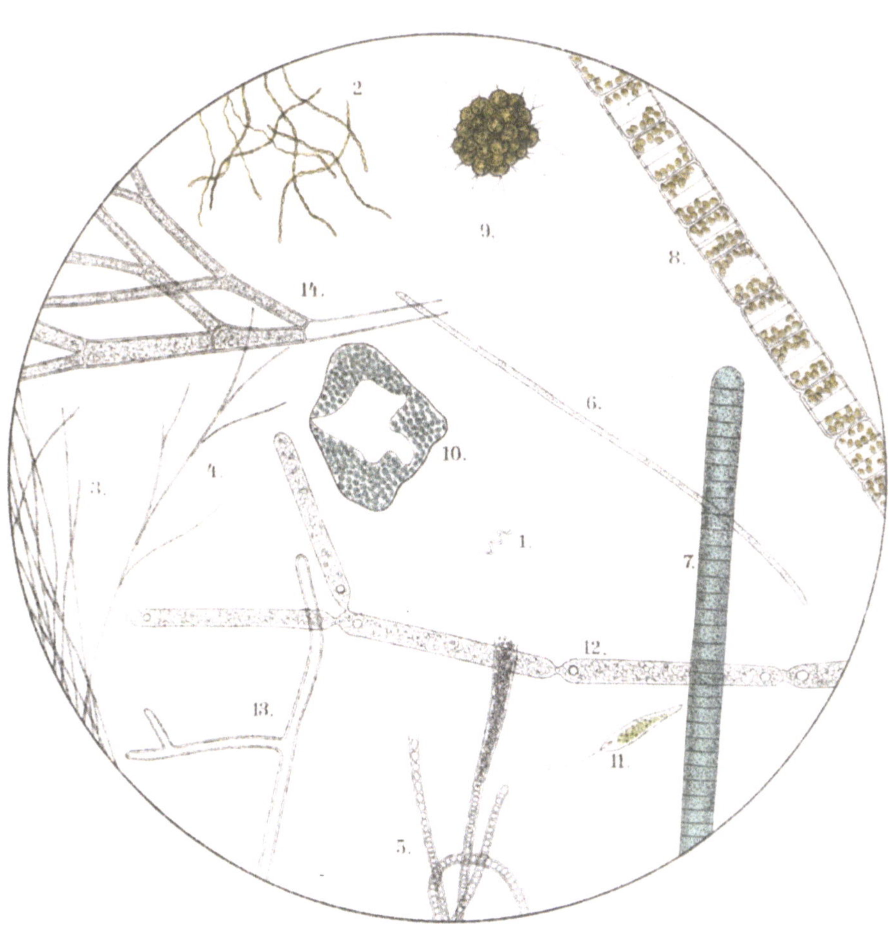

Vergröss. 240 fach.

Verlag von Julius Springer in Berlin.

Vergröss. 240 fach.

Verlag von Julius Springer in Berlin.

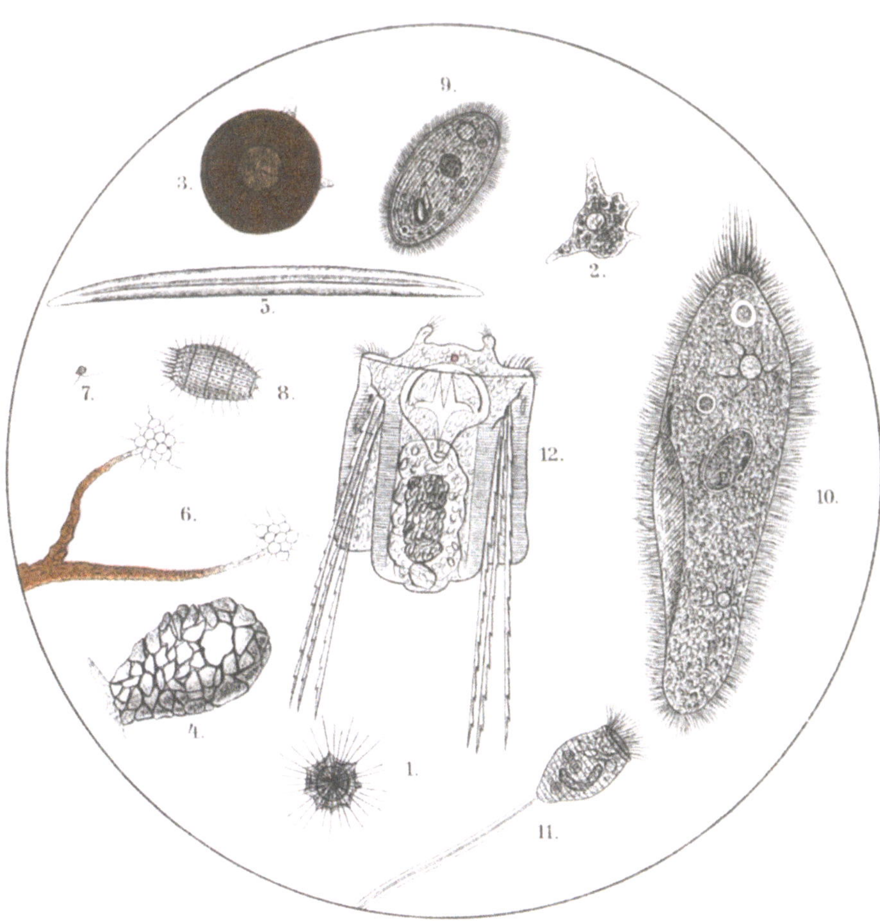

Vergröss. 240 fach.

Verlag von Julius Springer in Berlin.

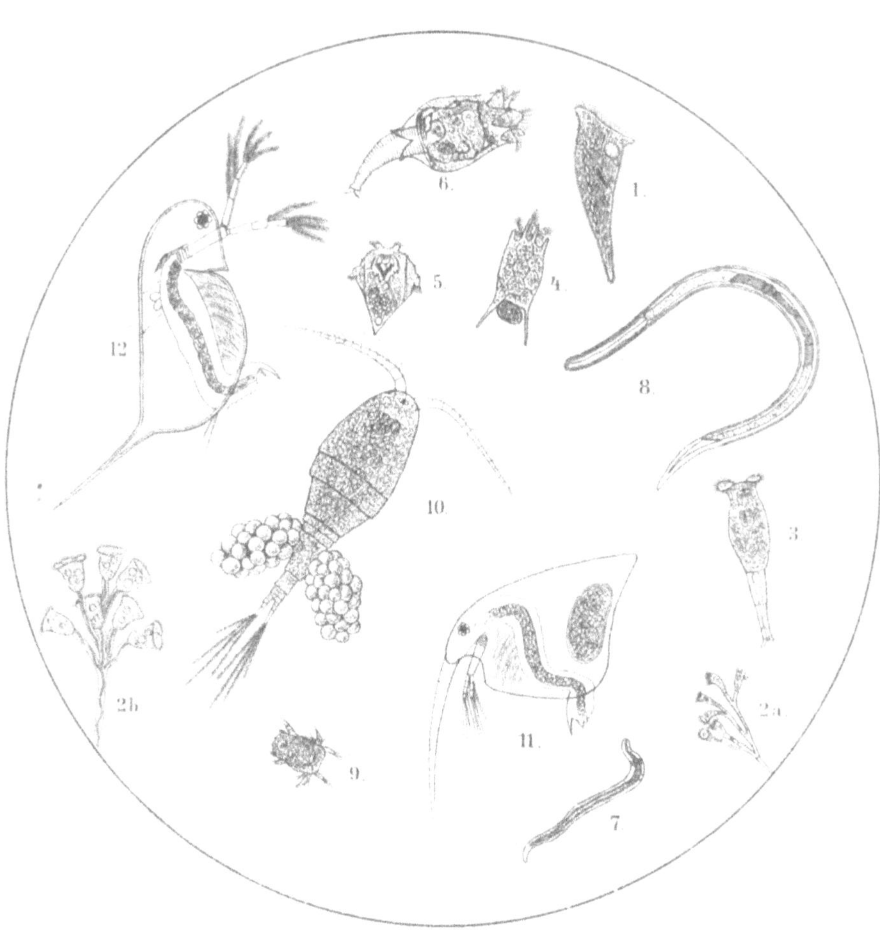

Vergröſs. ca. 45 fach.

Verlag von Julius Springer in Berlin.

Additional material from *Die Untersuchung und Beurteilung des Wassers und des Abwassers,*

ISBN 978-3-662-36012-5, is available at http://extras.springer.com

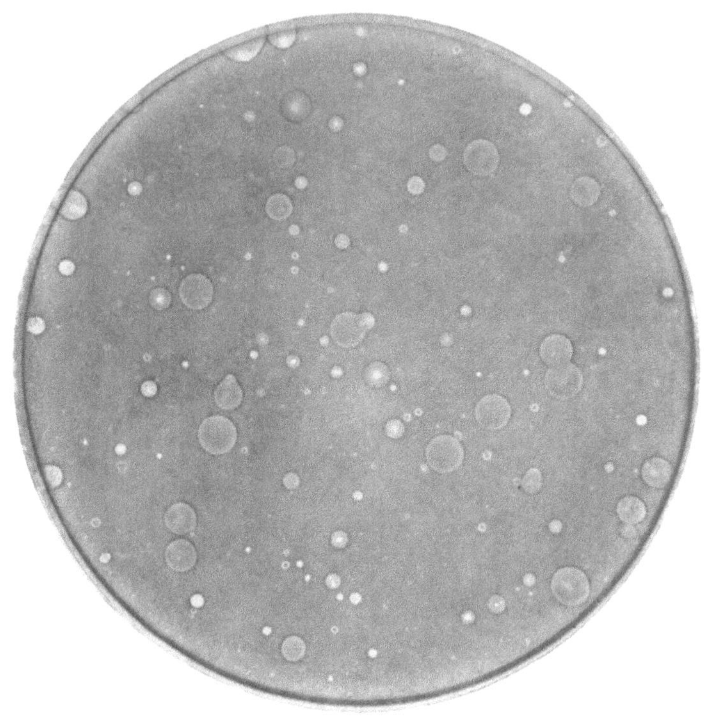

Kulturplatte aus 0,1 ccm eines bakterienreichen Wassers hergestellt.